kosmos Naturführer

Karikatur von Honoré Daumier, in „Le Charivari" am 29. 8. 1853. Der Komet: „He! Monsieur! auf diese Seite muß man sehen!" Der Astronom: „Sie können sich preisen, mich gehörig erschreckt zu haben .. der Teufel soll mein Fernrohr holen, wenn ich Ihren Besuch erwartet hätte!"

kosmos Naturführer

Ernst-Jochen Beneke

Was sehe ich am Himmel?

Ein Begleiter durch den nördlichen und südlichen Sternenhimmel

Kosmos
Gesellschaft der Naturfreunde
Franckh'sche Verlagshandlung
Stuttgart

Mit 21 Farbfotos, 40 Schwarzweißfotos, 313 Schwarzweißzeichnungen und 1 Mondkarte (sofern nicht anders angegeben, alle vom Verfasser)

Umschlaggestaltung von Kaselow Design, München, unter Verwendung eines Dias des Verfassers. Es zeigt die Schwäbische Sternwarte, Uhlandshöhe Stuttgart

CIP - Kurztitelaufnahme der Deutschen Bibliothek

Beneke, Ernst-Jochen:
Was sehe ich am Himmel? : Ein Begleiter durch d.
nördl. u. südl. Sternenhimmel / Ernst-Jochen
Beneke. - Stuttgart : Franckh, 1986.
(Kosmos-Naturführer)
ISBN 3-440-05493-4

Franckh'sche Verlagshandlung, W. Keller & Co., Stuttgart/1986

Printed in Germany/Imprimé en Allemagne/L 10 Sk H Ste/ISBN 3-440-05493-4
Gesamtherstellung: Sellier Druck GmbH, Freising

Was sehe ich am Himmel?

PHOTOGRAPHIC MAGNITUDES

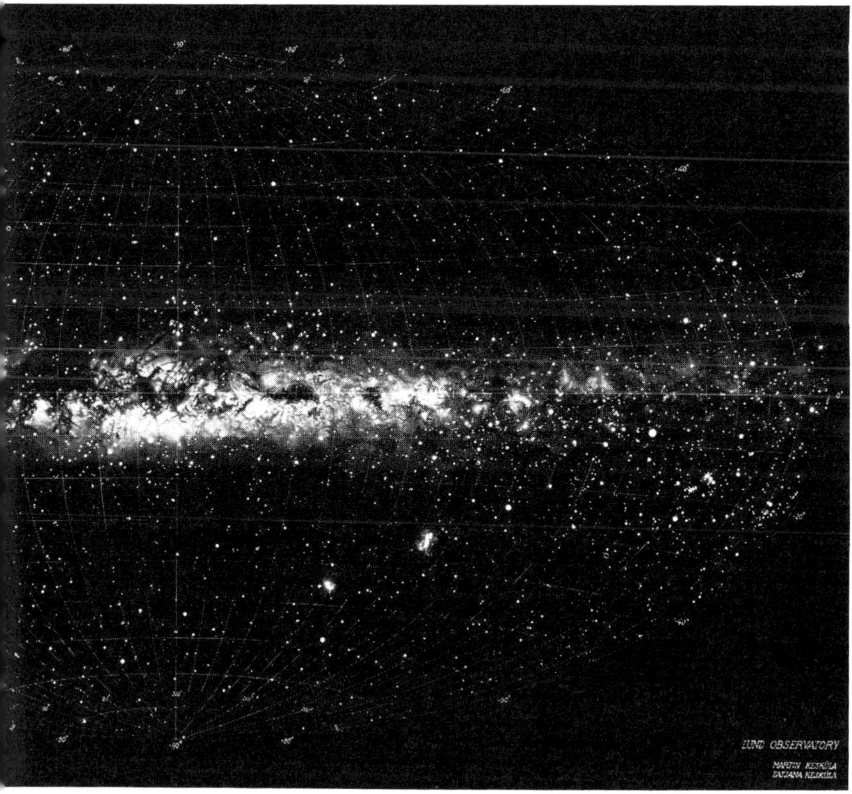

Panorama der Milchstraße (zeichnerische Gesamtdarstellung nach fotografischen Einzelaufnahmen) mit eingezeichnetem Netz der galaktischen Koordinaten. Die Konzentration der Sterne in der Milchstraßenebene zum galaktischen Äquator hin wird deutlich. Durch die absorbierende Wirkung der interstellaren Materie entstehen die Dunkelgebiete zwischen den Sternen des Milchstraßenbandes. Anblick vom Sternbild Auriga (links) über Cygnus zu Scorpius und Sagittarius (Mitte) und über Crux zu Orion (rechts). Auf der Südhalbkugel des galaktischen Koordinatensystems erscheinen die außergalaktischen Sternsysteme Andromedanebel M31 (links) sowie Kleine und Große Magellansche Wolke (rechts).
(Mit freundlicher Unterstützung durch die Wissenschaftliche Verlagsgesellschaft Stuttgart. Copyright: Lund Observatory, Schweden)

„Der berühmte Trifid-Nebel ... Das Objekt war zwar im 7-Zöller bei Vergrößerung 40 prächtig und auch noch mit Vergrößerung 98 sehr schön, aber den Abbildungen nach hätte ich mehr erwartet, und so dürfte es auch dem Leser gehen." (... „photographiert von Keeler mit dem 36-zöll. Crossley-Reflektor")
Leo Brenner: S. 150 in „Beobachtungs-Objekte für Amateur-Astronomen", Leipzig 1902

Vorwort

Jeder Mensch muß seine Umwelt, zu der auch der Himmel über uns gehört, neu entdecken. Schon einem aufmerksamen Kind fällt es auf, daß der Mond abends neben ihm herzulaufen scheint und sich ab und zu hinter den in andere Richtungen ziehenden Wolken versteckt. Vielleicht sieht es auch einmal die Leuchtspur einer Sternschnuppe aus dem dunklen Himmel aufblitzen und beginnt, Fragen zu stellen nach diesen und anderen auffälligen Erscheinungen. Eines Tages findet der Heranwachsende heraus, daß der Himmel unzählig viel mehr Sterne enthält, wenn man ihn mit einem Fernglas betrachtet. Sie sind nicht alle gleich hell und auch nicht gleichmäßig verteilt, sie formen charakteristische Figuren, die leicht wiederzuerkennen sind, und dichter zusammenstehende Gruppen. Bald merkt der junge Beobachter, daß diese Figuren nicht Abend für Abend zur gleichen Zeit an derselben Stelle stehen, sie bewegen sich ganz langsam weiter nach Westen, und bald sind bei Dunkelwerden schon einige noch kurz vorher sichtbare untergegangen, während andere im Osten aufgetaucht sind. Er lernt, die Bewegungen der hellen Planeten zu unterscheiden, und beobachtet, wie sich das ganze Gewölbe mit allen Sternen langsam im Laufe einer Nacht um einen festen Punkt am Nordhimmel weiterdreht. Vielleicht haben die Eltern im Bücherschrank ein großes Lexikon oder ein Buch, in dem er lesen und mehr über diese wunderbare Welt erfahren kann. Vielleicht steht er auch eines Tages am Strand der Nordsee und beobachtet, wie Flut und Ebbe das Wasser im Rhythmus einiger Stunden heben und senken. Mit Erstaunen erfährt er von den Erwachsenen, daß der Mond, der scheinbar so ohne Verbindung zur Erde am Himmel seine Bahn zieht, diese gewaltigen Kräfte auf die großen Wassermassen der Ozeane ausübt.

Beim Stöbern in einer Buchhandlung gerät ihm ein Buch in die Hände: „Der Mensch und die Sterne" von Bruno Hans Bürgel, darin ein Bild: die Erde, gesehen vom Mond. Es öffnet ihm das Tor zum Kosmos vollends.

Es gibt verschiedene Wege in die Welt der Natur: durch eigenes Erleben, durch die Führung erfahrener, hilfsbereiter Menschen, durch anregende Lektüre. Der Autor dieses Buches hat von allem etwas erlebt. Es ging anfangs in kleinen Schritten und mit sparsamsten Mitteln (Bücher waren sehr rar), aber ständig wachsender Neugier weiter. Die totale Mondfinsternis vom 2. April 1950 wurde zum ersten Naturphänomen am Himmel, das aus eigenem Antrieb und selbständiger Unterrichtung mit dem Auge und dem Fernglas vom Anfang bis zum Ende beobachtet wurde. Im Herbst desselben Jahres wurde nach einem Vortrag von vielen Zuhörern der Jupiter betrachtet, noch ohne Fernrohr damals.

Das Glück, aber auch manche Mühe und Entbehrung ermöglichte in vielen Jahren den Zugang zu immer größeren Instrumenten, mit denen sich der Himmel und die Kenntnis von ihm erweiterten. Am Anfang stand während dreier Jahre das eindrucksvolle Erlebnis, Sonne, Mond, Planeten und Sterne mit dem 5″-Zeiss-Refraktor der städtischen Volkssternwarte auf dem Turm im Gartenschaugelände in Erfurt erstmals betrachten zu können. Aus diesen Erfahrungen resultierte die darauf folgende siebenjährige fruchtbare Zusammenarbeit mit den Freunden der Olbers-Gesellschaft, die die Gastfreundschaft und Zusammenarbeit mit der Seefahrtsschule in Bremen genießen und pflegen. Inzwischen war die eigene Sicherheit soweit gewachsen, daß die Schulleitung des Gymnasiums in Bremen-Vegesack die Benutzung des bestens ausgestatteten, doch wenig genutzten $4\frac{1}{2}''$-Zeiss-Refraktors erlaubte. Waren Studien und Berufsausbildung auch in andere Richtungen gegangen, so begann in Stuttgart doch ein weiterer Abschnitt aktiver Mitarbeit – zeitlich fixierbar mit der beobachteten Bedeckung des Fixsterns Regulus im Löwen durch den Planeten Venus im Jahre 1959 – an der vereinseigenen Schwäbischen Sternwarte auf der Uhlandshöhe mit eigenen Beobachtungen der Sonne und der Planeten Jupiter, Mars und Venus sowie von Sternbedekkungen, u. a. mit einem eigenen, selbstgebauten 5″-Refraktor.

Lag auch noch die Faszination der Sterne über den Erzählungen Scheherezades, ihr Leuchten im Reiche des Silbernen Löwen, ihr wegweisendes Flimmern für Sindbad und den griechischen Helden Odysseus auf den Meeren – die neuen Erkenntnisse von der Natur der Sterne nahmen immer mehr Raum ein. Und mit ihnen wuchsen die Kenntnisse über die Reichtümer der anderen Wissenschaften, die der Astronomie benachbart sind. Der Wunsch, auch die Aufforderung, anderen Menschen darüber zu berichten, führte über die Mitarbeit an der Sternwarte hinaus zu einer zehnjährigen Unterrichtstätigkeit an der Volkshochschule Stuttgart: alle interessierten, aufgeschlossenen Menschen sollten teilhaben an den Früchten dieser alten, weltweiten, friedlichen Wissenschaft, die nur einen Himmel kennt – ungeteilt und unteilbar – für alle Menschen. Es entstand der Gedanke zu einer illustrierten Schrift, die handlich sein sollte, um auf Spaziergängen und auf Reisen mitgenommen werden zu können. Dabei stand immer im Vordergrund, dasjenige zu erläutern, was gefunden und mit bloßem Auge und einem Fernglas betrachtet werden kann. Erst die Anregung durch das Geschaute sollte danach zum Beschaffen größerer Instrumente anregen, damit so Enttäuschungen erspart bleiben, wie sie dem anfangs zitierten, erfolgreichen Amateur Leo Brenner und vielen anderen widerfuhren. (Aus diesem Grund sind die Abbildungen auch durchweg schwarz-weiß gehalten. Wer durch dieses Buch angeregt wird, kann sich dann später großformatige Farbbildbände zulegen für die Lektüre zuhause).

Absicht dieser Schrift ist, an die Welt der Sterne durch eigenes Anschauen heranzuführen. Dazu sollen vor allem die Abbildungen verhelfen. Es sind alle 88 Sternbilder wiedergegeben, die auch auf den 84 Monatskarten enthalten sind. Sodann dienen schematische schwarz-weiße Zeichnungen und Graphiken der Einführung in die einzelnen Teilgebiete. Schwarz-weiß-Fotos und Farbaufnahmen sorgen dafür, das für den Amateur Erreichbare darzustellen. (Mit Absicht sind keine Aufnahmen namhafter Institute herangezogen worden, diese haben in großen Bildbänden einen besseren Platz). Beim Vorhaben, sinnvoll zu illustrieren, fand ich bereitwilligst Unterstützung durch: Astronomische Arbeitsgemeinschaft Bochum AABO (Ulrich Bartelt, Dr. Werner E. Celnik, Hellwig Fülling, Peter Riepe, Dieter Sparenberg, Hans-Gerhard Weber): Sternfeldfotografie; Wolfgang Anklam, Berlin: Saturn; Hans Bernhard, München: Sonnenfinsternisse; Johannes Eggendinger, Freising: Jupiter; Otto Farago, Fellbach: Sonnenfinsternis; Michael Gutzeit und Rudolf Idler, Kernen i. R.: Meteorspur; Harald Marx, Korntal: Lichtkurven veränderlicher Sterne; Peter Stättmayer, Herrsching: Komet West; Thomas Weidlich, Ludwigsburg: Sternfeldaufnahmen. Ich freue mich, daß auf meine vorgetragene Bitte auch Hilfe durch einige Leute vom Fach kam: Herr Dr. Wilhelm Gliese, Heidelberg, gab mir neueste Unterlagen über Daten der sonnennahen Sterne für den Tabellenteil. Zur Illustration der Zustandsgrößen der Fixsterne gehört eine Tabelle ausgewählter Spektraltypen. Frau Prof. Dr. Waltraud Carola Seitter, Münster, unterzog sich der Mühe, meinen Wunsch zu erfüllen und wurde bei der Ausführung von Herrn Dr. Hilmar W. Duerbeck unterstützt. Allen Amateuren und Fachleuten, die sich mit diesen Beiträgen an der Ausstattung des Buches beteiligten, sei an dieser Stelle herzlichst gedankt!

Ein Reisehandbuch zu den Sternen muß die Namen der Sterne und Sternbilder enthalten. Bei den Sternen hat sich viel Ungereimtes in der Literatur eingefunden, das es zu eliminieren galt. Auch war es wünschenswert, die Verbindung zwischen den klassischen Sternbildbezeichnungen in lateinischer Sprache zu den modernen Sprachen herzustellen. So entstand die philologisch geprüfte und gesicherte alphabetische Aufstellung der Eigennamen von 153 Fixsternen und die vergleichende Tabelle von 88 Sternbildnamen in sieben süd- und westeuropäischen Sprachen. Daß eine so gute Realisierung meiner Absicht ermöglicht wurde, verdanke ich der wohlmeinenden Unterstützung durch Herrn Prof. Dr. Paul Kunitzsch in München. Mein Dank gilt auch Madame Maria Kajath, Leros und Kairo und Signora Leda Morawski, Stuttgart, für Erlangung von Unterlagen und Lesen der Korrekturen. Und nicht zuletzt danke ich Jeannette, Kerstin, Marie-Pierre und Vera, die einige Aufnahmen „belebten".

Durch die Ergebnisse der Astronomie verstehen wir viele der erstaunlichen Erscheinungen auf unserer Erde und im Kosmos. Ihr kommt in der Völkerverständigung eine ähnliche Bedeutung zu wie der Musik. Möge dieses Buch dazu dienen, anregend zu wirken bei der Betrachtung und der Beschäftigung mit der Natur, sei es zuhause oder auf Reisen und helfen, Sprachbarrieren zu überwinden und Verständigung zu schaffen.

Einleitung

Grundbegriffe

In den Weiten des Kosmos existiert irgendwo unser Planet Erde, von dem aus wir Menschen die Welt betrachten. Wo wir ihre Grenzen suchen, hängt von unserer Weltanschauung ab, die sich aus eigenen Erfahrungen und Erkenntnissen unserer Vorfahren zusammensetzt. Über Hunderttausende von Jahren war es eine Welt des Augenscheins. Erst in der jüngsten Vergangenheit verhalf uns die Technik, Kleines und Großes, Nahes und Fernes zu erforschen. Der Aufwand an Apparaten und Hilfsmitteln jeder Art vergrößerte sich ständig, auch der Anteil an menschlicher Arbeitsleistung ist gewachsen. Die Anwendung alter und neuer Erkenntnisse setzt mittlerweile große Systeme von Informationsspeichern und Nachrichtenträgern voraus. Der einzelne Mensch kann nur noch einen – am ganzen Wissensschatz gemessen – winzigen Wissensbereich überschauen.
Für unsere Vorfahren lag hinter der sichtbaren Welt die unsichtbare, in der geheimnisvoll Geister und Götter walteten. Aber auch die heutigen hoch zivilisierten Menschen suchen häufig noch nach phantastischen Erklärungen. Je heller unsere nächtlichen Städte durch die vielen künstlichen Lichtquellen wurden, umso weiter rückte der geheimnisvolle Eindruck eines nachtschwarzen Himmels von uns weg. Allenfalls den Mond können wir in Großstädten nachts noch sehen, denn selbst der Schein hellerer Sterne dringt kaum durch die Lichterflut.
In freier Landschaft, weitab von störenden Lichtern, überrascht uns der Anblick des nächtlichen Himmels. Wir nehmen eine Vielfalt der Erscheinungen wahr: den Sonnenuntergang, das Farbenspiel der Dämmerung mit dem allmählichen Übergang zum nächtlichen Grau des Himmels, das Erscheinen der ersten hellen Sterne. Vielleicht steht gerade die schmale Sichel des zunehmenden Mondes über dem Horizont. Unsere Augen gewöhnen sich ganz allmählich an diesen Wechsel von Hell nach Dunkel und passen sich den neuen Lichtverhältnissen an. Verschwunden ist das vertraute, blaue Gewölbe mit seinen Wolkenformationen. Wir staunen über die zahlreichen Lichtpunkte. Die glitzernde Pracht erstreckt sich auf dunklem Untergrund gleichmäßig in alle Richtungen.
Trotzdem gibt es eine Ordnung, die eine Orientierung ermöglicht. Helle Sterne bilden Gruppen, Ketten, Linien, Bögen und geometrische Figuren.
Bei genauerem Hinsehen stellen wir verschiedene Farben bei den Sternen fest: sie leuchten rot, orange, gelb, weiß oder bläulich. Ab und zu haben wir den Eindruck, als ob ein Lichtpünktchen sich loslöst und blitzschnell seinen Standort verändert. Wenn wir den Himmel die ganze Nacht beobachten, merken wir, wie sich das Band der Milchstraße und die Sterne über uns hinwegbewegen. Gegen Morgen legt sich schließlich ein heller Schleier über die Sterne, und die nächtliche Pracht verblaßt. Die Morgendämmerung setzt ein, und mit dem Sonnenaufgang beginnt ein neuer Tag.
Was wir im Laufe der Nacht gesehen haben, ist nur ein kleiner, dem bloßen Auge zugänglicher Teil der Vielfalt am Himmel. Ein Fernglas oder gar ein kleines Fernrohr erschließt uns einen noch größeren Reichtum an Sternen und anderen Erscheinungen.
Um von einem Lichtpunkt zum nächsten zu kommen, müßten wir viele Jahre unterwegs sein, selbst wenn wir mit der Geschwindigkeit des Lichtes reisen würden – eine unmögliche Annahme. Denn die Lichtgeschwindigkeit ist die größte nach den Gesetzen der Physik mögliche Geschwindigkeit, die nur materielose Wellen erreichen können. Sie beträgt rund 300 000 km/s. Begeben wir uns trotzdem auf eine Phantasiereise und fliegen Hunderte von Millionen Jahre mit Lichtgeschwindigkeit durch den Weltraum: Der Anblick würde sich lange Zeit nicht wesentlich ändern. Immer wieder sehen wir vereinzelte schwächere und hellere Lichtpunkte, kleine Gruppen, größere Ansammlungen. Schließlich verlassen wir diese Umgebung und tauchen in den fast leeren Raum ein. Allmählich verändern sich entfernte schwache Lichter zu nebelartigen Flecken. Beim Näherkommen sehen wir, daß solch ein Fleck wiederum aus vielen Einzelsternen zusammengesetzt

ist. Zwischen diesen Sternen leuchten faserige und geballte Wolken aus Gas oder Staub. Dunkle Gebilde versperren die Sicht auf entferntere Sterne. Bei den meisten solchen Ansammlungen erkennen wir eine rotationssymmetrische Struktur. Von der Mitte gehen aus einer kernartigen Verdickung an zwei einander gegenüberliegenden Stellen dicke Spiralarme aus, die sich einmal oder mehrfach um den Kern winden. Die Zahl der Sterne und die Masse der Gas- und Staubwolken, die solch eine Ansammlung bilden, kann man nur schätzen. Etwa hundert Milliarden Sterne sind hier versammelt und noch einmal rund hundert Milliarden Sterne könnten aus der Materie gebildet werden, die zwischen diesen Sternen liegt. Man nennt diese Gebilde *Galaxien* und diejenigen, die eine ausgeprägte Struktur zeigen, *Spiralgalaxien.* In so einem geordneten System von Sternen und Materiemassen befindet sich auch der Ausgangspunkt unserer Reise, die Sonne mit ihren Planeten, zu denen unsere Erde gehört. Die Ausdehnung unserer Galaxie im Vergleich zu unserem Planetensystem ist so groß, daß man die Dimensionen sinnvollerweise in der Anzahl der Jahre angibt, die das Licht zum Durchlaufen braucht (ein Lichtjahr = 1 Lj = 9460 000 000 000 km, das sind fast 10 Billionen km). Die Entfernung vom Zentrum des Sternsystems bis zum Außenrand (Radius) beträgt 50 000 bis 60 000 Lichtjahre, der Durchmesser also etwa 120 000 Lichtjahre. Eine Galaxie wie die unsere hat die Form einer abgeflachten, diskusförmigen Scheibe mit einer Dicke, die etwa $\frac{1}{10}$ ihres Durchmessers beträgt, und einen kleinen, kugelförmigen Kern. Die Dicke unserer Heimatgalaxie, der *Milchstraße,* beträgt etwa 15 000 Lichtjahre.

Unser Sonnensystem befindet sich zwischen zwei Spiralarmen etwa 30 000 Lichtjahre vom Zentrum der Galaxie entfernt. Der eine Arm verdeckt unseren Blick zum Galaxiezentrum, das wir in Blickrichtung zum Sternbild *Sagittarius* suchen müssen. Der andere Spiralarm, an dessen Innenseite wir stehen, erscheint in der entgegengesetzten Blickrichtung im Sternbild *Perseus.* Der Kreis in der Abbildung zeigt einen kugelförmigen Raum um die Sonne. Mit einem Radius von 5000 Lichtjahren ist dieser Raum die überschaubare Umgebung – die Nachbarschaft – der Sonne. Diese befindet sich nahe der Mittelebene unserer Galaxie, der „galaktischen Äquatorebene". Sie steht nur etwa 50 Lichtjahre nördlich davon. Der galaktische Nordpol liegt im Sternbild *Coma Berenices,* der Südpol im Sternbild *Sculptor.*
Die interstellare Materie, also feinverteilte Gas- und Staubmassen zwischen den Sternen schwächen wegen ihrer absorbierenden Wirkung das Licht weit entfernter Sterne. Deshalb können wir nur in eine begrenzte Entfernung und nicht bis zum Zentrum der Galaxie blicken. In der Projektion an die Himmelssphäre erscheinen uns die Sterne entlang der Äquatorebene als das schmale Band der Milchstraße.
Der *galaktische Äquator* definiert die Bezugsebene zur Aufbaubeschreibung unseres Milchstraßensystems. Die Zählung beginnt im Sternbild *Schütze* oder *Sagittarius* = SAG. Fortlaufend liegen in der Milchstraße die hellen Sterne ALTAIR = A im *Adler,* WEGA = W in der *Leier,* DENEB = D im *Schwan,* die Sterne der *Cassiopeia* = CAS, ALGOL = Al im *Perseus,* CAPELLA = C im *Fuhrmann,* BETELGEUSE = Bet und RIGEL = Ri im *Orion,* PROCYON = Pr im *Kleinen Hund,* SIRIUS = Si im *Großen Hund,* das Sternbild Crux = CRU und die beiden hellsten Sterne (T = Toliman) des *Centauren.* Das Sternbild *Skorpion (Scorpius)* mit dem Stern ANTARES = Aa schließt das Band der Milchstraße.
Unsere Sonne mit ihren Begleitern – den Planeten, Monden, Planetoiden, Meteo-

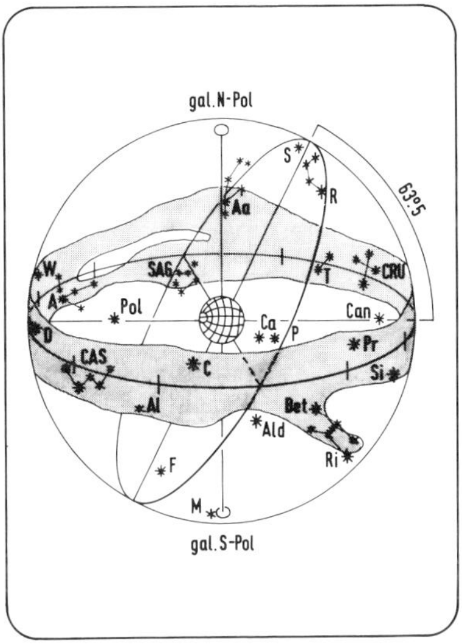

ren, Kometen und der feinverteilten Materie zwischen den Planeten *(interplanetare Materie)* – stellt das Sonnensystem dar, das sich gemeinsam mit den anderen Sternen und der interstellaren Materie in einer Bewegung um das galaktische Zentrum befindet. Die Rotationsgeschwindigkeit unseres Sonnensystems beträgt 220 Kilometer pro Sekunde, ein Umlauf um das Zentrum dauert etwa 250 Millionen Jahre. Außer dieser gemeinsamen Gesamtbewegung *(Rotation der Galaxie)* hat jeder Stern noch eine Eigenbewegung. Deshalb verschieben sich im Laufe vieler Jahrhunderte die Gruppierungen der Sterne untereinander, und der Anblick des Sternenhimmels von unserer Erde aus verändert sich langsam.

Unsere Beobachtungsmöglichkeiten des Sternenhimmels hängen von verschiedenen Umständen ab. Konnten wir bei unserer Phantasiereise durch den Weltraum ungehindert in alle Richtungen blicken, so sind wir auf der Erdoberfläche zwei wesentlichen Einschränkungen unterworfen. Einmal verdeckt die riesige Erdkugel das halbe Himmelsgewölbe unter uns. Aber auch an der sich über uns wölbenden Halbsphäre können wir die Sterne nur dann erkennen, wenn wir uns auf der Nachtseite der Erde befinden. Sobald die tägliche Drehung der Erde unseren Beobachtungsort wieder der Sonne zuwendet, überstrahlt das Sonnenlicht, das in der Erdatmosphäre in alle Richtungen gestreut wird, alle anderen Himmelsobjekte. So wird uns im Wechsel der Jahreszeiten durch den scheinbaren Jahreslauf der Sonne zwischen den Sternen zwar nach und nach ein großer Teil des Firmaments, aber nicht das gesamte Firmament gleichzeitig sichtbar.

Die tägliche Drehung der Erde bewirkt den Wechsel von Tag und Nacht. Ihre Drehachse durchsticht die Erdoberfläche am Nord- und Südpol, und ihre gedachte Verlängerung an die Sphäre definiert den Himmelsnord- und -südpol. Entsprechend bezeichnet der Großkreis, in dem die Äquatorebene die Himmelskugel schneidet, den Himmelsäquator. Ein heller Stern in der Nähe des Himmelsnordpols erleichtert dessen Auffindung. Es ist der *Polarstern* im Sternbild Ursa Minor.

Die Umlaufbahnen der großen Planeten um die Sonne liegen alle nahezu in einer Ebene, die um 63°,5 gegen den galaktischen Äquator und um 23°,5 gegen den Himmelsäquator geneigt ist. Diesen Winkel bezeichnet man als die *Schiefe der Ekliptik*. Die Jahresbahn der Erde projiziert sich in einem Großkreis an den Himmel, den wir als Tierkreis oder *Ekliptik* kennen. Durch die Sternbilder dieses Tierkreises scheint sich die Sonne im Laufe eines Jahres zu bewegen. In Wirklichkeit sehen wir nur den Spiegel der Erdbewegung um die Sonne. In der Nähe der Ekliptik liegen die hellen Sterne ALDEBARAN = Ald im Sternbild *Stier*, CASTOR

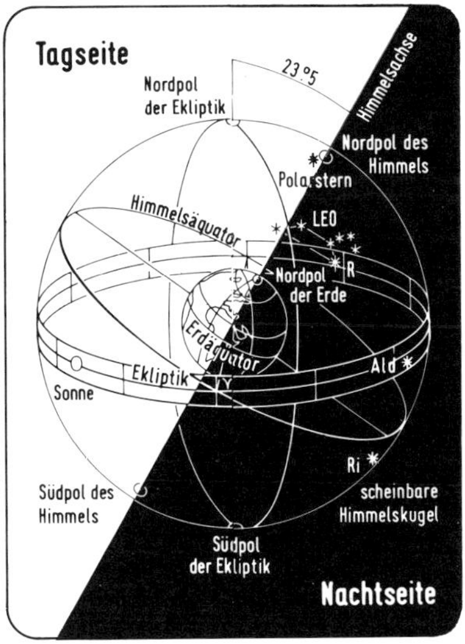

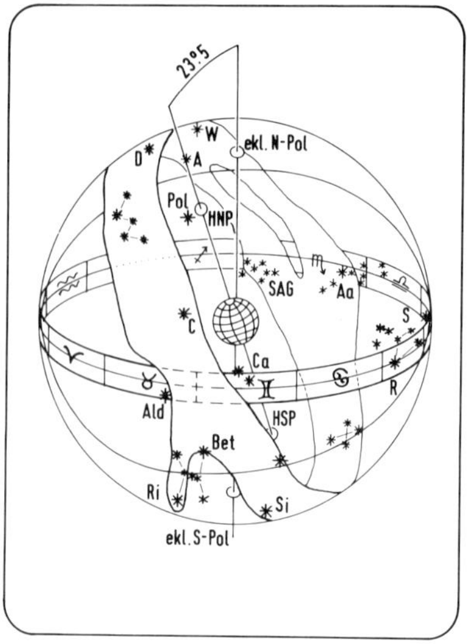

= Ca und POLLUX = P in den *Zwillingen,* REGULUS = R im *Löwen,* SPICA = S in der *Jungfrau* und ANTARES = Aa im *Skorpion.* Die beiden Pole der Ekliptik liegen in den Sternbildern *Drache* (ekl. N-Pol) und *Dorado* (ekl. S-Pol). Alle Planeten finden wir in der Nähe der Ekliptik.

Der für uns sichtbare Teil der Himmelskugel hängt von unserem Standort auf der Erdoberfläche ab. Die sichtbare Himmelshälfte **über** uns ist von der unsichtbaren **unter** uns durch den Horizont getrennt. Versetzen wir uns in Gedanken an den Nordpol der Erde, so befindet sich der Himmelsnordpol mit dem Polarstern senkrecht über uns, und der Himmelsäquator fällt mit dem Horizont zusammen. Alle Sterne zwischen Himmelsäquator und Himmelsnordpol, also die gesamte nördliche Himmelshälfte, sind dort ständig sichtbar, die der südlichen Himmelshälfte liegen immer unter dem Horizont und sind daher unsichtbar. Im Laufe von 24 Stunden dreht sich der Himmel um uns von links nach rechts, wie die Uhrzeiger, denn wir befinden uns in der Drehachse. Am Pol geht kein Stern auf und unter, da jede Sternspur parallel zum Horizont verläuft.

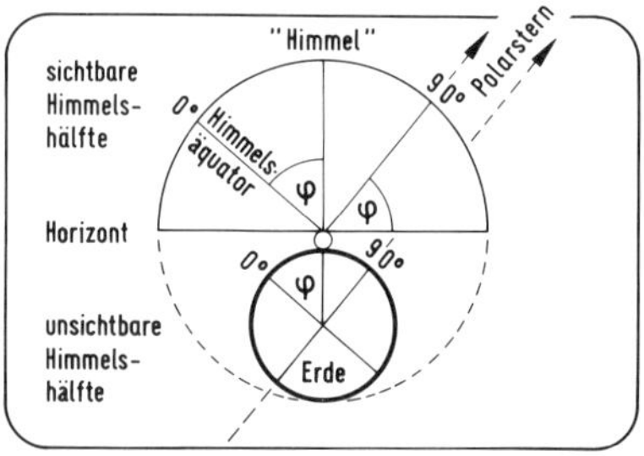

Denken wir uns an den Südpol der Erde, so finden wir die umgekehrten Verhältnisse vor. Wir sehen die gesamte südliche Himmelshälfte, die nördliche bleibt uns ständig verborgen. Die Himmelskugel scheint sich gegen den Uhrzeigersinn zu drehen, also von rechts nach links. Auch hier bewegen sich alle Sterne parallel zum Horizont.

Am Äquator befinden wir uns in einer Ebene mit dem Erdäquator und dem Himmelsäquator. Die beiden Pole liegen im Horizont, verbunden durch die Himmelsachse. Von hier aus übersehen wir das ganze Himmelsgewölbe, alle Sterne beider Hemisphären gehen senkrecht zum Horizont auf und unter.

Gewöhnlich beobachten wir den Himmel in mittleren Breiten zwischen dem Äquator und den Polen. Folglich nehmen Himmelsachse und Himmelsäquator eine mittlere Lage ein. Der Winkelabstand des Himmelsäquators gegen den Scheitelpunkt (*Zenit*) des Beobachters bzw. die Winkelhöhe des Himmelspols über dem Horizont entspricht der geographischen Breite φ des Beobachtungsortes.

Orientierung

Himmelsrichtungen

Schon in den ältesten Kulturen bezogen die Menschen Erscheinungen am Himmel in ihr Leben ein. Die Gesetzmäßigkeit der Abläufe, die Regelmäßigkeit, mit der die Sonne, der Mond und die Sterne sich über den Himmel bewegen gab ihnen Anlaß, über eine höhere Ordnung nachzudenken, die all das bewirkt. Sie fanden einen Spiegel ihrer eigenen Umwelt, mit Werden und Vergehen, mit Geburt und Tod, im Auf- und Untergang der Sonne, die alles erhellt und erwärmt. Bald lernten sie, die Himmelsrichtungen festzulegen: Den Osten ordneten sie dem morgendlichen Erscheinen der Sonne zu, den Süden ihrem Höchststand und den Westen ihrem Verschwinden unter dem Horizont. So konnten sie sich zu Land und auf dem Meer „orientieren". Noch heute benutzen wir dieses Wort, das sich aus dem lateinischen „oriri" (= sich erheben) ableitet. Der Orient ist das Gebiet, wo die Sonne aufgeht. Gegenüber, im Okzident (lat. occidere = niederfallen) geht sie unter.
Auf halbem Weg zwischen Morgen und Abend erklimmt die Sonne den höchsten

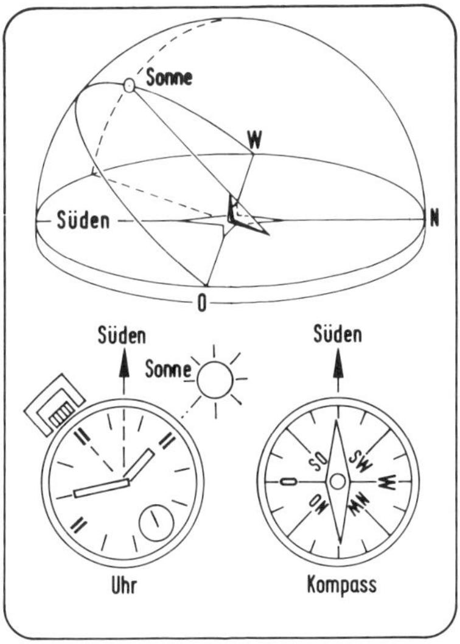

Punkt ihrer Tagesbahn, sie *kulminiert* (lat. culmen = Gipfel) im Mittagskreis oder Meridian, einem Großkreis, der das Himmelsgewölbe in eine Ost- und eine Westhälfte teilt. Die Sonne steht dann „im Mittag" (im Süden), eine Richtungsbezeichnung, die wir nicht nur in der älteren Literatur finden, sondern auch auf alten Landkarten, die nach Süden (oben auf der Karte) orientiert waren. Im Französischen bezeichnet „Midi", im Italienischen „Mezzogiorno" das Land im „Mittag", also im Süden. Die Gegenrichtung ist die Mitternacht, der Norden, wo die Sonne in unseren Breiten unter dem Horizont steht. Diese Richtung können wir mit einem Kompaß finden. Aber schon allein aus der Sonnenrichtung können wir mit Hilfe einer Taschenuhr die Himmelsrichtungen grob bestimmen. Unser Tag ist in 24 Stunden eingeteilt, das Zifferblatt einer Uhr dagegen in 12 Stunden. Im Gegensatz zur Sonne muß der Stundenzeiger daher zweimal am Tag die Runde machen. Nimmt man die Uhr so zur Hand, daß der Stundenzeiger zur Sonne zeigt, so gibt der halbe Winkel zwischen dem Stundenzeiger und der 12 auf dem Zifferblatt die Südrichtung an. Umgekehrt läßt sich die Uhrzeit mit Hilfe eines Schattenstabes (Gnomon) grob ermitteln, da bei kürzester Schattenlänge (oder höchstem Sonnenstand) der Schatten nach Norden zeigt und damit der Zeitpunkt des Mittags festliegt. Auf diesem Prinzip beruht ja auch die Sonnenuhr.
Der schon erwähnte Polarstern befindet sich ganz in der Nähe des nördlichen Himmelspols. Fällt man das Lot von ihm zum Horizont, so hat man die genaue Nordrichtung. Osten ist dann rechts, Westen links und Süden im Rücken. Der Polarstern ist von der als *Großer Wagen* bekannten Sterngruppe aus leicht zu finden. Sie besteht aus drei Deichsel- und vier Wagenkastensternen. Sie erscheinen annähernd gleich hell. Verlängert man die beiden vorderen Kastensterne (der Wagen „fährt" wie ein Kinderwagen am Himmel entlang!) fünfmal um ihren eigenen Abstand in Richtung der Deichselkrümmung, dann trifft die Verlängerung auf einen gleichhellen Stern. Er ist der Polar-

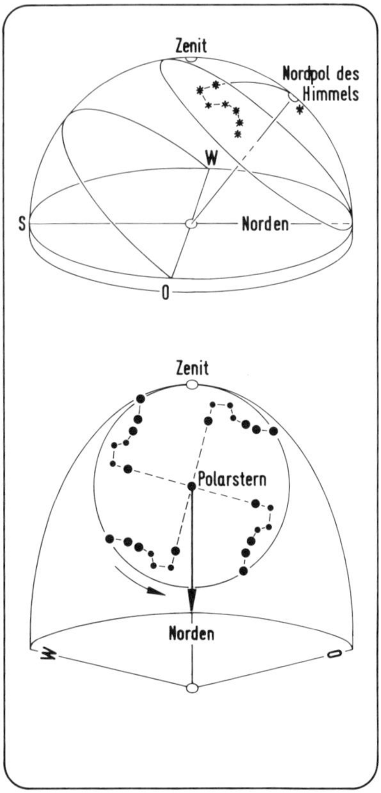

stern (Polaris, eine Verstümmelung von lat. stella polaris).
Der Große Wagen geht in mittleren nördlichen Breiten bis + 40° nicht unter und ist das ganze Jahr über nachts am Himmel zu sehen, allerdings in wechselnden Stellungen zum Horizont je nach Jahres- und Uhrzeit. Er erreicht zwischen + 60° und + 50° geographischer Breite den Zenit, den Scheitelpunkt des Beobachters.
Soweit die Festlegung der Himmelsrichtungen auf der Erde, wie wir sie gewohnt sind und zur Orientierung auf Landkarten benutzen. Sie lassen sich so ohne weiteres nicht auf den Himmel übertragen. Dazu sind einige grundsätzliche Überlegungen nötig. Viele Sternfreunde, die sich zum ersten Mal mit einer Sternkarte beschäftigen und sich nach ihr am Himmel orientieren wollen, hat es verwirrt, auf den Karten Ost und West vertauscht zu sehen, (nämlich Norden oben, Osten links, Westen rechts). Das liegt daran, daß wir von außen (oben) auf die Oberfläche der Erde, aber vom Inneren der „Himmelskugel" an die Himmelssphäre blicken. Dies zeigt die Skizze des Sternbildes Orion. In dieser Gruppierung glaubte man eine menschliche Gestalt zu erkennen. Der Orion liegt auf dem Himmelsäquator und reicht etwa zu gleichen Teilen nach Norden und Süden. Dicht am Äquator stehen die drei sogenannten Gürtelsterne. Betrachten wir den Orion von einem Ort auf der nördlichen Erdhalbkugel, so ist Norden „oben", Süden „unten" und aus dem vorher erläuterten Westen „rechts" und Osten „links". Die Bezeichnungen oben – unten, rechts – links können aber nicht ohne weiteres mit den Himmelsrichtungen am Horizont des Beobachtungsortes in Beziehung gebracht werden. Man kann das selbst am Beispiel des Großen Wagens ausprobieren. Die Astronomen vermeiden daher diese Angaben und wenden seit langem eine eindeutige Methode an. Der Stern Aldebaran im Stier erscheint zum Beispiel zu einem früheren Zeitpunkt über dem Horizont, geht früher durch den Meridian und auch früher unter als das ihm nachfolgende Sternbild Orion. Er ist daher ein dem Orion „vorausgehender" Stern. Anders verhält es sich mit Sirius im Großen Hund: er folgt dem Orion nach im Aufgang, im Meridiandurchgang und im Untergang.
Nach dieser Definition sind alle Objekte, die sich bei der scheinbaren täglichen

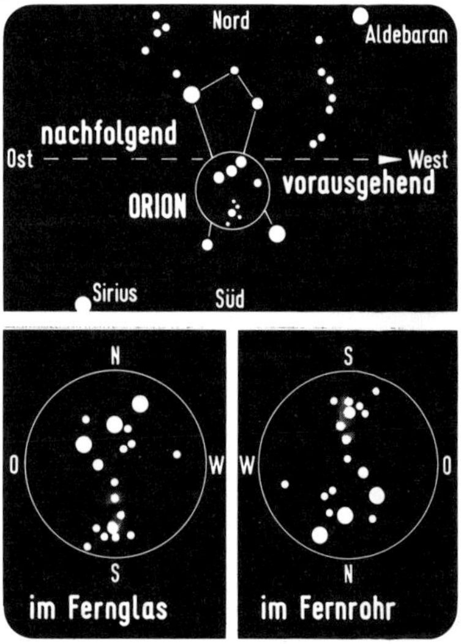

(Ost-West-)Drehung des Himmels vor einer bestimmten Himmelsgegend herbewegen, die „vorausgehenden", die hinterher kommenden die „nachfolgenden". Das ist eine eindeutige Angabe. Daraus erklären sich auch manche antiken Eigennamen von Sternen. Das gilt beispielsweise für Aldebaran, den hellsten Stern im Stier, der bei den Arabern „ad-dabaran" = der (nämlich den Plejaden) Nachfolgende hieß. Bei der Benutzung eines Fernglases oder eines Fernrohrs mit Prismenumkehrsatz, das ein „aufrechtes" Bild einer Himmelsgegend liefert, ändert sich

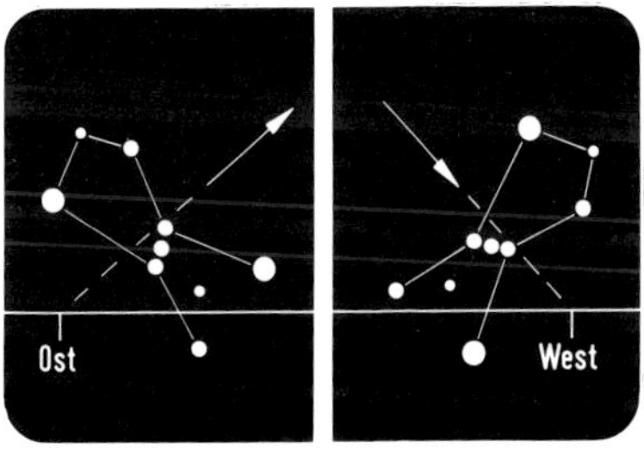

an den Richtungen gegenüber der Beobachtung mit bloßem Auge nichts. Im umkehrenden Fernrohr dagegen werden mit dem Bild auch die Himmelsrichtungen umgekehrt. Beim Aufsuchen schwacher Himmelsobjekte muß man deshalb darauf achten, ob das gesuchte Objekt dem Leitstern vorausgeht oder nachfolgt: entsprechend muß das Fernrohr bewegt werden.

Die Himmelsrichtungen an den Oberflächen der Planeten, unseres Mondes und der Planetenmonde sind den geographischen der Erde angeglichen (Prinzip: Sonnenaufgang im Osten), ein besonderer Hinweis wird bei deren Beschreibung gegeben. Ost- und Westpunkt auf der Erde lassen sich übrigens auch durch Beobachtung einer markanten Sterngruppe bestimmen, z.B. mit den schon erwähnten drei Gürtelsternen des Orion. Sie stehen diagonal in dem großen Sternviereck ziemlich genau am Himmelsäquator. Exakt trifft das für den vorausgehenden, den westlichsten der drei Gürtelsterne zu.

Vielfalt der Himmelskörper

Wir haben wie selbstverständlich bisher Bezeichnungen gebraucht, die noch einer genaueren Definition bedürfen, bevor wir mit den Beschreibungen fortfahren und zu den Beobachtungen übergehen. Allzuoft führt eine unpräzise Bezeichnung zu Verwirrungen.

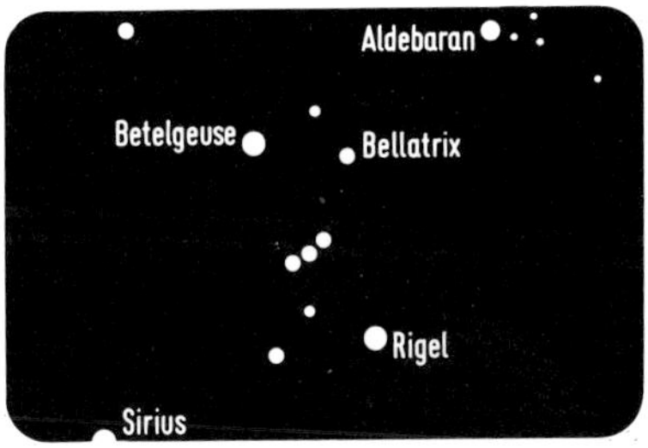

Die Fixsterne

sind selbstleuchtende, sonnenähnliche Himmelskörper in so großen Entfernungen von uns, daß sie dem Auge trotz ihrer oft riesigen Ausdehnung nur als Punkte erscheinen. Auch im Fernrohr bleiben sie punktförmig. Wie wir schon sahen, bewegen sich alle Sterne durch den Raum, aber aufgrund der weiten Abstände untereinander führen selbst die hohen Reisegeschwindigkeiten mancher Sterne nur zu winzigen Ortsveränderungen der Lichtpunkte an der Himmelskugel. Man hat daher die Sterne, da sie am Himmel wie festgeheftet erscheinen, seit altersher als Fixsterne bezeichnet (lat. stellae fixae, von fixus = festgemacht), sie nehmen an den Himmel fixiert an dessen scheinbarer täglichen Umdrehung teil. Selbst die Bezeichnung „Firmament" für die Himmelssphäre ist auf die Ansicht früher Beobachter und Naturphilosophen zurückzu-

Cassiopeia. 12. 5. 1982, 22.17 Uhr UT, Stuttgart. Optik: 1:1,4/50 mm, Kodak Ektachrome 200, Bt = 6 s. Aufnahme: Beneke

Cassiopeia. Ohne Aufnahmedatum und Ort. Optik: 1:2,8/50 mm, 3M 1000 ASA, BT = 6 min. Aufnahme: Weidlich

führen, daß der Himmel in sich statisch, d.h. unveränderlich fest sei (lat. firmus = sicher) als das letzte Begrenzende der dem Menschen wahrnehmbaren, veränderlichen Welt.

Je nach ihrer Leuchtkraft und Entfernung erscheinen uns die Fixsterne mehr oder weniger hell. Sehr helle Sterne bilden auffällige Figuren am Himmel, die unsere Vorfahren zu Sternbildern ordneten. Zu den bekanntesten gehören Ursa Maior, Pegasus, Skorpion, Orion und Kreuz des Südens. Wir heutigen Menschen haben einige dieser Benennungen von alten orientalischen Kulturen übernommen. Andere Völker, vor allem in anderen Kontinenten und auf isolierten Inselgruppen, sahen, bevor sie dem europäischen Einfluß unterworfen wurden, ganz andere Dinge aus ihrer Erfahrungswelt in den Gruppierungen der Sterne.

Viele Sterne erscheinen uns als Einzelsterne, doch fallen auch einige auf, die dicht beieinander stehen. Sie werden als *Doppelsterne* bezeichnet. Zwei Arten sind dabei zu unterscheiden: die scheinbaren, die sich von uns aus gesehen dicht nebeneinander an den Himmel projizieren, tatsächlich aber im Raum auf der Sehlinie weit voneinander entfernt stehen, und die physischen oder wirklichen Doppelsterne, die durch ihre gegenseitige Massenanziehung auf engerem Raum aneinander gebunden sind. Meist erscheinen sie dem Auge als **ein** Stern, und erst das Fernglas

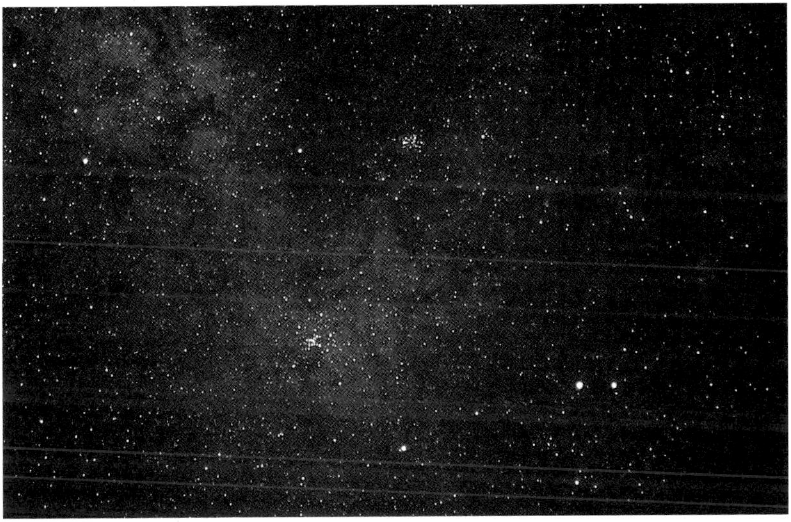

oder gar das Fernrohr trennt die beiden Punkte – wenn das überhaupt möglich ist. Wir wissen heute, daß die meisten Sterne Doppel- oder sogar Mehrfachsysteme sind. Einzelsterne wie unsere Sonne stellen eine Minderheit dar.

Die Sternhaufen

sind die sichtbare Gemeinschaft vieler Sterne, die sich im Raum dichter drängen als die vielen Individualisten, die auf Distanz halten. Die Sternhaufen sind auch der sichtbar gewordene Prozeß des Werdegangs der Sterne vom Beginn auf engstem Raum bis hin zum Verlöschen in den Weiten des galaktischen Systems. Dem bloßen Auge erscheinen am Himmel besonders zwei Gruppen auffällig: die Plejaden und die Hyaden im Sternbild Stier (Taurus). Ein Fernglas oder ein Fernrohr mit schwacher Vergrößerung bietet uns

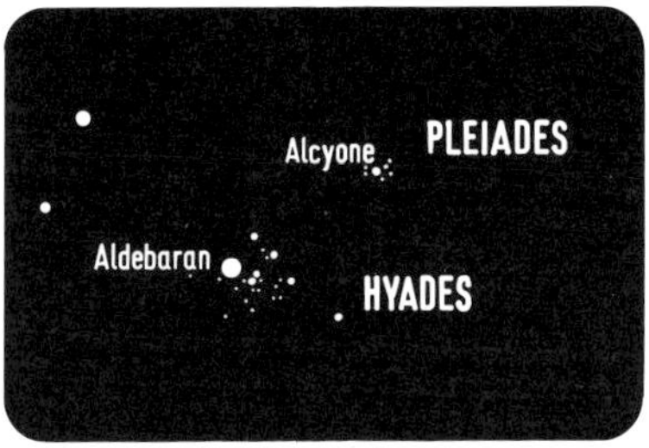

Offener Sternhaufen M 7. Sinai. Optik: 1:2,8/135 mm, Kodak Ektachrome 400, Bt = 6 min. Aufnahme: Weidlich

Offene Sternhaufen h und χ Persei. 1. 11. 1980 Schwarzwald. Optik: 1:2,8/135 mm, Kodak Ektachrome 400, Bt = 6 min. Aufnahme: Weidlich

den ganzen Zauber dieser Sterngemeinschaften. Auch das Band der Milchstraße zeigt eine Vielfalt davon in allen Variationen. Bei diesen Sternhaufen müssen wir zwei Gruppen voneinander unterscheiden. Zum einen sind es die mehr oder weniger lockeren bis dichten Ansammlungen der *Offenen Sternhaufen,* zu denen die Plejaden und Hyaden (lat. Pleiades und Hyades) gezählt werden. Zum anderen finden wir mattleuchtende, wolkenartige Flecken, die mit optischen Hilfsmitteln sofort als symmetrisch in ihrer Erscheinung zu erkennen sind und wegen ihrer kreisförmigen Struktur als *Kugelsternhaufen* bekannt sind. Bei stärkerer Vergrößerung lösen sich die Ränder schnell in Einzelsterne auf. Sind in Offenen Sternhaufen einige Dutzend, einige hundert bis zu etlichen tausend Sterne versammelt, so werden Kugelsternhaufen von hunderttausenden Sternen geformt. Bekannteste Beispiele sind M 13 im Sternbild Herkules und Omega Centauri.

Das Milchstraßenband

kommt durch das gesamte Licht aller entfernteren Sterne unserer Heimatgalaxie zustande. Seine Erscheinung konnten sich die Menschen früher nicht anders als durch Sagen erklären. Wir haben bei unserer gedanklichen Reise bereits gesehen, daß es durch die Projektion der Sterne in der abgeflachten Galaxie-Scheibe an unseren Himmel entsteht und ihn gleichmäßig umspannt, weil wir uns in der zentralen Ebene der Galaxie befinden. Die Ränder des Bandes erscheinen nicht gleichmäßig, aber sie sind auch ohne harte Konturen. In einer sehr klaren Nacht wird deutlich, daß sie weich in den angrenzenden Raum übergehen. Eine Reihe hellerer Sterne folgt dem Band um den Himmel: *Capella* (C), *Deneb* (D), *Wega* (W), *Antares* (An), *Toliman* (T), *Sirius* (S), *Pollux* (P). Dicht am Rand stehen *Canopus* (Ca), und *Aldebaran* (Al), weitab leuchtet *Arcturus* (A). Nicht weit weg und das Band begleitend finden wir unsere Nachbargalaxie, den *Andromedanebel* (M31) sowie die engsten Nachbarn unserer Galaxie, die *Kleine* (NMi) und die *Große Magellansche Wolke* (NMa) (Abkürzung der lat. Bezeichnungen Nubecula Minor NMi bzw. Nubecula Maior, NMa).

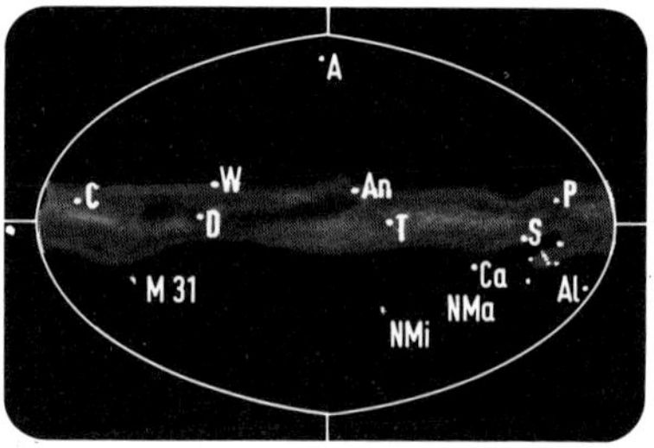

Die sogenannten Nebel

tragen ihren Namen nicht zu recht, denn sie bestehen nicht aus Wasserdampf und sind daher keine Wolken im irdischen Sinne. Aber wegen ihres Aussehens wurden sie von früheren Fernrohrbeobachtern so benannt und behielten dann diese Bezeichnung in der Umgangssprache der Astronomen bei. M31 ist das Abbild unserer eigenen Galaxie, und erst mit modernen Instrumenten ist es gelungen, ihre Struktur detailliert zu untersuchen. Beim *Andromedanebel* geht es uns, wenn wir

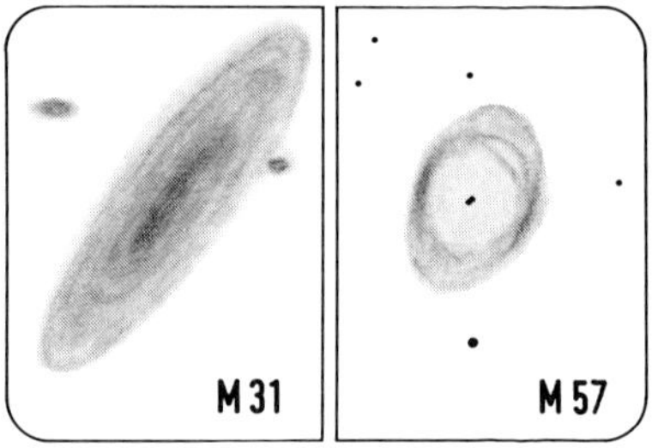

ihn mit bloßem Auge, Fernglas oder Fernrohr beobachten, wie mit dem Band der Milchstraße: wir sehen nur das gesamte Leuchten seiner Milliarden Sterne. Aber bei ihm und den anderen, gleichartigen Sternsystemen sehen wir von „außen", was wir bei unserer Galaxie nur von „innen" sehen können. Neben diesen, als Galaxien bezeichneten „Nebeln", gibt es an unserem Himmel noch leuchtende Nebel, die flächig, manchmal auch kreisförmig und den Planeten ähnlich erscheinen und deshalb die Bezeichnung *Planetarische Nebel* tragen. Es sind Gashüllen um heiße Sterne, die nur mit optischen Mitteln sichtbar werden, wie z. B. M57, der Ringnebel im Sternbild *Leier* (Lyra). Sie gehören zu unserer Milchstraße genauso wie die Gas- und Staubnebel, die im Licht heißer, ihnen nahestehender Sterne leuchten. Die bekanntesten Beispiele sind der Orionnebel und der Trifidnebel. Verdecken große Mengen der feinverteilten Dunkelmaterie *(Interstellare Materie)* zwischen den Sternen die dahinterstehenden Sterne, so erscheint uns dort die Milchstraße dunkel, wie durchlöchert, z.B. im Sternbild Adler (Aquila) und neben dem Kreuz des Südens (Crux).

Die veränderlichen Sterne

sind in ihrer Gesamtheit Sterne, die nicht gleichbleibend zu leuchten scheinen, sondern deren Helligkeit mehr oder weniger regelmäßig variiert. Schon mit bloßem Auge läßt sich der Lichtwechsel des Sterns Algol im Sternbild Perseus beobachten. Dieser eindrucksvolle Vorgang rührt daher, weil ein weniger heller Begleiter dieses Mehrfachsterns den helleren Zentralstern bei seinem Umlauf von der Erde aus gesehen zeitweise abdeckt. Dann nehmen wir nur noch das Licht des schwächeren Sterns wahr. Andere „Ver-

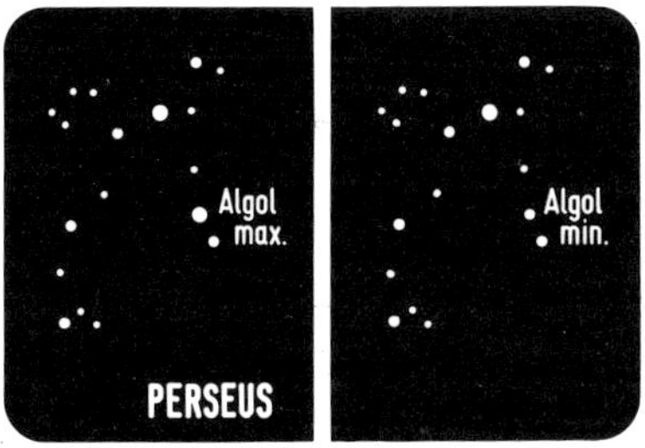

änderliche“ verändern sich tatsächlich, z.B. indem sie sich periodisch aufblähen und wieder zusammenziehen (pulsieren). Dabei ändern sich manche ihrer physikalischen Eigenschaften wie z.B. die Temperatur.

Das Zodiakallicht

ist, wie sein Name schon sagt, ein Leuchten im Bereich des *Zodiakos* symmetrisch zur Ekliptik. Es ist nur zu sehen, wenn keine künstlichen Lichtquellen stören. Auch darf der Mond nicht am Himmel stehen, und die Ekliptik muß möglichst steil gegen den Horizont verlaufen, so daß auch kein Dunst die Erscheinung trübt. In höheren geographischen Breiten, wie z.B. in Euro-

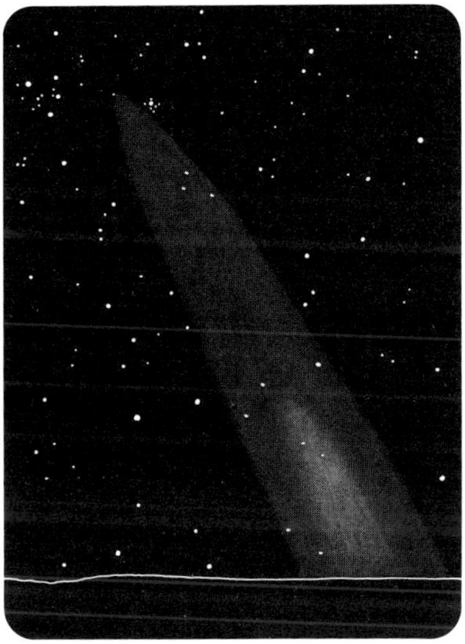

pa ist das im Frühling am Abendhimmel und im Herbst am Morgenhimmel der Fall. (Auf der Südhalbkugel der Erde sind die Verhältnisse zeitlich umgekehrt, entsprechen aber den Jahreszeiten der dortigen Gegend wie auf der Nordhalbkugel!). Am Erdäquator sind die Grundbedingungen nicht von Jahreszeiten abhängig. Das Zodiakallicht ist der Widerschein des Sonnenlichts, das von feinverteiltem Staub zwischen den Planeten reflektiert wird. Unser Bild zeigt für + 50° Breite den Anblick an einem Frühlingsabend. Von den Fischen am Horizont verläuft ein langer Lichtkegel bis zum Stier mit Hyaden und Plejaden hoch am Himmel. Besonders hartnäckige Beobachter seien auf den „Gegenschein“ hingewiesen, einer ursächlich gleichen (aber schwieriger zu beobachtenden) Erscheinung am Nachthimmel, genau gegenüber der Sonne.

Die Kometen

sind mit keinen anderen vergleichbare Himmelserscheinungen. Kometen waren für die Astronomen lange unberechenbar, bis es schließlich doch einem gelang, ihre Bahnen zu bestimmen: dem Engländer Edmond HALLEY (1656–1742). Vorher wurden sie unserer Lufthülle zugerechnet und als atmosphärische Erscheinung gedeutet. Im 16. Jahrhundert wurde es deut-

lich, daß sie weiter entfernt sind und sich zwischen den Planeten bewegen. Es stellte sich heraus, daß sie auf langgestreckten Ellipsenbahnen laufen, so daß ihre Entfernung von der Sonne in weiten Grenzen variieren kann. Wenn sie der Sonne nahe kommen, heizt diese die Konglomerate aus Gestein und Eis auf, sie verlieren bei jeder Wiederkehr Oberflächenmaterie, die sich teilweise im Raum längs der Bahn verteilt. Durch den Einfluß der Sonnenstrahlung auf die losgelösten feinsten, festen Bestandteile und Gase können oft eindrucksvolle und bizarre *Kometenschweife* entstehen, wie wir sie im März 1976 am Morgenhimmel bei dem schon Monate vorher entdeckten Kometen West sehen konnten. Bei Kometenmeldungen heißt es für den Sternfreund jederzeit wach sein! Kometen sind schnellreisende, in Sonnennähe in ihrem Aussehen stark variierende Besucher.

Die Meteore (Sternschnuppen)

sind Leuchtspuren in der hohen irdischen Atmosphäre, in der winzige Materiebrokken aus dem Weltraum in 120 bis 80 km Höhe über der Erdoberfläche mit den Gasmolekülen unserer Lufthülle bei hoher Geschwindigkeit (bis 60 km/s) zusammenstoßen und einen Leuchtkanal hinterlassen. Gewöhnlich schmelzen die Materieteilchen auf, sie können aber auch bersten. Selten fallen sie durch die Atmosphäre hindurch bis auf die Erdoberfläche. Bei einigen handelt es sich um Zerfallsprodukte von Kometen und so können manche Meteorströme auch bestimmten Kometen zugeordnet werden. Als Himmelskörper heißen sie *Meteoroide,* leuchten sie in unserer Lufthülle auf, so nennt man sie *Meteore* (der Name weist auf die frühere Zuordnung zur Lufthülle hin). Gelangen sie bis zur Erdoberfläche und schlagen sie hier auf, so werden sie *Meteorite* genannt. Besonders helle Meteore heißen *Bolide* (Feuerkugeln).

Feinste Staubteilchen, die langsam in der Atmosphäre absinken, sorgen in nördlicheren Breiten als *leuchtende Nachtwolken* in großen Höhen für besondere Himmelsphänomene, vor allem im Sommer, wenn die Sonne nachts nicht sehr tief unter dem Nordhorizont steht. Aber für die

Astronomie sind sie eine Grenzerscheinung.

Die Planeten

bleiben als Begleiter der Sonne immer in der Nähe der Ekliptik. Wie ihr Name *(Wandelsterne)* sagt, stehen sie, im Gegensatz zu den Fixsternen, nie fest an einem Ort, deshalb werden ihre wechselnden Sichtbarkeiten und Positionen in Sternkalendern angegeben (siehe Literaturverzeichnis). Die fünf hellen Planeten Merkur, Venus, Mars, Jupiter und Saturn waren schon im Altertum bekannt. Ihre jetzigen Namen sind die von den Römern eingeführten latinisierten Formen, die auf Benennungen durch die Griechen und orientalische Völker zurückgehen. Die entfernteren Planeten Uranus, Neptun und Pluto sind von der Erde aus lichtschwach und daher nur teleskopisch zu sehen. Alle Planeten leuchten im reflektierten Sonnenlicht. Da sie von sehr unterschiedlicher Größe und Oberflächenbeschaffenheit sind, haben sie verschiedene Helligkeiten, die außerdem stark von ihrer Sonnenentfernung abhängen. Jeder Planet erscheint uns periodisch schwächer und heller, da seine Erdentfernung sich ständig ändert.

Die Monde

sind Begleiter ihrer jeweiligen Planeten und nur mit optischen Hilfsmitteln zu sehen. Eine Ausnahme bildet in jeder Hinsicht unser Erdmond. Zusammen mit der Erde stellt er einen Doppelplaneten dar und unterscheidet sich dadurch von den Satelliten von Mars, Jupiter, Saturn, Uranus und Neptun. Auch der Plutomond nimmt eine Sonderstellung, ähnlich wie der Erdmond, ein. Merkur und Venus haben keine Monde.

Die Planetoiden

sind kleine Sonnenbegleiter mit Höchstdurchmessern von einigen 100 km. Sie bewegen sich meist auf gegen die Ekliptik stärker geneigten, z.T. elliptischen Bahnen um die Sonne. Sie sind sämtlich nur mit optischen, die meisten sogar nur mit fotografischen Hilfsmitteln beobachtbar.

Die Sternbilder

Wir teilen heute den Himmel in 88 Sternbilder ein, die zum Teil schon in frühgeschichtlicher Zeit ihre Benennung erfuhren. Alle Völker, auf allen Kontinenten und Inseln, hatten ihre Sternbilder, wobei die geographische Breite des Beobachtungsortes für die Sichtbarkeit eine entscheidende Rolle spielt. Nur für die Anwohner des Erdäquators werden im Laufe eines Jahres alle Sterne sichtbar. In der Regel sind es hellere und hellste Sterne, die zu Gruppen zusammengefaßt wurden. Aber auch schwächere Sterne, die in auffälligen Konstellationen zusammenstehen, findet man unter den Sternbildern. Viele der heutigen Sternbilder sind uns durch die Griechen sowie durch die Araber aus dem vorderen Orient, namentlich aus Mesopotamien überliefert. Sie haben Bezug zur Jagd, zum Landbau, zum Fischfang, zur Seefahrt, kurz zur Umwelt der damals lebenden Völker. Hinzu kamen Figuren aus der Welt der Sagen, Mythen und der Götterwelt. Merkwürdig ist, daß Pflanzen keinen Platz am Himmel fanden. Nicht immer sehen wir in einer Sterngruppierung eine so deutliche Figur wie in den alten Sternbildern Löwe (Leo) oder Orion. Und der Himmelswagen wurde erst dann so benannt, als auf der Erde bereits vierrädrige Transporthilfsmittel rollten. Die wenigsten Sterne hatten Eigennamen, sie wurden immer zusammen mit den anderen gesehen. Durch die Überlieferung kam es auch zu Veränderungen in der Zuordnung, wie uns ein Beispiel verdeutlichen kann. So schreibt PTOLEMÄUS im siebenten Buch, viertes Kapitel „Einrichtung des Fixsternkatalogs" seines „Handbuch der Astronomie" (Almagest) um 150 (n. Chr.): „... *Was ferner die charakteristischen Beziehungen der einzelnen Sterne zu der dargestellten Gestalt an sich betrifft, so haben wir uns nicht durchgängig an die Bezeichnung gehalten, die unsere Vorgänger gebraucht haben, ebensowenig wie diese ihren einstigen Vorgängern gefolgt sind, sondern wir haben vielfach andere Benennungen eingeführt, je nachdem es die bessere Charakterisierung und gefälligere Abrundung der Umrißlinien forderte ...*"! (Es folgt ein Beispiel am Sternbild Virgo = Jungfrau).

Durch PTOLEMÄUS sind uns 48 antike Sternbilder überliefert, 21 auf der Nordhalbkugel, 12 am Zodiakos und 15 auf der Südhalbkugel des Himmels. Er bezog die Sterne und Sternbilder auf die Ekliptik (Sternpositionen gemessen in ekliptikaler Länge und Breite), da seit HIPPARCH (2. Jh. v. Chr.) bekannt war, daß das Äquatorsystem des Himmels sich gegen das ekliptikale verschiebt *(Präzession der Äquinoktien* s. S. 202). Das Sternbild Waage hieß damals „Scheren" (des Skorpions), am Südhimmel war noch das Sternbild Schiff „Argo" zu finden, das in neuerer Zeit aufgeteilt wurde in drei separate Sternbilder (Carina, Puppis, Vela). Die kulturellen Kontakte der Araber zu den Griechen führte im 8. Jahrhundert zur Übersetzung des Almagest. In den Jahrhunderten danach gelangte durch die Araber und ihre Handelsbeziehungen zu Europa u.a. auch das Wissen der antiken Astronomie in das Abendland. Die ins Arabische übersetzten Sternbildbeschreibungen wurden nun teilweise ins Lateinische übertragen, teilweise sind die arabischen Bezeichnungen aber auch beibehalten worden. So entstanden z. B. durch Abkürzungen längerer Beschreibungen der Lage eines Sterns zu anderen Sternen die heute gebräuchlichen Namen der Sterne: ALDEBARAN, hellster Stern im *Taurus* (Stier), bedeutet übersetzt soviel wie „der (den Plejaden) Nachfolgende" (im täglichen, scheinbaren Himmelsumschwung). REGULUS, hellster Stern im *Leo* (Löwen) und dicht an der Ekliptik stehend, wurde nach der Positionsbeschreibung des Ptolemäus von den Arabern „qalb al-asad" (Herz des Löwen) genannt. Der heutige Name geht auf eine Beschreibung des Nicolaus COPERNICUS in seinem Werk „De revolutionibus orbium coelestium" zurück. Daß die Sterne in heutigen Sternatlanten durch kleine griechische Buchstaben gekennzeichnet werden, verdanken wir dem Augsburger Rechtsanwalt Johannes BAYER. Er veröffentlichte im Jahre 1603 einen Sternatlas mit dem Titel „Uranometria". Der jeweils hellste Stern eines Sternbilds erhielt darin den Anfangsbuchstaben α (alpha) des griechischen Alphabets. Nicht immer stimmen diese Buchstaben mit der Reihenfolge der Sternhelligkeiten innerhalb eines Sternbilds überein. Als im Jahre 1720 eine Nachauflage von BAYERS „Uranometria" in Ulm erschien, wurde ein Druckfehler übersehen. Seitdem heißt der Stern Betelgeuse in Deutschland Beteigeuze (es ist der hellste Stern im Orion). BAYER fügte den 48 Sternbildern des Ptolemäus weitere 12 hinzu, deren Quelle exotischer Herkunft sind, beeinflußt von den Welteroberungen durch die Europäer. Sein Zeitgenosse Tycho BRAHE (1546–1601) fixierte ein einzelnes erhaltenes Sternbild, das wir unter der Bezeichnung *Coma Berenices* (Berenices Haupthaar) kennen. ROYER benannte zwei weitere Bilder, und von dem Danziger HEVELIUS stammen neun. Einen Eingriff nahm LACAILLE vor, als er nicht nur den Rest des Himmels mit z. T. sehr schwachen Figuren versah, denen er, ein echtes Kind seiner Zeit, dem neuen Zeitempfinden entsprechend moderne Bezeichnungen zuordnete – er zerlegte das Schiff Argo und definierte daraus drei neue Teile als eigenständige Konstellationen, so daß es heute nur noch 47 von PTOLEMÄUS und 17 von LACAILLE benannte Sternbilder gibt.

Die Geschichte unserer Sternbilder ist sicher viel älter als die schriftlich belegte Geschichte der Völker Europas und Asiens, sie reicht zurück bis in prähistorische Zeit. Wie weit sich ihre Entwicklung zurückverfolgen läßt, hängt einmal von archäologischen Entdeckungen ab (wie sie z. B. durch die neue Disziplin der Archäoastronomie betrieben werden). Zum anderen können hier die Anthropologie, die Ethnologie, die Linguistik noch sehr viel beitragen. Die Geschichte des Sternenhimmels ist auch eine Geschichte der menschlichen Gesellschaft, deren Entwicklungsstufen an den Himmelsbildern ihren Ausdruck finden (Bezug zu domestizierten Tieren: Widder, Stier; Mythos und Heroengeschichte: Hercules; Weltumseglung und Entdeckerfahrten: Navigationsgeräte; moderne Naturwissenschaft: Instrumente am Himmel). Unsere Zeit hat es geschafft, die Gegenstände in Form von Satelliten selbst an den Himmel zu versetzen.

ABC der Sternbilder

Die Einteilung des Sternhimmels in Sternbilder geht im wesentlichen auf frühgeschichtliche Kulturkreise zurück. Die Sternbildnamen beziehen sich meist auf mythische Figuren und Legenden. Sie werden im allgemeinen in lateinischer Form geschrieben. Heute unterscheiden wir 88 Sternbilder, deren Grenzen international festgelegt wurden.

Entsprechend ihrer Helligkeit werden den einzelnen Sternen dieser Sternbilder die Buchstaben des griechischen Alphabets zugeordnet, und zwar erhält der hellste Stern in der Regel den Buchstaben α Alpha, der zweithellste Stern β Beta, der dritthellste Stern γ Gamma, usw.

α	Alpha	ν	Ny
β	Beta	ξ	Xi
γ	Gamma	ο	Omikron
δ	Delta	π	Pi
ε	Epsilon	ρ	Rho
ζ	Zeta	σ	Sigma
η	Eta	τ	Tau
ϑ	Theta	υ	Ypsilon
ι	Jota	φ	Phi
κ	Kappa	χ	Chi
λ	Lambda	ψ	Psi
μ	My	ω	Omega

Weiterhin teilt man die noch mit bloßem Auge sichtbaren Sterne in sechs Größenklassen ein (lat. magnitudo = Größe, Abk. m). Die hellsten Sterne haben die Größenklasse 1 (1^m). Ein Stern dieser Größenklasse ist 2,5 mal heller als ein Stern der 2. Größenklasse (2^m).

Die Fläche des Himmelsgewölbes umfaßt 41253 Quadratgrad. Die flächenmäßig größten Sternbilder sind Hydra (Wasserschlange), Virgo (Jungfrau) und Ursa maior (Großer Bär) mit 1303, 1294 und 1279 Quadratgrad Fläche. Sie stehen in der Rangfolge der 88 Sternbilder an (1.), (2.) und (3.) Stelle.

Die Angaben und Abkürzungen zu den einzelnen Sternbildern sind so zu lesen:

1. Zeile: Sternbildnummer, Name des Sternbildes (lateinische Schreibweise), gebräuchliche Abkürzung. 2. Zeile: abgekürzter Name des Astronomen, der das Sternbild eingeführt bzw. benannt hat (siehe Abkürzungen), Fläche des Sternbildes in Quadratgrad, Rangfolge des Sternbildes entsprechend seiner Flächengröße, Lage des Sternbildes: N – Nordhalbkugel, S – Südhalbkugel.

Weitere Angaben zur Lage am Himmel lesen sich: ekliptikal – an der Ekliptik gelegen; zirkumpolar – für + 50° geographische Breite (Mitteleuropa).

Genaue Daten zu den Nebeln und Sternhaufen finden Sie im Tabellenteil.

Abkürzungen

B	=	Bayer	1603
H	=	Hevelius	1690
L	=	Lacaille	1752
Pt	=	Ptolemäus	150
R	=	Royer	1679
Ty	=	Tycho Brahe	1590

Ferner sind noch weitere Abkürzungen verwendet:

Alpha α, Beta β usw.	Sternbezeichnung nach Bayer
A, B	Doppelstern, Systemkomponenten
d	Durchmesser in Bogenminuten (′), Bogensekunden (″)
$d_{(dies)}$	Tag
IC	Index Catalogue (Ergänzung zu NGC)
irr.	irregulär, unregelmäßige Helligkeitsschwankung bei Veränderlichen
Lj	Lichtjahr(e)
K0, B8V	Spektraltypen (s. S. 208)
$m_{(magnitudo)}$	lat. Größe. Scheinbare Helligkeit von Sternen
M1, M2 usw.	Katalognummer nach Messier (s. Tab. S. 244 ff.)
N	Anzahl der Sterne im Haufen
NGC	New General Catalogue of Nebulae and Clusters of Stars
P	Periode veränderlicher Sterne
RCrB	Prototyp der R-Coronae-Borealis-Veränderlichen
R, U	Bezeichnung der veränderlichen Sterne
Sb	Spiralgalaxie mit Untergruppierung (s. Tab. S. 253 f.)
var. δ Cep	variabel, veränderlicher Stern Typ δ Cephei

Quelle: Hirshfeld, Alan and Sinnott, Roger W. Sky Catalogue 2000.0, Vol. 1 und Vol. 2 Sky Publishing Corp. Cambridge, Mass., USA.

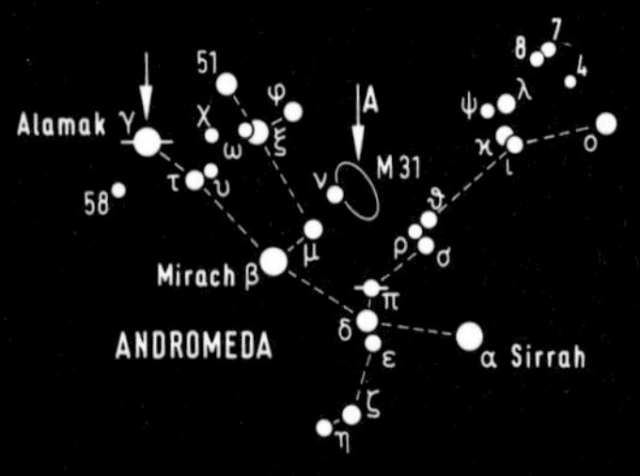

1 ANDROMEDA And

Pt 722,278 (19.) N
teils zirkumpolar

Andromeda. Tochter des Königs Kepheus und dessen Gemahlin Kassiopeia.

α	And	Sirrah	$2^{m}.06$	
β	And	Mirach	2.06	
γ	And	Alamak	2.18	Doppelstern für kleine Fernrohre:
			A: 2.28	K0 rot
			B: 5.08	B 8 V blau, Abstand: 10″,0

M 31, Typ Sb I-II, $3^{m}.47$, Entfernung ca. 2400000 Lj. Es ist der bekannte Andromedanebel, schon mit bloßem Auge wahrnehmbar, das uns am nächsten stehende extragalaktische System gleicher Abmessung wie unsere Heimatgalaxie. In seiner Nachbarschaft die beiden begleitenden Systeme M 32, Typ E 2, $8^{m}.21$ und M 110, NGC 205.

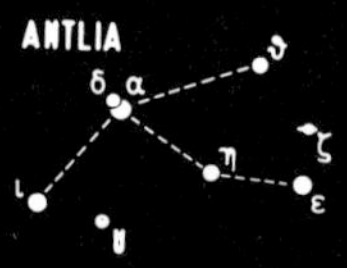

2 ANTLIA Ant

L 238,901 (62.) S

Luftpumpe. Unscheinbares Sternbild zwischen Centaurus und Vela.

α	Ant	$4^{m}.25$	
U		5.38	irr. var.

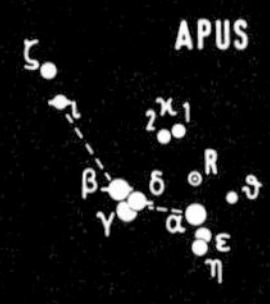

3 APUS Aps

B 206,327 (67.) S

Paradiesvogel. Verkürzte Form, eigentlich Avis Indica. Sterne 4. Größe und schwächer, zwischen Triangulum Australe und Himmelssüdpol.

R $5^{m}.0$ bis $6^{m}.2$ irr. var.

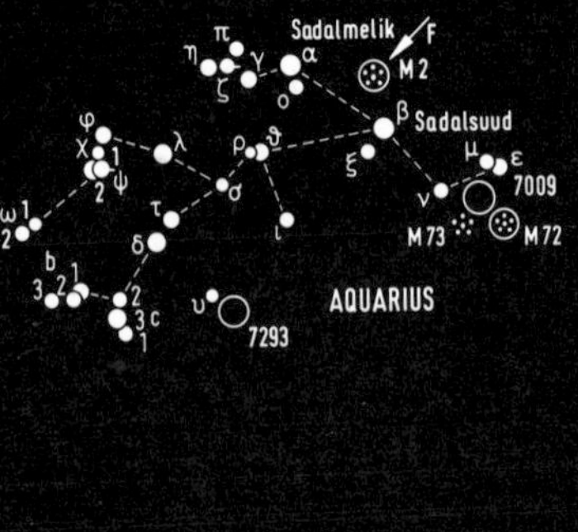

4 AQUARIUS Aqr

Pt 979,854 (10.) N/S
ekliptikal

Wassermann. Sterne 3. Größe und schwächer, bilden eine offene Gruppierung südlich des Pegasus.

α	Aqr	Sadalmelik	$2^{m}.96$
β	Aqr	Sadalsuud	2.91
γ	Aqr	Sadachbia	3.84
δ	Aqr	Scheat	3.27
ϑ	Aqr	Ancha	4.16

Die Sterne ζ und ψ sind teleskopische Doppelsterne. Von den Kugelsternhaufen kann M 2 ($5^{m}.0$) mit dem Fernglas wahrgenommen werden. NGC 7009 (Saturnnebel) und NGC 7293 (Helixnebel) sind zwei schwache planetarische Nebel.

5 AQUILA Aql

Pt 652,473 (22.) N/S
Milchstraße

Adler. Auffällige Sterngruppierung in der Gestalt eines fliegenden Vogels. Der hellste Stern Altair bildet zusammen mit Deneb in Cygnus und Wega in Lyra das „Sommerdreieck".

α	Aql	Altair	$0^{m}77$	
β	Aql	Alschain	3.71	
γ	Aql	Tarazed	2.72	
η	Aql		3.90	var., δ Cephei

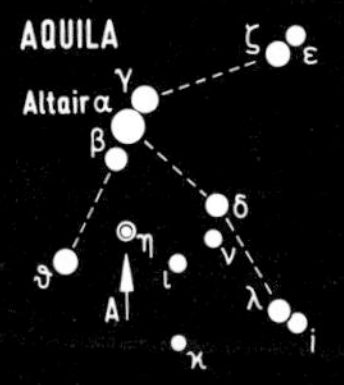

6 ARA Ara

Pt 237,057 (63.) S

(Räucher-) *Altar.* Enge Sterngruppe der Helligkeitsklasse 3 und schwächer südlich des Scorpius.
Für Ferngläser: Offener Sternhaufen: NGC 6193; Kugelsternhaufen: NGC 6397

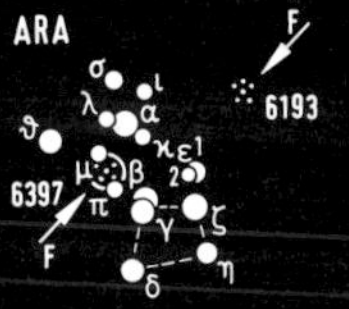

7 ARIES Ari

Pt 441,395 (39.) N
ekliptikal

Widder. Schwaches Sternbild westlich des Taurus und südlich der Andromeda.

α	Ari	Hamal	$2^{m}00$	
β	Ari	Elscheratain	2.64	
γ	Ari	Mesarthim	4.68	Doppelstern für kleine Fernrohre:
			A: 4.68	
			B: 4.59	Abstand: 8″,2

λ und π sind zwei weitere teleskopische Doppelsterne mit schwachen Begleitern. ε ist ein sehr enges Paar gleichheller Sterne.

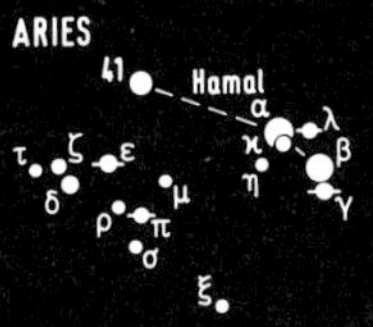

8 AURIGA Aur

Pt 657,438 (21.) N
Milchstraße, teils zirkumpolar

Fuhrmann (Wagenlenker). Auffällige fünfeckige Sternfigur nördlich des Taurus.

α	Aur	Capella	$0^{m}08$	sehr enger Doppelstern
β	Aur	Menkalinan	1.90	var. $2^{m}07$ bis $2^{m}16$ Bedeckungsveränderlicher, P: $3^{d},96$
ε	Aur		2.99	Bedeckungsveränderlicher, P: $9^{d},883$
ζ	Aur	Haedus 1	3.75	Bedeckungsveränderlicher, P: 972^{d}
η	Aur	Haedus 2	3.17	

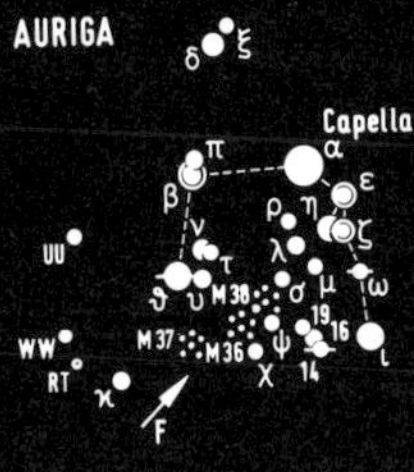

Die Sterne ϑ und ω sind enge Doppelsterne für größere Fernrohre. Der Stern RT ist ein δ Cep-Typ, P: 3^{d},7283, zwischen $5^{m}.37$ im Maximum und $6^{m}.55$ im Minimum. UU ist ein halbregelmäßiger Veränderlicher, P: 3400^{d}, zwischen $5^{m}.1$ und $6^{m}.8$. WW ist ein Bedeckungsveränderlicher Stern, P: 2^{d},5250, zwischen $5^{m}.7$ und $6^{m}.36$. Die offenen Sternhaufen M 36, M 37 und M 38 sind lohnende Fernglasobjekte.

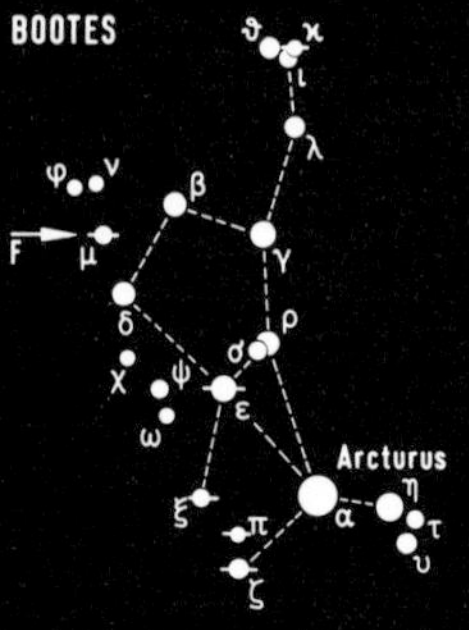

9 BOOTES Boo

Pt 906,831 (13.) N
teils zirkumpolar

Bärenhüter. Auch Ochsentreiber der „sieben Dreschochsen“ (Großer Wagen) des Sternbilds Ursa Maior. Nach der griechischen Sage jagte Arktur (Arcturus = Jäger, der die Bärin im Auge behält) die in eine Bärin verwandelte Kallisto, eine Nymphe, im Gefolge der Jagdgöttin Artemis.

α	Boo	Arcturus	$-0^{m}.04$	
β	Boo	Nekkar	3.50	
γ	Boo	Ceginus	3.03	
ε	Boo	Izar	2.37	
η	Boo	Muphrid	2.68	
μ	Boo	Alkalurops	4.31	Doppelstern, schon im kleinen Fernglas sehr schön zu sehen:
		A:	$4^{m}.47$	F0
		B:	6.67	K0, Abstand: 108″,8

Eine Vielzahl von Doppelsternen, vor allem für leistungsstärkere Fernrohre.

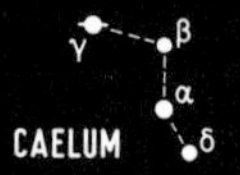

10 CAELUM Cae

L 124,865 (81.) S

Grabstichel. Verkürzte Form von Caela Sculptoris (Grabstichel des Bildhauers). Unscheinbares Sternbild schwacher Sterne südlich des Orion.

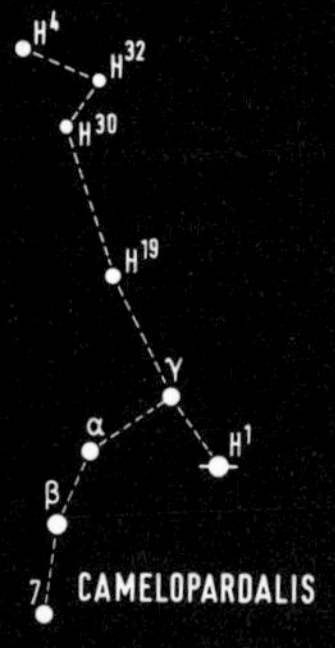

11 CAMELOPARDALIS Cam

H 756,828 (18.) N
zirkumpolar

Giraffe. Schwache Sterngruppierung in einer sternarmen Region zwischen Auriga und Himmelsnordpol.

12 CANCER Cnc

Pt 505,872 (31.) N
ekliptikal

Krebs. Wenig auffälliges Sternbild zwischen Gemini und Leo. Sterne 4. Größenklasse und schwächer.

α	Cnc	Sertan (Acubens)	$4^{m}.25$	
γ	Cnc	Asellus borealis	4.66	(nördl. Esel)
δ	Cnc	Asellus australis	3.94	(südl. Esel)
ι	Cnc		4.02	Doppelstern für Fernglas
			A: $4^{m}.20$	
			B: 6.61	Abstand: 30″,7.

Zwei offene Sternhaufen für Ferngläser, davon der hellere schon mit bloßem Auge wahrnehmbar: M 44 Praesepe (Krippe).

13 CANES VENATICI CVn

H 465,194 (38.) N
teils zirkumpolar

Jagdhunde. Schwache Sterne maximal 3. Größe südlich des Großen Wagens in Ursa Maior.

α	CVn	Cor Caroli	$2^{m}.90$	Doppelstern
			A: 5.39	
			B: 2.78	bis $2^{m}.81$ var., Abstand: 19″,7, P: 5^{d},5

M 3 ist der bekannte Kugelsternhaufen, der wegen seiner Größenklasse ($6^{m}.4$) schon mit dem Fernglas wahrnehmbar ist. M 51 ist ein zweifaches extragalaktisches Sternsystem. Wegen seiner Gestalt auch als Strudelnebel bezeichnet.

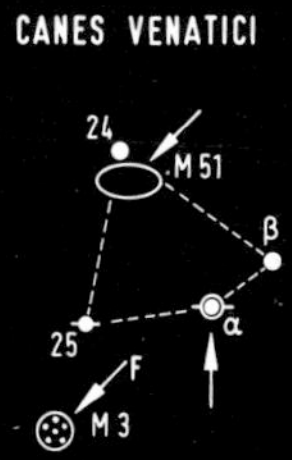

14 CANIS MAIOR CMa

Pt 380,118 (43.) S
Milchstraße

Großer Hund. Gruppierung sehr heller Sterne südöstlich des Orion mit dem scheinbar hellsten Stern an unserem Himmel, Sirius, einer der Sterne des „Wintersechsecks".

α	CMA	Sirius	$-1^{m}.46$	Doppelstern, Begleiter Weißer Zwerg!
β	CMa	Mirzam	1.98	
γ	CMa	Muliphein	4.11	
δ	CMa	Wezen	1.86	
ε	CMa	Adhara	1.50	Doppelstern
ζ	CMa	Phurud	3.02	

M 41 ist ein Fernglasobjekt.

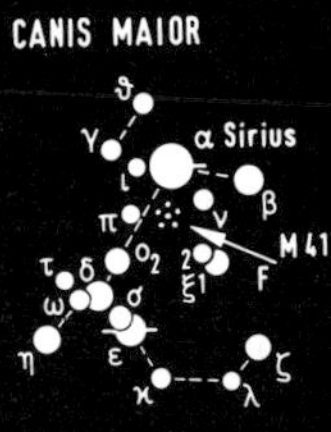

15 CANIS MINOR CMi

Pt 183,367 (71.) N

Kleiner Hund. Sehr kleines Sternbild südlich von Gemini mit dem hellen Stern Procyon (Vorhund), einem der Sterne des „Wintersechsecks".

α	CMi	Procyon	$0^m.38$	Doppelstern, Begleiter Weißer Zwerg!
			A: 0.48	
			B: 9.50,	Abstand: 4″,3.

16 CAPRICORNUS Cap

Pt 413,947 (40.) S
ekliptikal

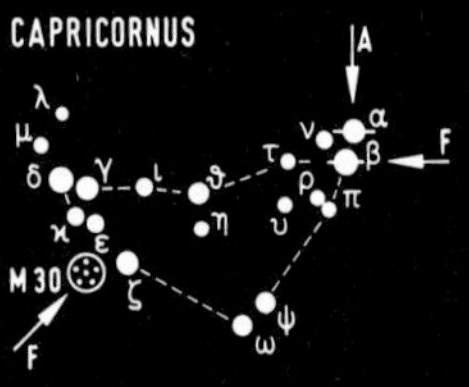

Steinbock. Anfänglich ein Mischwesen – halb Ziege, halb Fisch (Ziegenfisch, häufig auf alten Abbildungen). Gruppe mäßig heller Sterne, schwächer als 3. Größenklasse, südöstlich von Aquila. Der zweifache Stern α Giedi kann zur Prüfung der Augen dienen (normalsichtige Augen sollten ihn trennen können).

α 2, α 1	Cap	Giedi	$3^m.57$	
			4.24,	Abstand: 377″,7
α 2	Cap		3.57	teleskop. Doppelstern
			A: 3.77	
			B: 10.2,	Abstand: 7″,1
β	Cap		3.08	Doppelstern für Fernglas
			A: 3.4	G0
			B: 6.2	B9, Abstand: 205″,3
γ	Cap	Deneb Algedi	3.68	

M 30 ist ein Kugelsternhaufen für Ferngläser und kleine Fernrohre.

17 CARINA Car

L 494,184 (34.) S
Milchstraße

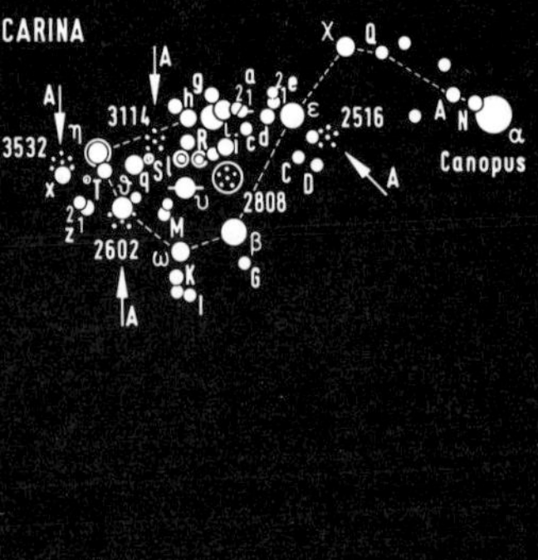

Kiel (des Schiffs). Bildete zusammen mit Puppis und Vela das Schiff ARGO, eines der 48 Sternbilder im Almagest des Ptolemäus. Von Lacaille Mitte des 18. Jahrhunderts in drei Teile zerlegt, stellt es eine der dichtesten Sternansammlungen des Südhimmels dar mit dem sehr hellen Stern Canopus.

α	Car	Canopus	$-0^m.72$	
η	Car			novaähnlicher Veränderlicher $0^m.8$ bis $7^m.9$

Unter den veränderlichen Sternen ist I ein δ Cep und R und S sind Miraveränderliche, der Stern T ist unregelmäßig. Offene Sternhaufen: NGC 2516, NGC 3114, NGC 3532, IC 2602. Kugelsternhaufen: NGC 2808.

18 CASSIOPEIA Cas

Pt 598,407 (25.) N
Milchstraße, zirkumpolar

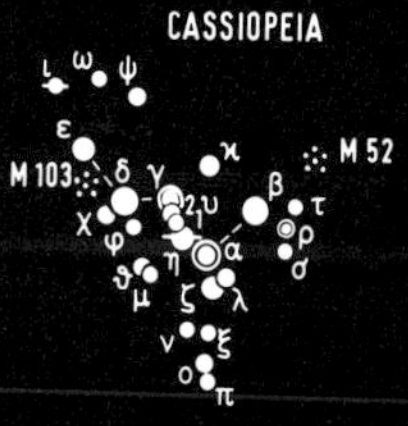

Kassiopeia. Gattin des Königs Kepheus und Mutter der Andromeda.

α	Cas	Schedir	2^m23	var. irr.
β	Cas	Chaph	2.27	
γ	Cas		2.47	var. Novatyp 1^m6 bis 3^m0
δ	Cas	Rucba	2.68	
η	Cas		3.44	Doppelstern, Teleskop
			A: 3.64	
			B: 7.5,	Abstand: 13″,24
ι	Cas		4.52	Doppelstern, Teleskop
			A: 4.7	
			B: 7.0,	Abstand: 2″,3
ρ	Cas		4.54	var. 4^m1 bis 6^m2 (RCrB?)

Offene Sternhaufen für Fernglas: M 52 und M 103.

19 CENTAURUS Cen

Pt 1.060,422 (9.) S
Milchstraße

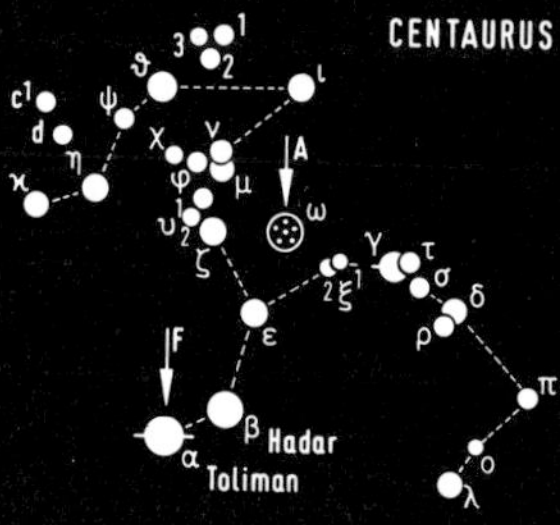

Zentaur. Mythologisches Mischwesen, halb Mensch, halb Huftier. Anhäufung zum Teil sehr heller Sterne südlich von Virgo bis in das Milchstraßenband. Hier ist der sonnennächste Fixstern α Centauri (Toliman) in vier Lichtjahren Entfernung, einer der scheinbar hellsten Sterne an unserem Himmel. Das Sternsystem besteht aus dem engeren Paar alpha 1 und alpha 2 und dem dazugehörigen, entfernteren Stern Proxima Centauri, der unserer Sonne am nächsten steht.

α	Cen	Toliman	-0^m35	Doppelstern für Fernglas
			A: 0.04	G2V
			B: 1.17	K05, Abstand: 14″,1
			C: 11.0	M 5 Proxima
β	Cen	Hadar	0.61	
γ	Cen		2.17	Doppelstern, Teleskop
			A: 2.9	
			B: 2.9,	Abstand: 1″,0
ζ	Cen	Alnair	2.55	
ω	Cen	NGC 5139	3.7	Kugelsternhaufen!

20 CEPHEUS Cep

Pt 587,787 (27.) N
Milchstraße, zirkumpolar

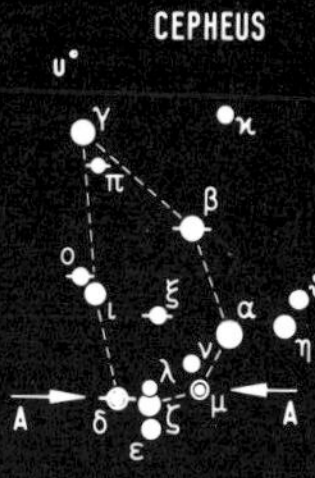

Kepheus. Nach der griechischen Mythologie war Kepheus der Gemahl der Kassiopeia und Vater der Andromeda. Sterne 3. und 4. Größenklasse bilden im Milchstraßenband ein Fünfeck zwischen Cassiopeia und Cygnus.

α	Cep	Alderamin	$2^{m}.44$	
β	Cep		3.23	Doppelstern, Teleskop
			A: 3.32	bis $3^{m}.37$, var.
			B: 8.0,	Abstand: 13″,7
γ	Cep	Errai	3.21	
δ	Cep		3.75	Veränderlicher u. Doppelstern
			A: 3.90	bis $5^{m}.00$, var.
			B: 7.50,	Abstand: 41″,0
μ	Cep		3.60	bis $5^{m}.1$ var., Granatstern

π, ξ und o sind teleskopische Doppelsterne.

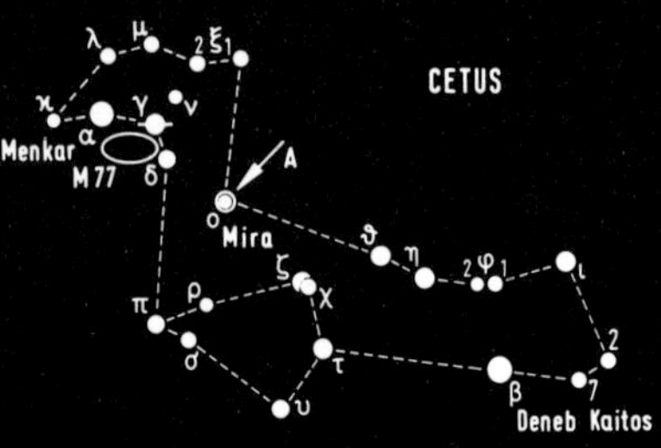

21 CETUS Cet

Pt 1.231.411 (4.) S/N

Wal(-fisch). Sehr ausgedehntes, aber wegen geringer Helligkeit der Sterne (2. und 3. Größenklasse) nicht besonders markantes Sternbild weit südlich von Andromeda und Pegasus.

α	Cet	Menkar	$2^{m}.53$	
β	Cet	Deneb Kaitos	2.04	
γ	Cet		3.47	Doppelstern. Teleskop
		A:	3.7	
		B:	6.4,	Abstand: 3″,0
ζ	Cet	Baten Kaitos	3.73	
o	Cet	(Stella) Mira	3.04	bis $10^{m}.0$ var. P: 331^{d} Doppelstern
		A:	3,04–10,0	
		B:	10.0,	Abstand: 0″,8;

M 77, Galaxie Typ Sbp.

22 CHAMAELEON Cha

B 131,592 (79.) S

Chamäleon. Unscheinbares Sternbild zwischen Carina und Himmelssüdpol.

23 CIRCINUS Cir

L 93,353 (85.) S
Milchstraße

Zirkel. Wenig auffälliges Sternbild zwischen Centaurus und Triangulum Australe.

α	Cir	$3^{m}.19$	Doppelstern. Teleskop.
		A: 8.8	
		B: 3.4,	Abstand: 15″,8.

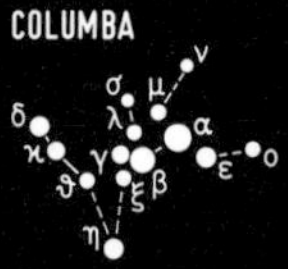

24 COLUMBA Col

R 270,184 (54.) S

Taube. Gruppe schwacher Sterne südwestlich von Canis Maior.

α Col Phakt $2^{m}.64$

25 COMA BERENICES Com

Ty 386,475 (42.) N

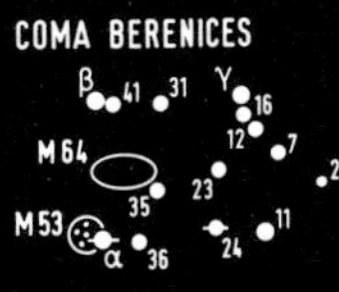

Haupthaar der Berenike. Gruppe schwacher und schwächster Sterne zwischen Ursa Maior und Virgo. Die Doppelsterne sind ausnahmslos teleskopisch zu beobachten wie die Ansammlung extragalaktischer Objekte.
M 53 Kugelsternhaufen, M 64 Galaxie.

26 CORONA AUSTRALIS CrA

Pt 127,696 (80.) S

Südliche Krone. Schwache Sterne 4. und 5. Größe bilden eine halbkreisförmige Kette östlich von Scorpius. Die Doppelsterne sind teleskopisch.
NGC 6541 ist ein Kugelsternhaufen.

27 CORONA BOREALIS CrB

Pt 178,710 (73.) N

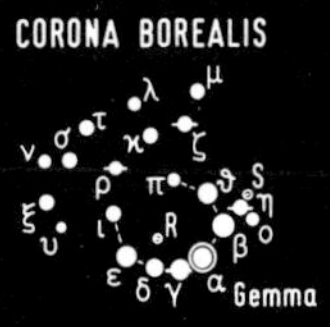

Nördliche Krone. Aus nicht sehr hellen Sternen bestehend, ist trotzdem wegen der fast kreisförmigen Gestalt zwischen Bootes und Hercules nicht zu übersehen.

α	CrB	„Gemma" Alphecca	$2^m.23$	bis $2^m.35$ var. Bedeckungsveränderlicher Algoltyp, P: $17^d,36$
β	CrB	Nusakan	3.68	

Die Doppelsterne sind ohne Ausnahme teleskopischer Art. Der veränderliche Stern R hat zur Namensgebung einer Gruppe hergehalten, der Stern S ist ein Miratyp.

28 CORVUS Crv

Pt 183,801 (70.) S

Rabe. Gebildet von wenigen, eng beieinander stehenden Sternen 3. und 4. Größe. Südlich von Virgo.

α	CrV	Alchiba	$4^m.02$
γ	CrV	Gienah	2.59
δ	CrV	Algorab	2.95

29 CRATER Crt

Pt 282,398 (53.) S

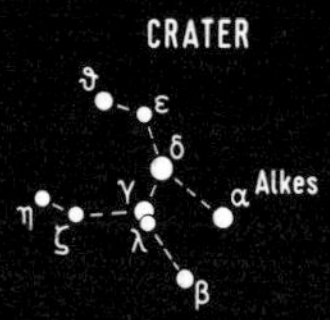

Becher. Einige sehr schwache Sterne 3. und 4. Größe bilden eine typische Figur weit südlich von Leo.

α Crt Alkes $4^m.08$

30 CRUX Cru

R 68,447 (88.) S
Milchstraße

Kreuz des Südens. Gebildet von vier bis fünf dicht beieinanderstehenden, ziemlich hellen Sternen. Die Gruppe ist auffallend zwischen Carina und Centaurus.

α	Cru	1^m41	Doppelstern, Teleskop
		A: 1.58	
		B: 2.09,	Abstand: 4″,7
γ	Cru	1.63	Doppelstern, Fernglas
		A: 1.6	M 4
		B: 6.42	A 2

NGC 4755 ist ein offener Sternhaufen.

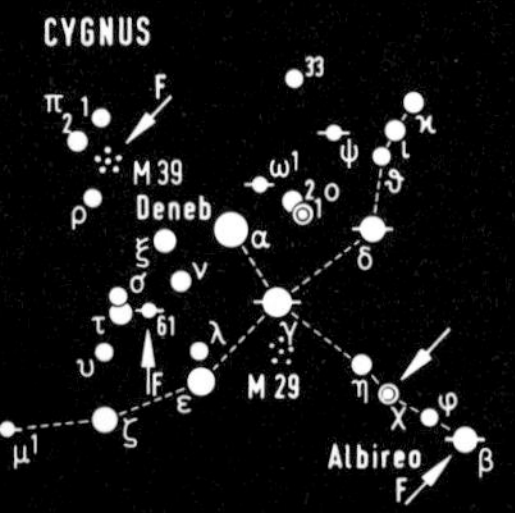

31 CYGNUS Cyg

Pt 803,983 (16.) N
Milchstraße, teils zirkumpolar

Schwan. Zwei Ketten von Sternen 1. bis 4. Größenklasse kreuzen sich so, daß die Figur eines mit ausgebreiteten Schwingen fliegenden Vogels entsteht. Der hellste Stern ist Deneb (= Schwanz), der zusammen mit Altair in Aquila und Wega in Lyra das Sommerdreieck bildet, die sich südlich bzw. westlich am Himmel befinden.

α	Cyg	Deneb	1^m25	
β	Cyg	Albireo	3.08	Doppelstern, Fernglas
			A: 3.24	K0
			B: 5.36,	Abstand: 34″,6
π 1	Cyg	Azelfafage	4.67	

Die Doppelsterne sind in den meisten Fällen teleskopische Objekte. Doch kann man 61 Cygni schon mit einem guten Fernglas trennen (5^m22, A: 5^m54; B: 6^m35, Abstand: 27″,0). Von den offenen Sternhaufen M 29 und M 39 ist besonders der letztere ein schönes Objekt für das Fernglas. χ Cygni ist ein Miraveränderlicher (4^m23 max.), ο 1 ein Bedeckungsveränderlicher vom Typ Algol.

32 DELPHINUS Del

Pt 188,549 (69.) N

Delphin. Gebildet von Sternen 4. Größe in der Form eines fischähnlichen Wesens.

γ	Del	4^m12	Doppelstern, teleskopisch
		A: 5.47	
		B: 4.49,	Abstand: 10″,4.

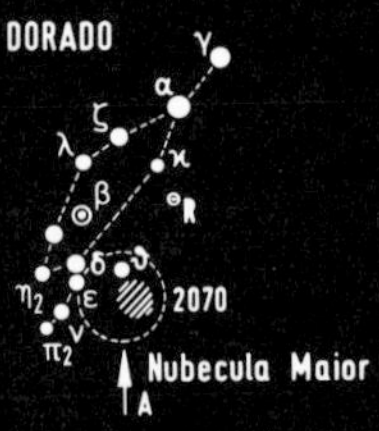

33 DORADO Dor

B 179,173 (72.) S

Schwertfisch. Aus schwachen Sternen 4. und 5. Größe zwischen Canopus in Carina und dem Himmelssüdpol gebildet. Zum Sternbild gehört die „Große Magellansche Wolke“, eine der beiden Nachbargalaxien unseres galaktischen Heimatsystems. Auf Bayers Karte des Südhimmels als Nubecula Maior (Große Wolke: NMa) bezeichnet, hat sich später der Name des ersten Erdumseglers, Fernando Magellan, dazu gefunden (auf englischsprachigen Karten LMC = Large Magellanic Cloud).

β	Dor	$3^{m}8$	bis $5^{m}7$ var., δ-Cep
R		5.4	var. halbregelmäßig

NGC 2070 Tarantulanebel, irregulärer, amorpher Emissionsnebel in unserer Milchstraße.

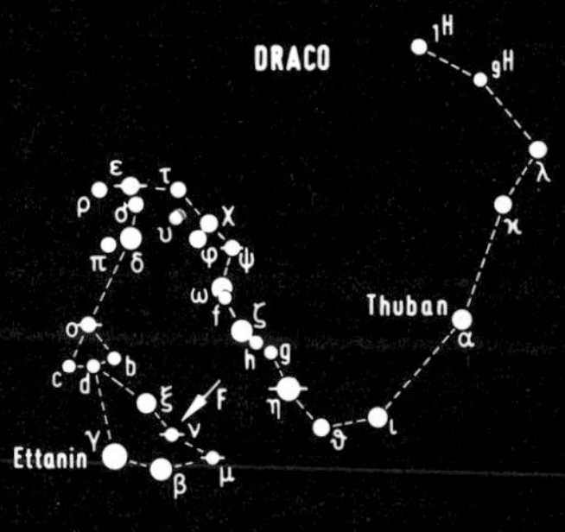

34 DRACO Dra

Pt 1.082,952 (8.) N
zirkumpolar

Drache. Entsteht durch eine sehr lange Kette unterschiedlich heller Sterne 2. bis 4. Größe, zwischen dem Himmelsnordpol und den Sternbildern Hercules und Ursa Maior. Zwischen den Sternen δ und ζ liegt der Nordpol der Ekliptik, um den der Nordpol des Himmelsäquatorsystems in rund 26000 Jahren einmal herumwandert.

α	Dra	Thuban	$3^{m}65$	
γ	Dra	Ettanin	2.23	
δ	Dra	Nodus 2	3.07	
ζ	Dra	Nodus 1	3.17	
ξ	Dra	Grumium	3.75	
ν	Dra		4.88	Doppelstern, Fernglas
			A: 4.98	A5
			B: 4.95	A5, Abstand: 62″,0.

35 EQUULEUS Equ

Pt 71,641 (87.) N

Füllen. (Fohlen, Kleines Pferd). Nicht auffälliges Sternbild zwischen Delphinus und Pegasus.

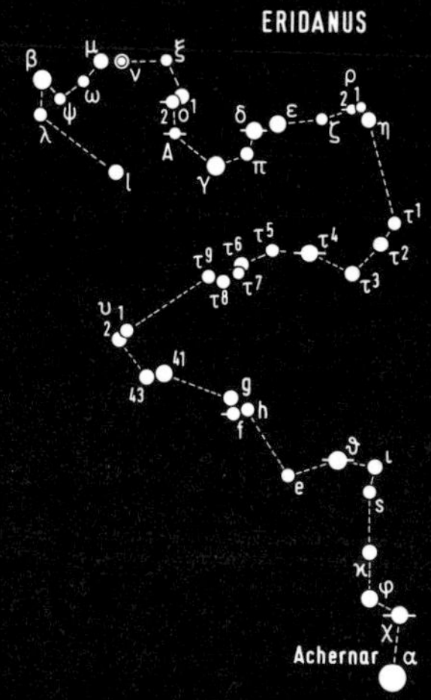

36 ERIDANUS Eri

Pt 1.137,919 (6.) S

(Fluß) *Eridanus.* (Eigenname). Mythologischer Fluß der Unterwelt. Westlich von Orion bis Südpol.

α	Eri	Achernar	$0^{m}46$
β	Eri	Cursa	2.79
γ	Eri	Zaurak	2.95

Die Doppelsterne sind für Teleskope geeignet, der Stern ν ($3^{m}36$ bis $3^{m}54$) ist ein Veränderlicher vom Typ β Cep.

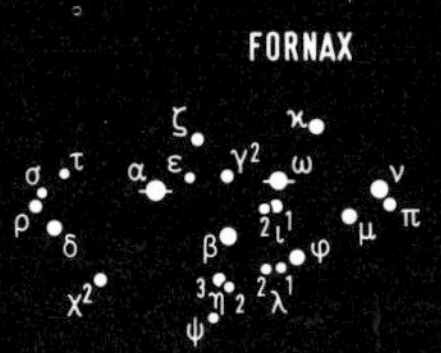

37 FORNAX For

L 397,502 (41.) S

Ofen. Eigentlich Fornax Chemica – Chemischer Ofen. Sammlung von Sternen 4. und 5. Größe zwischen Cetus und Eridanus. Die Doppelsterne sind nur mit Teleskopen beobachtbar.

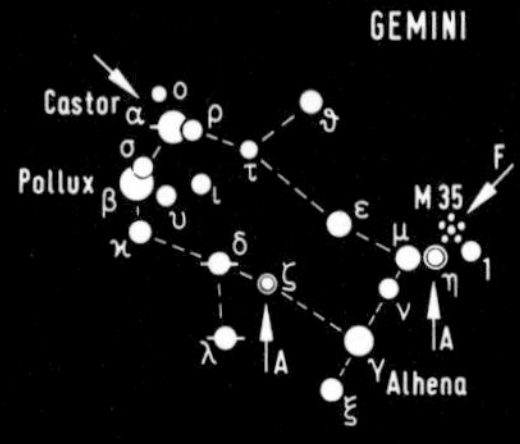

38 GEMINI Gem
Pt 513,761 (30.) N
ekliptikal, Milchstraße

Zwillinge. Mythologische Gruppe – in Griechenland Söhne des Zeus. Auffällige Figur durch hellere Sterne der 2. und 3. Größenklasse mit den beiden Sternen erster Größe, Castor und Pollux, die zum Wintersechseck zählen.

α	Gem	Castor	1^m58	Doppelstern, Teleskop
			A: 1.94	A0
			B: 2.92	A0, Abstand: 3″,8
β	Gem	Pollux	1.14	
γ	Gem	Alhena	1.93	
δ	Gem	Wasat	3.53	Doppelstern
			A: 3.55	F0 IV
			B: 8.18	d K 6, Abstand: 5″,8
ε	Gem	Mebsuta	2.98	
ζ	Gem	Mekbuda	3.66	bis 4^m16 var. δ Cep P: 10^d, 1535
η	Gem	Tejat prior	3.28	bis 3^m9 var. halbregelmäßig P: $233^d,4$
μ	Gem	Tejat post.	2.88	

Offener Sternhaufen: M 35.

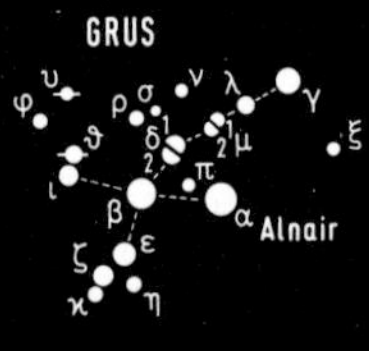

39 GRUS Gru
B 365,513 (45.) S

Kranich. Weniger auffälliges Sternbild zwischen Piscis Austrinus und Himmelssüdpol mit nur teleskopischen Doppelsternen.

α	Gru	Alnair	1^m74

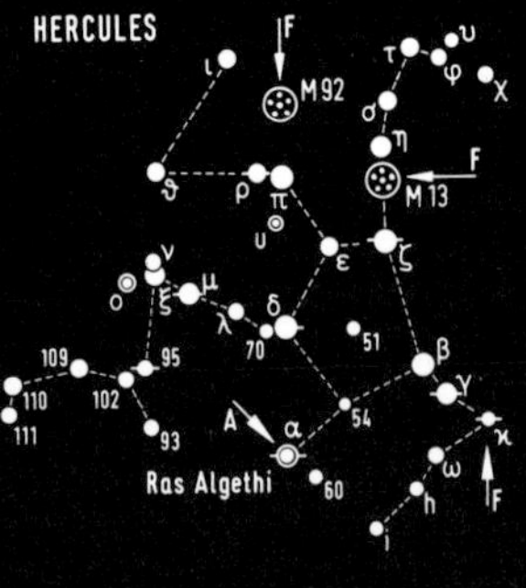

40 HERCULES Her
Pt 1.225,148 (5.) N
teils zirkumpolar

Herkules. Griechisch Herakles, Sohn des Zeus und der Alkmene. Einzigartiger Fall, daß ein Halbgott an den Sternenhimmel versetzt wurde! Ausgedehnte Figur aus Sternen 3. und 4. Größe, als Gestalt auf dem Kopf stehend. Westlich des Milchstraßengebietes der Lyra.

α	Her	Ras Algethi	3^m19	Doppelstern, Teleskop
			A: 3.0	bis 4^m0 var.
			B: 5.39,	Abstand: 4″,6
β		Korynephoros	2.77	
κ	Her		5.00	Doppelstern, Fernglas
			A: 5.34	
			B: 6.52,	Abstand: 29″,4
λ	Her	Maasym	4.41	

Alle Doppelsterne sind Teleskopobjekte, da die Helligkeit der Komponenten niedriger ist als die des Hauptsterns, bzw. der Abstand voneinander sehr gering ist. Kugelsternhaufen: M 13, schon mit bloßem Auge wahrnehmbar.

41 HOROLOGIUM Hor
L 248,885 (58.) S

Pendeluhr. Sternbild sehr schwacher Sterne 5. Größe zwischen Eridanus und Himmelssüdpol.

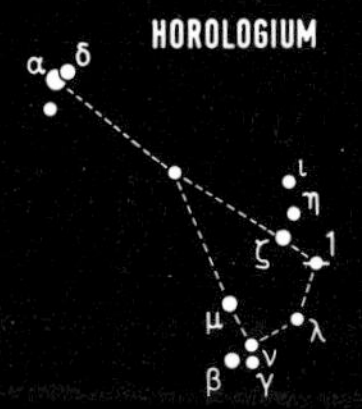

42 HYDRA Hya
Pt 1.302,844 (1.) S/N

(Nördliche) *Wasserschlange.* Von mäßig hellen Sternen, vor allem 4. Größe, gebildete Kette südlich von Leo und Virgo.

α	Hya	Alphard	$1^{m}.98$	
R			4.97	Miraveränderlicher $3^{m}.5$ bis $10^{m}.9$, P: 387^{d}

Offener Sternhaufen: M 48; Kugelsternhaufen: M 68.

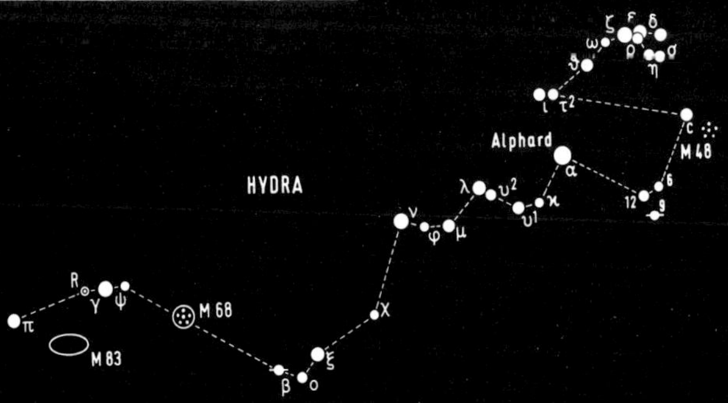

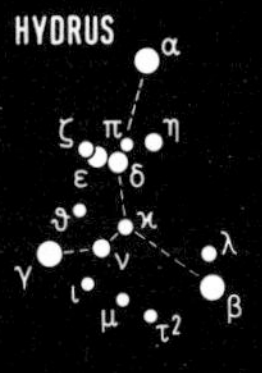

43 HYDRUS Hyi
B 243,035 (61.) S

(Südliche) *Wasserschlange.* Aus Sternen der 3. Größenklasse und weniger geformt, zwischen Achernar in Eridanus und Himmelssüdpol.

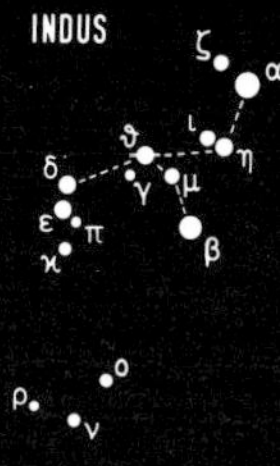

44 INDUS Ind
B 294,006 (49.) S

Inder. Gruppe schwacher Sterne 3. und vor allem 4. Größe unweit des Himmelssüdpols.

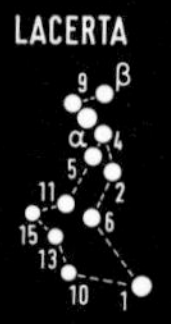

45 LACERTA Lac
H 200,688 (68.) N
teils zirkumpolar

Eidechse. Wie in der Natur so auch am Himmel nur mit größter Aufmerksamkeit zu entdecken, Sterne 4. und 5. Größe zwischen Cassiopeia und Cygnus.

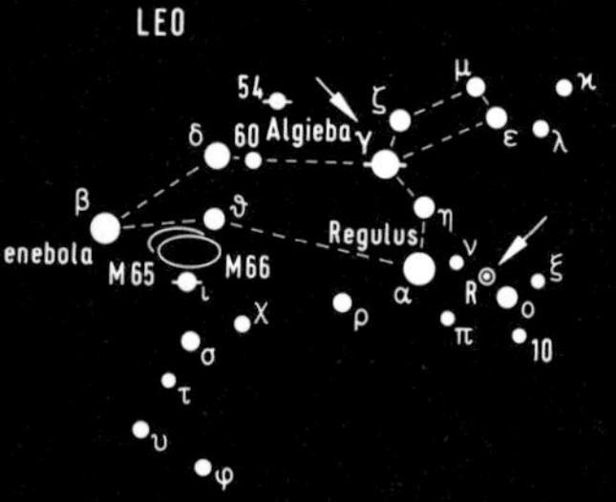

46 LEO Leo
Pt 946,964 (12.) N
ekliptikal

(Großer) *Löwe.* Seine Gestalt entsteht durch Sterne der 2. Größenklasse. Ein großes und ein kleines Trapez bilden Rumpf und Kopf, der der auf der Ekliptik entlangwandernden Sonne entgegenblickt. Hauptstern ist der helle Regulus, der ganz nahe an der scheinbaren Sonnenbahn steht.

α	Leo	Regulus	$1^{\mathrm{m}}.35$	
β	Leo	Denebola	2.14	
γ	Leo	Algieba	2.30	Doppelstern, Teleskop
			A: 2.61	
			B: 3.80,	Abstand: 4″,4
δ	Leo	Zosma	2.56	
ε	Leo	Ras Elased austr.	2.98	
ζ	Leo	Aldhafera	3.44	
ϑ	Leo	Coxa	3.34	
μ	Leo	Ras Elased bor.	3.88	

R Miraveränderlicher $4^{\mathrm{m}}.4$ bis $11^{\mathrm{m}}.3$ P: $312^{\mathrm{d}},43$. Galaxien: M 65, M 66.

47 LEO MINOR LMi
H 231,956 (64.) N

Kleiner Löwe. Aus wenigen Sternen 4. Größe entstanden zwischen Leo und Ursa Maior.

48 LEPUS Lep
Pt 290,291 (51.) S

Hase. Bestehend aus einer Reihe von Sternen 3. und 4. Größe südlich von Orion.

α	Lep	Elarneb	$2^{\mathrm{m}}.58$	
β	Lep	Nihal	2.84	
γ	Lep		3.60	Doppelstern, Fernglas
			A: 3.80	F8
			B: 6.41	G5, Abstand: 95″

Die beiden Doppelsterne β und κ sind teleskopische Objekte. Kugelsternhaufen: M 79.

49 LIBRA Lib

Pt 538,052 (29.) S
ekliptikal

Waage. Eigentlich die Scheren des Skorpion (so noch im Almagest des Ptolemäus!); kleine Gruppe zwischen Scorpius und Virgo.

α	Lib	Zuben Elgenubi	2^{m}75	Doppelstern, Fernglas
			A: 2.75	A2
			B: 5.15	F5, Abstand: 231″,0
β	Lib	Zuben Elschemali	2.61	
σ	Lib	Zuben Elakrab	3.29	

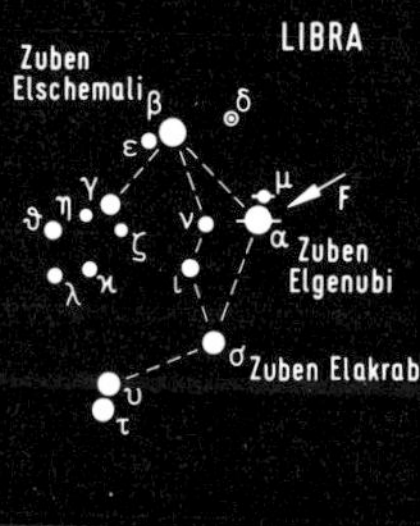

50 LUPUS Lup

Pt 333,683 (46.) S

Wolf. Dichte Gruppierung von Sternen, vor allem 3. bis 4. Größe zwischen Centaurus und Scorpius.

η	Lup	3^{m}41	Doppelstern, Fernglas
		A: 3.64	
		B: 7.7	Abstand: 15″,2
κ	Lup	3.72	Doppelstern, Fernglas
		A: 4.14	
		B: 6.04,	Abstand: 27″,0
ξ 1, ξ 2	Lup	5.0	Doppelstern, Fernglas
		A: 5.15	A1
		B: 5.57	A1V, Abstand: 10″,6

Die übrigen Doppelsterne bedürfen größerer Instrumente als Ferngläser.

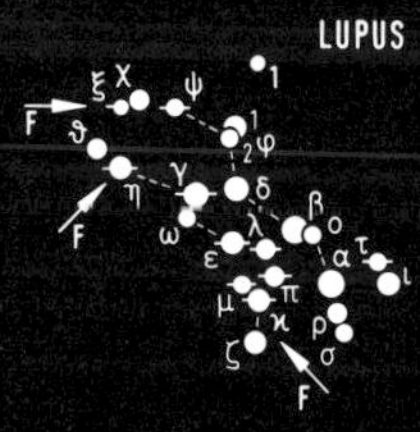

51 LYNX Lyn

H 545,386 (28.) N
zirkumpolar

Luchs. Ein Sternbild für Beobachter mit guten Augen, da es vorwiegend aus Sternen der Größen 4 bis 5 besteht. Angesiedelt zwischen Orion und Ursa Maior.

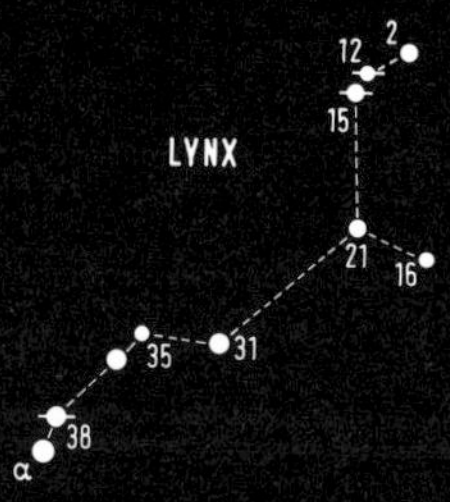

52 LYRA Lyr

Pt 286,476 (52.) N
zirkumpolar

Leier. Klassisches Saiteninstrument; der Sage nach von Apollo erfunden. Enthält einen der hellsten Fixsterne der nördlichen Himmelshalbkugel, Wega, die zusammen mit Altair in Aquila und Deneb in Cygnus das Sommerdreieck formt.

α	Lyr	Wega	$0^{\mathrm{m}}.03$	
β	Lyr	Sheliak	3.45	Doppelstern, Fernglas
		A:	3.34	bis $4^{\mathrm{m}}.2$ var.
		B:	7.8,	Abstand: 46″,6
γ	Lyr	Sulaphat	3.24	Doppelstern, Teleskop
		A:	3.3	
		B:	12.0,	Abstand: 13″,8
δ1, δ2	Lyr		–	scheinbarer Doppelstern
		A:	4.30	
		B:	5.58	
ε1, ε2	Lyr			Doppelstern, Auge!
		A:	4.67	
		B:	5.1,	Abstand: 208″
ε1	Lyr		4.67	Doppelstern
		A:	6.00	
		B:	5.06,	Abstand: 2″,8
ε2	Lyr		5.1	Doppelstern
		A:	5.14	
		B:	5.37,	Abstand: 2″,3
ζ1, ζ2	Lyr		4.2	Doppelstern, Fernglas
		A:	4.29	
		B:	5.87,	Abstand: 43″,7
η	Lyr		4.39	Doppelstern, Fernglas
		A:	4.46	
		B:	8.7,	Abstand: 28″,2
R			3.9	bis $5^{\mathrm{m}}.0$ halbregelm. Veränderlicher

M 57, Planetarischer Nebel. Ist wegen seiner (scheinbaren) Gestalt auch als Ringnebel bekannt. M 56 Kugelsternhaufen.

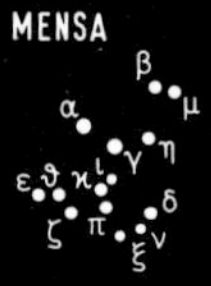

53 MENSA Men
L 153,484 (75.) S

Tafelberg. Von der Form Mons Mensae abgeleitet. Schwächste Sterne der 5. Größenklasse dicht am Himmelssüdpol.

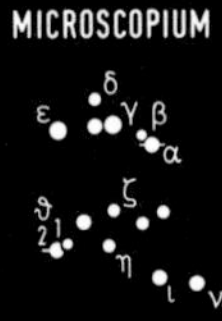

54 MICROSCOPIUM Mic
L 209,513 (66.) S

Mikroskop. Ansammlung sehr schwacher Sterne der 5. Größenklasse südlich von Capricornus. Doppelsterne nur für Teleskope.

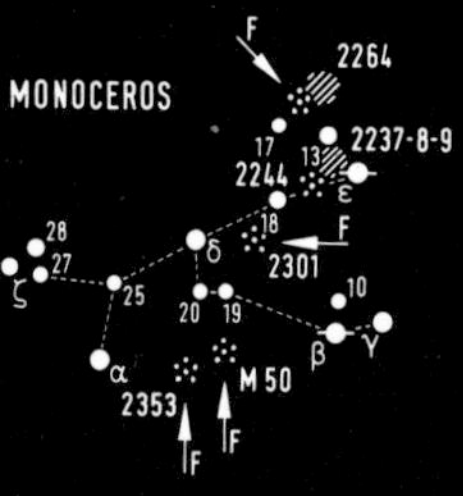

55 MONOCEROS Mon
H 481,569 (35.) N/S
Milchstraße

Einhorn. Fabelwesen. Meist Sterne der 4. Größenklasse zwischen Canis Maior und Canis Minor. Teleskopische Doppelsterne. Offene Sternhaufen für Fernglasbeobachtung:
NGC 2244, NGC 2264, NGC 2301, NGC 2323, (M 50) NGC 2353.

56 MUSCA Mus

B 138,355 (77.) S

Fliege. Enge Gruppe von Sternen 3. bis 5. Größe zwischen Crux und Himmelssüdpol. Die Doppelsterne bedürfen größerer Fernrohre. Kugelsternhaufen:

NGC 4372 $7^{m}_{.}8$ $d = 18'',6$ Entf.: 16000 Lj;

NGC 4833 $7^{m}_{.}3$ $13'',5$ Entf.: 18000 Lj.

57 NORMA Nor

L 165,290 (74.) S

Winkelmaß. Sehr schwache Sterne 5. Größe zwischen Ara und Lupus. Doppelstern und offener Sternhaufen NGC 6087 für Fernglas möglich.

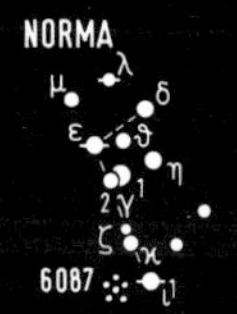

58 OCTANS Oct

L 291,045 (50.) S

Oktant. Winkelmeßinstrument ($^1/_8$ des Vollkreises) für Navigation s. auch Sextans. Schwache Sterne 5. Größe am Südpol des Himmels.

59 OPHIUCHUS Oph

Pt 948,340 (11.) N/S
ekliptikal

Schlangenträger. Sternbild beträchtlicher Ausdehnung zwischen Hercules und Scorpius, wird durchkreuzt vom Sternbild Serpens. Bemerkenswert ist, daß Ophiuchus zwischen Sagittarius und Scorpius ein längeres Stück der Ekliptik und damit des Zodiakos einnimmt. Trotzdem wird er nicht zu diesem gezählt!

α	Oph	Ras Alhague	$2^{m}_{.}08$
β	Oph	Celbalrai	2.77
δ	Oph	Yed Prior 1	2.74
ε	Oph	Yed Posterior 2	3.24
η	Oph	Sabik	2.43

Die Sterne κ (irr.), υ (Miratyp) und χ sind veränderlich. Die Doppelsterne sind Objekte für kleine Fernrohre. Der Offene Sternhaufen NGC 6633 ist für Fernglasbeobachtung geeignet. Von den Kugelsternhaufen eignen sich für Fernglasbeobachtung: M 10, M 12, M 19, M 62. M 14 ist mit $7^{m}_{.}6$ ein Ziel fürs Fernrohr ebenso wie M 9 mit $7^{m}_{.}9$.

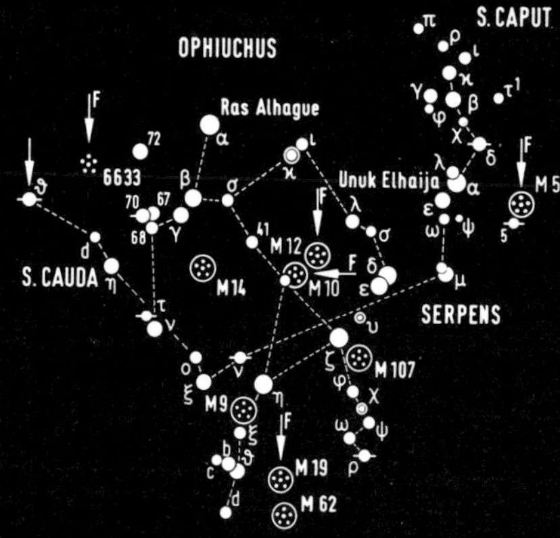

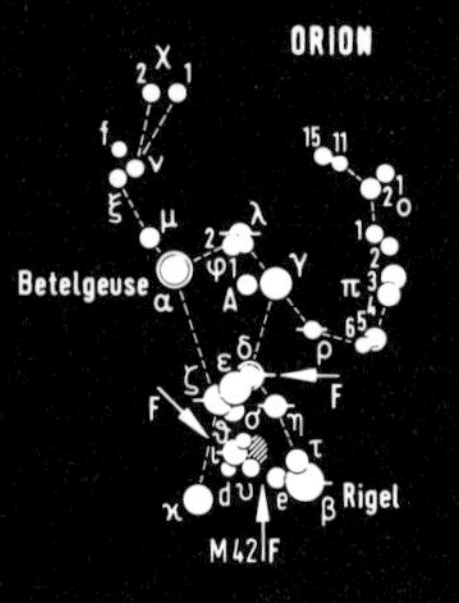

60 ORION Ori

Pt 594,120 (26.) N/S

Orion. Der Himmels-Jäger (Eigenname). Sieben hellere Sterne formen eine schmetterlingsähnliche Figur. Neben dem Großen Wagen ist der Orion die einprägsamste Figur, die die Fixsterne am Himmel bilden. Da er von allen geographischen Breiten aus zu sehen ist, ist er einer der wesentlichsten Ausgangspunkte für die Orientierung am Himmel. Der Stern Rigel gehört zu den Sternen, die das Wintersechseck bilden. Hellster Stern ist Betelgeuse. Drei Sterne stehen nahe dem Himmelsäquator, es sind die Gürtelsterne. Die Gruppierung Gürtelsterne, Betelgeuse und Rigel stellen ein altes Winkelmeßinstrument dar, den Jakobstab.

α	Ori	Betelgeuse	$0^{\rm m}.40$	bis $1^{\rm m}.3$ var.
β	Ori	Rigel	0.12	
γ	Ori	Bellatrix	1.64	
δ	Ori	Mintaka	2.23	Doppelstern, Fernglas
			A: 2.48	bis $2^{\rm m}.55$ var., Algoltyp
			B: 6.87,	Abstand: 52″,8
ε	Ori	Alnilam	1.70	
ζ	Ori	Alnitak, Alschain	1.77	Doppelstern
ϑ1, ϑ2	Ori			Trapezsterne, Fernglas
			A: 6.7	
			B: 7.9,	Abstand: 8″,8
			C: 5.2	
			D: 6.5,	Abstand: 52″,4

M 42 ist der bekannte Orionnebel, eine Ansammlung von Staubmassen und Gaswolken aus Wasserstoff in einer Distanz von etwa 1000 Lj. Mit bloßem Auge bei sehr klarem Himmel wahrnehmbar, im Fernglas deutlich als verwischtes Leuchten. Die ganze Pracht der wolkigen Struktur entfaltet sich aber erst in einem lichtstarken Fernrohr!

61 PAVO Pav

B 377,666 (44.) S

Pfau. Wenig ausgeprägtes Sternbild östlich von Ara und Triangulum Australe. κ ist ein δ Cep Veränderlicher zwischen $4^{\rm m}.8$ und $5^{\rm m}.7$, P: $9^{\rm d},06$, für Fernglasbeobachtung. Kugelsternhaufen NGC 6752 ist mit bloßem Auge sichtbar.

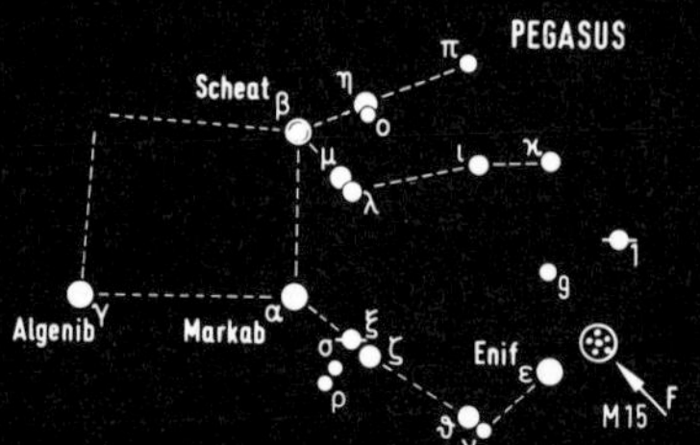

62 PEGASUS Peg

Pt 1.120,794 (7.) N

Pegasus. Das geflügelte Pferd entsprang der Sage nach dem Blut der von Perseus enthaupteten Gorgo. Am Himmel auf dem Kopf stehend, geformt aus einem Viereck, wobei der nordöstliche, nachfolgende Stern zur Andromeda gehört. Großflächige und einprägsame Figur zur Orientierung am Himmel.

α	Peg	Markab	$2\overset{m}{.}49$	
β	Peg	Scheat	2.42	bis $2\overset{m}{.}8$ var. irr. gM2
γ	Peg	Algenib	2.83	
ε	Peg	Enif	2.38	
η	Peg	Matar	2.94	

Kugelsternhaufen M 15.

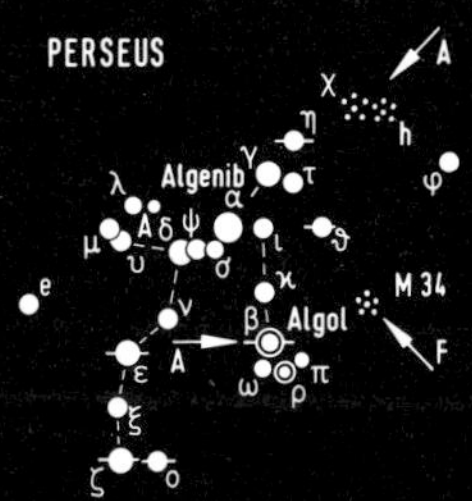

63 PERSEUS Per

Pt 614,997 (24.) N
Milchstraße, teils zirkumpolar

Perseus erschlug die Gorgo, deren Haupt er zur Befreiung der Andromeda mitführte.

α	Per	Algenib	$1\overset{m}{.}80$	
β	Per	Algol	2.12	bis $3\overset{m}{.}47$ var. Bedeckungsveränderlicher
ξ	Per	Menkhib	4.04	
ο	Per	Atik	3.83	

Doppelsterne für kleinere Fernrohre:

ε	Per	$2\overset{m}{.}89$
ζ	Per	2.85
η	Per	3.76
ϑ	Per	4.12

Offene Sternhaufen: h und χ Misam, M 34

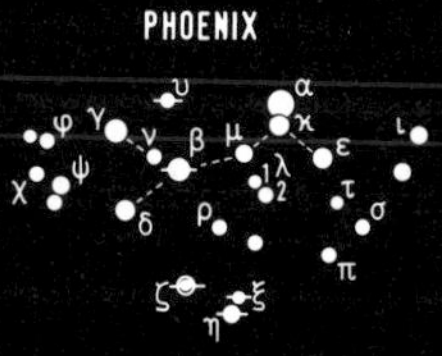

64 PHOENIX Phe

B 469,319 (37.) S

Der sagenhafte Vogel *Phönix*. Eine nicht sehr auffällige Ansammlung von Sternen der 3. und 4. Größe zwischen Achernar in Cetus und Fomalhaut in Piscis Austrinus. Teleskopische Doppelsterne.

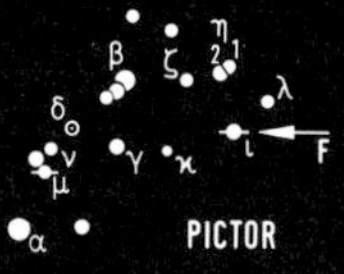

65 PICTOR Pic

L 246,739 (59.) S

Maler. Verkürzte Form von Equuleus Pictoris (Malerstaffelei). Einige schwache Sterne 4. und 5. Größe westlich von Canopus in Carina.

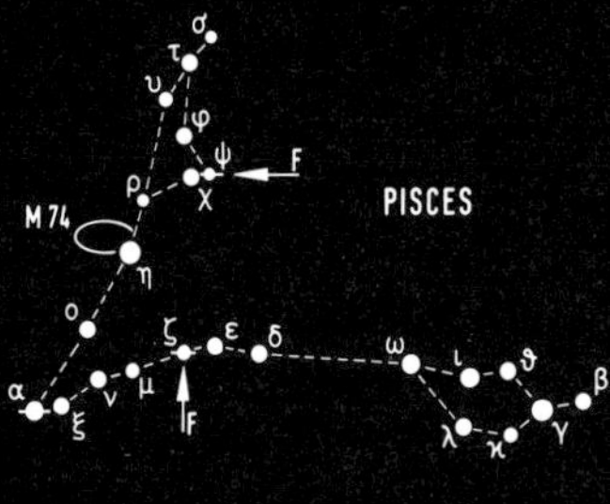

66 PISCES Psc

Pt 889,417 (14.) N/S
ekliptikal

Fische. Zwei Tiere mit einem Band verbunden. Schwache, aber sehr ausgedehnte Gruppierung südöstlich von Pegasus. Doppelsterne:

α	Psc	$3\overset{m}{.}79$	
		A: 4.3	
		B: 5.3,	Abstand: 2″ Teleskop
ζ1	Psc	4.86	
		A: 5.6	
		B: 6.5,	Abstand: 23″
ψ1	Psc	5.34	
		A: 5.6	
		B: 5.8,	Abstand: 30″

Galaxie: M 74.

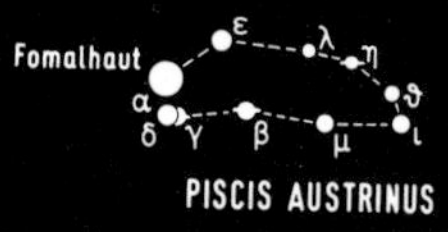

67 PISCIS AUSTRINUS PsA

Pt 245,375 (60.) S

Südlicher Fisch. Mit Ausnahme des hellsten Sterns Fomalhaut schwache Sterne 4. und 5. Größe, zu finden südlich von Aquarius.

α	PsA	Fomalhaut	$1^{m}_{\cdot}16$	
β	PsA		4.29	Doppelstern
			A: 3.36	
			B: 7.9,	Abstand: 30″,3

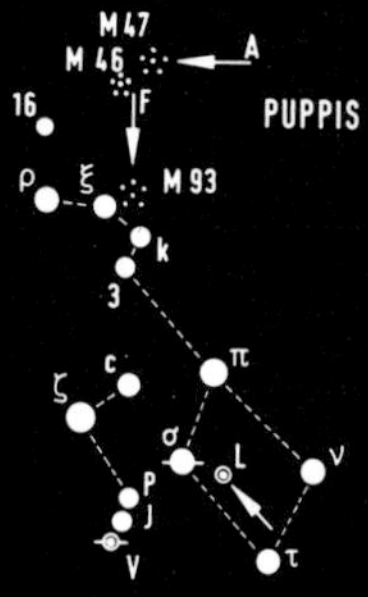

68 PUPPIS Pup

L 673,434 (20.) S
Milchstraße

Heck (des Schiffs). Nördlicher Teil des Ptolemäischen Sternbilds Schiff ARGO, von Lacaille Mitte des 18. Jahrhunderts in drei Teile zerlegt, s. auch Carina und Vela. Überwiegend Sterne 3. und 4. Größe östlich von Canis Maior.
Durch die Sternbildteilung 150 Jahre nach Bayers Benennung fehlen einige griechische Buchstaben!

ζ	Pup	Naos	$2^{m}_{\cdot}25$	
ξ	Pup	Aspidiske	3.34	
ρ	Pup	Tureis	2.81	
L			4.89	bis $6^{m}_{\cdot}2$ halbregelmäßig Veränderlicher.

Offene Sternhaufen: M46, M47, M93.

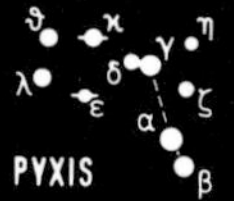

69 PYXIS Pyx

L 220,833 (65.) S

Schiffskompaß. Verkürzte Form von Pyxis Nautica. Ansammlung schwacher Sterne 4. und 5. Größe nördlich von Carina.

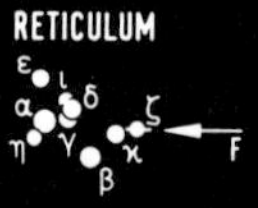

70 RETICULUM Ret

L 113,936 (82.) S

Netz. Ansammlung schwacher Sterne 4. und 5. Größe östlich von Achernar in Eridanus.

ζ ist ein Doppelstern für Ferngläser:

A:	$5^{m}_{\cdot}2$	G3
B:	5.5	G4, Abstand: 310″,0

71 SAGITTA Sge

Pt 79,923 (86.) N
Milchstraße

Pfeil. Trotz der schwachen Sterne 4. und 5. Größe eine bemerkenswerte Gruppe im Milchstraßenband zwischen Aquila und Cygnus.
Kugelsternhaufen: M71.

72 SAGITTARIUS Sgr

Pt 867,432 (15.) S
ekliptikal, Milchstraße

Schütze. Figur einer kleinen Teekanne. Vor der Tülle liegt das Zentrum unseres galaktischen Systems, verdeckt durch den Sagittariusarm mit einer Fülle von Sternhaufen und interstellarer Materie: Eine große Anzahl von Beobachtungszielen für Fernglas und Teleskop. Der Schnittpunkt mit der Ekliptik ist der Nullpunkt für die galaktische Längenzählung entlang des galaktischen Äquators, aufsteigend in Richtung zum Antizentrum in Auriga und Taurus.

α	Sgr	Alrami	$3^{\mathrm{m}}97$
δ	Sgr		$2^{\mathrm{m}}70$
ε	Sgr		$1^{\mathrm{m}}85$
λ	Sgr		$2^{\mathrm{m}}81$

Interstellare Materie in Form von absorbierenden Dunkelwolken und rot leuchtenden Wasserstoffwolken: M8 Lagunennebel, M17 Omeganebel, M20 Trifidnebel. Die Namensgebung erfolgte durch das äußere Erscheinungsbild (Lagune; omega = griech. Buchstabe; Trifid = dreigeteilt). Offener Sternhaufen M24: $4^{\mathrm{m}}6$ ist Teil der Milchstraße. Kugelsternhaufen: M22, M28, M54, M55, M69, M70, M75.

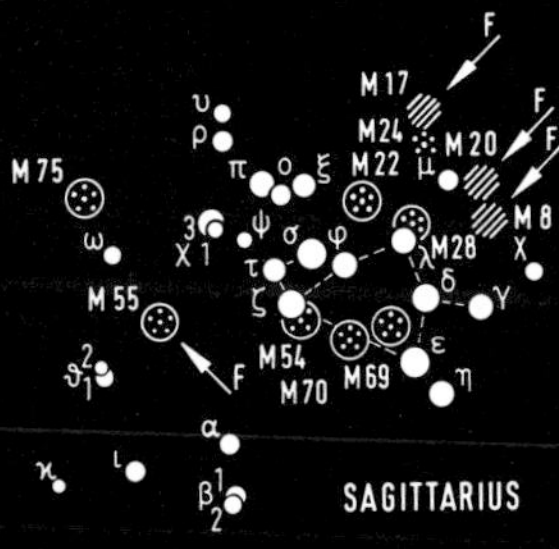

73 SCORPIUS Sco

Pt 496,783 (33.) S
ekliptikal, Milchstraße

Skorpion. Typische Gestalt dieses Tieres mit aufwärts gekrümmtem Stachel, Korpus und Scheren. Letztere wurden eigenständiges Sternbild Libra. Hellster Stern ist Antares, rötlich wie der Planet Mars. Er steht am Himmel dem gleichhellen Hauptstern Aldebaran in Taurus fast genau gegenüber!

α	Sco	Antares	$0^{\mathrm{m}}96$	Doppelstern. Teleskop
			A: 0.88	bis $1^{\mathrm{m}}8$ var.
			B: 6.5,	Abstand: 2″.9
β	Sco	Akrab	2.64	Doppelstern. Teleskop
			A: 2.9	
			B: 5.1,	Abstand: 13″,7
λ	Sco	Schaula	1.63	
ν	Sco		4.00	Doppelstern. Fernglas
			A: 4.3	
			B: 6.5,	Abstand: 41″
υ	Sco	Lesath	2.69	Doppelstern. Fernglas
			A: 6.49	
			B: 4.29,	Abstand: 41″,4

Offene Sternhaufen: M6, M7; Kugelsternhaufen: M4, M80.

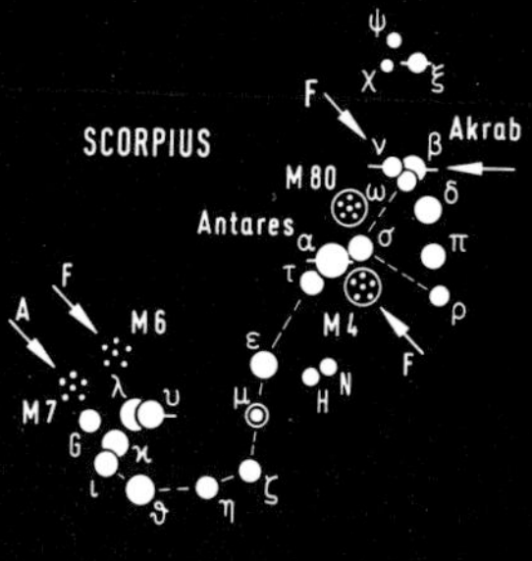

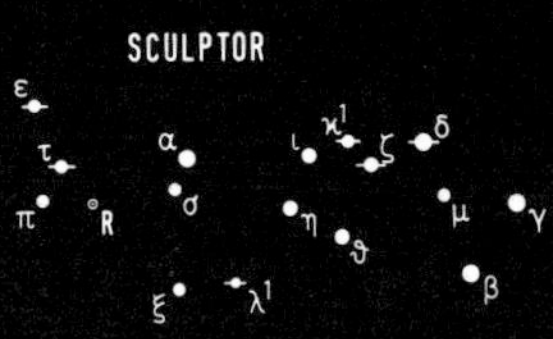

74 SCULPTOR Scl

L 474,764 (36.) S

Bildhauer. Sehr schwache Sterne 4. und 5. Größe ohne besondere Zuordnung, südlich von Ce-

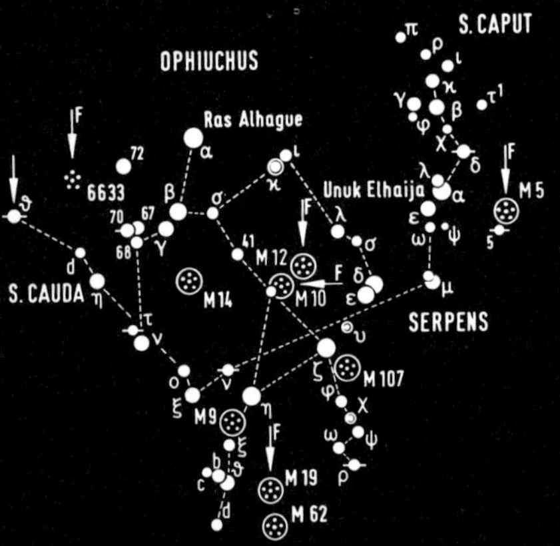

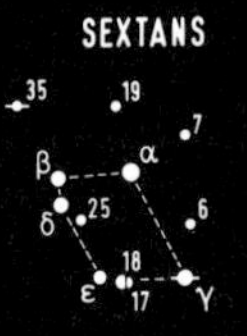

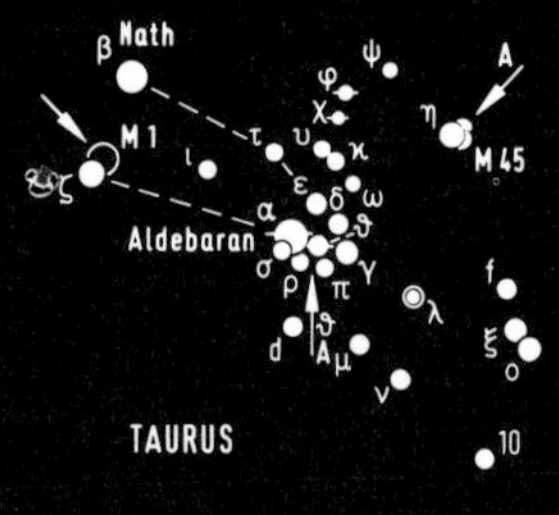

tus und östlich von Fomalhaut in Piscis Austrinus. R ist ein langperiodisch Veränderlicher mit $5^{m}.8$ bis $7^{m}.7$.

75 SCUTUM SOBIESCII Sct

H 109,114 (84.) S
Milchstraße

Schild. Dieses Sternbild wurde Ende des 17. Jahrhunderts von J. Hevelius zu Ehren des polnischen Fürsten Sobieski eingeführt, der ihn unterstützte, als die Danziger Sternwarte durch einen Brand vernichtet wurde. Schwache Sterne 5. Größe zwischen Aquila und Sagittarius.

δ	Sct	$4^{m}.72$	Doppelstern, Teleskop
	A:	4.9	bis $5^{m}.15$ var.
	B:	10.0,	Abstand: 52″,5

Offener Sternhaufen: M 11.

76 SERPENS Ser

Pt 636,928 (23.) N/S
Milchstraße

Schlange. In Verbindung mit Ophiuchus zu sehen. Bildet mit diesem zusammen eines der ausgedehntesten Sternbilder am Himmel und reicht im Westen von Corona Borealis bis in die Milchstraße östlich zu Aquila. Serpens Caput = Kopf der Schlange; Serpens Cauda = Schwanz der Schlange.

α	Ser	Unuk Elhaija	$2^{m}.65$	
ϑ1	Ser		4.5	Doppelstern
ϑ2	Ser		5.4,	Abstand: 21″,1

Kugelsternhaufen: M 5.

77 SEXTANS Sex

H 313,515 (47.) S

Sextant. Winkelmeßinstrument ($\frac{1}{6}$ des Vollkreises) zur Standortbestimmung eines Schiffes auf See, s. auch Octans. Schwache Sterne 5. Größe südwestlich von Leo.

78 TAURUS Tau

Pt 797,249 (17.) N
ekliptikal

Stier. Bug und Kopf, mit gesenkten Hörnern nach Osten, werden von helleren Sternen und einer Sterngruppe, den Hyaden, mit dem hellsten Stern Aldebaran, gebildet. Die Hyadensterne sind ein mit bloßem Auge gut erkennbarer, offener Sternhaufen! Nordwestlich ist eine weitere Gruppe zu erkennen, der offene Sternhaufen der Plejaden (M 45), auch Siebengestirn genannt.

α	Tau	Aldebaran	$0^{m}75$ bis $0^{m}95$	Doppelstern. Teleskop
		A:	1.06	
		B:	11.00,	Abstand: 31″,4.
β	Tau	Nath	1.65	
γ	Tau	Hyades	3.63	
δ1	Tau	Hyades	3.76	
δ2	Tau	Hyades	4.80	
δ3	Tau	Hyades	4.30	
ε	Tau	Hyades	3.54	
ϑ1	Tau	Hyades	3.85	
ϑ2	Tau	Hyades	3.42	
25	Alcyone	Pleiades	2.87	
27	Atlas	Pleiades	3.63	
17	Electra	Pleiades	3.70	
20	Maia	Pleiades	3.88	
23	Merope	Pleiades	4.18	
19	Taygete	Pleiades	4.30	
28	Pleione	Pleiades	5.06	
16	Celaeno	Pleiades	5.45	
21	Sterope	Pleiades	5.76	

Messiers Katalogisierung kometenähnlicher Objekte beginnt hier mit Nr. 1, einem diffusen Planetarischen Nebel, dem Krabben- oder (engl.) Crab-Nebel. Es handelt sich um den Rest einer im Jahre 1054 aufleuchtenden Supernova. Einer der beiden Doppelsterne im Zentrum ist der erste entdeckte Pulsar. Intensive Quelle im Radiostrahlungsbereich.

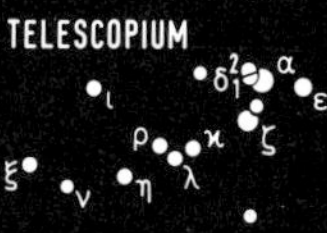

79 TELESCOPIUM Tel

L 251,512 (57.) S

Teleskop. Fernrohr. Schwache Sterne fast überwiegend 5. Größe, so daß zum Betrachten schon ein Teleskop nötig ist. Südöstlich von Scorpius gelegen.

80 TRIANGULUM AUSTRALE TrA

B 109,978 (83.) S
Milchstraße

Südliches Dreieck. Gut sichtbare geometrische Figur aus helleren Sternen östlich von Toliman in Centaurus.

ι TrA $5^{m}25$ Doppelstern. Teleskop.
Offener Sternhaufen NGC 6025.

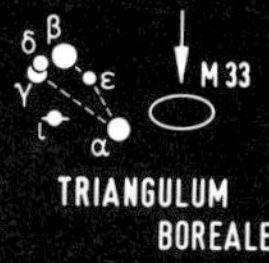

81 TRIANGULUM BOREALE Tri

Pt 131,847 (78.) N

(Nördliches) *Dreieck.* Gruppe schwacher Sterne 4. bis 5. Größe zwischen Andromeda und Aries.

α Tri Elmuthalleth $3^{m}41$
Galaxie M 33

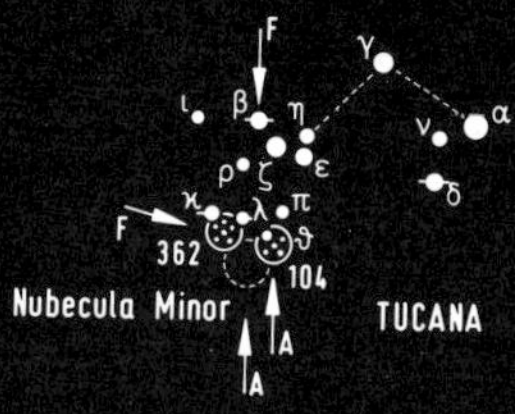

82 TUCANA Tuc

B 294,557 (48.) S

Tukan. Gruppe schwacher Sterne 3. bis 5. Größe zwischen Achernar in Eridanus und Himmelssüdpol. Bemerkenswert ist hier das Leuchten des Sternenlichts der Kleinen Magellanschen Wolke (Nubecula Minor), heute auf Sternkarten mit SMC = Small Magellanic Cloud bezeichnet. – Siehe auch Sternbild Dorado.

β1	Tuc	$4\overset{\mathrm{m}}{.}37$	Doppelstern, Fernglas
β2	Tuc	4.53,	Abstand: 27″,1

Kugelsternhaufen: NGC 104 und NGC 362.

83 URSA MAIOR UMa

Pt 1.279,660 (3.) N
zirkumpolar

Große Bärin. In Deutschland seit dem 16. Jahrhundert maskulin als Großer Bär bekannt. Der Sage nach von Zeus an den Himmel versetzt, als die Bärin von ihrem Sohn Arktur gejagt wurde. (Siehe auch Sternbild Bootes). Die Nymphe Kallisto gehörte zum Gefolge der Jagdgöttin Artemis. Da sie das Gebot der Jungfräulichkeit nicht befolgt hatte, wurde sie in eine Bärin verwandelt und vom eigenen Sohn verfolgt. Die sieben hellsten Sterne bilden eine Figurengruppe, die einem Wagen gleicht, dessen Deichsel der täglichen Himmelsdrehung nachläuft!

α	UMa	Dubhe	$1\overset{\mathrm{m}}{.}79$	
β	UMa	Merak	2.37	
γ	UMa	Phekda	2.44	
δ	UMa	Megrez	3.31	
ε	UMa	Alioth	1.77	var., α CVn
ζ	UMa	Mizar	2.27	Doppelstern. Teleskop
			A: 2.4	
			B: 3.96,	Abstand: 14″,5
	Alkor		4.01	„Reiterlein“
η	UMa	Benetnasch	1.86	
ι	UMa	Talita	3.14	Doppelstern
λ	UMa	Tania bor.	3.45	
μ	UMa	Tania aus.	3.05	
ν	UMa	Alula bor.	3.48	Doppelstern
ξ	UMa	Alula aus.	3.79	Doppelstern
ο	UMa	Muscida	3.36	Doppelstern

Galaxien: M 81, M 82, M 101

84 URSA MINOR UMi

Pt 255,864 (56.) N
zirkumpolar

Kleine Bärin. Im Deutschen maskulin Kleiner Bär. Nicht besonders auffällige Gruppe, aber in unserer Zeit von ausgezeichneter Bedeutung. Der Hauptstern Polaris gerät bis zum Jahr 2102 in größte Nähe zum geometrischen Himmelsnordpol des äquatorialen Koordinatensystems, dann entfernt sich der Pol wieder weiter von diesem Stern weg. Die Südpolgegend des Himmels besitzt keinen vergleichsweise bevorzugten Stern.

α	UMi	Polaris	$2\overset{\mathrm{m}}{.}02$	Doppelstern. Teleskop
			A: 2.12	var., δ Cep
			B: 9.0,	Abstand: 18″,3
β	UMi	Kochab	2.08	
γ	UMi	Pherkad	3.05	

ε ist ein schwacher Bedeckungsveränderlicher.

85 VELA Vel

L 499,649 (32.) S
Milchstraße

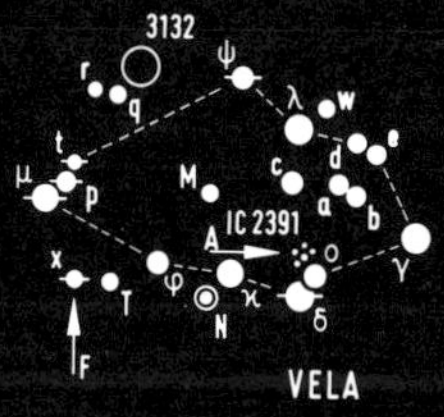

Die Segel des Schiffes. Vor der Teilung durch Lacaille, Mitte des 18. Jahrhunderts, zusammen mit Carina und Puppis zum ptolemäischen Schiff ARGO gehörend. Zusammen mit Carina und Puppis eine schöne, ausgedehnte Gruppierung am Himmel aus durchweg helleren Sternen bestehend.

κ	Vel	Markeb	$2^{\mathrm{m}}.50$	
x			4.28	Doppelstern Fernglas
			A: 4.25	
			B: 6.62,	Abstand: 20″,2

Doppelsterne sonst teleskopisch, Offener Sternhaufen IC 2391 für bloßes Auge sichtbar ($2^{\mathrm{m}}.5$). Planetarischer Nebel IC 3132: (8^{m}).

86 VIRGO Vir

Pt 1.294,428 (2.) S/N
ekliptikal

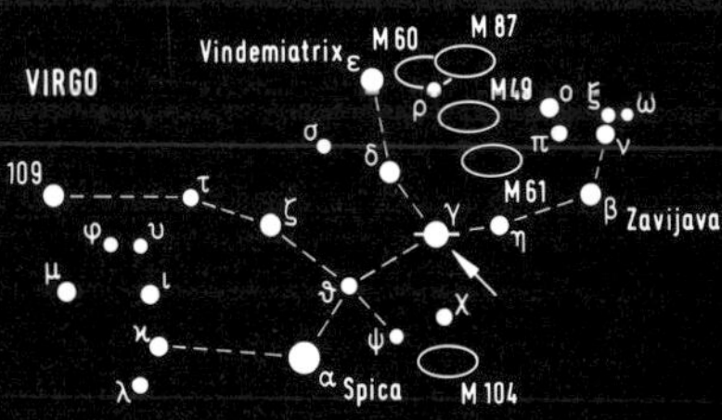

Jungfrau. Mäßig ausgeprägtes Sternbild. Der hellste Stern Spica steht dicht südlich der Ekliptik. Der Name Spica (Korn) = Ähre deutet auf einen Symbolgehalt der „jungen Frau“ hin, nämlich der Schnitterin, die an der Ernte beteiligt ist. Der Name des nördlichen Sterns Vindemiatrix bedeutet Winzerin. Das Sternbild umfaßt einen Himmelsbereich, in dem sich extragalaktische Sternsysteme zuhauf finden.

α	Vir	Spica	$0^{\mathrm{m}}.98$	
β	Vir	Zavijava	3.61	
γ	Vir		2.75	Doppelstern. Teleskop
			A: 3.63	
			B: 3.6	Abstand: 5″,2
ε	Vir	Vindemiatrix	2.83	

Galaxien: M 49, M 60, M 61, M 87, M 104. Die Galaxie M 104 ist als Sombrero-Nebel bekannt.

87 VOLANS Vol

B 141,354 (76.) S

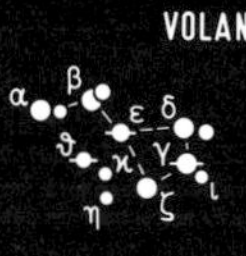

Fliegender Fisch. Verkürzte Form von Piscis Volans. Sterne 4. und 5. Größe bilden diese schwache Gruppe zwischen Carina und Himmelssüdpol.

88 VULPECULA Vul

H 268,165 (55.) N
Milchstraße

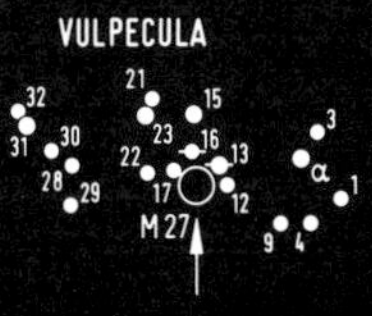

Füchschen, Kleiner Fuchs. Sternbild aus schwächsten Sternen 5. Größe südlich von Aquila. In ihm befindet sich der Hantelnebel (Dumbbell Nebula), ein Planetarischer Nebel für größere Ferngläser und kleine Fernrohre ($7^{\mathrm{m}}.6$). Er ist leicht zu finden, wenn man vom südlich gelegenen Sternbild Sagitta aus sich nordwärts orientiert.

Die scheinbare tägliche Bewegung des Himmels

Wir sind es gewohnt zu sagen, daß die Sonne im Osten auf- und im Westen untergeht. In der Tagesmitte erreicht sie ihren Höchststand im Süden. Mit dieser Ausdrucksweise geben wir aber nur ganz allgemein die Richtung am Horizont an und bezeichnen nicht den genauen Auf- und Untergangspunkt. Dieser ändert sich für die Sonne und auch für den Mond von Tag zu Tag, für die Planeten (besonders für die entfernteren) nur langsam im Laufe eines Jahres.
Auch die Fixsterne gehen im Verlauf von 24 Stunden im Osten auf und im Westen unter und erreichen ihren Höchstpunkt

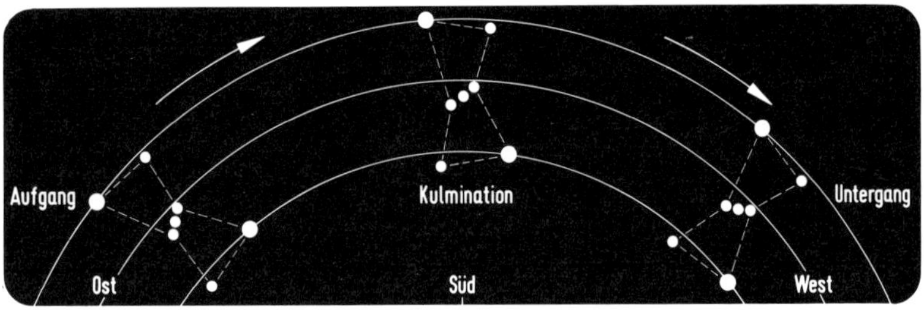

über dem Horizont im Süden: sie kulminieren (von lat. culmen = höchster Punkt, Gipfel). Entsprechend liegt der tiefste Punkt ihrer Tagesbahn – abgesehen von einer bestimmten, von der Lage des Beobachtungspunktes abhängigen Region um einen der Pole – unter dem Horizont. Wir bezeichnen die Höchst- bzw. Tiefststellung als die *Obere* bzw. *Untere Kulmination,* (K_o), (K_u). Fixsterne behalten während des ganzen Jahres ihren festen Auf- und Untergangspunkt. Betrachten wir das am Beispiel des Sternbilds Orion. Der erste der Gürtelsterne, der über dem Horizont erscheint, steht fast genau im Himmelsäquator. Er geht also im Ostpunkt des Horizonts auf. Beim Untergehen versinkt er wieder als erster im Westpunkt. Wie jedes Gestirn erreicht er dazwischen genau im Süden seine Höchststellung.
Wenn wir diesen Stern 12 Stunden lang von seinem Aufgang bis zu seinem Untergang verfolgen, können wir sehen, daß seine Bahn schräg zum Horizont verläuft. Zunächst steigt er nach rechts oben höher, während der Kulminationszeit bewegt er sich nahezu parallel zum Horizont und sinkt dann schräg nach rechts unten tiefer. Dieses für alle Sterne geltende Verhalten hat eine interessante Konsequenz für die Orientierung einer Sterngruppe. Wir können das am Beispiel des Orion gut beobachten. Beim Aufgang sind seine drei Gürtelsterne fast senkrecht zum Horizont ausgerichtet. Das darüberstehende Viereck weist mit einer Spitze zum Horizont. Einige Stunden später sehen wir das

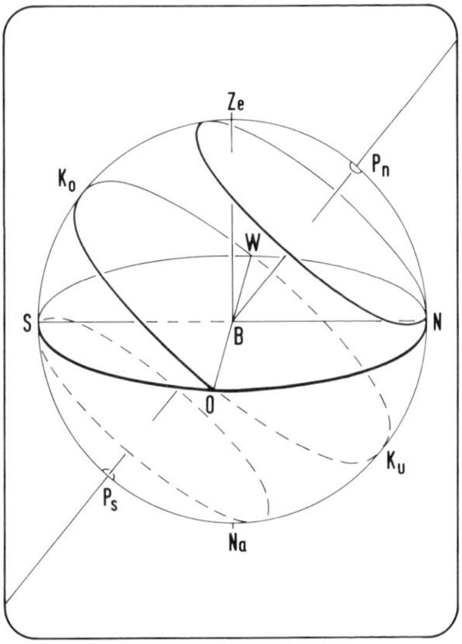

Sterngruppe Sommerdreieck Deneb-Wega-Altair. 12. 5. 1982, 23 Uhr UT, Stuttgart. Optik: 1:2,8/24 mm, Kodak 64, Bt = 1 min. Aufnahme: Beneke

Sternbild im Süden so aufgerichtet, daß es einer menschlichen Figur ähnlich ist. Die Schultersterne oben und die Knie unten befinden sich jeweils etwa nebeneinander, die Gürtelsterne verlaufen etwas schräg. Wieder anders sieht das Sternbild aus, wenn es sich zum Untergang anschickt. Jetzt stellen wir fest, daß die Gürtelsterne nahezu parallel zum Horizont angeordnet sind und das Viereck auf dem anderen der beiden südlichen Sterne zu balancieren scheint.

Anders sind die Verhältnisse allerdings, wenn unser Beobachtungsort in Polnähe oder in Äquatornähe liegt, und deshalb gilt die Abbildung auch nur für eine Breite von etwa + 50°. Am Pol wandert der Orion als in der Himmelsmitte stehendes Sternbild am Horizont entlang, am Äquator steigt er senkrecht vom Horizont hoch, kulminiert im Zenit und sinkt senkrecht wieder unter den Horizont. Zwischen diesen Extremen sind die Bahnen aller Sterne mehr oder weniger stark zum Horizont geneigt. Da die Gürtelsterne des Orion fast genau auf dem Äquator liegen, gehen sie am Ostpunkt auf und am Westpunkt unter und bleiben jeweils 12 Stunden über und unter dem Horizont. Dagegen gehen Sterne, die nördlich des Himmelsäquators stehen, zwischen dem Nord- und Ostpunkt auf und zwischen dem Nord- und Westpunkt unter, Sterne südlich des Äquators kreuzen den Horizont beim Aufgehen zwischen Süd- und Ostpunkt und beim Untergehen zwischen Süd- und Westpunkt. Daraus ergeben sich für einen Beobachter auf der Nordhalbkugel der Erde folgende Verhältnisse: Je nördlicher ein Stern steht, desto länger ist sein Tagbogen und desto höher kulminiert er im Süden. Die Sterne in einer bestimmten Region um den Himmelsnordpol gehen nicht mehr auf und unter, sie bleiben volle 24 Stunden über dem Horizont. Man nennt sie *Zirkumpolarsterne,* und je näher der Beobachter dem Nordpol ist, um so größer ist das Gebiet dieser nie untergehenden Sterne. Am Pol selbst sind alle Sterne des Nordhimmels zirkumpolar. Ein gleichgroßes Gebiet in der Umgebung des Südpols enthält entsprechend Sterne, die in unseren Breiten niemals über den Horizont kommen. Für Beobachter auf der Südhalbkugel gelten die umgekehrten Verhältnisse. Je südlicher ein Stern steht, desto länger ist sein Tagbogen und desto höher kulminiert er im Norden. Die Umgebung des Südpols enthält die nie untergehenden Zirkumpolarsterne, und die Umgebung des Nordpols bleibt ständig unter dem Horizont verborgen. So ist der Äquator der einzige Bereich auf der Erde, von dem aus man den gesamten Himmel mit allen Sternen im Laufe eines Jahres überblicken kann.

Die scheinbare jährliche Bewegung des Himmels

Bei der Beobachtung des Himmels stellen wir fest, daß außer der Sonne und dem Mond auch die Sternbilder ihre Lage verändern, wenn wir sie immer zur selben Tageszeit betrachten. Erst nach einem Jahr zeigt der Sternenhimmel wieder denselben Anblick.
Die tägliche Verschiebung (Drehung) des Himmels um etwa vier Minuten ist zu gering, um ohne Hilfsmittel bemerkt zu werden. Aber schon bald fällt uns auf, daß ein bestimmtes Sternbild – nehmen wir wieder den Orion als Beispiel – früher im Meridian kulminiert als vor einigen Tagen. Auch sein Auf- und Untergang verfrüht sich um dieselbe Zeit, und so schiebt sich der Untergang im Frühling so weit in die Abenddämmerung, daß der Orion für einige Zeit nicht mehr zu sehen ist. Einige Wochen später taucht er dann wieder vor Sonnenaufgang am frühen Morgenhimmel auf. Wir stellen fest, daß der Vorgang des morgendlichen Sichtbarwerdens der Sterne und ihres abendlichen Verschwindens Jahr für Jahr regelmäßig erfolgt und mit dem Sonnenlauf zusammenhängt. Während ihres Jahreslaufs um die Sonne wendet die Erde ihre (von der Sonne weg gerichtete) Nachtseite immer anderen Himmelsgegenden zu, so daß während der 365 Nächte eines Jahres der gesamte Sternhimmel überstrichen wird. In Richtung zur Sonne können wir die Sterne nicht sehen, da das in unserer Lufthülle gestreute Sonnenlicht alle anderen Himmelsobjekte überstrahlt. Mit einem Fernrohr oder während einer totalen Sonnenfinsternis sind die hellsten Sterne auch bei Tage sichtbar.
Von der Erde aus scheint die Sonne eine

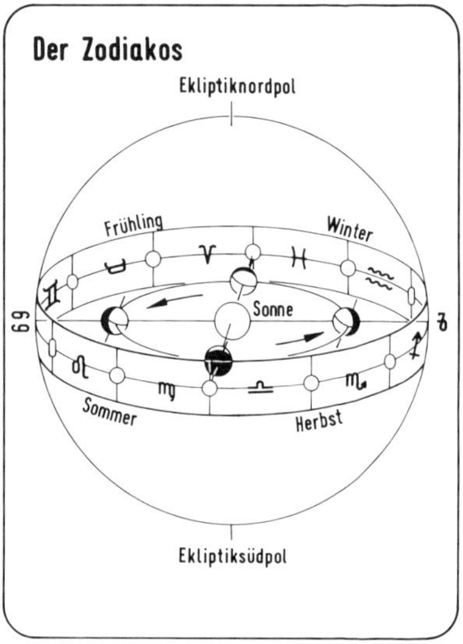

feste Bahn unter den Sternen zu durchlaufen, es ist die an der Sphäre projizierte Erdbahn. Man nennt sie auch *Ekliptik,* da nur dann Finsternisse (griech. eclipse = Finsternis) entstehen können, wenn der Mond die scheinbare Sonnenbahn kreuzt. Die Sternbilder, welche die Ekliptik begleiten, nehmen seit alters her eine bevorzugte Stellung unter allen anderen ein, weil sich in dem Gürtel, den sie am Himmel bilden, außer Sonne und Mond auch die Planeten bewegen. Insgesamt sind es 13 Sternbilder, aber nur 12 werden seit dem Altertum genannt. Da sie hauptsächlich die Bezeichnungen von Lebewesen tragen, spricht man vom *Kreis der Le-*

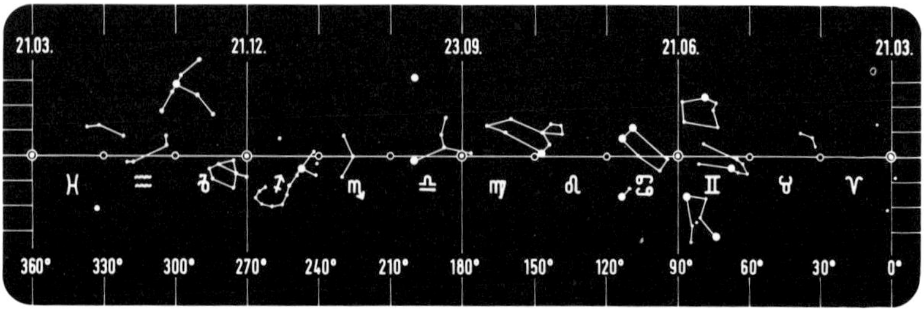

bendbilder oder nach seiner griechischen Benennung vom *Zodiakos.* Im deutschen Sprachgebrauch hat sich seit dem 17. Jahrhundert die Bezeichnung *Tierkreis* durchgesetzt, obwohl nur 7 Bilder nach Tieren benannt sind (Widder, Stier, Krebs, Löwe, Skorpion, Steinbock, Fische), vier dagegen nach menschlichen Wesen (Zwillinge, Jungfrau, Schütze, Wassermann) und eins sogar nach einem Gegenstand (Waage).

Tierkreiszeichen

Zeichen	Tierkreis
♈	Widder (Aries)
♉	Stier (Taurus)
♊	Zwillinge (Gemini)
♋	Krebs (Cancer)
♌	Löwe (Leo)
♍	Jungfrau (Virgo)
♎	Waage (Libra)
♏	Skorpion (Scorpius)
♐	Schütze (Sagittarius)
♑	Steinbock (Capricornus)
♒	Wassermann (Aquarius)
♓	Fische (Pisces)

So wandert im Laufe eines Jahres die Sonne von Monat zu Monat von einem Tierkreisbild (Zodiakossternbild) zum nächsten und steht mit ihm, von uns aus gesehen, am Taghimmel. Nacheinander gibt sie die Sternbilder wieder frei, die dann am Morgenhimmel vor Sonnenaufgang wieder erscheinen. Gleichzeitig wandert das gegenüberliegende Tierkreisbild am Abendhimmel in die Dämmerung und wird anschließend von den Sonnenstrahlen verdeckt. Ebenso verschwinden natürlich alle anderen Sternbilder in der Nähe des Zodiakos im Sonnenlicht und tauchen später wieder auf.
Die Schrägstellung der Drehachse der Erde auf der Ekliptikebene (Erdbahnebene) verursacht ein Aufsteigen und Absinken der scheinbaren Sonnenbahn an unserem Himmel. Im Juni erklimmt die Sonne den höchsten Punkt ihrer Bahn, im Dezember steigt sie bis zum tiefstgelegenen hinab. Wir nennen diese Punkte der Sonnenwenden das *Sommer- und das Wintersolstitium,* weil die Sonne in der Auf- und Abbewegung stillzustehen scheint (vom lat. stare = stehen). Zwischendurch überschreitet sie den Himmelsäquator im März und im September an gegenüberliegenden Punkten. Waren oberhalb des Äquators die Tage länger und Nächte kürzer und unterhalb des Äquators umgekehrt, so sind die Tage und Nächte gleich lang, wenn die Sonne den Äquator kreuzt. Wir sprechen von der *Tagundnachtgleiche* oder dem *Frühlings- bzw. Herbstäquinoktium* (lat. aequus = gleich, nox = Nacht).

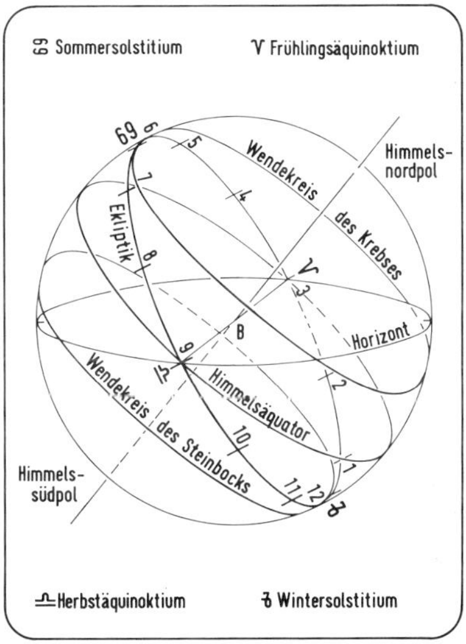

Im Ablauf dieser Geschehnisse beobachten wir im Kreis der zirkumpolaren Sternbilder, daß sie zu jeder Jahreszeit am nördlichen Himmel sichtbar sind, daß aber zu einer festen Zeit der Nacht ihre Stellung zum Horizont sehr unterschiedlich ist. Im Herbst fährt der Große Wagen abends beispielsweise wie ein Kinder- oder Puppenwagen, mit der Deichsel hinterher, von links nach rechts (West – Ost) unter dem Polarstern (Polaris) hindurch, ein halbes Jahr vorher oder nachher im Frühling sucht man ihn um die gleiche Abendstunde nahe dem Zenit (s. S. 54). Der Große Wagen weist mit seinen „vorderen" Sternen zum Polarstern. Von dort finden wir den Nordpunkt am Horizont durch Fällen des Lots. Alle Sterne, deren Abstand vom Polarstern der Länge dieses Lots entspricht, gehen für den betreffenden Beobachtungsort weder auf noch unter, sind also zirkumpolar. So ist Wega in der Leier für eine geographische Breite von + 90° bis + 49° zirkumpolar, Deneb im Schwan und Ca-

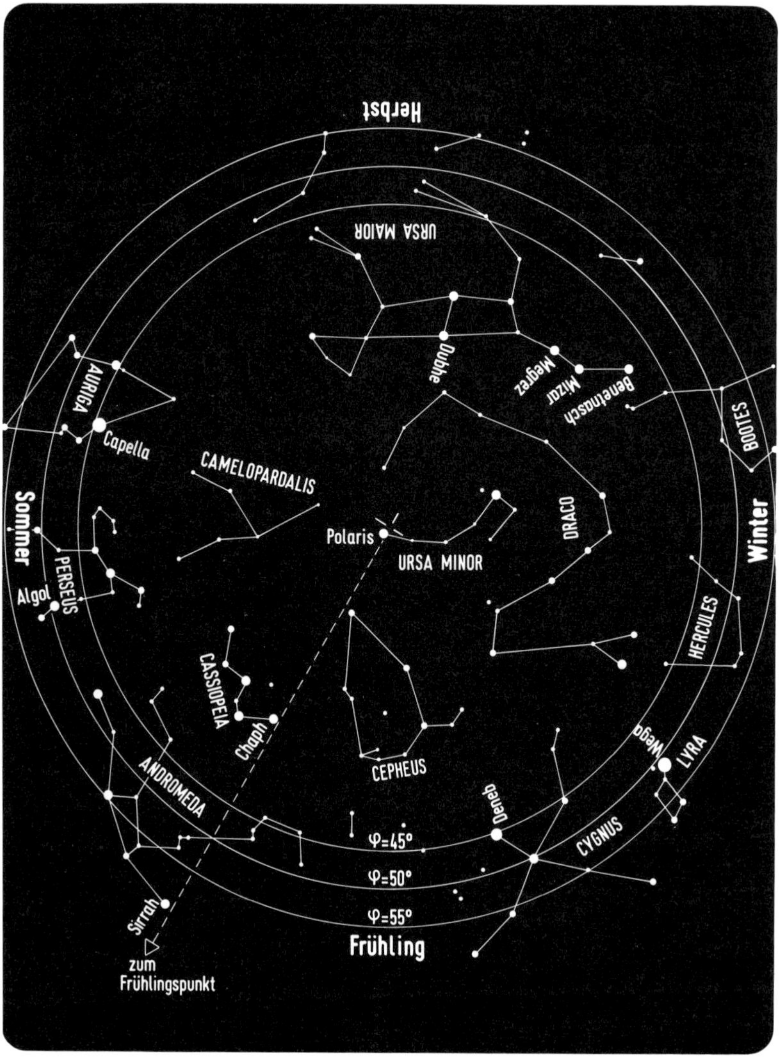

pella im Fuhrmann sind es bis + 45°, wo Wega schon unter den Horizont sinkt.

Die Karte zeigt die zirkumpolaren Sternbilder für die Nordbreiten + 45°, + 50° und + 55°. Orientiert man die Karte so, daß die Jahreszeitenbenennung jeweils unten steht, so hat man den Anblick des Nordhimmels für 21 Uhr Ortszeit.

Da die Erdbahn nicht kreisförmig, sondern schwach elliptisch ist, bewegt sich die Erde nach dem zweiten Keplerschen Gesetz mit unterschiedlichen Geschwindigkeiten: in Sonnennähe schneller, in Sonnenferne langsamer. Die Sonne scheint sich deshalb im Verlauf eines Jahres unterschiedlich schnell im Tierkreis zu bewegen. Die Folge ist, daß die Jahreszeiten verschieden lang sind. Herbst und Winter sind um jeweils etwa vier Tage kürzer als Frühling und Sommer (Bezug der Jahreszeiten auf die Nordhalbkugel der Erde). Die veränderliche Geschwindigkeit

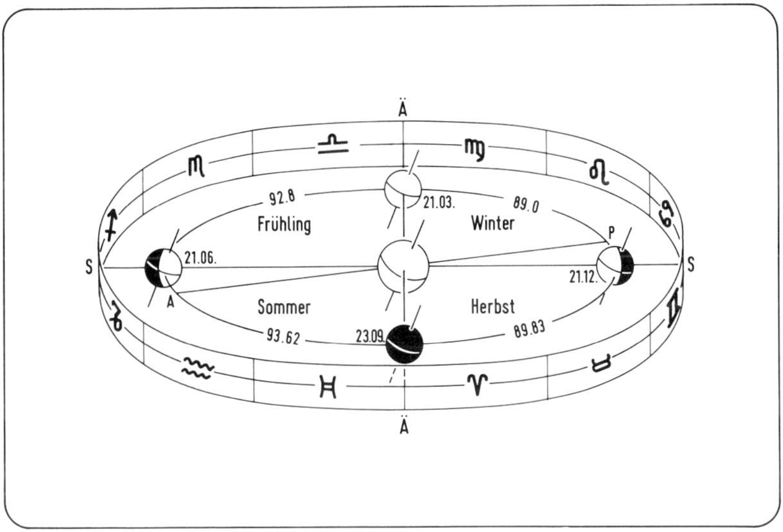

der scheinbaren Sonnenbewegung am Himmel ist **eine** Komponente der *Zeitgleichung.*

Die Neigungen der Gestirnsbahnen gegen den Horizont im Aufgang und Untergang sind breitenabhängig. An den Erdpolen bewegen sich alle Gestirne parallel zum Horizont, es gibt keinen Auf- und Untergang. Mit Annäherung an den Erdäquator bilden ihre Tagesbahnen einen immer größeren Winkel mit dem Horizont, bis alle Gestirne am Erdäquator senkrecht auf- und untergehen. Für die ausgewählten Breiten ($\varphi = +50°, +30°, \pm 0°, -23{,}5$) sowie für den nördlichen Polarkreis ($\varphi = +66{,}5$) sind die Situationen in der Abbildung auf S. 56 veranschaulicht.

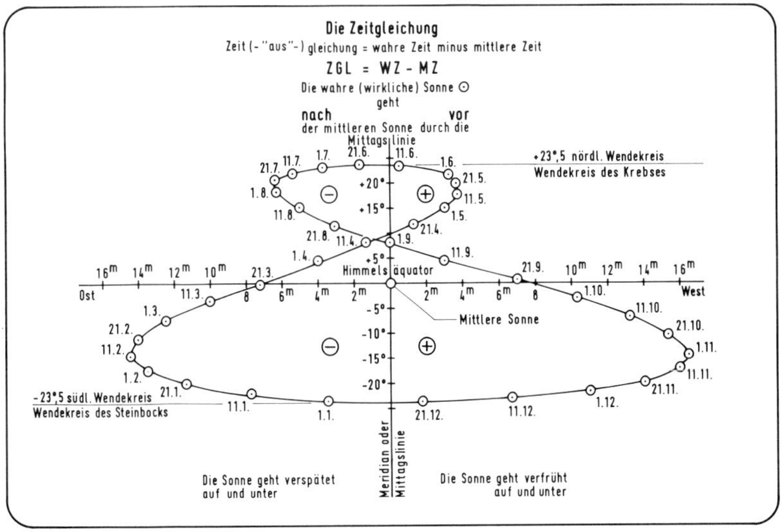

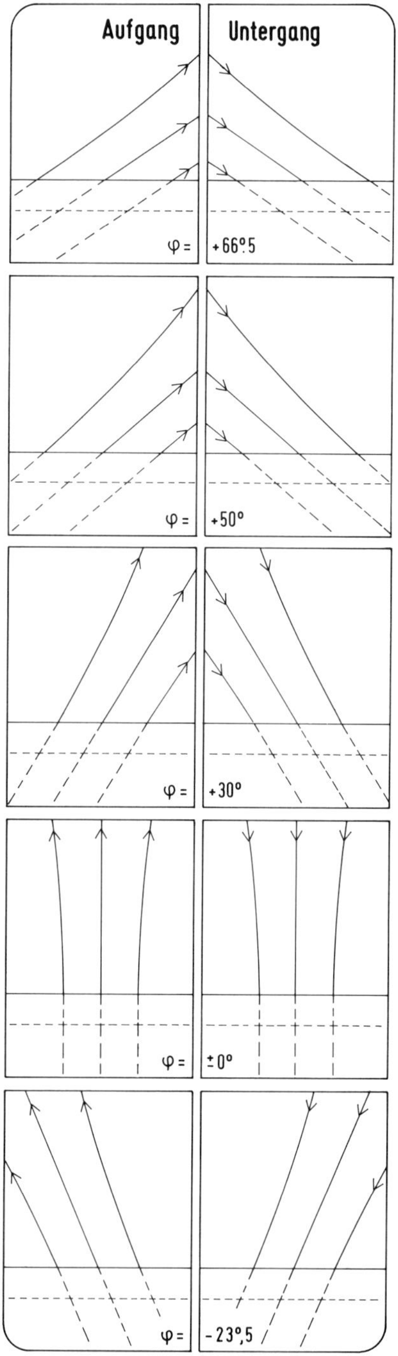

Hinweise für die Beobachtung

Die Örter der Gestirne an der Himmelskugel sowie ihre Abstände untereinander werden in Teilen des Vollkreises angegeben. Aus der Astronomie der Babylonier ist uns die Einteilung des Kreises in 360 Grad (°) überliefert. Jeder Grad wird unterteilt in 60 Bogenminuten (′), jede Bogenminute wiederum in 60 Bogensekunden (″). Der Vollkreis von 360° enthält (× 60′) 21600′ bzw. (× 60″) = 1296000″. Die Bogensekunde ist daher ein sehr kleiner Winkel. Um uns eine Vorstellung von seiner Größe machen zu können, müßten wir eine gängige Münze, z.B. eine Deutsche Mark (Durchmesser ca. 23,5 mm) aus einer Entfernung von 4847365 mm oder 4 km 847 m 36 cm 5 mm betrachten. Das menschliche Auge kann bei Normalsichtigkeit Objekte unter einem Sichtwinkel von mindestens einer Bogenminute voneinander unterscheiden.

Um Distanzen am Himmel bestimmen zu können, braucht man Meßinstrumente. Nicht immer sind diese zur Verfügung. Da können wir uns mit unserer Hand behelfen, wie die Abbildung zeigt. Bei gestrecktem Arm deckt die Faust einen Winkelbereich von etwa 8° ab, bei gespreizter

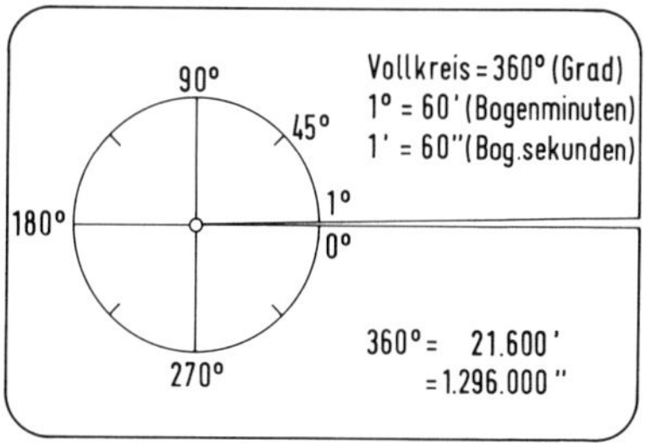

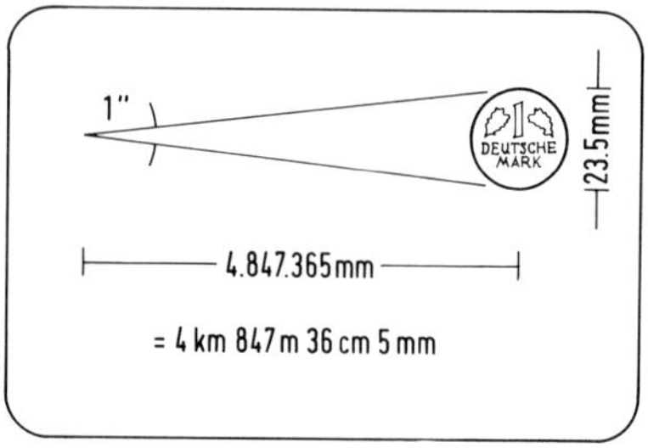

Hand beträgt der Winkel zwischen Daumenspitze und kleinem Finger ca. 22°. Die Breite des Mittelfingers verdeckt ca. 2°. Bei Angaben aus einem Himmelskalender oder Jahrbuch ist dieses einfache „Instrument“ äußerst nützlich, vor allem während der Dämmerung. Nachts gibt es einige Sternbilder, die uns für Abstandsbestimmungen Hilfestellung leisten können. Dazu gehören vor allem das Äquatorsternbild Orion, sowie die ganzjährig sichtbaren zirkumpolaren Konstellationen Großer Wagen und Cassiopeia. Die Angaben der Sternabstände helfen uns, den Gesichtsfelddurchmesser eines Fernglases zu ermitteln. Sie können uns auch unterstützen, wenn es gilt, den Anfangs- und Endpunkt einer Sternschnuppenbahn unter den Sternbildern zu bestimmen.
Aus Erfahrung wissen wir, daß mit zunehmendem zeitlichen Abstand von einem Erlebnis, und sei es noch so beeindrukkend, die Erinnerung nachläßt. Es ist deshalb ratsam, immer Beobachtungsnotizen zu machen. Später kann man sich darauf stütztén. Es empfiehlt sich die Mitnahme einer Taschenlampe, um entweder im Himmelskalender, einem astronomischen Jahrbuch oder einem Himmelsatlas nachschlagen zu können. Weiter ist eine exakt gehende Uhr nötig, die vor oder - besser und – nach der Beobachtungszeit mit einem Rundfunkzeitzeichen verglichen wird. So weiß man den Uhrstand, – die momentane Anzeige der Zeit, – aus dem man den Uhrgang – den eventuell abweichenden Lauf der Uhr – ermitteln kann. Nur so läßt sich eine Beobachtung zeitlich genau einordnen!
Am besten verwendet man für seine Beobachtungsnotizen einen Bleistift mit weicher Mine. Ein Notizbuch tut gute Dienste, Format am besten DIN A5. Was wird eingetragen?: Beobachtungsort / Beobachtungszeit: Beginn – Ende. Achtung! Einheitlich verfahren oder dazuschreiben: Weltzeit UT, Mitteleuropäische Zeit MEZ, Mittlere Ortszeit MOZ, Sommerzeit (!) / Instrument mit Vergrößerungen / „Wetterbericht“: Bewölkung, Seeing, evtl. Temperatur / Objekte in Reihenfolge ihrer Beobachtung, – auch wenn man nur mal hingeschaut hat – wegen möglicher auffälliger Abweichungen vom Normalbild. Im Laufe der Jahre entsteht so eine schöne Sammlung von Beobachtungsnotizen.

Sternbild Orion mit Umgebung Aldebaran, Sirius und Procyron. 5. 12. 1983, 23 Uhr, Stuttgart. Optik: 1:2,8/24 mm, Kodak 64, Bt = 130 s. Aufnahme: Beneke

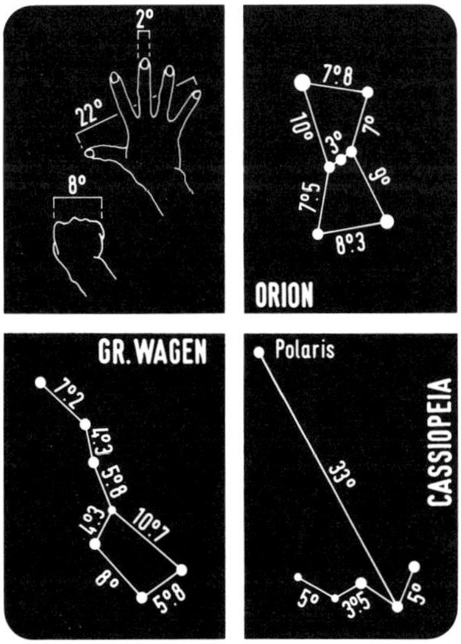

Obelisk auf der Piazza di San Pietro, Roma. Der Obelisk als Sonnenuhr. 12. 3. 1976. Optik: 1:1,4/ 50 mm, Kodak 64, Bt. = auto.
Aufnahme: Beneke

Die Beobachtung mit freiem Auge

Der einzige Vermittler zwischen den leuchtenden Himmelsobjekten und dem Menschen ist das Auge. Ohne dieses Sinnesorgan wüßten wir nichts von der Welt der Sterne. Aber nur ein ganz schmales Band der aus dem Kosmos kommenden elektromagnetischen Strahlung können unsere Augen registrieren. In dem nebenstehenden Schema sind die Wellenlängen des gesamten Spektrums in μ (= $\frac{1}{1000}$ mm) angegeben. Das menschliche Auge hat einen Wahrnehmungsbereich von etwa 0.4 μ (violett) bis 0.68 μ (tiefrot), die maximale Empfindlichkeit liegt bei 0.513 μ (blau-grün). Sie fällt mit dem Maximum der Sonnenstrahlung zusammen und liefert ein Beispiel dafür, wie gut wir unserer Umwelt angepaßt sind. Wir können mit unseren Augen Helligkeiten, Farben (Wellenlängen) und Richtungen unterscheiden. Durch die paarweise Anordnung der Augen können wir darüber hinaus, bis zu einem gewissen Abstand, räumlich sehen. Alle kosmischen Objekte sind allerdings so weit entfernt, daß sie uns nur flächig angeordnet erscheinen.

Das Auge besteht aus einem kugeligen Körper, der mit einer klaren, gallertartigen Masse gefüllt ist. Die Außenwand ist eine Sehnenhaut mit einer durchsichtigen Frontseite, der Hornhaut. Eine mit Flüssigkeit gefüllte Vorkammer wird nach innen abgeschlossen von der muskelbewehrten Linse, die die einfallenden Lichtstrahlen bricht und auf die Rückwand des Augeninnern zu projizieren hat. Die Menge des einfallenden Lichts wird von der Iris vor der Linse reguliert. Wie die Blende eines Fotoapparates kann sie den Durchmesser ihrer Zentralöffnung, der Pupille verändern. Die Netzhaut auf der rückwärtigen Innenseite des Augapfels ist das lichtempfindliche Organ, das aus zwei Arten von Empfängern besteht: den zahlenmäßig überlegenen, helligkeitsempfindlichen Stäbchen und den weniger häufigen, farbempfindlichen Zäpfchen, die besonders zahlreich sind im Bereich des sogenannten Gelben Flecks in der optischen Achse. Schwache Lichteindrücke werden im Bereich des Gelben Flecks nicht mehr wahrgenommen, obwohl hier durch die hohe Dichte der Zäpfchen das beste Auflösungsvermögen erreicht wird (Scharfsehen).

Ein geübter Beobachter weiß, daß Farbwahrnehmungen nachts (z.B. Planetenbeobachtung am Fernrohr) sehr schwierig sind, doch bei Beobachtung von Sternhelligkeiten (lichtveränderlicher Sterne) erreicht er einen Zugewinn an schwächeren Objekten durch „indirektes Sehen“, indem er sie nicht direkt (auf der optischen Achse) ansieht, sondern etwas an ihnen vorbeiblickt! Die von Stäbchen und Zäpfchen empfangenen Lichtimpulse lösen einen fotochemischen Prozeß aus, dessen Umsetzung in elektrische Impulse die Informationen durch die Nerven den zugeordneten Gehirnpartien zuleitet. Das Auge arbeitet nicht passiv wie das Ohr; eine Rücksteuerung sorgt für eine Selbstregulierung der dem Auge zugeführten Lichtintensität durch die Pupillenöffnung. Nach extremer Lichtzufuhr bedarf es etwa einer halben Stunde, bis das Auge sich wieder an völlige Dunkelheit gewöhnt hat. Es ist also ratsam, das Auge vor der Beobachtung schwacher Objekte auszuruhen und sich an die Dunkelheit anpassen zu lassen. Diesen Anpassungsvorgang nennt man *Adaptation.* Bei Tag ist die Pupille klein (ca. 4 mm Durchmesser). In der Dunkelheit wächst der Pupillendurchmesser auf das etwa 1,5-fache an. Das ist allerdings ein Richtwert, denn der Pupillendurchmesser und seine Änderung bei wechselnden Lichtverhältnissen ist stark altersabhängig. Die größte Anpassungsfähigkeit des menschlichen Auges besteht in der Jugend.

Die Adaptation an die Dunkelheit hängt von der Zeit ab. Tritt man nachts aus einem hell erleuchteten Raum ins Dunkle, so sieht man die ersten fünf bis zehn Minuten nur den Mond und die hellsten Objekte. Erst allmählich nimmt das Auge schwächere Lichtreize wahr. Es braucht aber weitere zehn bis zwanzig Minuten, bis auch die schwächsten Sterne vom Auge registriert werden. Plant man also eine Beobachtung schwacher Objekte, so sollte man daran denken, daß die völlige Dunkeladaptation mindestens eine halbe Stunde dauert. Das Auge muß sich auch auf „Unendlich“ einstellen, wenn man die Sterne deutlich sehen will, was vor allem in der Dämmerung nicht immer leicht ist, wenn es gilt, Merkur oder Venus aufzusuchen. Den Vorgang der Entfernungsanpassung nennt man *Akkomodation.* Aus dem vorgenannten ergibt sich auch: **niemals** mit dem ungeschützten Auge in die Sonne sehen! Schon die Fernrohrbeobachtung des Mondes um die Vollmondzeit demonstriert, wie eine intensive und große Lichtmenge die Augenempfindlichkeit

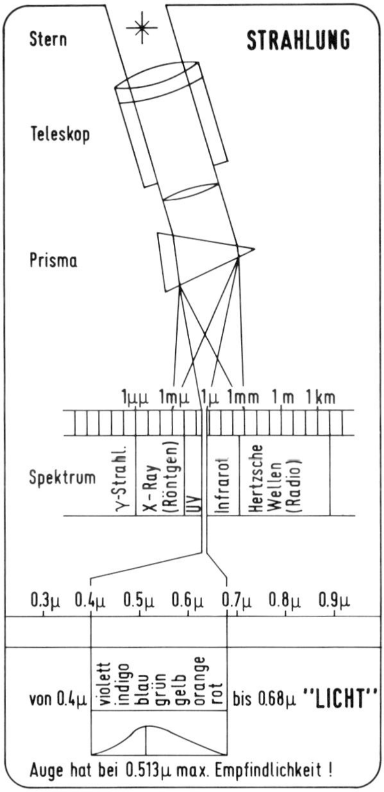

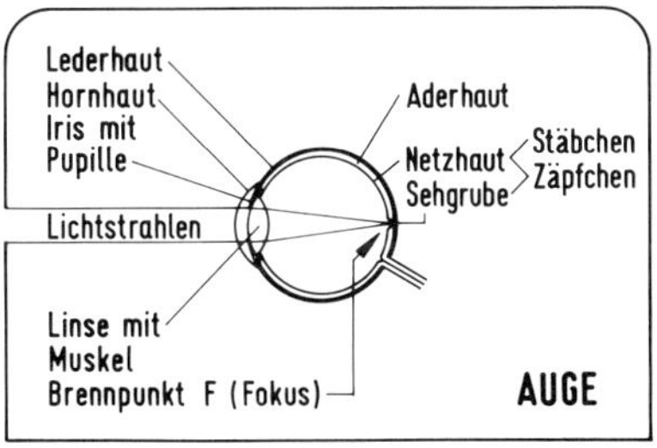

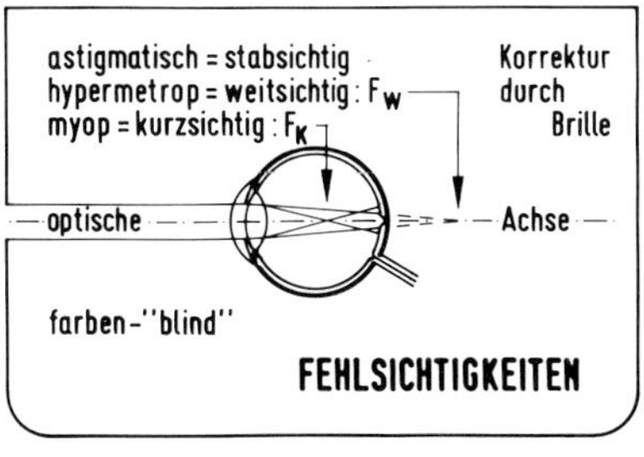

langanhaltend beeinflußt. Wer die Sterne klar und nahezu punktförmig erkennt, hat gute Augen. Andernfalls muß mit einer optischen Hilfe (Brille) beobachtet werden. Testobjekte für die Trennung von Sternpaaren sind in der Reihenfolge zunehmend schwieriger: ζ UMa = Mizar und Alkor; ϑ Tauri nahe Aldebaran; ε Lyrae nahe Wega; α Capricorni = Giédi.

Optische Hilfsmittel

Das Sehvermögen des Auges wird durch optische Geräte erheblich verstärkt. Das gängigste Instrument, das wohl heute in fast jedem Haus zu finden sein dürfte, ist das Fernglas. Es gibt Geräte mit nur einem optischen Satz von Gläsern für die Beobachtung mit einem Auge, die *Monokulare.* Für die Beobachtung des Himmels, aber im Grunde auch für die Beobachtung entfernter irdischer Ziele, ist das beidäugige Sehen nicht nur bequemer, sondern genauer und weniger ermüdend. Instrumente, die dieses leisten, nennt man *Binokulare.* Den Ferngläsern (auch häufig Feldstecher genannt) wird das Opernglas zugerechnet. Für die Beobachtung des Himmels ist es kaum geeignet. Ein Vergleich mit einem Fernglas zeigt den Unterschied deutlich. Zwar verfügt das Opernglas über ein großes Gesichtsfeld, die Vergrößerung ist jedoch normalerweise nur etwa zwei bis zweieinhalbfach und die Lichtstärke gering, schwächere Sterne bleiben schwach. Alle zur visuellen Beobachtung benutzten Instrumente wie Ferngläser und kleine Teleskope enthalten zwei wesentliche Bestandteile, das bilderzeugende *Objektiv* (z.B. eine geschliffene Linse aus Glas) und das *Okular* (von lat. oculus = Auge), mit dem das Bild wie mit einer Lupe betrachtet wird. Das dem Objekt zugewandte Objektiv nimmt die Strahlung auf. Es

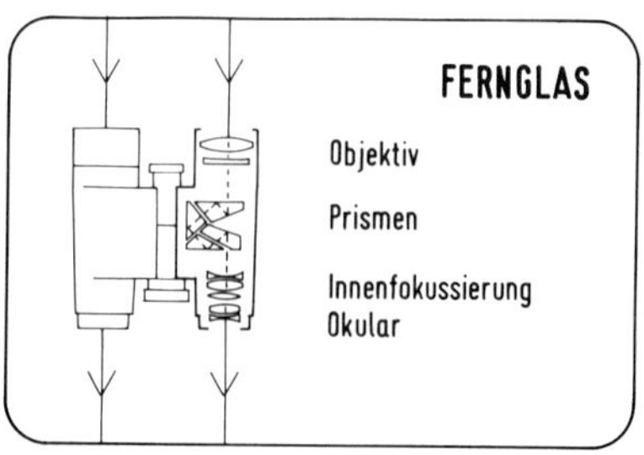

besteht aus einer bikonvex geschliffenen Linse (oder einem Linsensystem), deren Krümmung die *Brennweite* des Objektivs bestimmt. Damit bezeichnet man den Abstand von der Linse, bei dem ein unendlich weit entfernter Gegenstand scharf abgebildet wird. Das Bild eines in endlicher Entfernung stehenden Gegenstandes ist umso größer, je länger die Brennweite ist. Das Verhältnis zwischen Objektivdurchmesser und Brennweite, das *Öffnungsverhältnis,* bestimmt die Lichtstärke des Objektivs. Deshalb haben lichtstarke Ferngläser große Objektive.

Durch Einbau von Prismen, die den Strahlengang knicken, läßt sich auch eine große Brennweite im Fernglas mit einer handlichen Länge des Instruments vereinigen. Dadurch ist das Fernglas leicht zu transportieren. Die Sternbeobachtung wird bei größeren und schwereren Gläsern durch Aufsetzen auf ein Fotostativ erleichtert. Auf jeden Fall ist eine Unterstützung des Fernglases, und sei es nur mit einem Besenstiel, von Vorteil. Natürlich muß das Instrument bei der Himmelsbeobachtung immer auf „unendlich" eingestellt sein. Man kann das bereits am Abend vorher tun oder am Mond einstellen, wenn er schon tags zu sehen ist. Sonst hilft nur ein sehr weit entfernter Gegenstand (Turm, Mast). Zuerst wird für das linke Auge am Zentraltrieb scharf eingestellt (*fokussiert,* von lat. focus = Brennpunkt). Sodann werden die beiden Optiken durch Knicken solange bewegt, bis für beide Augen die von beiden Seiten entworfenen Bilder zur Deckung kommen und nur noch ein Gesichtsfeld erscheint. Jetzt wird die Optik für das rechte Auge fokussiert, so daß das betrachtete Objekt für beide Augen (abwechselndes Sehen rechts – links) gleichscharf erscheint. Ist das nicht der Fall, muß man den Vorgang wiederholen. Das eigene Glas wird man am besten auf unendlich eingestellt lassen, ansonsten muß man sich die Einstellmarken am Gehäuse merken. Die Glasflächen sollten möglichst nicht mit den Fingern berührt werden. Ist es doch passiert, so hilft ein Brillentuch vom Optiker oder ein weiches, sauberes Leinentuch. Die angehauchte Fläche wird möglichst ohne Druck mit der umwickelten Fingerspitze durch kreisende Bewegung von innen nach außen abgewischt. Vorsicht bei Staubkörnern! Es gibt in Fotogeschäften zum Reinigen der Fotoobjektive kleine Pinsel und Blasebälge, mit deren Hilfe ein Berühren der Glas-

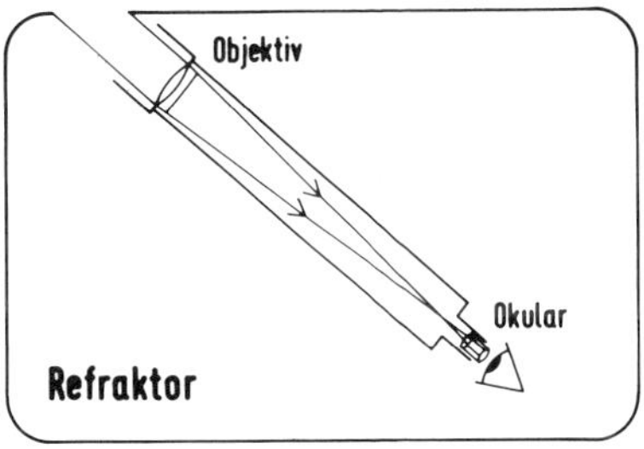

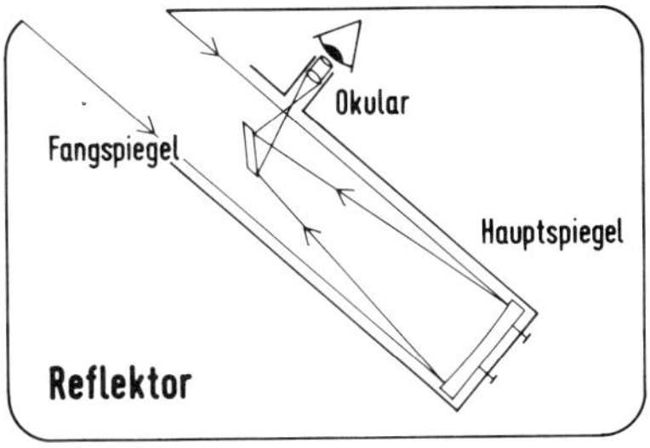

flächen vermieden werden kann. Optische Geräte sollten nie offen herumliegen, sondern mindestens an den Glasflächen abgedeckt sein (Objektiv- und Okularkappen).

Anspruchsvollere Instrumente als die Ferngläser sind die Fernrohre, sie sind dafür aber auch nicht so leicht zu transportieren (s. S. 180). Verwandt mit dem Fernglas ist das Linsenfernrohr oder der *Refraktor*. Er besteht aus Objektiv und Okular (am Brennpunkt). Für den Sternfreund sind Längen zwischen 90 cm und etwa 3 m zu empfehlen. Das hängt davon ab, welche Art von Beobachtungen man machen will. Neben der Kostenfrage spielt auch der Standort für das Instrument eine entscheidende Rolle. Ein kurz gebautes Fernrohr läßt sich leicht auf den Balkon tragen, ein größeres braucht eine ortsfeste Aufstellung. Den Refraktor wird man mehr für Sonnenbeobachtung verwenden (s. S. 179f.). Seine Bedienung ist deshalb einfach, weil die Blickrichtung durch das Okular der Richtung zum Objekt entspricht. Erschwert wird die Beobachtung allerdings bei großer Höhe des Gestirns über dem Horizont. Damit die Beobachtung nicht allzu ungemütlich oder gar anstrengend wird, kann man ein Zenitprisma verwenden. Dann entsteht allerdings ein seitenverkehrtes Bild. Abhilfe schafft ein etwas teureres Pentaprisma. Mit Hilfe eines Adapters kann das Fernrohr wie ein Teleobjektiv für den Fotoapparat verwendet werden. Selbstverständlich braucht ein Instrument von dieser Größe eine stabile Aufstellung, eine *Montierung*. Hier ist das Instrument an einer Achse (Deklinationsachse) angebracht, die senkrecht auf einer anderen (Stundenachse) steht; diese wird auf den Himmelspol ausgerichtet. Dann kann die Nachführung des Instruments auf die Sterne, die sich wegen der Erdrotation langsam im Stundenkreis weiterbewegen, von Hand oder besser mit einem Motorantrieb erfolgen. Größere Fernrohre haben ein parallel zum Tubus montiertes Hilfsfernrohr als Sucher mit schwacher Vergrößerung aber größerem Gesichtsfeld. Wegen der Sonnenbeobachtung muß es einen Objektivdeckel haben, damit ein unbeabsichtigtes Durchschauen verhindert wird!

Größere Fernrohre werden als Refraktor typ für den Sternfreund schnell teurer und unhandlich. Deshalb weichen viele Beobachter auf andere Bautypen aus, die preisgünstiger sind, z.T. sogar im Eigenbau hergestellt werden können. Zu ihnen zählt das Spiegelfernrohr oder der *Reflektor*. Das einfachste ist das nach Newton benannte. Es besteht aus einem parabolisch geschliffenen Hauptspiegel, der das Licht gebündelt auf einen Neben- oder Fangspiegel wirft, von dem es aus dem Fernrohrtubus heraus zum Okular gelenkt wird. Das Beobachten ist bei diesem Instrumententyp allemal viel bequemer, jedoch muß in Kauf genommen werden, daß der Beobachter quer zur Visierrichtung blickt. Damit hat er aber auch den beobachteten Himmelsausschnitt mit dem zweiten Auge nicht mehr unter Kontrolle wie beim Refraktor. Für Bequemlichkeit sorgen bei manchen Fabrikaten drehbare Tuben in den haltenden Schellen. Wenn man fotografiert, muß man beim Drehen des Tubus daran denken, daß auch das Kamerafeld gegen den Himmel gedreht wird! Der Reflektor eignet sich besonders zum Beobachten der Planeten und schwacher nebliger Objekte.

Eine Besonderheit stellt die Kombination von Refraktor und Reflektor dar. Eine speziell geschliffene Glasplatte ist zugleich Linse und Spiegel, die das Sternenlicht auf einen Hauptspiegel durchläßt, von dem es reflektiert wird, um nun abermals zurückgeworfen zu werden. Der Spiegel hat in der Mitte eine Bohrung, so daß das Lichtbündel den Brennpunkt (Fokus) hinter dem Fernrohrtubus hat. Hier kann man

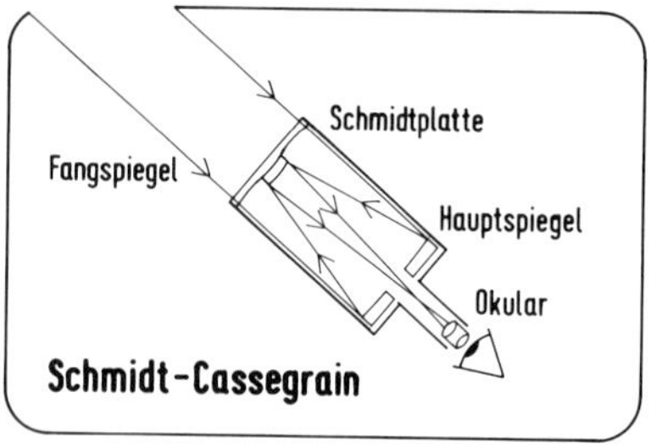

nun wie beim Refraktor verfahren. Instrumente dieser Bauart lassen nicht nur größere als beim Reflektor übliche Optiken, sondern auch größere Brennweiten zu. Das bedingt aber eine sichere, schwingungsfreie Montierung, sonst kann das Beobachten zur Qual werden. Instrumente, die zu leicht gebaut sind und eine schlechte Schwingungsdämpfung haben, können die Beobachtung behindern. (Erschütterung durch Berühren, Pulsschlag, Wind).
Für die Sonnenbeobachtung sei noch ein wichtiger Hinweis gegeben: Die meisten Fernrohre haben als Ausstattung eine Filtervorrichtung, um das intensive Sonnenlicht auf die Beobachtungsquantität zu reduzieren (s. Foto S. 180). Gewöhnlich ist das ein beschichtetes Glas oder eine besondere Folie (Sonnenfolie). Das Sonnenlicht wird vor Eintritt in die Optik geschwächt, so daß keine Gefahr der Überhitzung für das Instrument bestehen kann. Man kann aber das Sonnenbild auch auf einen Schirm projizieren (s. Foto S. 180). Das hat den Vorteil, daß mehrere Personen gleichzeitig die Sonne betrachten können. Das ist z. B. zweckmäßig, wenn eine Sonnenfinsternis stattfindet oder der Vorübergang der Planeten Merkur oder Venus vor der Sonnenscheibe zu beobachten ist. Der Fangschirm wird dazu mit Hilfe einer Halterung am Tubus befestigt, dann wird mit einem entsprechenden, nicht verkitteten Okular das

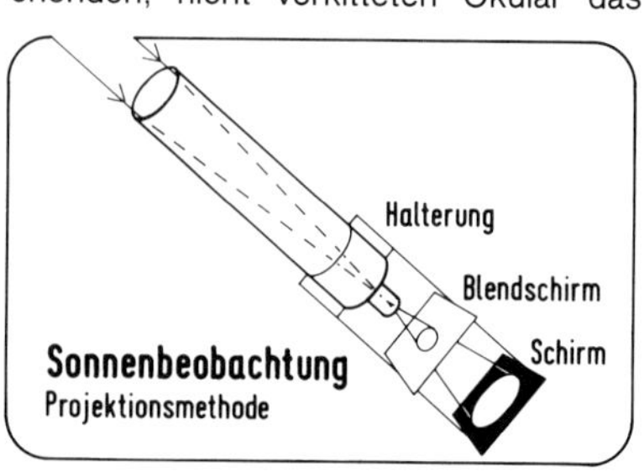

Sonnenbild für den Schirmabstand fokussiert. Der Kontrast der Sonnenabbildung wird verstärkt, wenn hinter dem Tubus in der Höhe des Okulars noch ein Blendschirm mit Lochblende installiert wird, so daß das seitlich am Fernrohr entlangstreichende Streulicht nicht voll auf den Projektionsschirm fällt.
Bei allen Sonnenbeobachtungen darf man niemals mit ungeschützten Augen direkt in die Sonne sehen! Die Augenlinse wirkt wie ein Brennglas, und das vermehrt einfallende Sonnenlicht schädigt die Netzhaut irreparabel! Fernrohre mit einem Sucher sollen nur dann (vor allem auch für Beobachtergäste) für die Sonnenbeobachtung benutzt werden, wenn man sich überzeugt hat, daß der Sucher abgedeckt ist! Nach Gebrauch sollte das Objektiv unbedingt zugedeckt oder aus der Blickrichtung zur Sonne weggedreht werden (Kinder)!

Das Wetter stellt die Beobachtungsbedingungen

Die Erdoberfläche mit ihren Bewohnern ist durch die Lufthülle von ihrer kosmischen Umgebung getrennt. Das hat neben einer für uns lebensnotwendigen Abschirmung gegen schädliche Strahlung auch den Nachteil aller mit dem wechselnden Klima verbundenen Behinderungen der Sichtverhältnisse. Durch eine Wolkenschicht kann man eben die Sterne nicht sehen. Aber auch bei klarem Himmel können Turbulenzen in der Luft, die durch aufsteigende Wärme verursacht werden, zu einem starken Flimmern *(Szintillieren)* der Sterne führen, die keine einwandfreie Beobachtung erlaubt. Auch das Streulicht, das durch viele künstliche Lichtquellen über jeder Großstadt und zunehmend auch über kleinen Ortschaften den Nachthimmel aufhellt, verhindert die Beobachtung des Sternenhimmels von Städten aus, wie sie noch vor einem Jahrhundert möglich war.
So müssen die Astronomen heute den Standort ihrer Instrumente sorgfältiger als früher auswählen, damit die Leistungsfähigkeit der kostspieligen Teleskope voll ausgeschöpft werden kann. Wir finden deshalb die großen astronomischen Beobachtungseinrichtungen nur in günstigen klimatischen Regionen, vorwiegend auf hohen Bergen und in sehr einsa-

men Gegenden. Oft nimmt es Jahre in Anspruch, bis ein neuer Standort nach umfangreichen Testbeobachtungen festgelegt werden kann.
Betrachten wir zunächst aber erst einmal die Luftverhältnisse über Europa. Die Sonne bestrahlt bei wolkenlosem Himmel den Kontinent, der sich gegenüber den umgebenden Wasserflächen der Meere schneller erwärmt. Die Folge ist, daß hier die Luft erwärmt wird und aufsteigt. Die Lage der Luftmassen wird instabil. Vor allem aus dem Norden strömt frische Luft in Bodennähe nach Süden nach. Auch sie wird erwärmt, steigt auf und fließt wie die vorauserwärmten Luftmassen in der Höhe nach den Seiten und nach Norden ab, um dort abzukühlen und abzusinken. Es schließt sich ein Kreislauf, der durch die Jahreszeiten gewissen Variationen unterworfen wird. Das Zu- und Abfließen der Luftmassen wird durch die Erdrotation zusätzlich beeinflußt. Es bilden sich Grenzflächen zwischen erwärmter und kalter Luft. Man nennt diese Flächen Fronten (Wetterfronten: Warmfront, Kaltfront). An ihnen entstehen zumeist die Wolken, sichtbar gewordener Wasserdampf, der zu Tropfen kondensiert. Mit der Wolkenbildung wird die Durchsicht der Atmosphäre verändert, verhindert. Der *Bewölkungsgrad,* ausgedrückt in Achtel des sichtbaren Himmelsgewölbes, bestimmt die **Durchsicht:**
0 / 8 = wolkenlos
2 / 8 = heiter
4 / 8 = halbbedeckt
6 / 8 = wolkig
8 / 8 = bedeckt
Ein wolkiger Himmel ermöglicht es noch, die Helligkeiten veränderlicher Sterne zu schätzen, er verhindert aber Meteorbeobachtungen. Ins Beobachtungstagebuch des ernsthaften Amateurs muß auf jeden Fall ein Vermerk über den Himmelsanblick! In Mitteleuropa kommen auf jede noch brauchbare Beobachtungsnacht zwei Nächte mit bedecktem Himmel. Das gilt für den Jahresdurchschnitt, Abweichungen davon mit besseren Bedingungen sind jedoch die Ausnahme.
Wolken und Nebel behindern also die Durchsicht der Atmosphäre. Weitere Störquellen sind die schon erwähnte *Szintillation* (von lat. scintillare = funkeln), die *Extinktion* und die *Refraktion.* Zwei Formen der Szintillation sind zu unterscheiden: die der Helligkeit und die der Richtung. Die *Helligkeitsszintillation* kennt jeder als das eigentliche Flimmern des Sternenlichts, da es schon mit freiem Auge wahrgenommen werden kann. Ursache ist die linsenartige Blasenbildung in Luftschichten, die das von außen kommende Licht verschieden stark brechen. So werden rasche Helligkeitsschwankungen erzeugt, die das Auge wahrnimmt. Sie entstehen in der Tropopause, der Grenzschicht zwischen der tieferen Troposphäre und der darüber liegenden Stratosphäre unserer Lufthülle. Die Tropopause liegt in etwa 8 bis 12 km Höhe, sie ist außer von der geographischen Breite auch von der Jahreszeit abhängig. Die *Richtungsszintillation* ist die seitliche Ablenkung des einfallenden Lichts vom kürzesten, geraden Weg durch die Atmosphäre. Sie entsteht durch Instabilitäten in den bodennahen Luftschichten. Diese haben unterschiedliche Temperaturen und Dichten und somit einen unterschiedlichen Brechungsindex, der die Laufge-

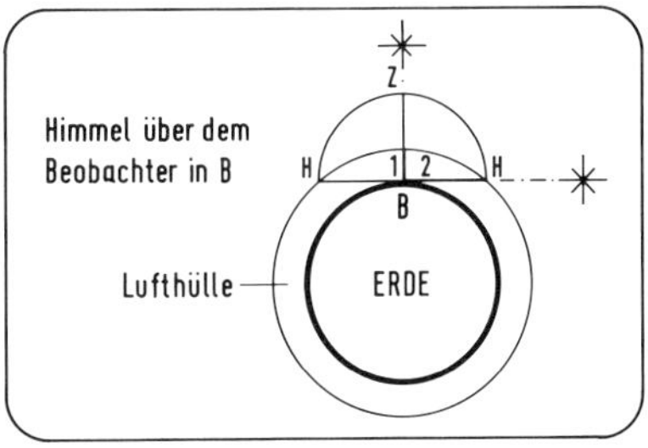

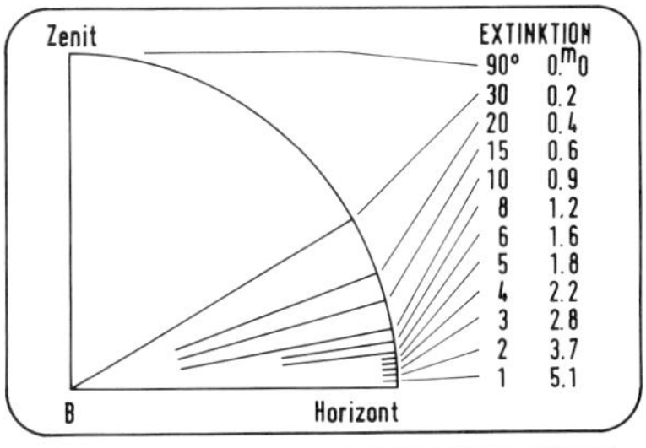

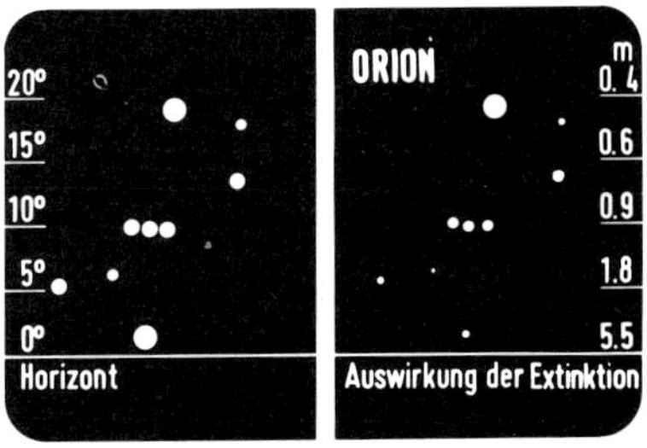

schwindigkeit des Lichts beeinflußt und zur Ablenkung des Lichts führt. Die Richtungsszintillation ist für das Auge nicht so bedeutungsvoll wie für das Fernrohr, dessen theoretisches Auflösungsvermögen dadurch beeinträchtigt wird. Das Auflösungsvermögen bestimmt den kleinsten Winkelabstand, den das Instrument noch trennen kann. Bei kleinen Fernrohren resultiert ein Zittern des Sternbilds, bei größeren kommt es zum Verschmieren dieses Bildes *(blurring)*, da Licht aus mehreren Luftschlieren angesammelt wird.

Die *Extinktion* (von lat. extinctio = Auslöschung) ist eine Schwächung des Lichts, verursacht durch Absorption (von lat. absorbere = aufsaugen) und Streuung. Die Absorption wird durch den Wasserdampf in der Atmosphäre hervorgerufen, die Streuung durch feinste Staubteilchen. Vom Zenit (Z) zum Erdboden (B) ist der Lichtweg durch die Lufthülle am kürzesten, in Horizontnähe am längsten. Infolgedessen ist die Schwächung des Sternlichts von der Zenitdistanz abhängig. Beträgt die Extinktion im Zenit $0^{m}.0$, so wächst sie bis zum Horizont auf 5^{m} an. Das bedeutet, daß wir einen Stern 2. Größenklasse (s. S. 199f.) beim Auf- oder Untergang nicht mehr sehen können. Wir brauchen auf alle Fälle ein Fernglas, um ihn zu finden. Neben der Extinktion besteht noch eine Abhängigkeit der Lichtschwächung von der Wellenlänge des Lichts, die *selektive Absorption*. Kurzwelliges Licht wird stärker geschwächt als langwelliges. Sonne, Mond und Sterne sehen wir deshalb am Horizont „gerötet". Langwelliges, rotes Sonnenlicht wird durch die unteren Luftschichten in den Erdschatten hinein gebrochen und läßt bei totalen Mondfinsternissen die Mondscheibe dunkelrot schimmern. Die Blaufärbung des Taghimmels entsteht durch die ebenfalls wellenlängenabhängige Streuung des Sonnenlichts in der Erdatmosphäre.

Bei der Beobachtung von veränderlichen Sternen ist aus dem vorher Gesagten streng zu folgern, daß diese und ihre Vergleichssterne nicht zu nahe am Horizont stehen dürfen, da sonst erhebliche Schätzfehler entstehen. Das trifft auch auf die scheinbare Helligkeit von Kometen zu, die in Horizontnähe gegenüber der tatsächlichen (vorausberechneten) stark vermindert ist.

Die *Refraktion* (von lat. frangere = brechen) ist eine für das bloße Auge nicht un-

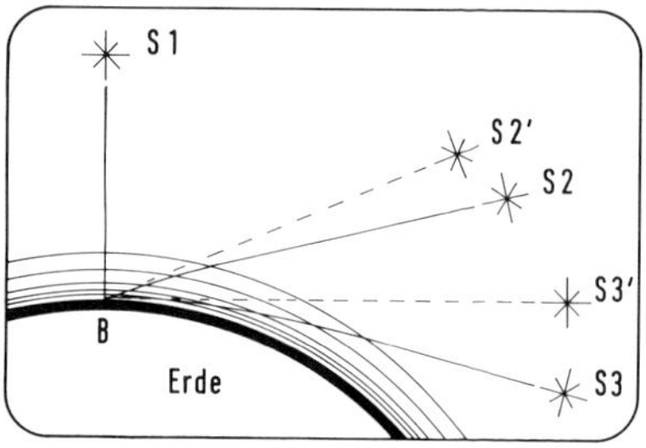

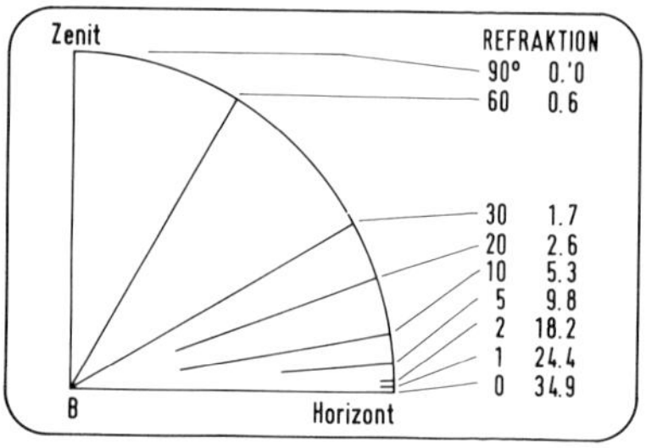

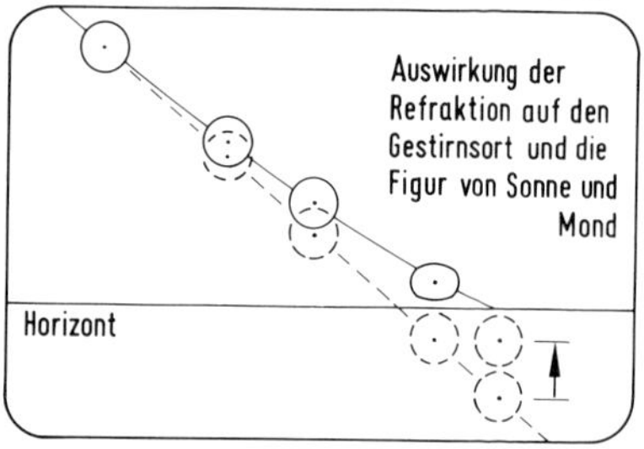

Auswirkung der Refraktion auf den Gestirnsort und die Figur von Sonne und Mond

mittelbar erkennbare Erscheinung. Erst bei der Instrumentenbeobachtung in Horizontnähe wird sie auffällig durch eine kleine Ortsveränderung des Gestirns gegen die Bildfeldmitte des mit Motorantrieb laufenden Teleskops. Das aus dem Weltraum kommende Licht muß durch verschieden dichte Luftschichten hindurch, um zum Beobachter (B) zu gelangen. Ein Stern S 1 im Zenit kann sein Licht auf dem kürzesten Weg durch sie hindurch schikken. Wir sehen ihn an seinem tatsächlichen Ort. Anders ist es beim Stern S 2. Sein Lichtweg wird von den unterschiedlich dichten Luftschichten immer stärker gekrümmt, so daß schließlich eine falsche Herkunftsrichtung vorgetäuscht wird und er in S 2' erscheint. Am extremsten ist die Brechung am Horizont: ein Stern S 3, der etwas unter dem Horizont steht, wird durch die Lichtbrechung so weit angehoben, daß er im Horizont bei S 3' zu stehen scheint. Die Refraktion nimmt vom Zenit zum Horizont erst langsam, zuletzt aber rapide zu. Das bedeutet: ein Gestirn am Horizont wird durch die Lichtbrechung angehoben, sein Aufgang ist verfrüht, sein Untergang verspätet. Daher ist unsere Tageslänge (definiert durch Erscheinen und Verschwinden des oberen Sonnenrandes) de facto länger, als es die Berechnung angibt. Sonne und Mond haben einen scheinbaren Winkeldurchmesser von etwa 32′. Da die Refraktion maximal 35′ beträgt, erscheinen sie uns beim Aufgang um einige Minuten verfrüht und verschwinden beim Untergang verspätet. Die starke Zunahme der Refraktion im Horizont *(differentielle Refraktion)* führt dazu, daß der untere Sonnenrand stärker angehoben wird als der obere; die Sonne (bei ihr ist es am deutlichsten zu sehen) erscheint daher leicht abgeplattet.

Es herrscht allgemein die irrige Meinung, daß Sonne und Mond in Horizontnähe größer aussähen als in der Höhe. Das ist eine Täuschung. Im Gegenteil: Der scheinbare horizontale Durchmesser bleibt gleich, der vertikale wird aber durch die Refraktion verkürzt!

Unter dem (aus dem Amerikanischen stammenden) Begriff *Seeing* werden alle vorgenannten Phänomene zusammengefaßt. Sie bestimmen die Qualität des Bildes ganz wesentlich. Vor allem betrifft sie die Richtungsszintillation. Wesentlich ist, daß im Beobachtungstagebuch ein Hinweis steht, ob ein gutes oder weniger gutes Seeing geherrscht hat, damit eine spätere Bearbeitung der Notizen erleichtert wird.

Die Bildgüte = Seeing ist keine objektiv meßbare Größe, doch kann der Beobachter auf Grund seiner Erfahrung eine Beschreibung der Sichtbedingungen zur Zeit seiner Beobachtungen liefern. Vor allem bei Planetenbeobachtungen sind diese Anmerkungen wichtig; sie sind aber auch durch vergleichende Sichtbarkeit der Trennung enger Doppelsterne zu gewinnen.

Luft 1 = sehr gut: auch bei starker Vergrößerung ist das Bild des Planeten (Mon gen Doppelsterns) ruhig und scharf;

Luft 2 = gut: Bildeindruck wie bei Luft 1, jedoch blickweise Turbulenzen;

Luft 3 = befriedigend: häufige Turbulenzerscheinungen, doch bleiben genügend lange Zeitabschnitte dazwischen, um bei mittlerer Vergrößerung einen noch brauchbaren Gesamteindruck der Planetenscheibe zu erhalten (bzw. um sicher zu gehen, daß der Doppelstern getrennt werden kann);

Luft 4 = mäßig: die Luftunruhe stört spürbar. Nur blickweise sind Einzelheiten zu erkennen;

Luft 5 = unbrauchbar: auch bei schwacher Vergrößerung ist es unmöglich, ein scharfes Bild der Planetenscheibe zu bekommen (den Doppelstern getrennt zu sehen). (Wertung nach: „Handbuch für Sternfreunde“, Kap. 16.3.2; Springer, Heidelberg)

Die Luftmassenverteilung und ihre Fronten haben einen wesentlichen Einfluß auf die Wetterlage. Hochdruck über Mitteleuropa schafft eine ruhige Luftschichtung, die anfangs alle Beobachtungen begünstigt. Später wird die Durchsicht vor allem durch die zunehmende Extinktion beeinträchtigt, verursacht durch Vermehrung von Wasserdampf und Staub. Diese Lage eignet sich fast nur noch zum Beobachten der Planeten, des Mondes und der Sonne. Eine Hochdrucksituation mit Schwerpunkt über dem nördlichen Mitteleuropa führt zur Zufuhr trockener Festlandsluft aus Rußland, die im Winter sehr kalt und im Sommer sehr warm sein kann. Für die Beobachtung ist diese Lage besonders günstig. Ein Hoch über dem westlichen Rußland bringt im Sommer feuchtwarme Mittelmeerluft nach West- und Mitteleuropa, es kommt abends häufig zu Gewittern. Der Durchzug von Tiefdruckgebieten bringt häufig wechselndes

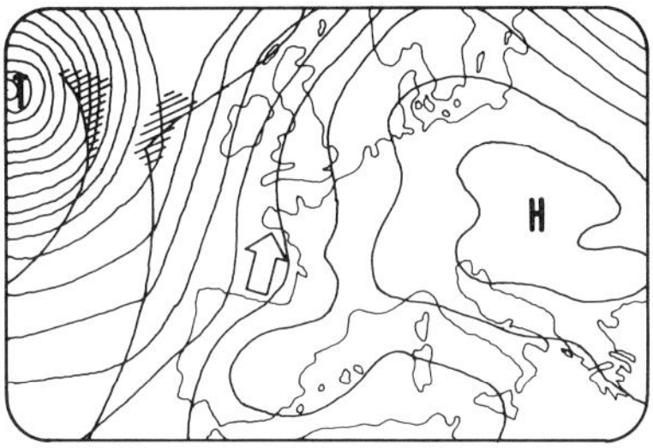

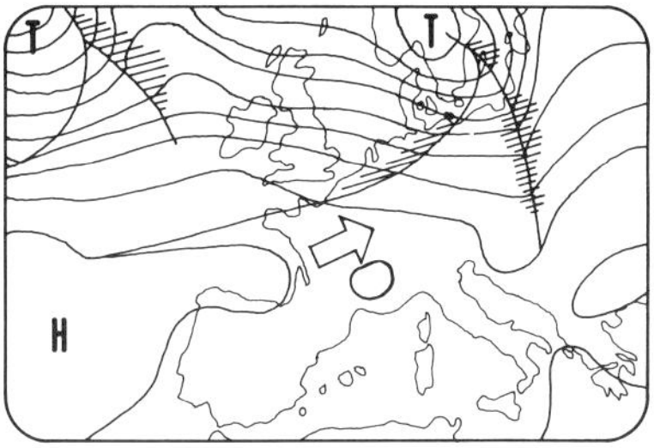

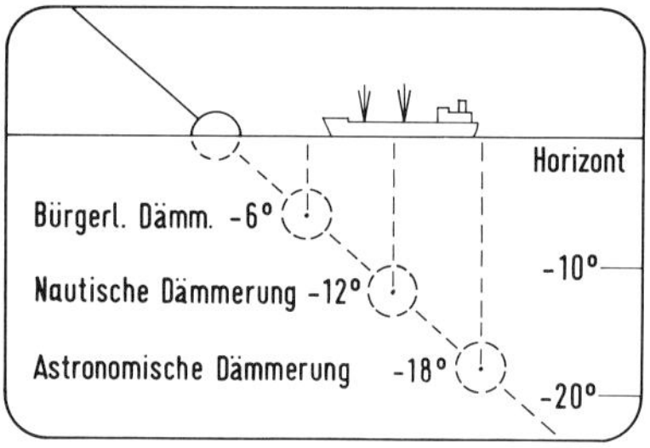

Wetter mit sich. Die vorausziehende Warmfront führt erwärmte, aufgleitende, feuchtigkeitsgesättigte Luft, mit Wolkenbildung bis zu einem bedeckten Himmel heran. Die nachfolgende Kaltfront (Rückfront) erzeugt im allgemeinen eine stark aufgelockerte Kumulusbewölkung, so daß die Beobachtung veränderlicher Sterne und von Sternhaufen, Galaxien und anderen zarten Objekten begünstigt wird, da die Luft sehr klar und staubfrei ist (maritime Luft). Allerdings leidet die Beobachtung von Sonne, Mond und Planeten dann wegen der meist sehr starken Turbulenzen der Luft (Wind!). Wer sich ein gutes Wissen über die Wetterentwicklung aneignet, kann seine Beobachtungsprogramme zeitig planen.

Zwischen dem Tag und der Nacht liegt die Zeit der (Morgen- und Abend-)Dämmerung. Kann man im Freien noch lesen, so spricht man von *bürgerlicher Dämmerung,* der Mittelpunkt der Sonnenscheibe steht 6° unter dem Horizont. Kann man nicht mehr lesen, ist aber der Horizont als Trennlinie zwischen Himmel und Erde erkennbar (auf See die Kimm als Trennlinie vom Himmel und Meeresoberfläche), so ist das die Grenze der *nautischen Dämmerung,* die Sonne steht 12° tief. Die *astronomische Dämmerung* beginnt und endet bei einem Stand der Sonne von 18° unter dem Horizont, während ihrer Dauer sind nur Sterne heller als fünfter astronomischer Größenklasse zu sehen. Die Dämmerung entsteht durch das Streulicht der Sonne in hohen atmosphärischen Schichten. Ihre Dauer ist mit etwa einer halben Stunde in Äquatornähe am kürzesten, sie hängt in Richtung zu den Polen von der Jahreszeit ab. Für + 50° Breite (Mitteleuropa) herrscht von Anfang Juni bis Mitte Juli auch um Mitternacht noch astronomische Dämmerung, es wird also nördlich von $+48\overset{\circ}{.}5$ zu dieser Zeit nicht Nacht. Die Dämmerung ändert sich durch alle Stadien bis zum Polarkreis, wo nördlich von ihm zur Zeit der Sommersonnenwende die Sonne weder auf- noch untergeht, es also 24 Stunden Tag ist (Mittsommernacht).

Die Sternkarten und ihr Inhalt
(84 Himmelsanblicke)

Sie finden insgesamt 84 Karten, und zwar

48 Karten für + 50° (jeweils 12 Karten für Westen, Norden, Osten und Süden, für die Monate Januar bis Dezember)
Das entspricht z. B.:
Plymouth (GB); Rouen (F); Luxemburg (L); Mainz, Würzburg (D); Praha (CSSR); Krakow (Pl); Kiew, Charkow, Irkutsk, Chabarowsk (SU); Alëuten; Vancouver, Winnipeg, Regina, Nakina (CN).

12 Karten für + 30° (für die Monate Januar bis Dezember)
Das entspricht z. B.:
Kanarische Inseln (E); Agadir (Marokko); Libyen; Kairo, Suez (Ägypten), Akaba (Jordanien); Basra (Irak); Abadan, Schiras (Iran); New Dehli (Indien); Lhasa (Tibet); Wuhan, Shanghai, Hangtschou (VR China); Kiuschu-Insel (Japan); Hawaii (USA); Chihuahua (Mexiko); Houston/ Texas, New Orleans/Louisiana, Jacksonville/Florida (USA); Bermudas (GB).

12 Karten für ± 0° (für die Monate Januar bis Dezember)
Das entspricht z. B.:
Kamerun; Libreville, Lambarene (Gabun); Stanleyville (Kongo); Kampala, Entebbe (Uganda); Nairobi (Kenia); Seychellen; Malediven; Sumatra; Singapur (Malaysia); Borneo; Neu Guinea; Christmas Inseln; Galápagos; Quito (Ecuador); Manaus (Brasilien).

12 Karten für – 23°,5 (für die Monate Januar bis Dezember)
Das entspricht z. B.:
Walfischbai, Windhuk, Namibia (SAR), Inhambane (Mocambique), Tulear/Madagaskar; Maskarenen-Inseln; Alice Springs/N. T., Rockhampton/Queensland (Australien); Neu Kaledonien; Tonga Inseln; Osterinseln; Antofagasta (Chile); Concepcion (Paraguay); Sao Paulo, Rio de Janeiro (Brasilien).

Alle Beobachtungsorte, die auf dem gleichen geographischen Breitengrad liegen, bieten auch den gleichen Himmelsanblick.

Der Himmelsanblick ist jeweils für die Mitte der ersten und zweiten Monatshälfte gewählt und gilt für den Abend des **7.** Tages gegen 21 Uhr und für den Abend des **22.** Tages gegen 20 Uhr Ortszeit.

Die Karten für + 50° gelten bei 15° östlicher Länge für MEZ, bei jedem weiteren Längengrad nach Westen 4^{min} später, bei jedem weiteren Längengrad nach Osten 4^{min} früher.
Die Karten für + 30°, ± 0° (Äquator) und – 23,5° (südlicher oder Wendekreis des Steinbocks) gelten sinngemäß.

Bei Reisen nach Osten oder Westen entspricht der Anblick des Himmels der auf den jeweiligen Bezugsmeridian abgestimmten Ortszeit ± lokaler Abweichung. Bei Breitenabweichungen des Beobachtungsortes von ± 5° gegen den Bezugsbreitenkreis sind die Abweichungen des Himmelsanblicks noch vertretbar gering.

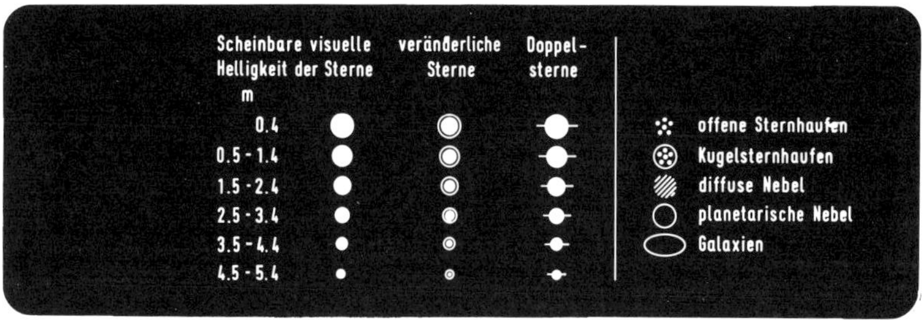

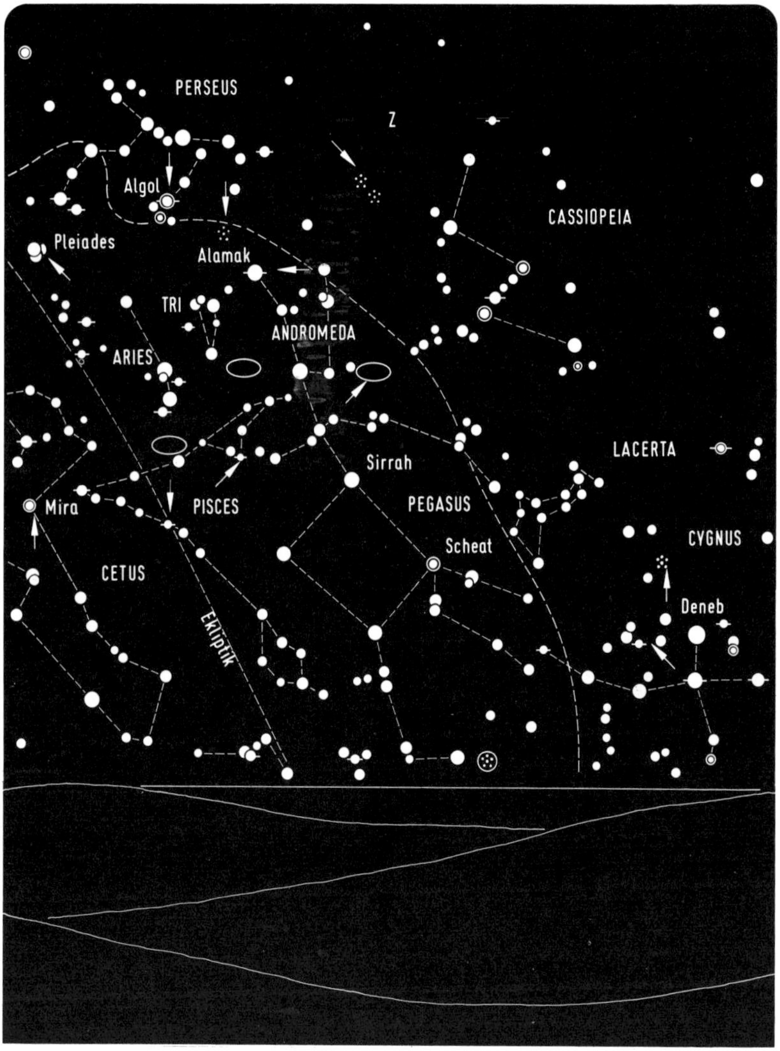

+ 50° Westen - Januar

Am 07. September um 05 Uhr, am 07. Oktober um 03 Uhr, am 07. November um 01 Uhr, am 07. Dezember um 23 Uhr, am **07. Januar um 21 Uhr**, am 07. Februar um 19 Uhr.
Am 22. September um 04 Uhr, am 22. Oktober um 02 Uhr, am 22. November um 00 Uhr, am 22. Dezember um 22 Uhr, am **22. Januar um 20 Uhr**, am 22. Februar um 18 Uhr.

Veränderliche Sterne *fürs bloße Auge:* β Per (Algol), ο Cet (Mira). **Doppelsterne** *bloßes Auge:* keine. *Fernglas:* 61 Cyg, ψ Psc, ζ Psc. *Fernrohr:* γ And (Alamak). **Sternhaufen und Galaxien** *bloßes Auge:* h + χ Per, Pleiades Tau, M 31 And. *Fernglas + Fernrohr:* M 39 Cyg, M 34 Per.

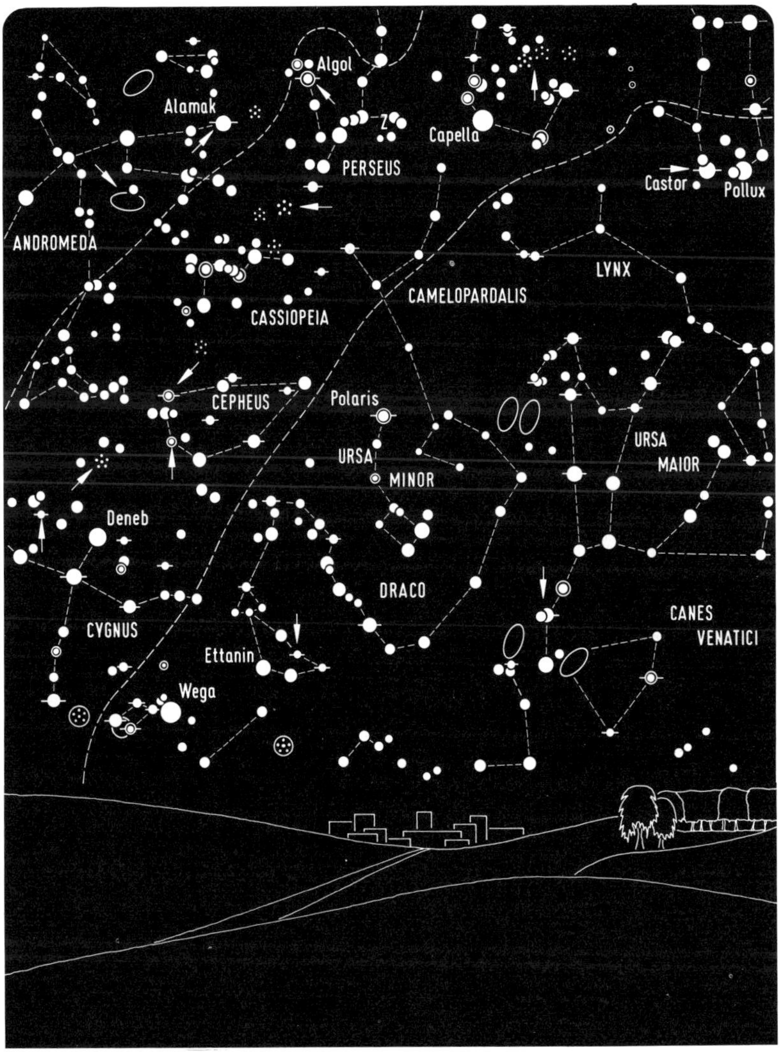

+ 50° Norden – Januar

Am 07. September um 05 Uhr, am 07. Oktober um 03 Uhr, am 07. November um 01 Uhr, am 07. Dezember um 23 Uhr, am **07. Januar um 21 Uhr,** am 07. Februar um 19 Uhr.
Am 22. September um 04 Uhr, am 22. Oktober um 02 Uhr, am 22. November um 00 Uhr, am 22. Dezember um 22 Uhr, am **22. Januar um 20 Uhr,** am 22. Februar um 18 Uhr.

Veränderliche Sterne *fürs bloße Auge:* β Per (Algol), δ Cep + μ Cep, γ Cas. **Doppelsterne** *bloßes Auge:* ζ + g UMa (Mizar + Alkor). *Fernglas:* 61 Cyg, ν Dra. *Fernrohr:* γ And (Alamak), α UMi (Polaris), α Gem (Castor). **Sternhaufen und Galaxien** *bloßes Auge:* h + χ Per, M 31 And. *Fernglas + Fernrohr:* M 34 Per, M 36 Aur, M 37 Aur, M 38 Aur, M 39 Cyg.

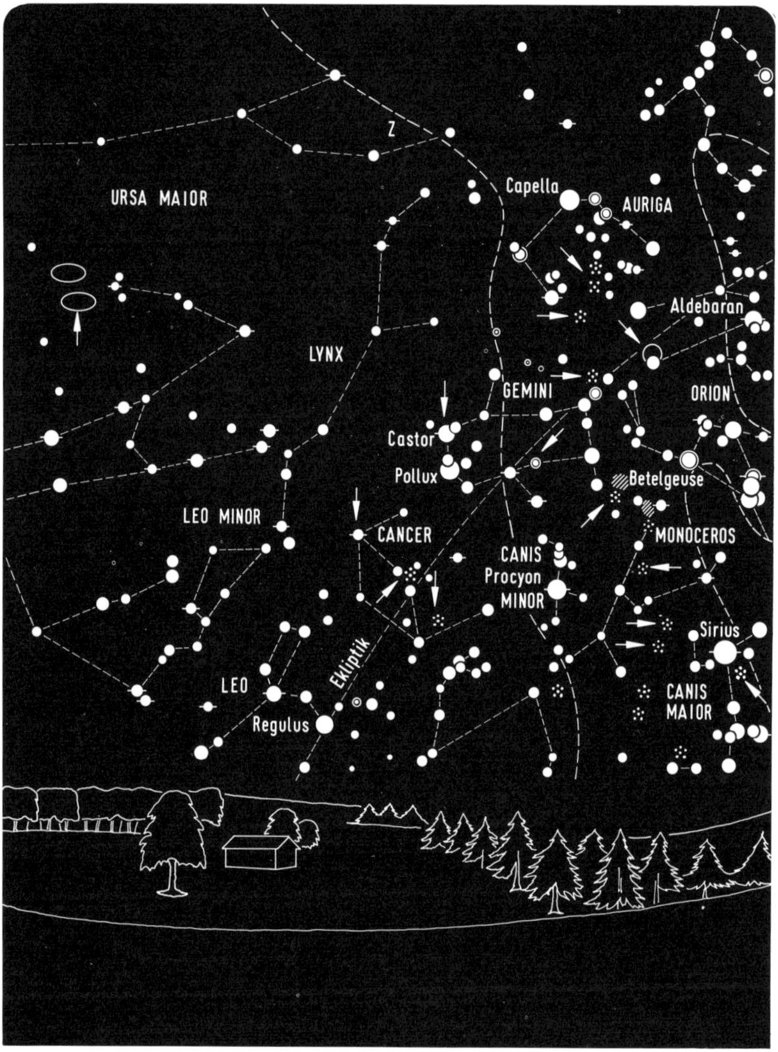

+ 50° Osten – Januar

Am 07. September um 05 Uhr, am 07. Oktober um 03 Uhr, am 07. November um 01 Uhr, am 07. Dezember um 23 Uhr, am **07. Januar um 21 Uhr,** am 07. Februar um 19 Uhr. Am 22. September um 04 Uhr, am 22. Oktober um 02 Uhr, am 22. November um 00 Uhr, am 22. Dezember um 22 Uhr, am **22. Januar um 20 Uhr,** am 22. Februar um 18 Uhr.

Veränderliche Sterne *fürs bloße Auge:* ζ Gem, η Gem. **Doppelsterne** *bloßes Auge:* keine. *Fernglas:* ι Cnc, δ Ori. *Fernrohr:* α Gem (Castor), γ Leo. **Sternhaufen und Galaxien** *bloßes Auge:* M 44 Cnc (Praesepe). *Fernglas + Fernrohr:* M 35 Gem, M 67 Cnc, M 36 Aur, M 37 Aur, M 38 Aur, M 41 CMa, M 50 Mon, 2301 Mon, 2353 Mon. **Planetarische Nebel** M 1 Tau.

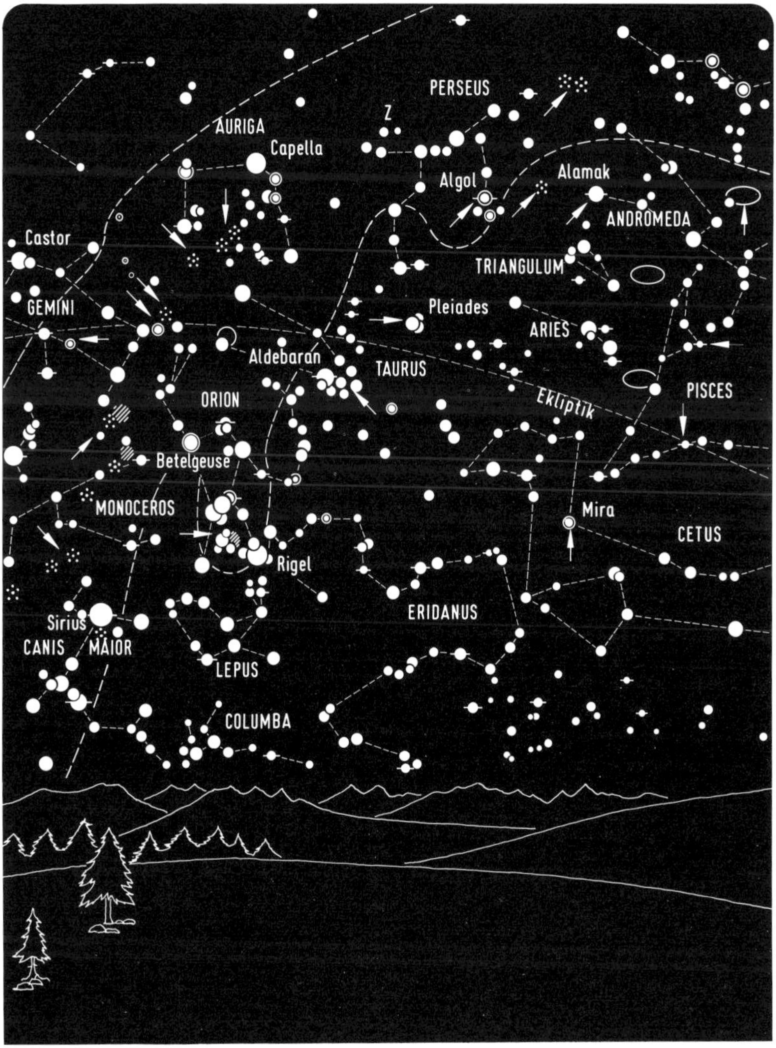

+ 50° Süden – Januar

Am 07. September um 05 Uhr, am 07. Oktober um 03 Uhr, am 07. November um 01 Uhr, am 07. Dezember um 23 Uhr, am **07. Januar um 21 Uhr,** am 07. Februar um 19 Uhr.
Am 22. September um 04 Uhr, am 22. Oktober um 02 Uhr, am 22. November um 00 Uhr, am 22. Dezember um 22 Uhr, am **22. Januar um 20 Uhr,** am 22. Februar um 18 Uhr.

Veränderliche Sterne *fürs bloße Auge:* β Per (Algol), o Cet (Mira), η Gem, ζ Gem. **Doppelsterne** *bloßes Auge:* ϑ Tau. *Fernglas:* δ Ori, ϑ Ori, ζ Psc, ψ Psc. *Fernrohr:* γ And (Alamak), α Gem (Castor). **Sternhaufen und Galaxien** *bloßes Auge:* M 31 And, h + χ Per, Pleiades Tau, Hyades Tau. *Fernglas + Fernrohr:* M 34 Per, M 35 Gem, M 36 Aur, M 37 Aur, M 38 Aur, M 50 Mon, M 41 CMa. **Planetarische Nebel** M 1 Tau. **Gasnebel** M 42 Ori.

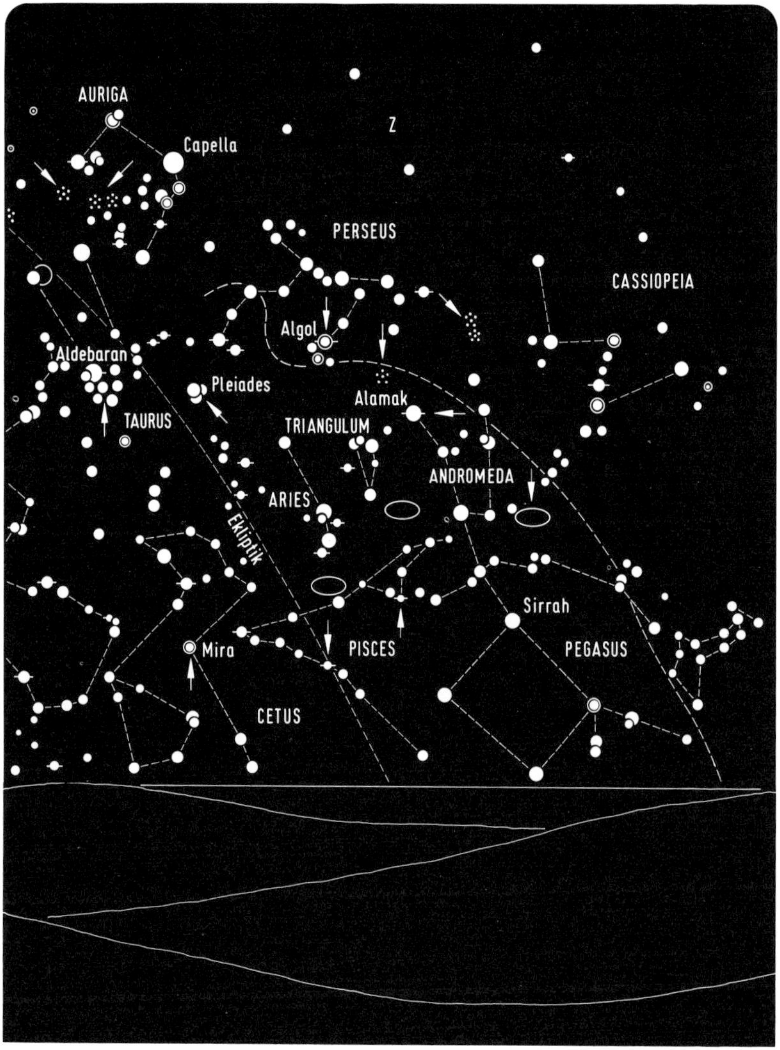

+ 50° Westen – Februar

Am 07. Oktober um 05 Uhr, am 07. November um 03 Uhr, am 07. Dezember um 01 Uhr, am 07. Januar um 23 Uhr, am **07. Februar um 21 Uhr,** am 07. März um 19 Uhr.
Am 22. Oktober um 04 Uhr, am 22. November um 02 Uhr, am 22. Dezember um 00 Uhr, am 22. Januar um 22 Uhr, am **22. Februar um 20 Uhr.**

Veränderliche Sterne *fürs bloße Auge:* β Per (Algol), o Cet (Mira). **Doppelsterne** *bloßes Auge:* ϑ Tau. *Fernglas:* ψ Psc, ζ Psc. *Fernrohr:* γ And (Alamak). **Sternhaufen und Galaxien** *bloßes Auge:* h + χ Per, Pleiades Tau, Hyades Tau, M 31 And. *Fernglas + Fernrohr:* M 34 Per, M 36 Aur, M 37 Aur, M 38 Aur.

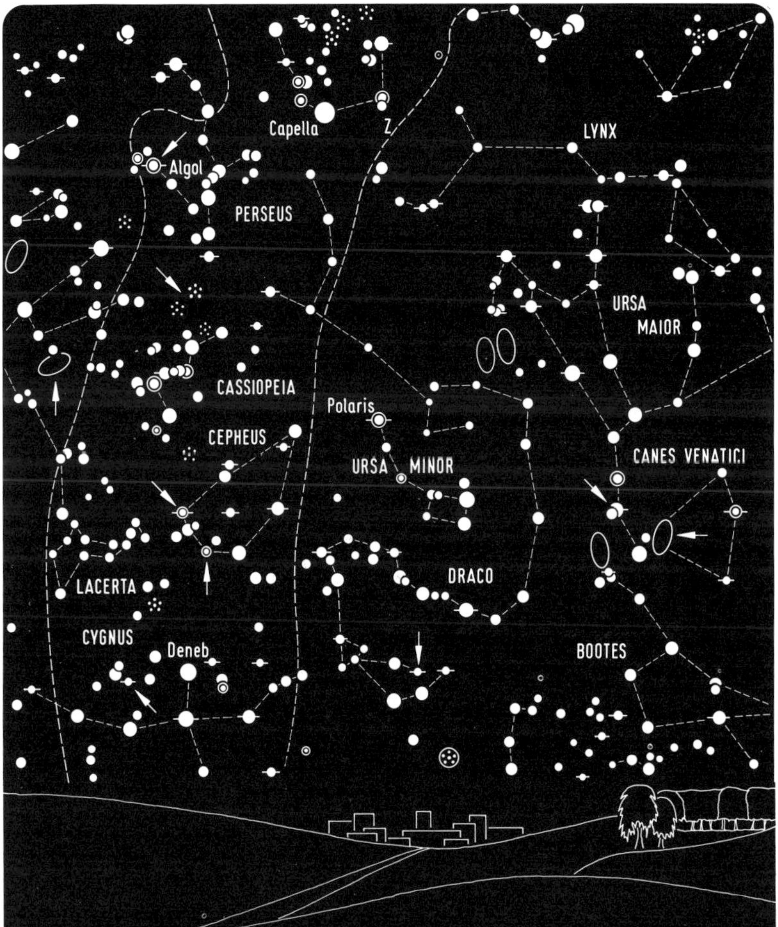

+ 50° Norden – Februar

Am 07. Oktober um 05 Uhr, am 07. November um 03 Uhr, am 07. Dezember um 01 Uhr, am 07. Januar um 23 Uhr, am **07. Februar um 21 Uhr,** am 07. März um 19 Uhr.
Am 22. Oktober um 04 Uhr, am 22. November um 02 Uhr, am 22. Dezember um 00 Uhr, am 22. Januar um 22 Uhr, am **22. Februar um 20 Uhr.**

Veränderliche Sterne *fürs bloße Auge:* β Per (Algol), δ Cep, μ Cep, γ Cas. **Doppelsterne** *bloßes Auge:* ζ + g UMa (Mizar + Alkor). *Fernglas:* 61 Cyg, ν Dra. *Fernrohr:* ζ UMa (Mizar), α UMi (Polaris), γ And (Alamak), α CVn. **Sternhaufen und Galaxien** *bloßes Auge:* h + χ Per, M 34 Per, M 31 And. *Fernglas + Fernrohr:* M 81 UMa, M 82 UMa, M 51 CVn.

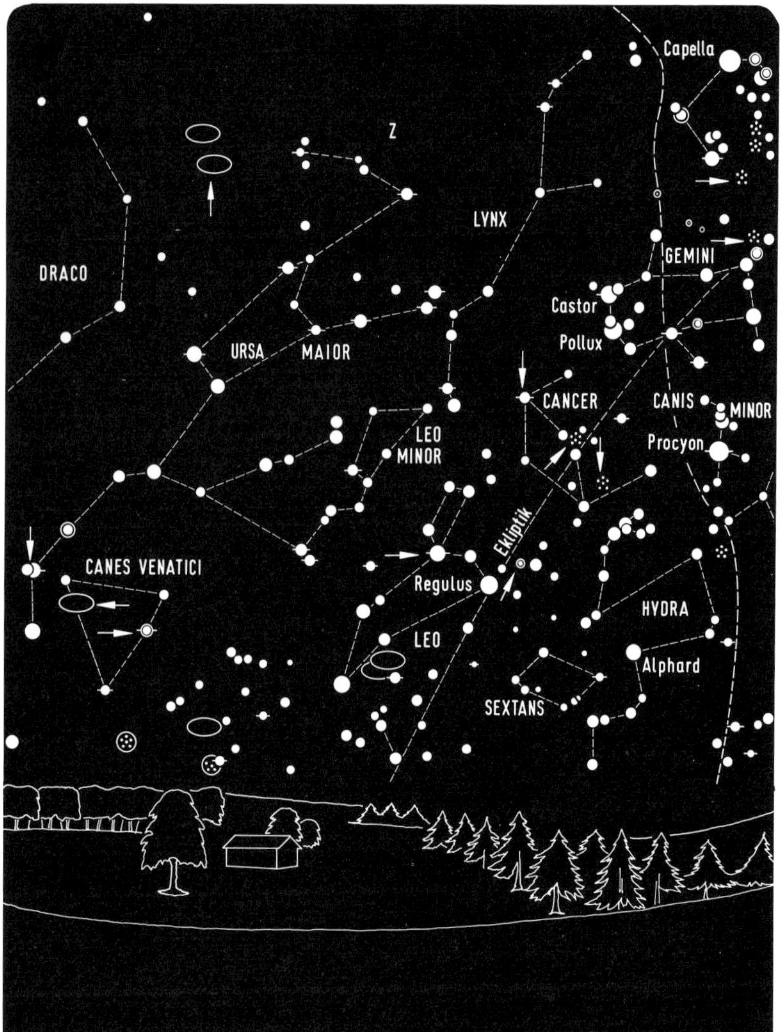

+ 50° Osten – Februar

Am 07. Oktober um 05 Uhr, am 07. November um 03 Uhr, am 07. Dezember um 01 Uhr, am 07. Januar um 23 Uhr, am **07. Februar um 21 Uhr,** am 07. März um 19 Uhr.
Am 22. Oktober um 04 Uhr, am 22. November um 02 Uhr, am 22. Dezember um 00 Uhr, am 22. Januar um 22 Uhr, am **22. Februar um 20 Uhr.**

Veränderliche Sterne *fürs bloße Auge:* ζ Gem, η Gem. **Doppelsterne** *bloßes Auge:* ζ + g UMa (Mizar + Alkor). *Fernglas:* ι Cnc. *Fernrohr:* ζ UMa (Mizar), α Gem (Castor), γ Leo, α CVn. **Sternhaufen und Galaxien** *bloßes Auge:* M 44 Cnc (Praesepe). *Fernglas + Fernrohr:* M 35 Gem, M 36 Aur, M 37 Aur, M 38 Aur, M 67 Cnc, M 51 CVn, M 81 UMa, M 82 UMa.

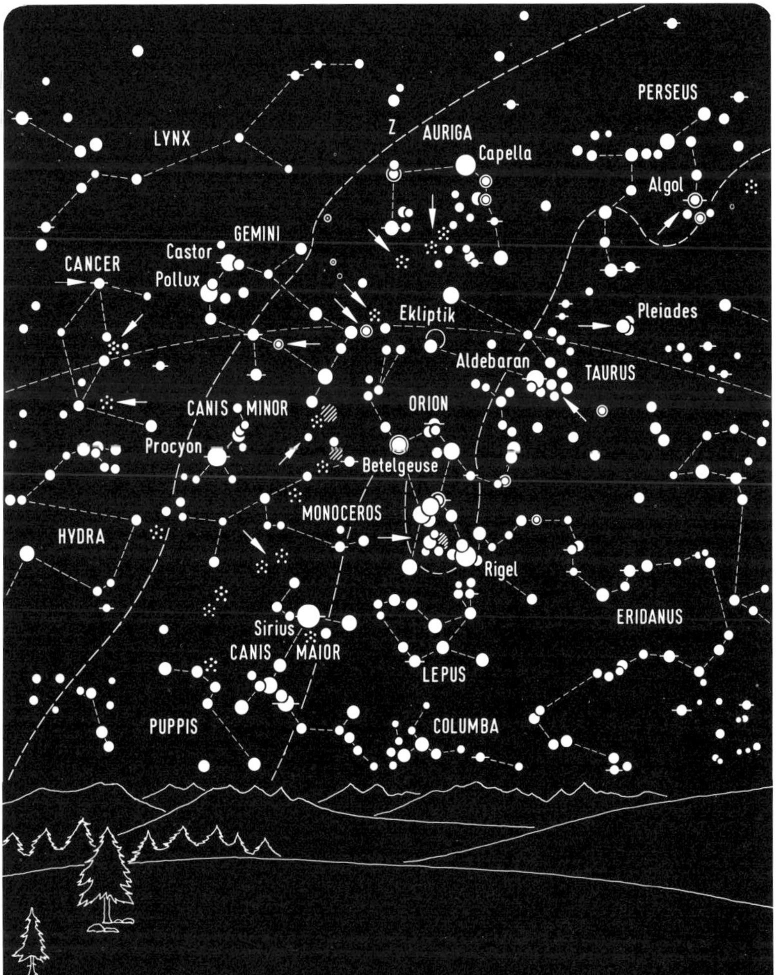

+ 50° Süden – Februar

Am 07. Oktober um 05 Uhr, am 07. November um 03 Uhr, am 07. Dezember um 01 Uhr, am 07. Januar um 23 Uhr, am **07. Februar um 21 Uhr,** am 07. März um 19 Uhr.
Am 22. Oktober um 04 Uhr, am 22. November um 02 Uhr, am 22. Dezember um 00 Uhr, am 22. Januar um 22 Uhr, am **22. Februar um 20 Uhr.**

Veränderliche Sterne *fürs bloße Auge:* β Per (Algol), η Gem, ζ Gem. **Doppelsterne** *bloßes Auge:* ϑ Tau. *Fernglas:* δ Ori, ϑ Ori, ι Cnc. *Fernrohr:* α Gem. **Sternhaufen und Galaxien** *bloßes Auge:* Pleiades Tau, Hyades Tau, M 44 Cnc Praesepe. *Fernglas + Fernrohr:* M 34 Per, M 35 Gem, M 36 Aur, M 37 Aur, M 38 Aur, M 50 Mon, M 41 CMa, M 67 Cnc. **Planetarische Nebel** M 1 Tau. **Gasnebel** M 42 Ori.

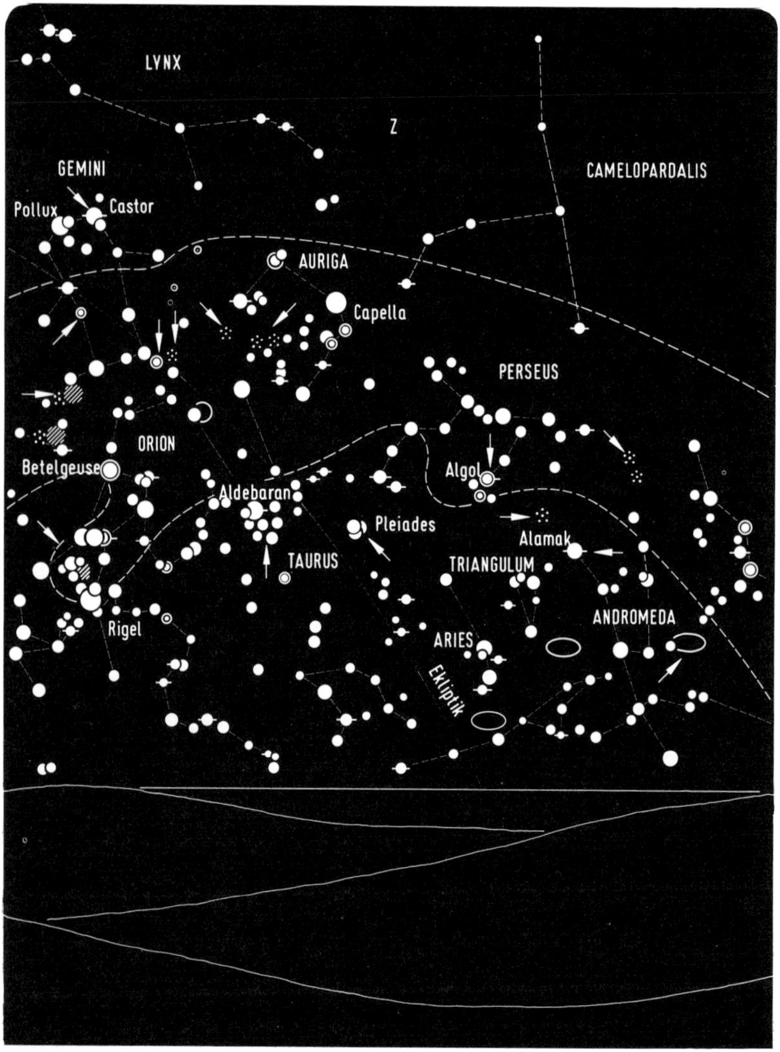

+ 50° Westen – März

Am 07. November um 05 Uhr, am 07. Dezember um 03 Uhr, am 07. Januar um 01 Uhr, am 07. Februar um 23 Uhr, am **07. März um 21 Uhr.**
Am 22. Oktober um 06 Uhr, am 22. November um 04 Uhr, am 22. Dezember um 02 Uhr, am 22. Januar um 00 Uhr, am 22. Februar um 22 Uhr am **22. März um 20 Uhr.**

Veränderliche Sterne *fürs bloße Auge:* β Per (Algol), η Gem, ζ Gem. **Doppelsterne** *bloßes Auge:* ϑ Tau. *Fernglas:* δ Ori, ζ Ori. *Fernrohr:* γ And (Alamak), α Gem (Castor). **Sternhaufen und Galaxien** *bloßes Auge:* h + χ Per, Pleiades Tau, Hyades Tau, M 31 And. *Fernglas und Fernrohr:* M 34 Per, M 35 Gem, M 36 Aur, M 37 Aur, M 38 Aur, 2264 Mon. **Planetarische Nebel** M 1 Tau. **Gasnebel** M 42 Ori.

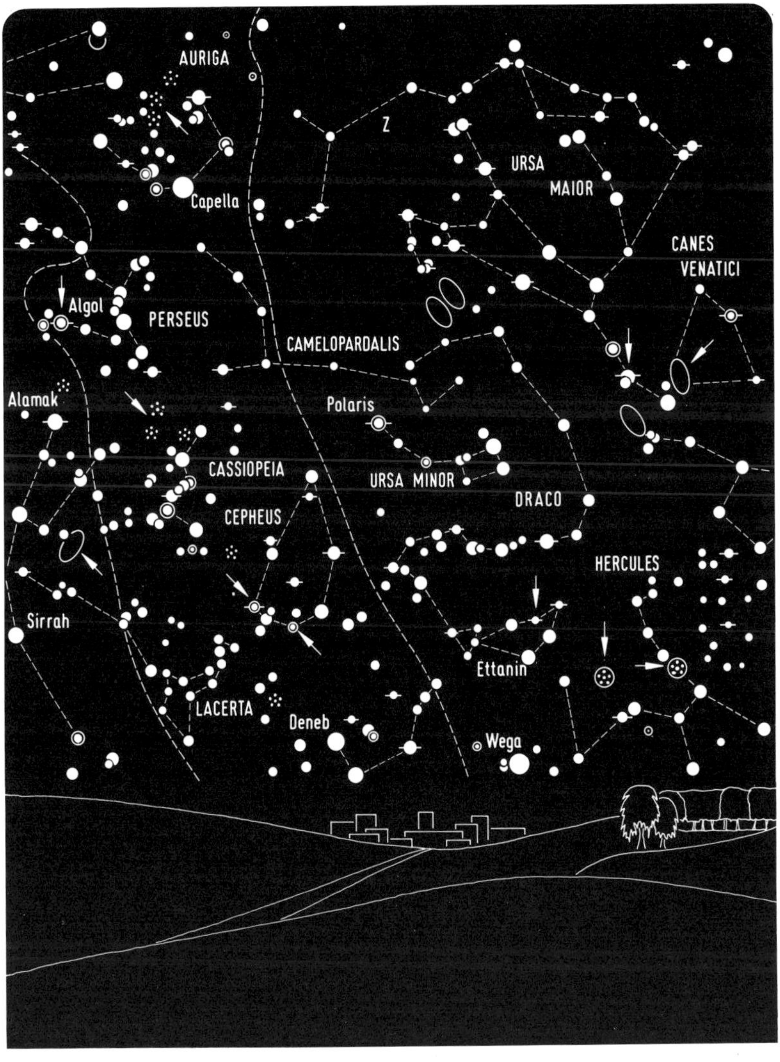

+ 50° Norden – März

Am 07. November um 05 Uhr, am 07. Dezember um 03 Uhr, am 07. Januar um 01 Uhr, am 07. Februar um 23 Uhr, am **07. März um 21 Uhr.**
Am 22. Oktober um 06 Uhr, am 22. November um 04 Uhr, am 22. Dezember um 02 Uhr, am 22. Januar um 00 Uhr, am 22. Februar um 22 Uhr, am **22. März um 20 Uhr.**

Veränderliche Sterne *fürs bloße Auge:* β Per (Algol), γ Cas, δ Cep, μ Cep. **Doppelsterne** *bloßes Auge:* ζ + g UMa (Mizar + Alkor). *Fernglas:* ν Dra. *Fernrohr:* ζ UMa (Mizar), α UMi (Polaris), γ And (Alamak), α CVn. **Sternhaufen und Galaxien** *bloßes Auge:* h + χ Per, M 31 And. *Fernglas + Fernrohr:* M 36 Aur, M 37 Aur, M 38 Aur, M 39 Per, M 13 Her, M 92 Her, M 51 CVn, M 81 UMa, M 82 UMa, M 101 UMa.

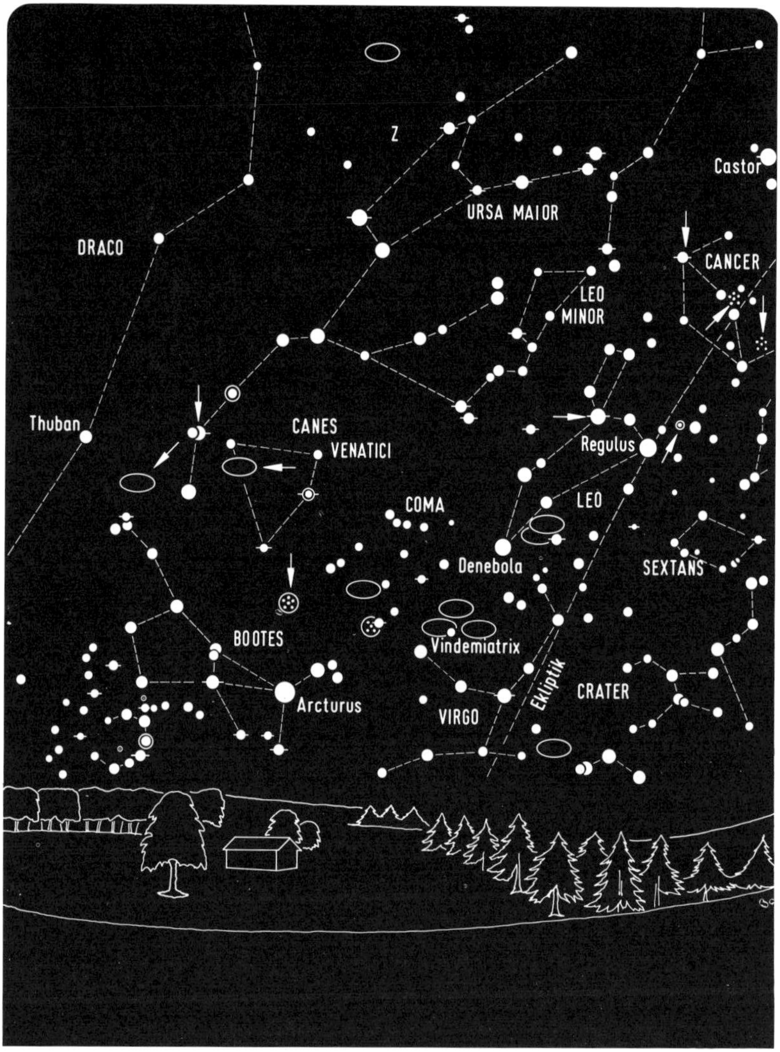

+ 50° Osten – März

Am 07. November um 05 Uhr, am 07. Dezember um 03 Uhr, am 07. Januar um 01 Uhr, am 07. Februar um 23 Uhr, am **07. März um 21 Uhr.**
Am 22. Oktober um 06 Uhr, am 22. November um 04 Uhr, am 22. Dezember um 02 Uhr, am 22. Januar um 00 Uhr, am 22. Februar um 22 Uhr, am **22. März um 20 Uhr.**

Veränderliche Sterne *fürs bloße Auge:* keine. **Doppelsterne** *bloßes Auge:* ζ + g UMa (Mizar + Alkor). *Fernglas:* ι Cnc. *Fernrohr:* ζ UMa (Mizar), γ Leo, α CVn. **Sternhaufen und Galaxien** *bloßes Auge:* M 44 Cnc (Praesape), M 3 CVn. *Fernglas + Fernrohr:* M 67 Cnc, M 51 CVn, M 101 UMa.

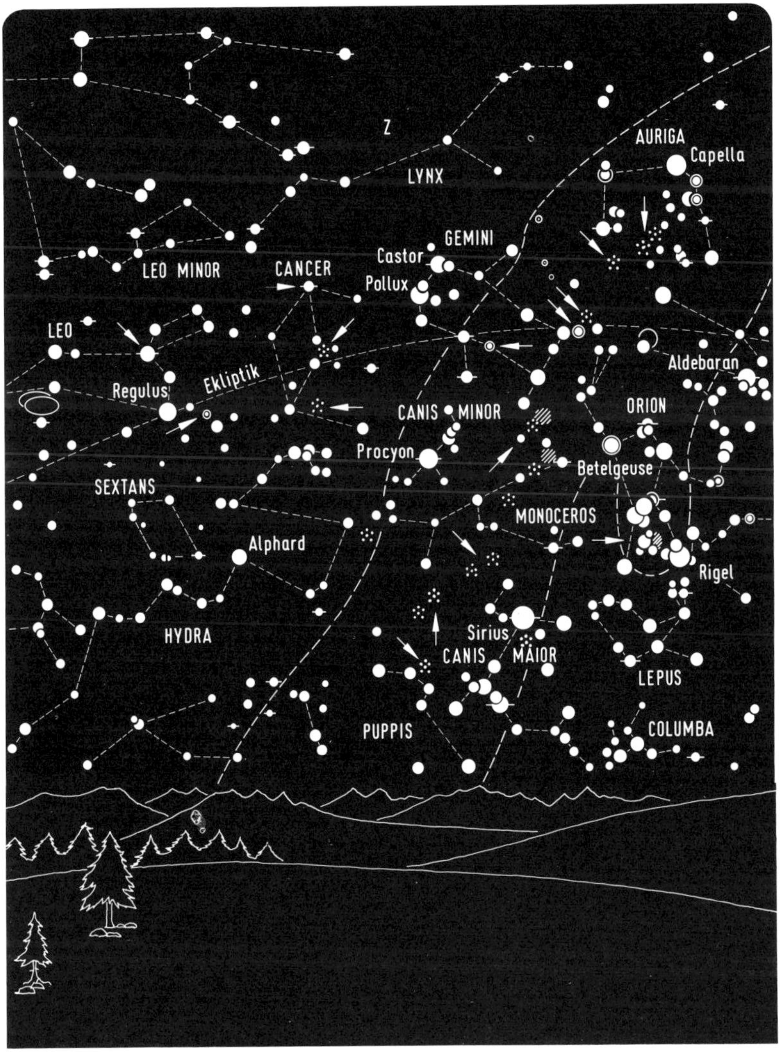

+ 50° Süden – März

Am 07. November um 05 Uhr, am 07. Dezember um 03 Uhr, am 07. Januar um 01 Uhr, am 07. Februar um 23 Uhr, am **07. März um 21 Uhr.**
Am 22. Oktober um 06 Uhr, am 22. November um 04 Uhr, am 22. Dezember um 02 Uhr, am 22. Januar um 00 Uhr, am 22. Februar um 22 Uhr, am **22. März um 20 Uhr.**

Veränderliche Sterne *fürs bloße Auge:* η Gem, ζ Gem. **Doppelsterne** *bloßes Auge:* ϑ Tau. *Fernglas:* δ Ori, ϑ Ori, ι Cnc. *Fernrohr:* α Gem (Castor), γ Leo (Algieba). **Sternhaufen und Galaxien** *bloßes Auge:* Hyades Tau, M 44 Cnc (Praesepe), M 47 Pup. *Fernglas + Fernrohr:* M 35 Gem, M 36 Aur, M 37 Aur, M 38 Aur, M 50 Mon, M 41 CMa, M 93 Pup, M 67 Cnc. **Planetarische Nebel** M 1 Tau. **Gasnebel** M 42 Ori.

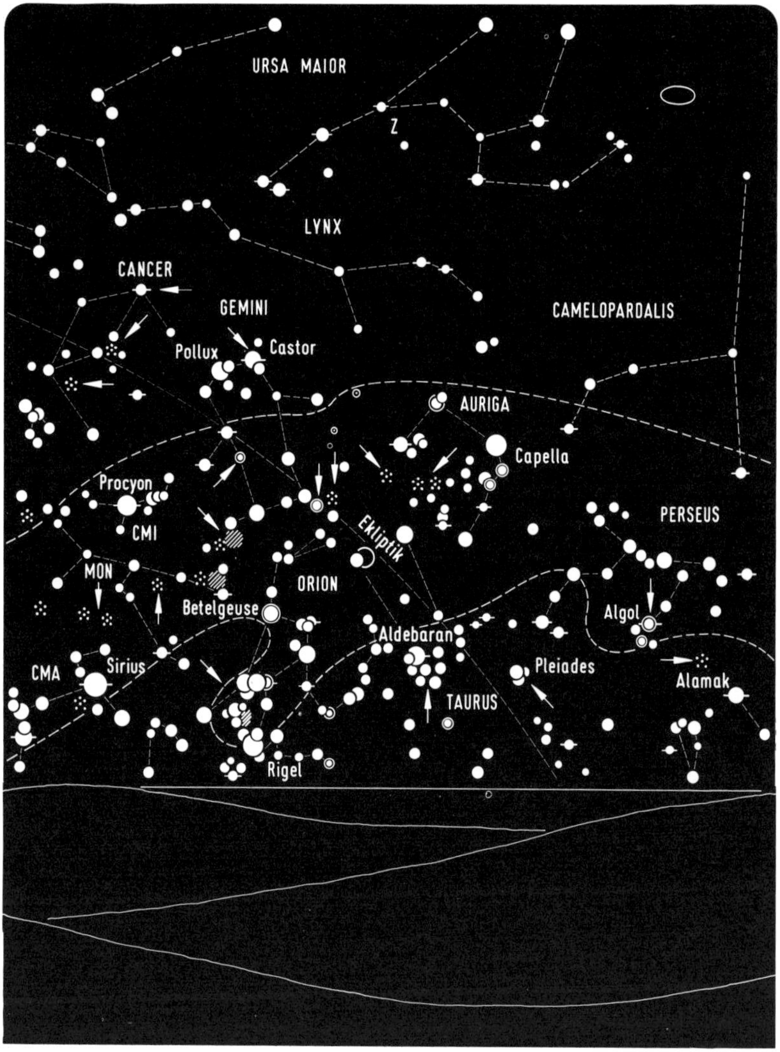

+ 50° Westen – April

Am 07. Dezember um 05 Uhr, am 07. Januar um 03 Uhr, am 07. Februar um 01 Uhr, am 07. März um 23 Uhr, am **07. April um 21 Uhr.**
Am 22. November um 06 Uhr, am 22. Dezember um 04 Uhr, am 22. Januar um 02 Uhr, am 22. Februar um 00 Uhr, am 22. März um 22 Uhr, am **22. April um 20 Uhr.**

Veränderliche Sterne *fürs bloße Auge:* β Per (Algol), η Gem, ζ Gem. **Doppelsterne** *bloßes Auge:* ϑ Tau. *Fernglas:* ι Cnc. *Fernrohr:* α Gem (Castor). **Sternhaufen und Galaxien** *bloßes Auge:* Pleiades Tau, Hyades Tau, M 44 Cnc. *Fernglas + Fernrohr:* M 35 Gem, M 36 Aur, M 37 Aur, M 38 Aur, M67 Cnc, 2264 Mon, 2301 Mon, M50 Mon, 2353 Mon. **Planetarische Nebel** M1 Tau. **Gasnebel** M42 Ori.

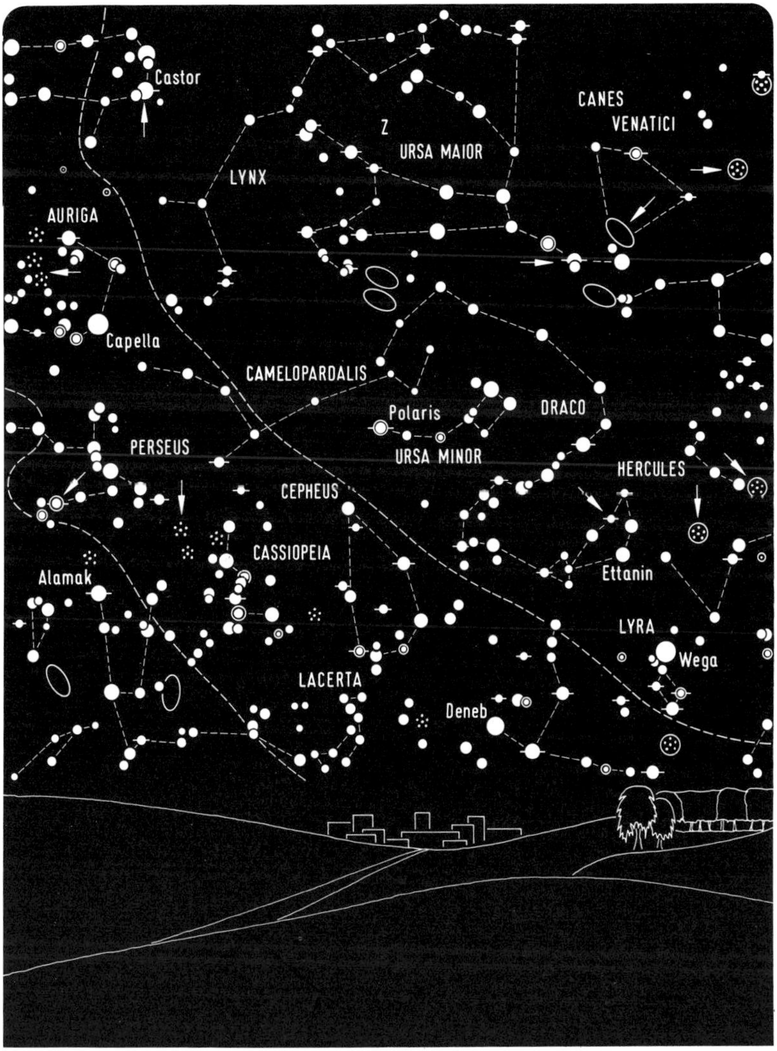

+ 50° Norden – April

Am 07. Dezember um 05 Uhr, am 07. Januar um 03 Uhr, am 07. Februar um 01 Uhr, am 07. März um 23 Uhr, am **07. April um 21 Uhr.**
Am 22. November um 06 Uhr, am 22. Dezember um 04 Uhr, am 22. Januar um 02 Uhr, am 22. Februar um 00 Uhr, am 22. März um 22 Uhr, am **22. April um 20 Uhr.**

Veränderliche Sterne *fürs bloße Auge:* β Per (Algol), γ Cas, δ Cep, μ Cep. **Doppelsterne** *bloßes Auge:* ζ + g UMa (Mizar + Alkor). *Fernglas:* ν Dra. *Fernrohr:* α UMi (Polaris), ζ UMa (Mizar), γ And (Alamak), α CVn. **Sternhaufen und Galaxien** *bloßes Auge:* h + χ Per. *Fernglas + Fernrohr:* M 36 Aur, M 37 Aur, M 38 Aur, M 39 Per, M 3 CVn, M 51 CVn, M 81 UMa, M 82 UMa, M 101 UMa, M 13 Her, M 92 Her.

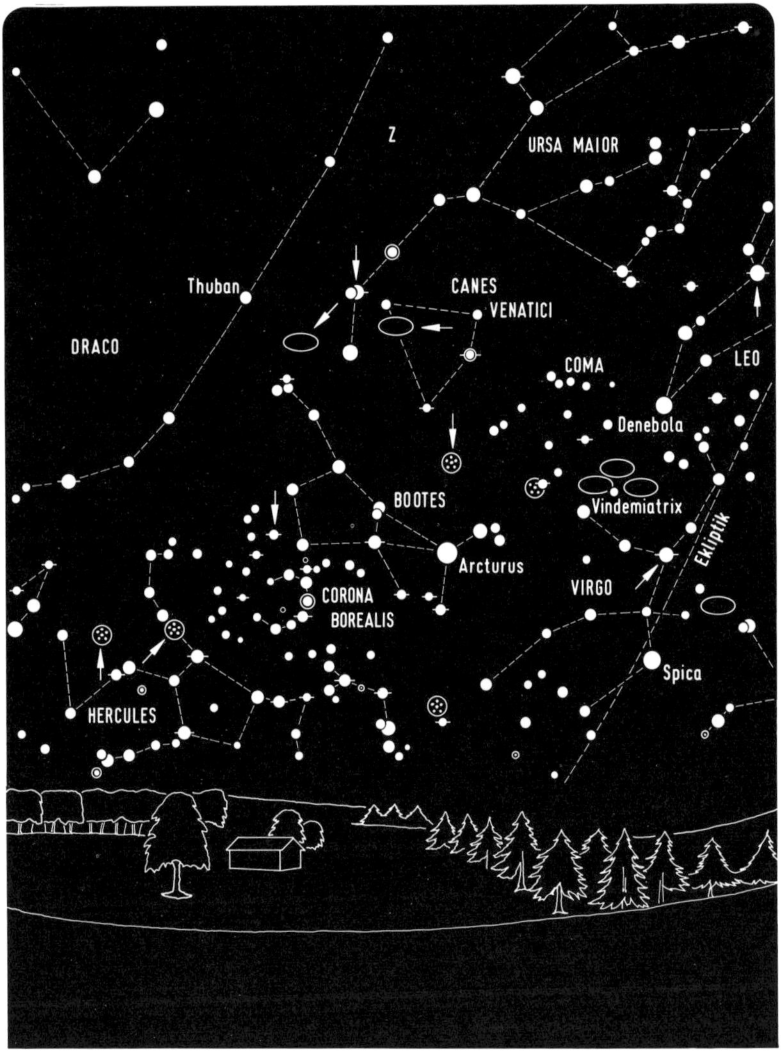

+ 50° Osten – April

Am 07. Dezember um 05 Uhr, am 07. Januar um 03 Uhr, am 07. Februar um 01 Uhr, am 07. März um 23 Uhr, am **07. April um 21 Uhr.**
Am 22. November um 06 Uhr, am 22. Dezember um 04 Uhr, am 22. Januar um 02 Uhr, am 22. Februar um 00 Uhr, am 22. März um 22 Uhr, am **22. April um 20 Uhr.**

Veränderliche Sterne *fürs bloße Auge:* keine. **Doppelsterne** *bloßes Auge:* ζ + g UMa (Mizar + Alkor). *Fernglas:* μ Boo. *Fernrohr:* ζ UMa (Mizar), γ Leo, α CVn, γ Vir. **Sternhaufen und Galaxien** *bloßes Auge:* keine. *Fernglas + Fernrohr:* M 3 CVn, M 51 CVn, M 101 UMa, M 13 Her, M 92 Her.

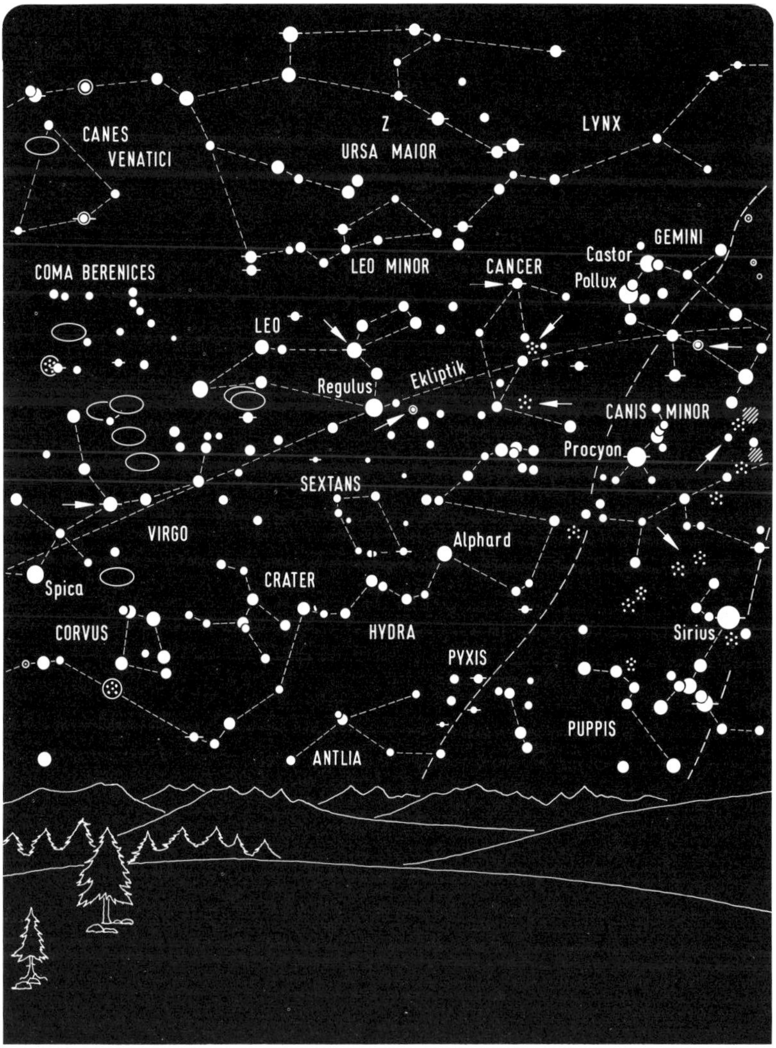

+ 50° Süden – April

Am 07. Dezember um 05 Uhr, am 07. Januar um 03 Uhr, am 07. Februar um 01 Uhr, am 07. März um 23 Uhr, am **07. April um 21 Uhr.**
Am 22. November um 06 Uhr, am 22. Dezember um 04 Uhr, am 22. Januar um 02 Uhr, am 22. Februar um 00 Uhr, am 22. März um 22 Uhr, am **22. April um 20 Uhr.**

Veränderliche Sterne *fürs bloße Auge:* ζ Gem. **Doppelsterne** *bloßes Auge:* keine. *Fernglas:* ι Cnc. *Fernrohr:* α Gem (Castor), γ Leo (Algieba), γ Vir. **Sternhaufen und Galaxien** *bloßes Auge:* M 44 Cnc (Praesepe), M 47 Pup. *Fernglas + Fernrohr:* M 41 CMa, M 50 Mon, M 67 Cnc, M 93 Pup.

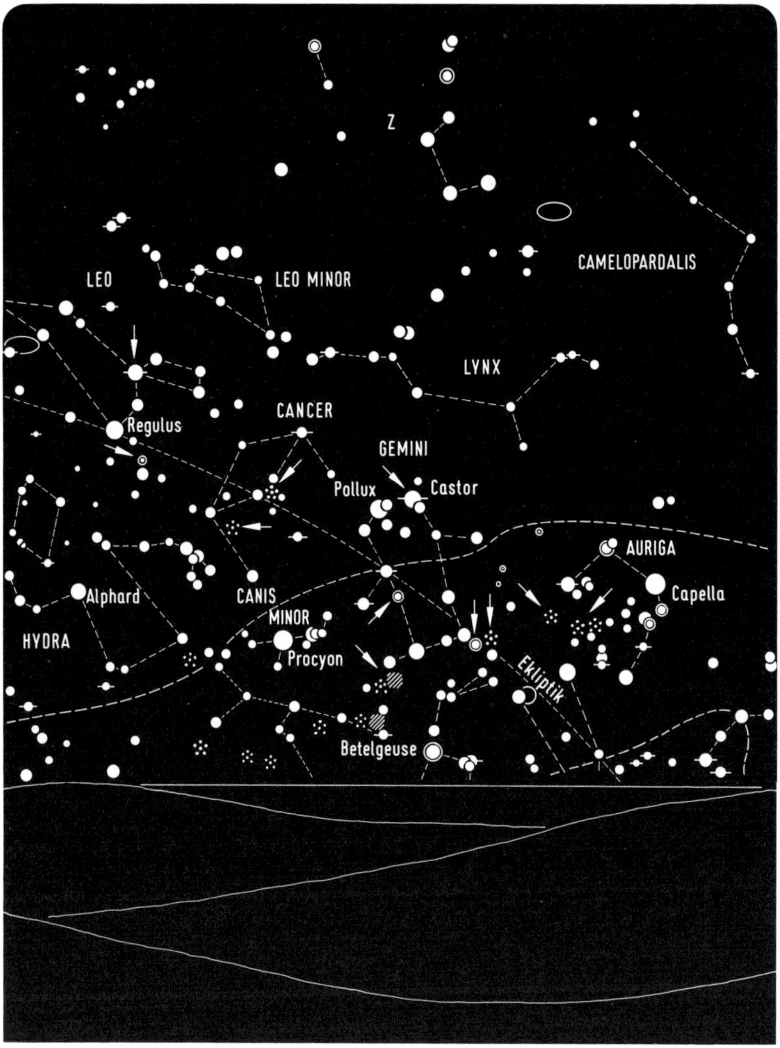

+ 50° Westen – Mai

Am 07. Dezember um 07 Uhr, am 07. Januar um 05 Uhr, am 07. Februar um 03 Uhr, am 07. März um 01 Uhr, am 07. April um 23 Uhr, am **07. Mai um 21 Uhr.**
Am 22. Dezember um 06 Uhr, am 22. Januar um 04 Uhr, am 22. Februar um 02 Uhr, am 22. März um 00 Uhr, am 22. April um 22 Uhr, am **22. Mai um 20 Uhr.**

Veränderliche Sterne *fürs bloße Auge:* η Gem, ζ Gem. **Doppelsterne** *bloßes Auge:* keine. *Fernglas:* ι Cnc. *Fernrohr:* α Gem (Castor), γ Leo (Algieba). **Sternhaufen und Galaxien** *bloßes Auge:* M 44 Cnc. *Fernglas + Fernrohr:* M 35 Gem, M 36 Aur, M 37 Aur, M 38 Aur, M 67 Cnc, 2264 Mon.

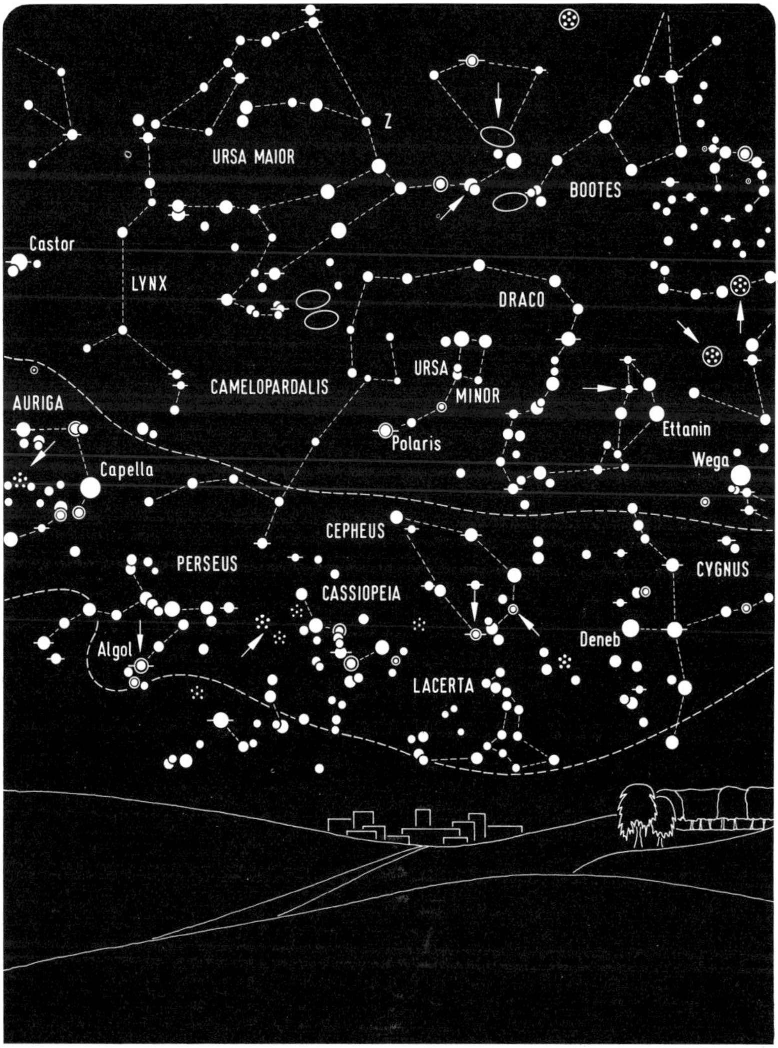

+ 50° Norden – Mai

Am 07. Dezember um 07 Uhr, am 07. Januar um 05 Uhr, am 07. Februar um 03 Uhr, am 07. März um 01 Uhr, am 07. April um 23 Uhr, am **07. Mai um 21 Uhr.**
Am 22. Dezember um 06 Uhr, am 22. Januar um 04 Uhr, am 22. Februar um 02 Uhr, am 22. März um 00 Uhr, am 22. April um 22 Uhr, am **22. Mai um 20 Uhr.**

Veränderliche Sterne *fürs bloße Auge:* β Per (Algol), γ Cas, δ Cep, μ Cep. **Doppelsterne** *bloßes Auge:* ζ + g UMa (Mizar + Alkor). *Fernglas:* ν Dra, ε Lyr. *Fernrohr:* ζ UMa (Mizar), α UMi (Polaris), ε Lyr. **Sternhaufen und Galaxien** *bloßes Auge:* h + χ Per. *Fernglas + Fernrohr:* M 38 Aur, M 13 Her, M 92 Her, M 51 CVn, M 81 UMa, M 82 UMa, M 101 UMa.

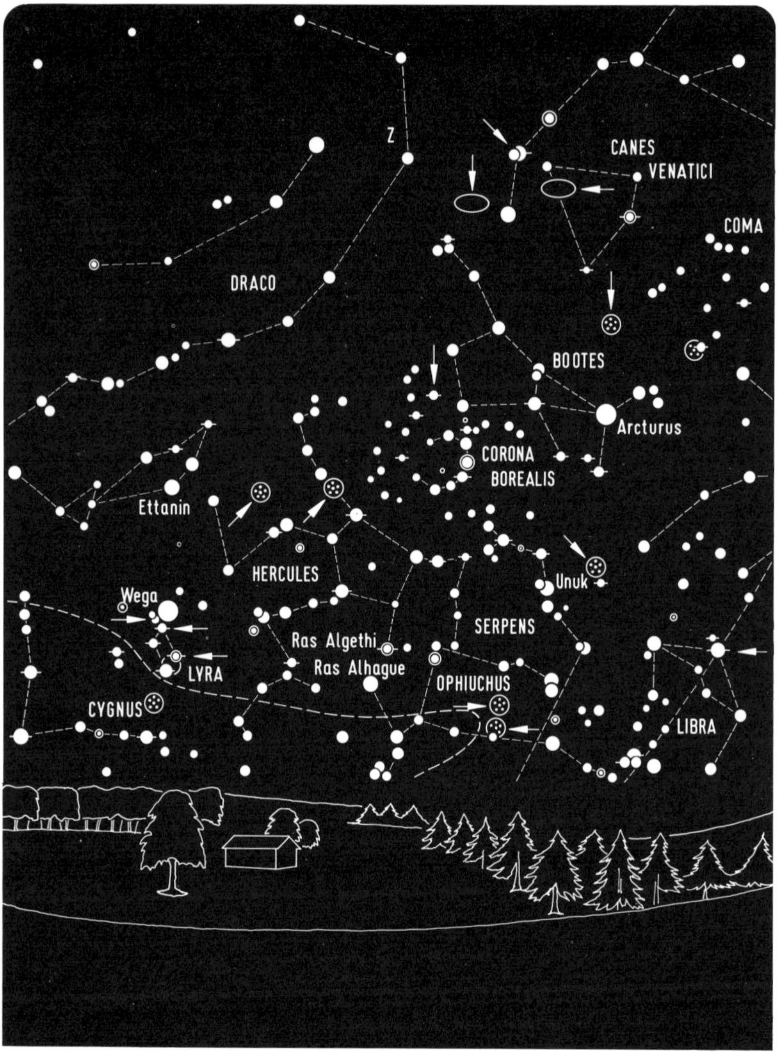

+ 50° Osten – Mai

Am 07. Dezember um 07 Uhr, am 07. Januar um 05 Uhr, am 07. Februar um 03 Uhr, am 07. März um 01 Uhr, am 07. April um 23 Uhr, am **07. Mai um 21 Uhr.**
Am 22. Dezember um 06 Uhr, am 22. Januar um 04 Uhr, am 22. Februar um 02 Uhr, am 22. März um 00 Uhr, am 22. April um 22 Uhr, am **22. Mai um 20 Uhr**.

Veränderliche Sterne *fürs bloße Auge:* β Lyr, α Her. **Doppelsterne** *bloßes Auge:* ζ + g UMa (Mizar + Alkor), ε Lyr. *Fernglas:* μ Boo, β Lyr, ζ Lyr, α Lib. *Fernrohr:* ζ UMa (Mizar), ε Lyr, α Her. **Sternhaufen und Galaxien** *bloßes Auge:* keine. *Fernglas + Fernrohr:* M 5 Ser, M 10 Oph, M 12 Oph, M 3 CVn, M 51 CVn, M 101 UMa, M 13 Her, M 92 Her.

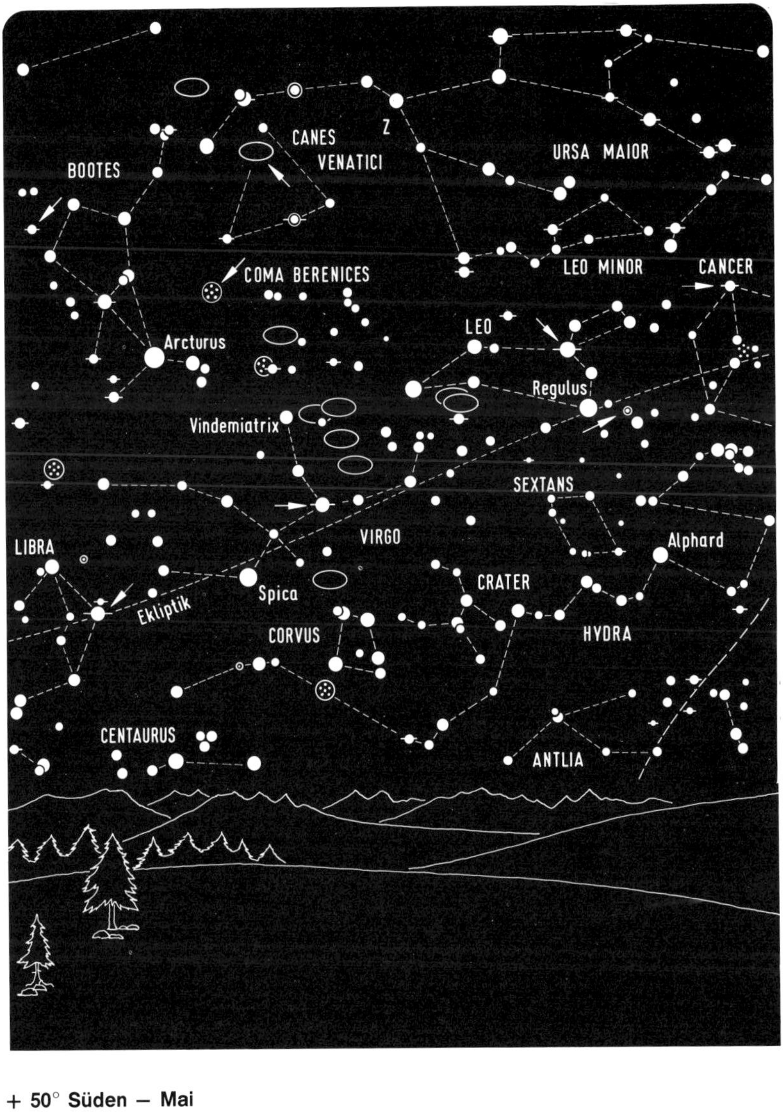

+ 50° Süden – Mai

Am 07. Dezember um 07 Uhr, am 07. Januar um 05 Uhr, am 07. Februar um 03 Uhr, am 07. März um 01 Uhr, am 07 April um 23 Uhr, am **07. Mai um 21 Uhr.**
Am 22. Dezember um 06 Uhr, am 22. Januar um 04 Uhr, am 22. Februar um 02 Uhr, am 22. März um 00 Uhr, am 22. April um 22 Uhr, am **22. Mai um 20 Uhr**.

Veränderliche Sterne *fürs bloße Auge:* keine. **Doppelsterne** *bloßes Auge:* keine. *Fernglas:* ι Cnc, μ Boo, α Lib. *Fernrohr:* γ Leo (Algieba), γ Vir, α CVn. **Sternhaufen und Galaxien** *bloßes Auge:* M 44 Cnc (Praesepe). *Fernglas + Fernrohr:* M 3 CVn, M 51 CVn, Leo Haufengalaxien, Vir Haufengalaxien, Com Haufengalaxien.

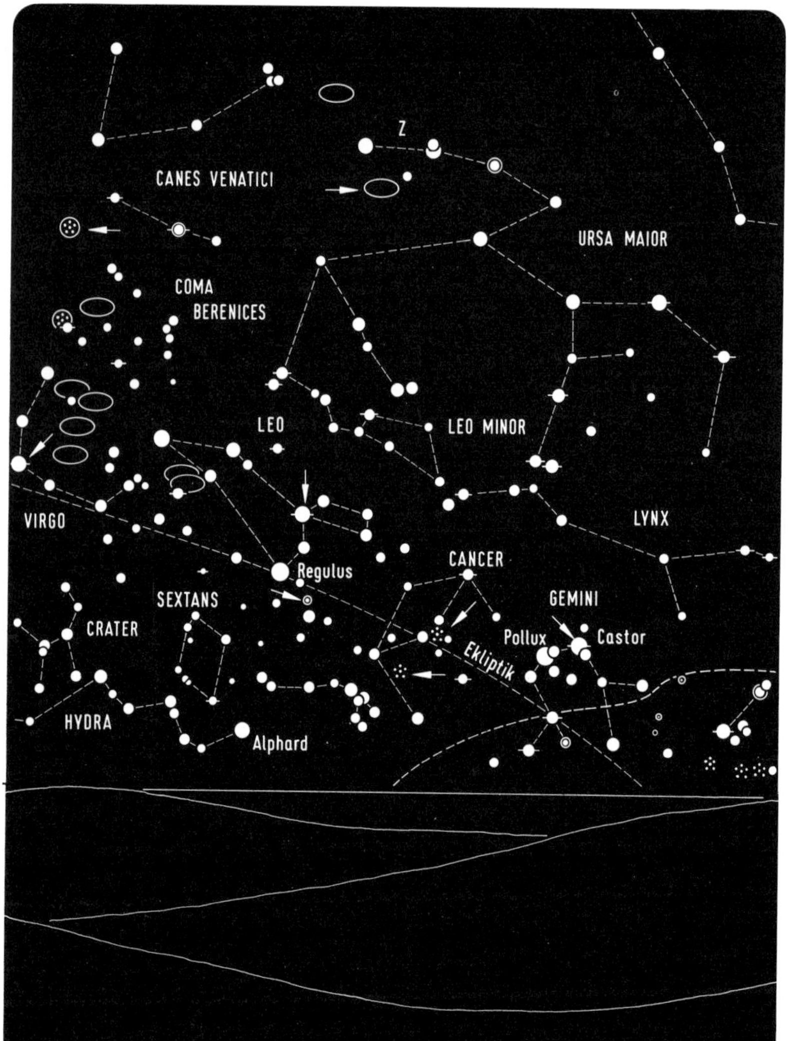

+ 50° Westen – Juni

Am 07. Januar um 07 Uhr, am 07. Februar um 05 Uhr, am 07. März um 03 Uhr, am 07. April um 01 Uhr, am 07. Mai um 23 Uhr, am **07. Juni um 21 Uhr.**
Am 22. Januar um 06 Uhr, am 22. Februar um 04 Uhr, am 22. März um 02 Uhr, am 22. April um 00 Uhr, am 22. Mai um 22 Uhr, am **22. Juni um 20 Uhr.**

Veränderliche Sterne *fürs bloße Auge:* keine. **Doppelsterne** *bloßes Auge:* ζ + g UMa (Mizar + Alkor). *Fernglas:* ι Cnc. *Fernrohr:* α Gem (Castor), γ Leo, γ Vir, ζ UMa (Mizar). **Sternhaufen und Galaxien** *bloßes Auge:* M 44 Cnc. *Fernglas + Fernrohr:* M 67 Cnc, M 3 CVn, M 51 CVn. Haufengalaxien: Leo, Com, Vir.

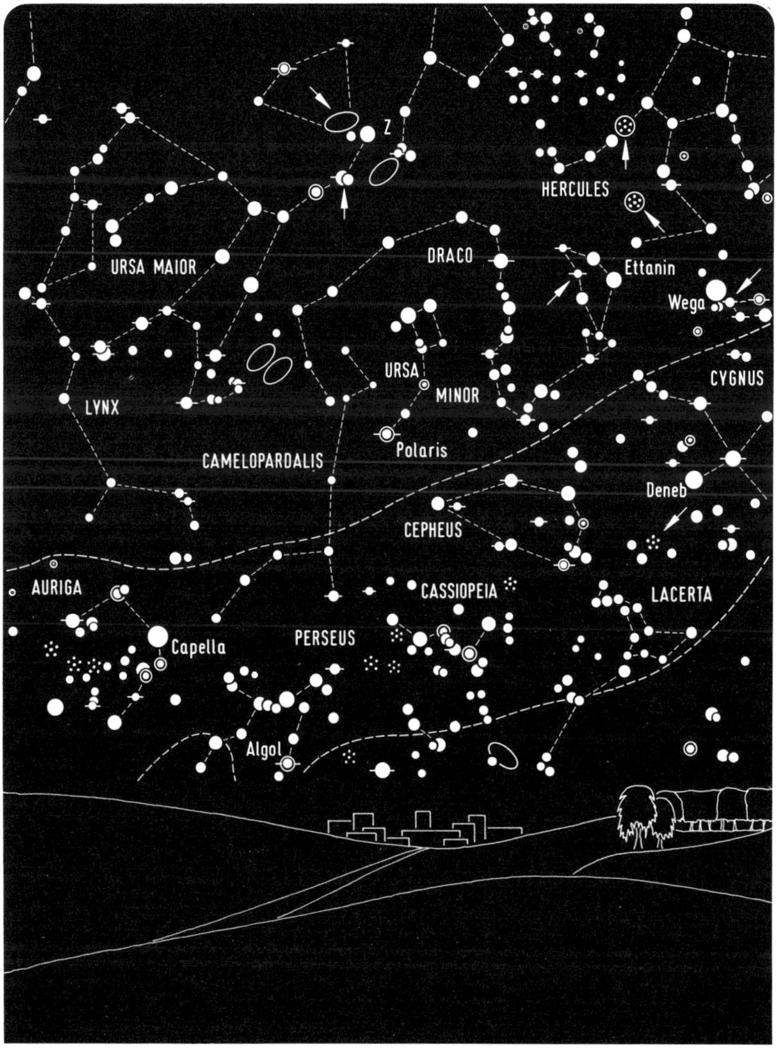

+ 50° Norden – Juni

Am 07. Januar um 07 Uhr, am 07. Februar um 05 Uhr, am 07. März um 03 Uhr, am 07. April um 01 Uhr, am 07. Mai um 23 Uhr, am **07. Juni um 21 Uhr.**
Am 22. Januar um 06 Uhr, am 22. Februar um 04 Uhr, am 22. März um 02 Uhr, am 22. April um 00 Uhr, am 22. Mai um 22 Uhr, am **22. Juni um 20 Uhr**.

Veränderliche Sterne *fürs bloße Auge:* γ Cas, δ Cep, μ Cep, β Lyr. **Doppelsterne** *bloßes Auge:* ζ + g UMa (Mizar + Alkor), ε Lyr. *Fernglas:* ν Dra, ε Lyr, β Lyr, ζ Lyr. *Fernrohr:* ζ UMa (Mizar), α UMi (Polaris), ε Lyr. **Sternhaufen und Galaxien** *bloßes Auge:* keine. *Fernglas + Fernrohr:* M 51 CVn, M 81 UMa, M 82 UMa, M 101 UMa, M 13 Her, M 92 Her, M 39 Cyg.

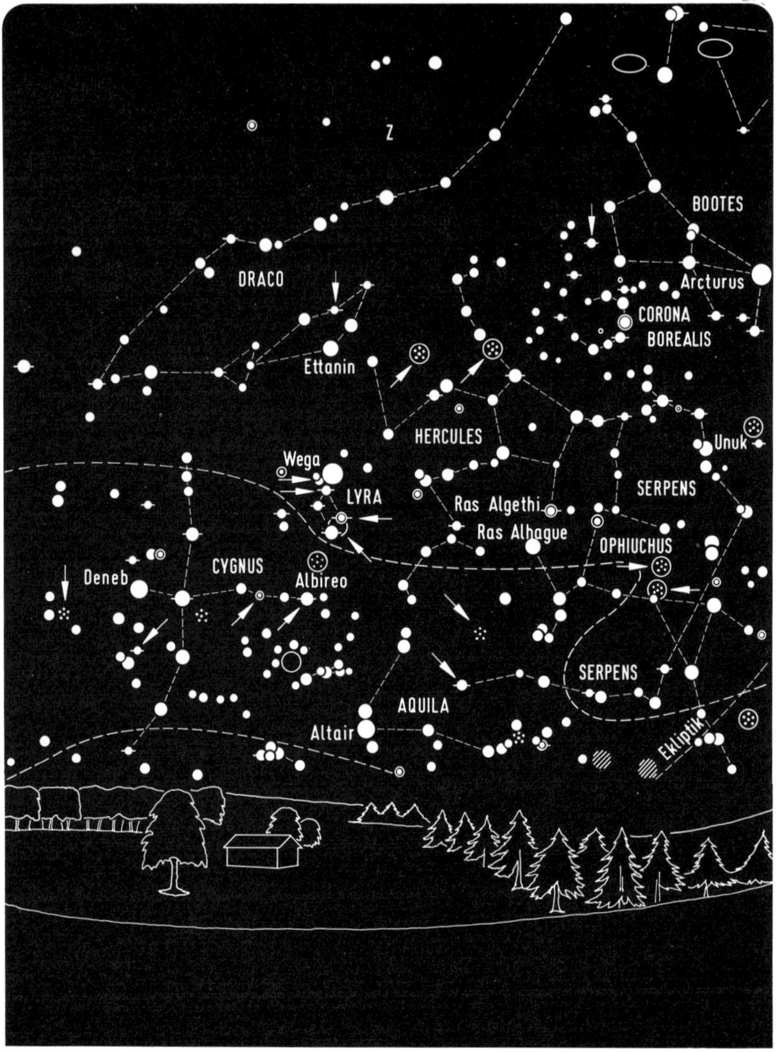

+ 50° Osten – Juni

Am 07. Januar um 07 Uhr, am 07. Februar um 05 Uhr, am 07. März um 03 Uhr, am 07. April um 01 Uhr, am 07. Mai um 23 Uhr, am **07. Juni um 21 Uhr.**
Am 22. Januar um 06 Uhr, am 22. Februar um 04 Uhr, am 22. März um 02 Uhr, am 22. April um 00 Uhr, am 22. Mai um 22 Uhr, am **22. Juni um 20 Uhr**.

Veränderliche Sterne *fürs bloße Auge:* β Lyr, α Her. **Doppelsterne** *bloßes Auge:* ε Lyr. *Fernglas:* ν Dra, υ Ser, μ Boo, β Lyr, ζ Lyr, 61 Cyg, β Cyg. *Fernrohr:* ε Lyr, α Her. **Sternhaufen und Galaxien** *bloßes Auge:* keine. *Fernglas + Fernrohr:* M 13 Her, M 92 Her, M 5 Ser, M 10 Oph, M 12 Oph, M 39 Cyg. **Planetarische Nebel** M 57 Lyr.

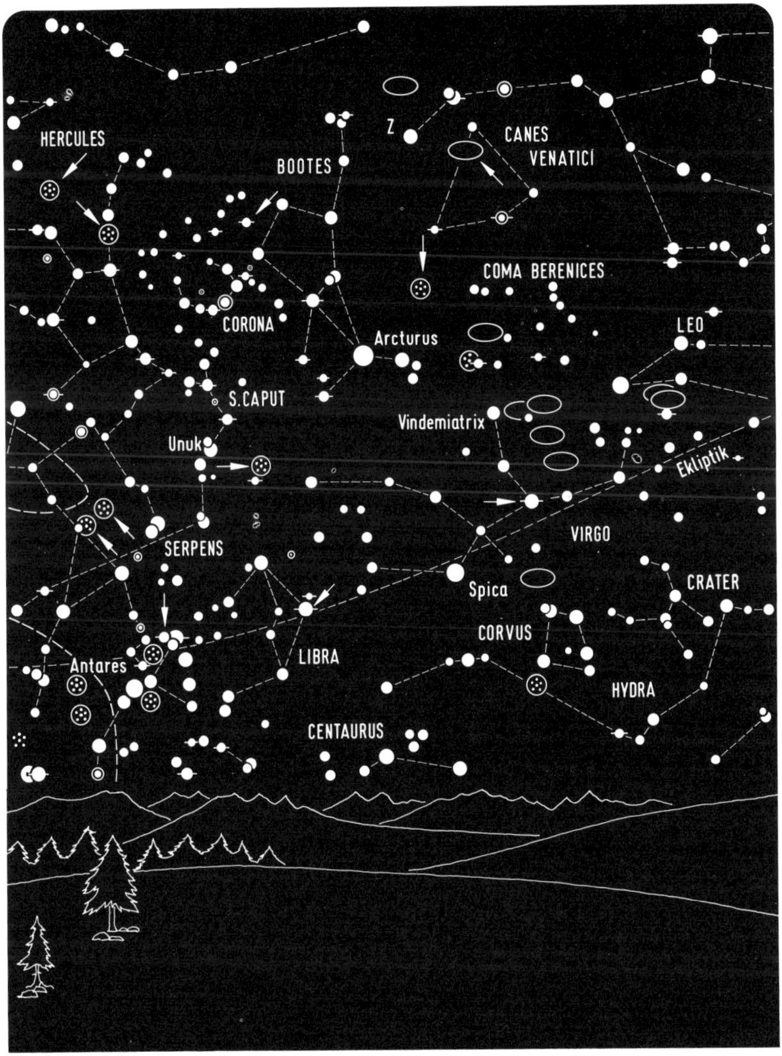

+ 50° Süden – Juni

Am 07. Januar um 07 Uhr, am 07. Februar um 05 Uhr, am 07. März um 03 Uhr, am 07. April um 01 Uhr, am 07. Mai um 23 Uhr, am **07. Juni um 21 Uhr.**
Am 22. Januar um 06 Uhr, am 22. Februar um 04 Uhr, am 22. März um 02 Uhr, am 22. April um 00 Uhr, am 22. Mai um 22 Uhr, am **22. Juni um 20 Uhr**.

Veränderliche Sterne *fürs bloße Auge:* α Her. **Doppelsterne** *bloßes Auge:* keine. *Fernglas:* μ Boo, α Lib, ν Sco. *Fernrohr:* α CVn, γ Vir, β Sco (Akrab), α Her. **Sternhaufen und Galaxien** *bloßes Auge:* keine. *Fernglas + Fernrohr:* M 13 Her, M 92 Her, M 3 CVn, M 51 CVn, M 5 Ser, M 10 Oph, M 12 Oph, Com Haufengalaxien, Leo Haufengalaxien, Vir Haufengalaxien.

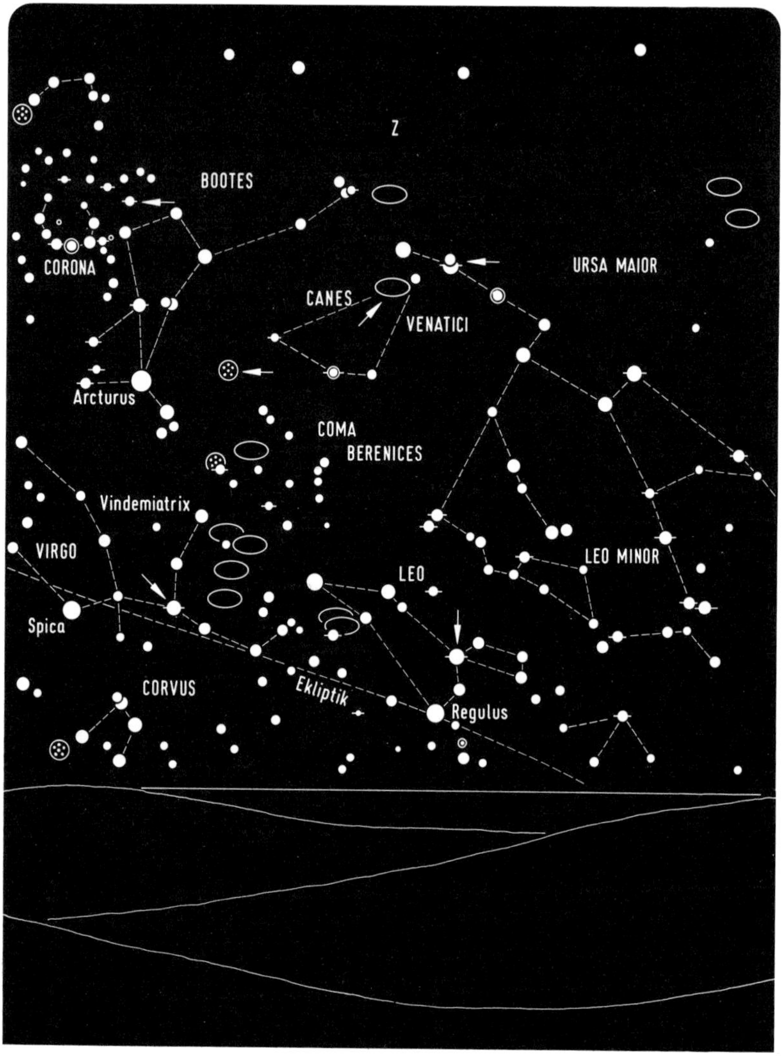

+ 50° Westen – Juli

Am 07. März um 05 Uhr, am 07. April um 03 Uhr, am 07. Mai um 01 Uhr, am 07. Juni um 23 Uhr, am **07. Juli um 21 Uhr.**
Am 22. Februar um 06 Uhr, am 22. März um 04 Uhr, am 22. April um 02 Uhr, am 22. Mai um 00 Uhr, am 22. Juni um 22 Uhr, am **22. Juli um 20 Uhr.**

Veränderliche Sterne *fürs bloße Auge:* keine. **Doppelsterne** *bloßes Auge:* ζ + g UMa (Mizar + Alkor). *Fernglas:* μ Boo. *Fernrohr:* γ Leo, γ Vir. **Sternhaufen und Galaxien** *bloßes Auge:* keine. *Fernglas + Fernrohr:* M 3 CVn, M 51 CVn, M 101 UMa. Haufengalaxien: Com, Leo, Vir.

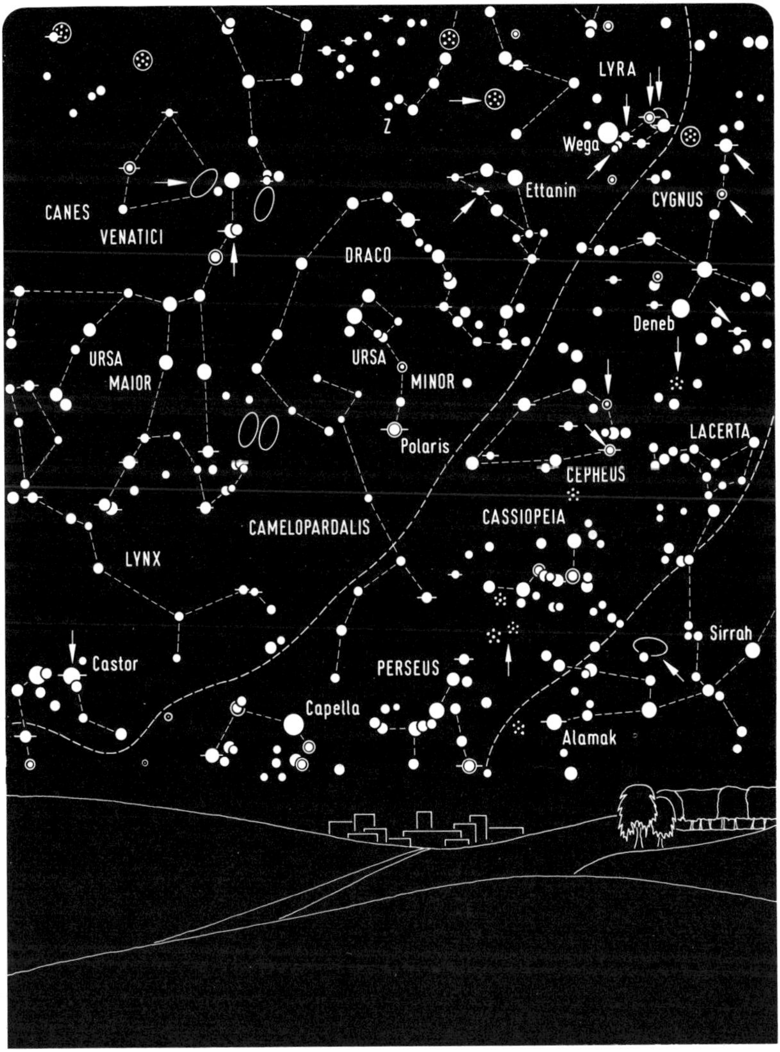

+ 50° Norden – Juli

Am 07. März um 05 Uhr, am 07. April um 03 Uhr, am 07. Mai um 01 Uhr, am 07. Juni um 23 Uhr, am **07. Juli um 21 Uhr.**
Am 22. Februar um 06 Uhr, am 22. März um 04 Uhr, am 22. April um 02 Uhr, am 22. Mai um 00 Uhr, am 22. Juni um 22 Uhr, am **22. Juli um 20 Uhr**.

Veränderliche Sterne *fürs bloße Auge:* γ Cas, δ Cep, μ Cep, β Lyr. **Doppelsterne** *bloßes Auge:* ζ + g UMa (Mizar + Alkor), ε Lyr. *Fernglas:* β Cyg, β Lyr, ζ Lyr, ν Dra, 61 Cyg. *Fernrohr:* ε Lyr, ζ UMa (Mizar), α Gem (Castor), α UMi (Polaris), α CVn. **Sternhaufen und Galaxien** *bloßes Auge:* h + χ Per, M 31 And. *Fernglas + Fernrohr:* M 92 Her, M 51 CVn, M 81 UMa, M 82 UMa, M 101 UMa, M 39 Cyg. **Planetarische Nebel** M 57 Lyr.

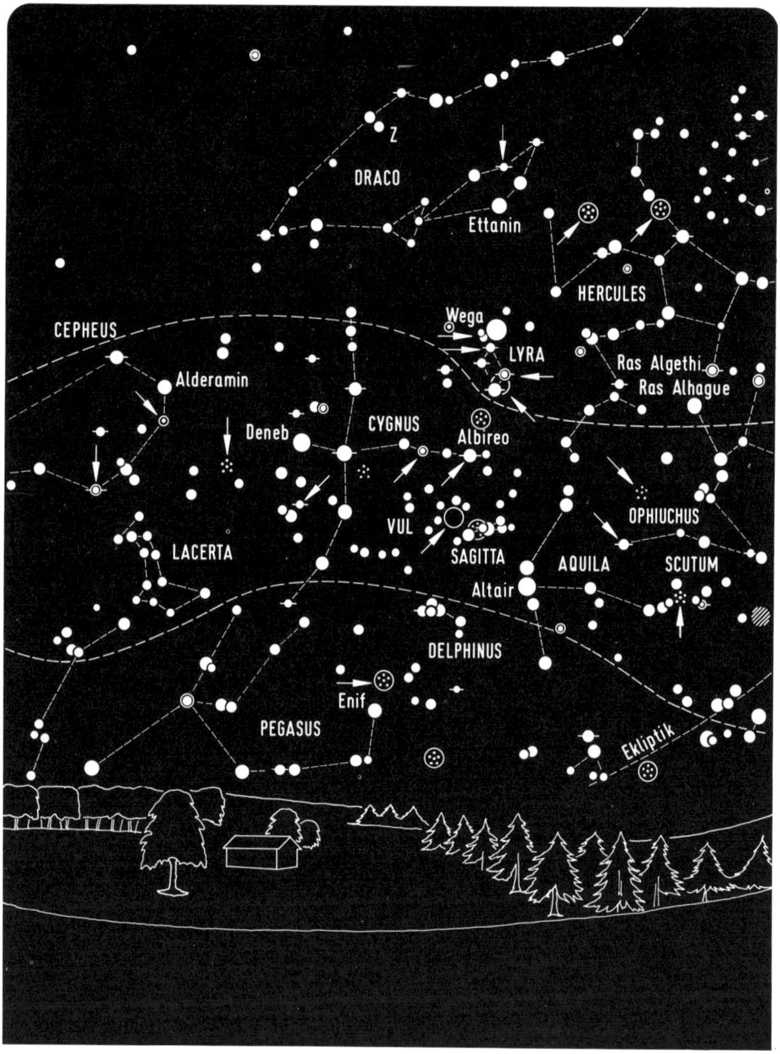

+ 50° Osten – Juli

Am 07. März um 05 Uhr, am 07. April um 03 Uhr, am 07. Mai um 01 Uhr, am 07. Juni um 23 Uhr, am **07. Juli um 21 Uhr.**
Am 22. Februar um 06 Uhr, am 22. März um 04 Uhr, am 22. April um 02 Uhr, am 22. Mai um 00 Uhr, am 22. Juni um 22 Uhr, am **22. Juli um 20 Uhr**.

Veränderliche Sterne *fürs bloße Auge:* β Lyr, δ Cep, μ Cep. **Doppelsterne** *bloßes Auge:* ε Lyr. *Fernglas:* ν Dra, β Lyr, ζ Lyr, β Cyg, 61 Cyg, υ Ser. *Fernrohr:* ε Lyr. **Sternhaufen und Galaxien** *bloßes Auge:* keine. *Fernglas + Fernrohr:* M 13 Her, M 92 Her, M 39 Cyg, 6633 Oph, M 11 Sct, M 15 Peg. **Planetarische Nebel** M 57 Lyr, M 27 Vul.

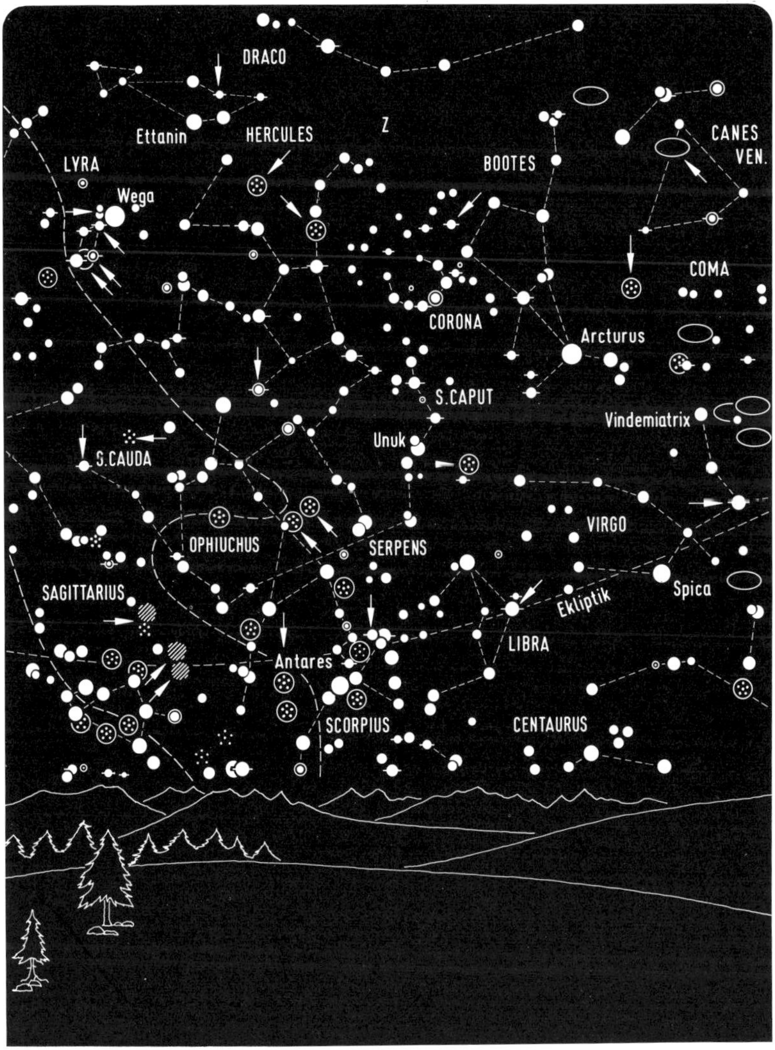

+ 50° Süden – Juli

Am 07. März um 05 Uhr, am 07. April um 03 Uhr, am 07. Mai um 01 Uhr, am 07. Juni um 23 Uhr, am **07. Juli um 21 Uhr.**
Am 22. Februar um 06 Uhr, am 22. März um 04 Uhr, am 22. April um 02 Uhr, am 22. Mai um 00 Uhr, am 22. Juni um 22 Uhr, am **22. Juli um 20 Uhr.**

Veränderliche Sterne *fürs bloße Auge:* α Her, β Lyr. **Doppelsterne** *bloßes Auge:* ε Lyr. *Fernglas:* β Lyr, ζ Lyr, ν Dra, μ Boo, ϑ Ser, α Lib, ν Sco. *Fernrohr:* α CVn, γ Vir, β Sco, α Her, ε Lyr. **Sternhaufen und Galaxien** *bloßes Auge:* keine. *Fernglas + Fernrohr:* M 3 CVn, M 51 CVn, M 5 Ser, M 10 Oph, M 12 Oph, M 19 Oph, 6633 Oph, M 13 Her, M 92 Her, M 4 Sco. **Planetarische Nebel** M 57 Lyr. **Gasnebel** M 8 Sgr (Lagoon), M 20 Sgr (Trifid), M 17 Sgr (Omega).

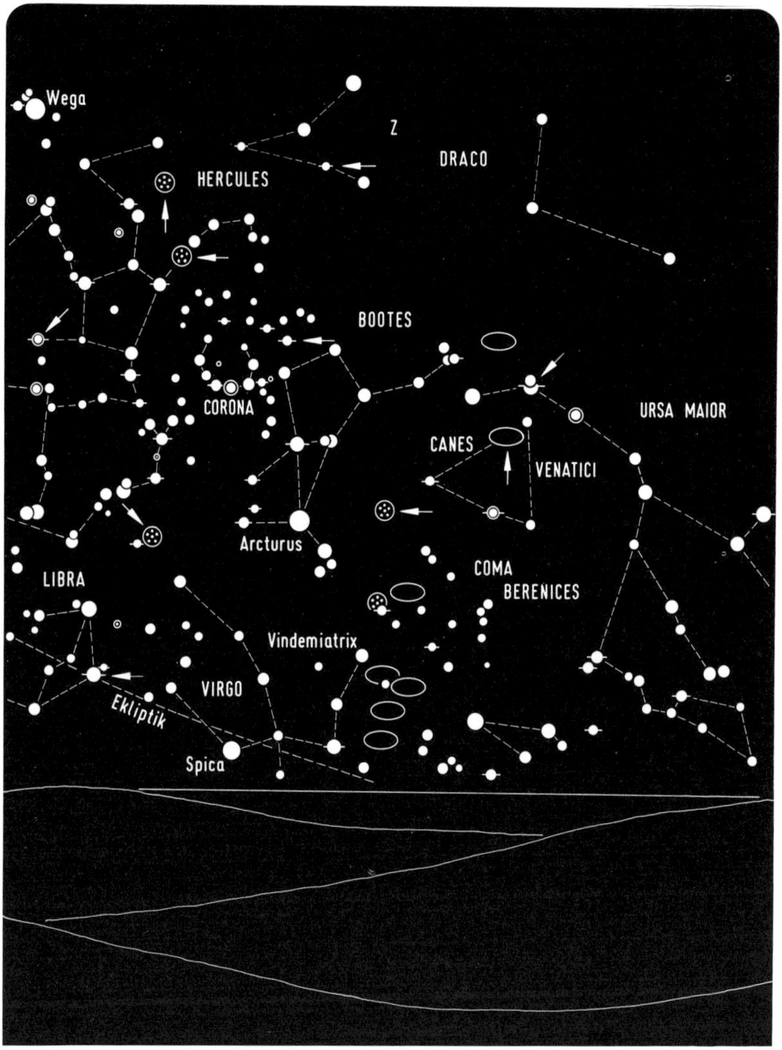

+ 50° Westen – August

Am 07. April um 05 Uhr, am 07. Mai um 03 Uhr, am 07. Juni um 01 Uhr, am 07. Juli um 23 Uhr, am **07. August um 21 Uhr.**
Am 22. April um 04 Uhr, am 22. Mai um 02 Uhr, am 22. Juni um 00 Uhr, am 22. Juli um 22 Uhr, am **22. August um 20 Uhr.**

Veränderliche Sterne *fürs bloße Auge:* α Her. **Doppelsterne** *bloßes Auge:* ζ + g UMa (Mizar + Alkor). *Fernglas:* μ Boo, ν Dra, α Lib, κ Her. *Fernrohr:* ζ UMa (Mizar), α Her. **Sternhaufen und Galaxien** *bloßes Auge:* keine. *Fernglas + Fernrohr:* M 3 CVn, M 51 CVn, M 101 UMa, M 5 Ser, M 13 Her, M 92 Her.

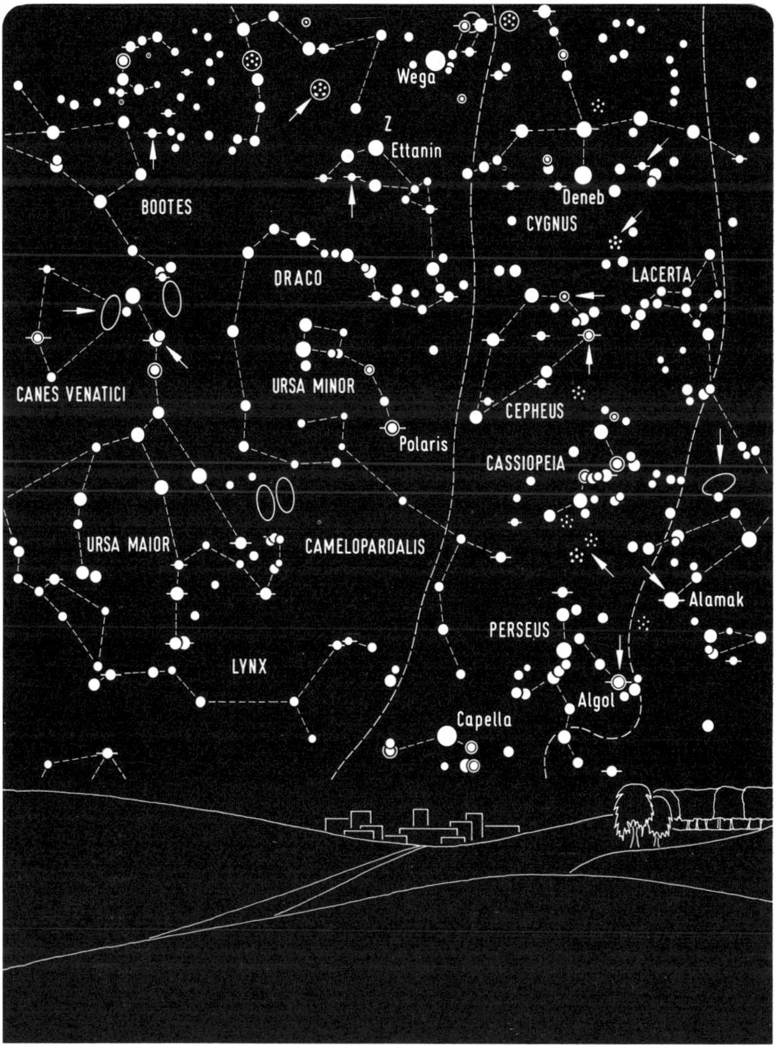

+ 50° Norden – August

Am 07. April um 05 Uhr, am 07. Mai um 03 Uhr, am 07. Juni um 01 Uhr, am 07. Juli um 23 Uhr, am **07. August um 21 Uhr.**
Am 22. April um 04 Uhr, am 22. Mai um 02 Uhr, am 22. Juni um 00 Uhr, am 22. Juli um 22 Uhr, am **22. August um 20 Uhr.**

Veränderliche Sterne *fürs bloße Auge:* γ Cas, δ Cep, μ Cep, β Per (Algol). **Doppelsterne** *bloßes Auge:* ζ + g UMa. *Fernglas:* μ Boo, ν Dra, 61 Cyg. *Fernrohr:* ζ UMa, γ And (Alamak), α CVn. **Sternhaufen und Galaxien** *bloßes Auge:* M 31 And, h + χ Per. *Fernglas + Fernrohr:* M 92 Her, M 39 Cyg, M 51 CVn, M 81 UMa, M 82 UMa, M 101 UMa.

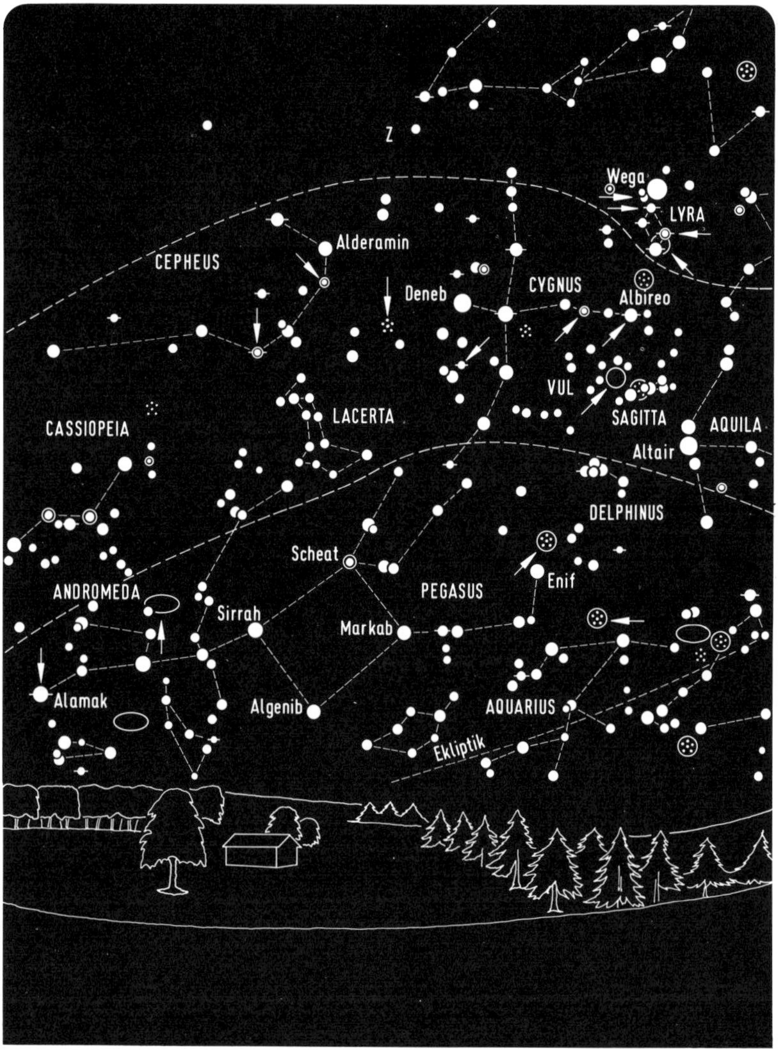

+ 50° Osten – August

Am 07. April um 05 Uhr, am 07. Mai um 03 Uhr, am 07. Juni um 01 Uhr, am 07. Juli um 23 Uhr, am **07. August um 21 Uhr.**
Am 22. April um 04 Uhr, am 22. Mai um 02 Uhr, am 22. Juni um 00 Uhr, am 22. Juli um 22 Uhr, am **22. August um 20 Uhr.**

Veränderliche Sterne *fürs bloße Auge:* β Lyr, δ Cep, μ Cep. **Doppelsterne** *bloßes Auge:* ε Lyr. *Fernglas:* β Lyr, ζ Lyr, β Cyg, 61 Cyg. *Fernrohr:* ε Lyr, γ And (Alamak). **Sternhaufen und Galaxien** *bloßes Auge:* M 31 And. *Fernglas + Fernrohr:* M 39 Cyg, M 15 Peg, M 2 Aqr. **Planetarische Nebel** M 57 Lyr, M 27 Vul.

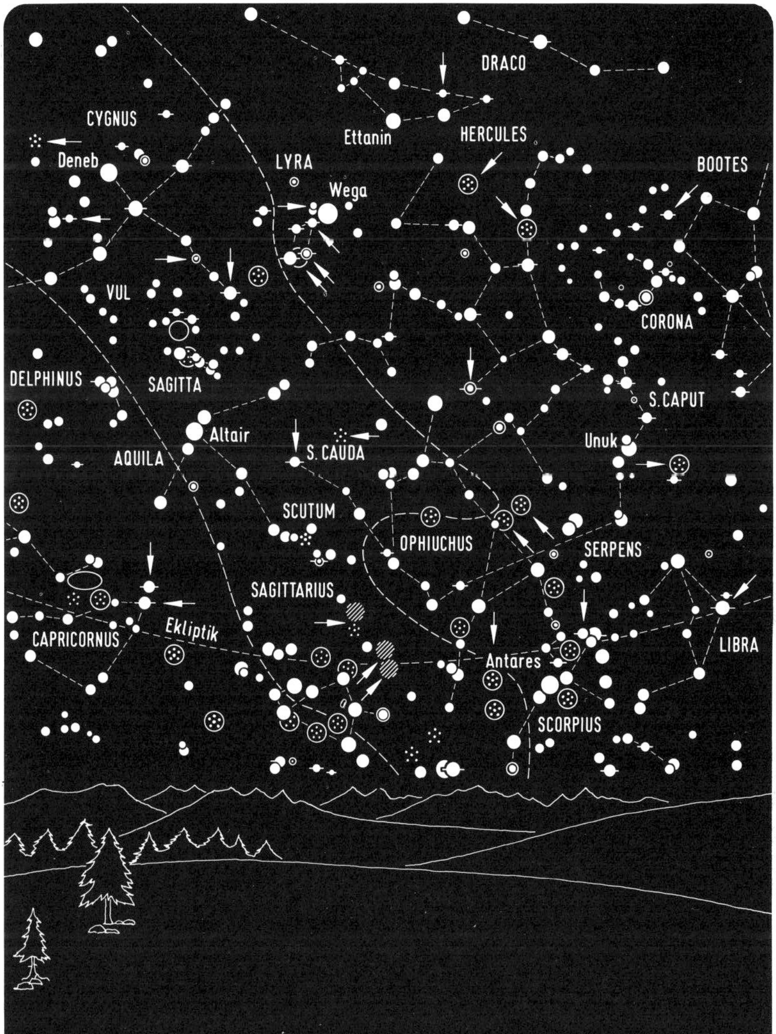

+ 50° Süden – August

Am 07. April um 05 Uhr, am 07. Mai um 03 Uhr, am 07. Juni um 01 Uhr, am 07. Juli um 23 Uhr, am **07. August um 21 Uhr.**
Am 22. April um 04 Uhr, am 22. Mai um 02 Uhr, am 22. Juni um 00 Uhr, am 22. Juli um 22 Uhr, am **22. August um 20 Uhr.**

Veränderliche Sterne *fürs bloße Auge:* α Her, β Lyr. **Doppelsterne** *bloßes Auge:* ε Lyr, α Cap. *Fernglas:* β Lyr, ζ Lyr, ν Dra, μ Boo, υ Ser, α Lib, ν Sco, β Cyg, 61 Cyg, α Cap, β Cap. *Fernrohr:* β Sco, α Her, ε Lyr. **Sternhaufen und Galaxien** *bloßes Auge:* keine. *Fernglas + Fernrohr:* M 5 Ser, M 13 Her, M 92 Her, M 10 Oph, M 12 Oph, M 19 Oph, 6333 Oph, M 4 Sco, M 11 Sct, M 39 Cyg, M 55 Sgr. **Planetarische Nebel** M 57 Lyr, M 27 Vul. **Gasnebel** M 8 Sgr (Lagoon), M 20 Sgr (Trifid), M 17 Sgr (Omega).

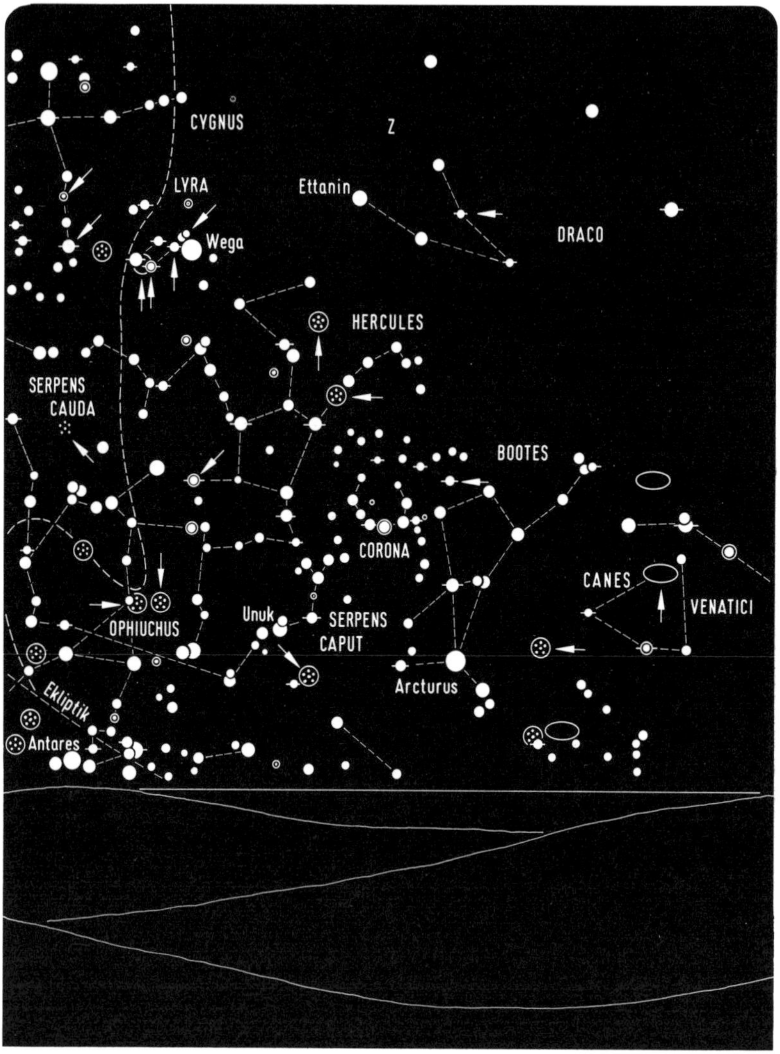

+ 50° Westen – September

Am 07. Mai um 05 Uhr, am 07. Juni um 03 Uhr, am 07. Juli um 01 Uhr, am 07. August um 23 Uhr, am **07. September um 21 Uhr.**
Am 22. Mai um 04 Uhr, am 22. Juni um 02 Uhr, am 22. Juli um 00 Uhr, am 22. August um 22 Uhr, am **22. September um 20 Uhr.**

Veränderliche Sterne *fürs bloße Auge:* α Her, β Lyr. **Doppelsterne** *bloßes Auge:* ζ + g UMa (Mizar + Alkor), ε Lyr. *Fernglas:* μ Boo, ν Dra, β Lyr, ζ Lyr. *Fernrohr:* β Cyg (Albireo), α Her, ε Lyr, ζ UMa (Mizar). **Sternhaufen und Galaxien** *bloßes Auge:* keine. *Fernglas + Fernrohr:* M 3 Cvn, M 51 Cvn, M 101 UMa, M 5 Ser, M 10 Oph, M 12 Oph, M 3 Her, M 92 Her. **Planetarische Nebel** M 57 Lyr.

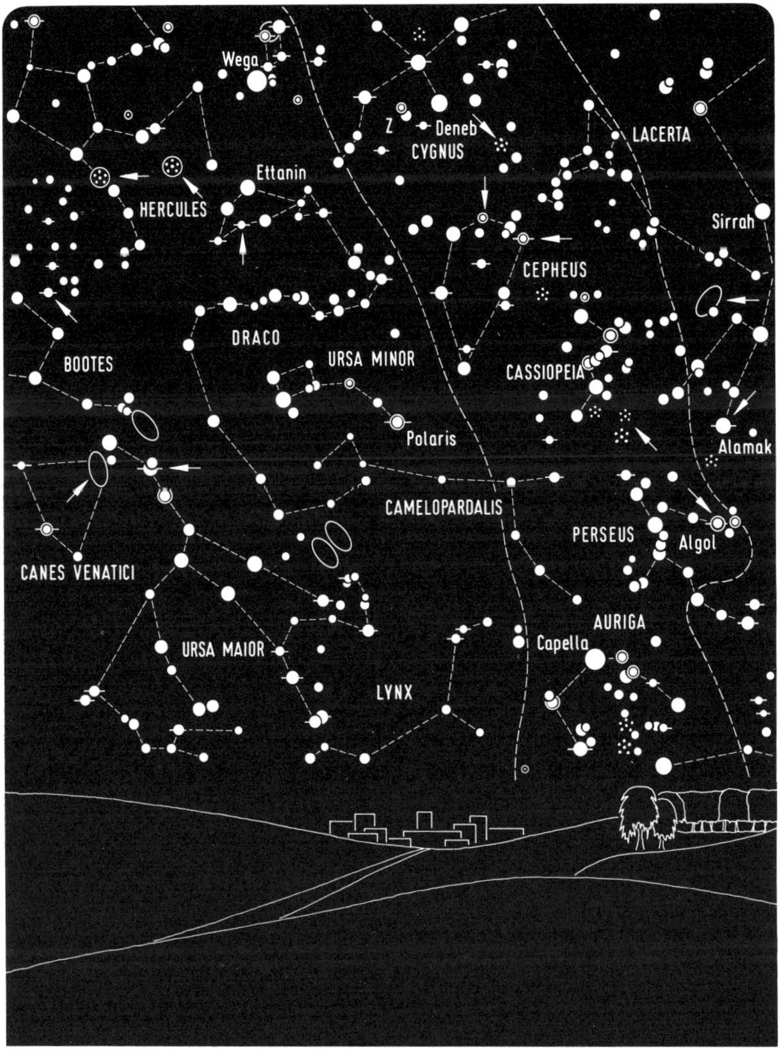

+ 50° Norden – September

Am 07. Mai um 05 Uhr, am 07. Juni um 03 Uhr, am 07. Juli um 01 Uhr, am 07. August um 23 Uhr, am **07. September um 21 Uhr.**
Am 22. Mai um 04 Uhr, am 22. Juni um 02 Uhr, am 22. Juli um 00 Uhr, am 22. August um 22 Uhr, am **22. September um 20 Uhr.**

Veränderliche Sterne *fürs bloße Auge:* γ Cas, δ Cep, μ Cep, β Per (Algol). **Doppelsterne** *bloßes Auge:* ζ + g UMa (Mizar + Alkor). *Fernglas:* ν Dra, μ Boo. *Fernrohr:* ζ UMa (Mizar), α UMi (Polaris), γ And (Alamak), α CVn. **Sternhaufen und Galaxien** *bloßes Auge:* M 31 And, h + χ Per. *Fernglas + Fernrohr:* M 13 Her, M 92 Her, M 39 Cyg, M 51 CVn, M 81 UMa, M 82 UMa, M 101 UMa, M 34 Per.

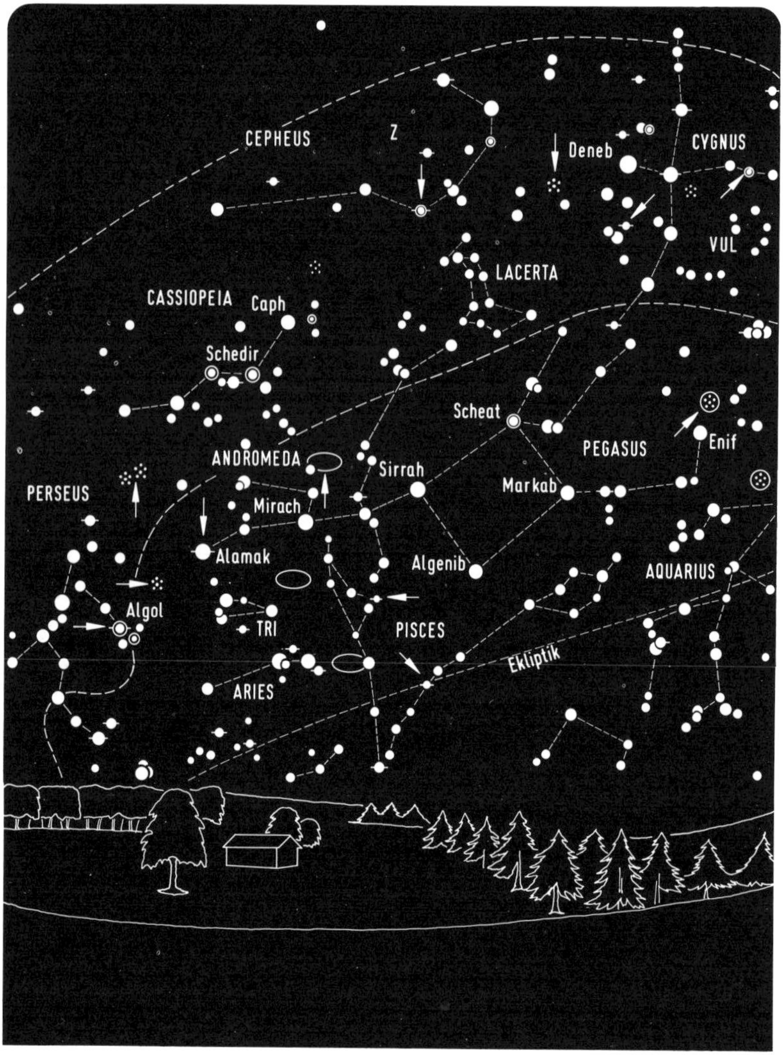

+ 50° Osten – September

Am 07. Mai um 05 Uhr, am 07. Juni um 03 Uhr, am 07. Juli um 01 Uhr, am 07. August um 23 Uhr, am **07. September um 21 Uhr.**
Am 22. Mai um 04 Uhr, am 22. Juni um 02 Uhr, am 22. Juli um 00 Uhr, am 22. August um 22 Uhr, am **22. September um 20 Uhr.**

Veränderliche Sterne *fürs bloße Auge:* γ Cas, δ Cep, μ Cep, β Per (Algol). **Doppelsterne** *bloßes Auge:* keine. *Fernglas:* 61 Cyg, ψ Psc, ζ Psc. *Fernrohr:* γ And (Alamak). **Sternhaufen und Galaxien** *bloßes Auge:* M 31 And, h + χ Per. *Fernglas + Fernrohr:* M 39 Cyg, M 15 Peg, M 34 Per.

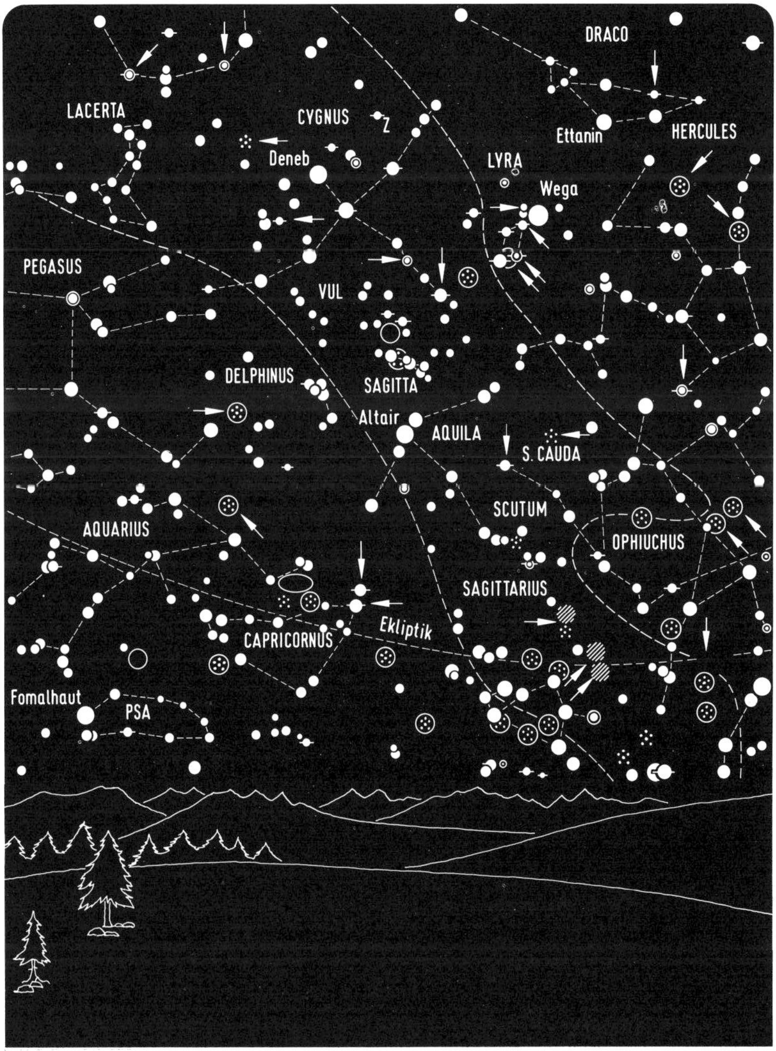

+ 50° Süden – September

Am 07. Mai um 05 Uhr, am 07. Juni um 03 Uhr, am 07. Juli um 01 Uhr, am 07. August um 23 Uhr, am **07. September um 21 Uhr.**
Am 22. Mai um 04 Uhr, am 22. Juni um 02 Uhr, am 22. Juli um 00 Uhr, am 22. August um 22 Uhr, am **22. September um 20 Uhr.**

Veränderliche Sterne *fürs bloße Auge:* α Her, β Lyr, δ Cep, μ Cep. **Doppelsterne** *bloßes Auge:* ε Lyr, α Cap. *Fernglas:* ν Dra, β Lyr, ζ Lyr, ϑ Ser, β Cyg, 61 Cyg, α Cap, β Cap. *Fernrohr:* α Her, ε Lyr. **Sternhaufen und Galaxien** *bloßes Auge:* keine. *Fernglas + Fernrohr:* M 13 Her, M 92 Her, M 10 Oph, M 12 Oph, M 19 Oph, 6633 Oph, M 11 Sct, M 39 Cyg, M 55 Sgr, M 30 Cap, M 2 Aqr, M 15 Peg. **Planetarische Nebel** M 57 Lyr, M 27 Vul. **Gasnebel** M 8 Sgr (Lagoon), M 20 Sgr (Trifid), M 17 Sgr (Omega).

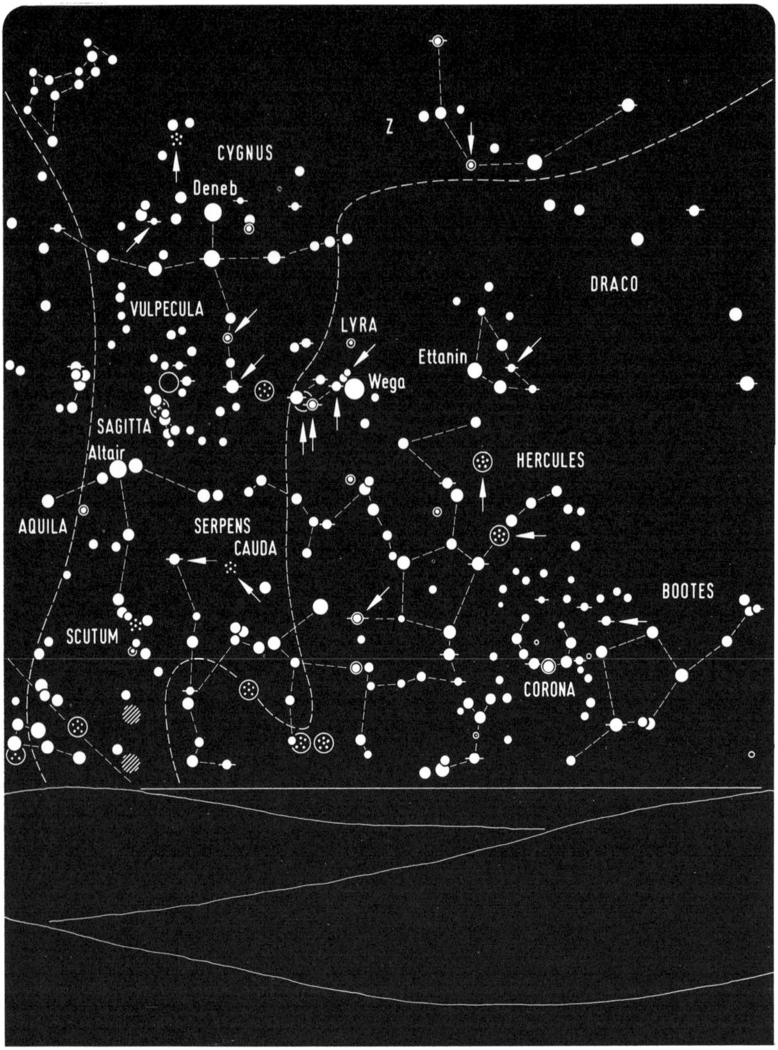

+ 50° Westen – Oktober

Am 07. Juli um 03 Uhr, am 07. August um 01 Uhr, am 07. September um 23 Uhr, am **07. Oktober um 21 Uhr,** am 07. November um 19 Uhr.
Am 22. Juli um 02 Uhr, am 22. August um 00 Uhr, am 22. September um 22 Uhr, am **22. Oktober um 20 Uhr,** am 22. November um 18 Uhr.

Veränderliche Sterne *fürs bloße Auge:* α Her, β Lyr, μ Cep. **Doppelsterne** *bloßes Auge:* ε Lyr. *Fernglas:* μ Boo, ν Dra, β Lyr, ζ Lyr, β Cyg (Albireo), 61 Cyg, ϑ Ser. *Fernrohr:* α Her, ε Lyr. **Sternhaufen und Galaxien** *bloßes Auge:* keine. *Fernglas + Fernrohr:* M 3 Her, M 92 Her, 6633 Oph, M 39 Cyg. **Planetarische Nebel** M 57 Lyr, M 27 Vul.

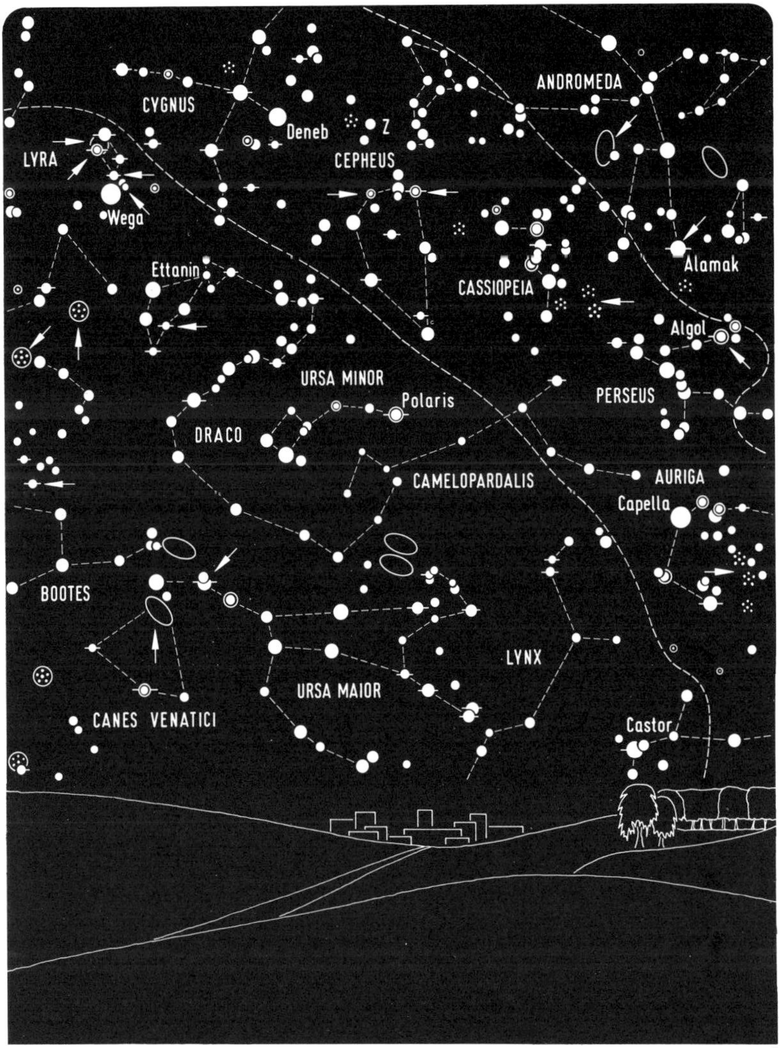

+ 50° Norden – Oktober

Am 07. Juli um 03 Uhr, am 07. August um 01 Uhr, am 07. September um 23 Uhr, am **07. Oktober um 21 Uhr,** am 07. November um 19 Uhr.
Am 22. Juli um 02 Uhr, am 22. August um 00 Uhr, am 22. September um 22 Uhr, am **22. Oktober um 20 Uhr,** am 22. November um 18 Uhr.

Veränderliche Sterne *fürs bloße Auge:* γ Cas, δ Cep, μ Cep, β Lyr. **Doppelsterne** *bloßes Auge:* ζ + g UMa (Mizar + Alkor), ε Lyr. *Fernglas:* β Lyr, ζ Lyr, μ Her, ν Dra. *Fernrohr:* ε Lyr, γ And (Alamak), ζ UMa (Mizar), α UMi (Polaris). **Sternhaufen und Galaxien** *bloßes Auge:* M 31 And, h + χ Per. *Fernglas + Fernrohr:* M 39 Cyg, M 93 Her, M 13 Her, M 51 CVn, M 81 UMa, M 82 UMa, M 101 UMa. **Planetarische Nebel** M 57 Lyr.

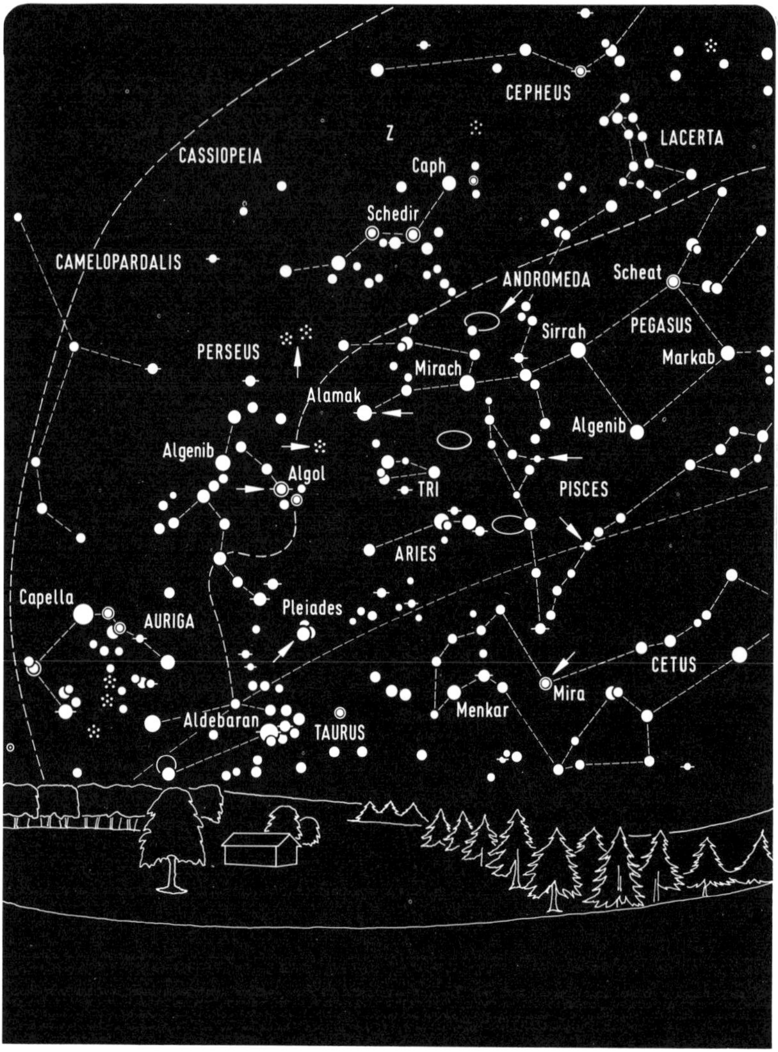

+ 50° Osten – Oktober

Am 07. Juli um 03 Uhr, am 07. August um 01 Uhr, am 07. September um 23 Uhr, am **07. Oktober um 21 Uhr,** am 07. November um 19 Uhr.
Am 22. Juli um 02 Uhr, am 22. August um 00 Uhr, am 22. September um 22 Uhr, am **22. Oktober um 20 Uhr,** am 22. November um 18 Uhr.

Veränderliche Sterne *fürs bloße Auge:* γ Cas, ο Cet (Mira). **Doppelsterne** *bloßes Auge:* keine. *Fernglas:* ψ Psc, ζ Psc. *Fernrohr:* γ And (Alamak). **Sternhaufen und Galaxien** *bloßes Auge:* M 31 And, h + χ Per, Pleiades Tau. *Fernglas + Fernrohr:* M 34 Per.

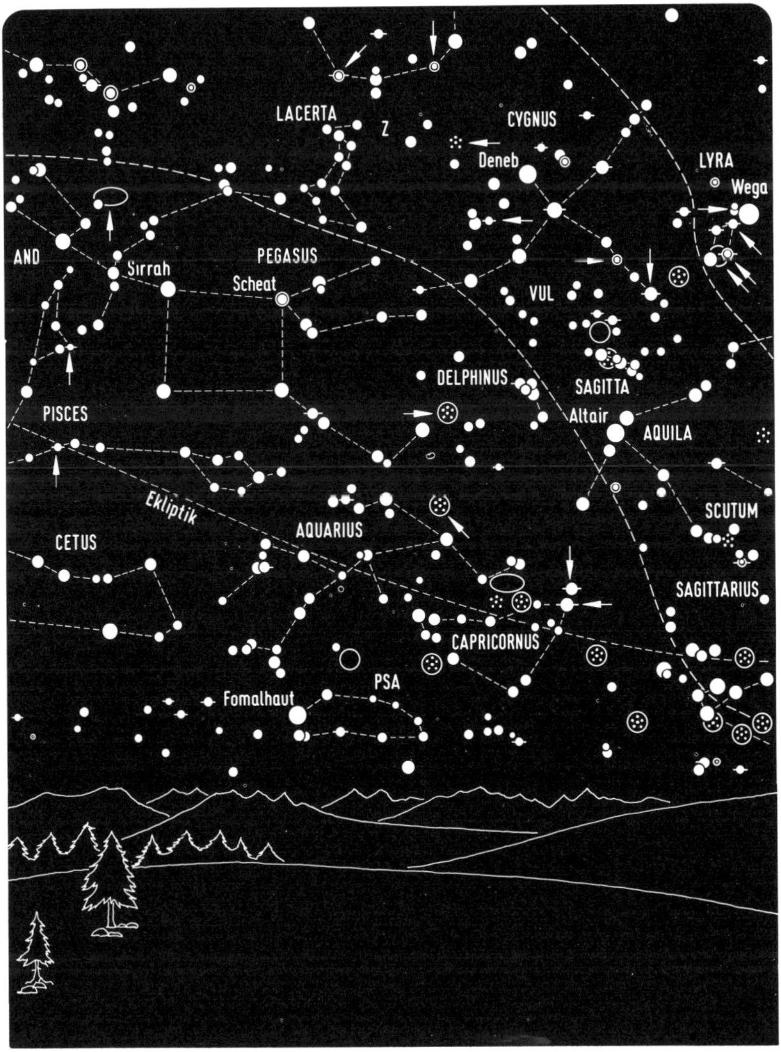

+ 50° Süden – Oktober

Am 07. Juli um 03 Uhr, am 07. August um 01 Uhr, am 07. September um 23 Uhr, am **07. Oktober um 21 Uhr,** am 07. November um 19 Uhr.
Am 22. Juli um 02 Uhr, am 22. August um 00 Uhr, am 22. September um 22 Uhr, am **22. Oktober um 20 Uhr,** am 22. November um 18 Uhr.

Veränderliche Sterne *fürs bloße Auge:* β Lyr, δ Cep, μ Cep. **Doppelsterne** *bloßes Auge:* ε Lyr, α Cap. *Fernglas:* β Lyr, ζ Lyr, β Cyg, 61 Cyg, α Cap, β Cap, ψ Psc, ζ Psc. *Fernrohr:* ε Lyr. **Sternhaufen und Galaxien** *bloßes Auge:* M 31 And. *Fernglas + Fernrohr:* 6633 Oph, M 11 Sct, M 55 Sgr, M 39 Cyg, M 30 Cap, M 2 Aqr, M 15 Peg. **Planetarische Nebel** M 57 Lyr, M 27 Vul.

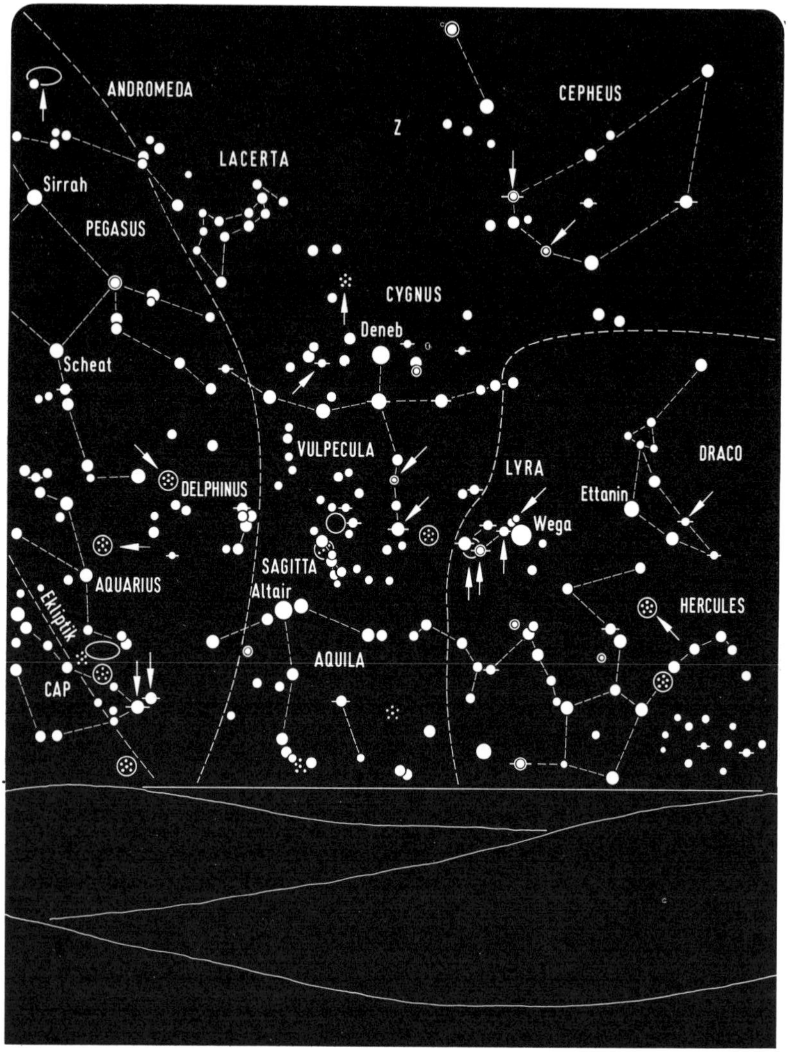

+ 50° Westen – November

Am 07. August um 03 Uhr, am 07. September um 01 Uhr, am 07. Oktober um 23 Uhr, am **07. November um 21 Uhr,** am 07. Dezember um 19 Uhr.
Am 22. Juli um 04 Uhr, am 22. August um 02 Uhr, am 22. September um 00 Uhr, am 22. Oktober um 22 Uhr, am **22. November um 20 Uhr,** am 22. Dezember um 18 Uhr.

Veränderliche Sterne *fürs bloße Auge:* δ Cep, μ Cep, β Lyr. **Doppelsterne** *bloßes Auge:* ε Lyr, α Cap. *Fernglas:* ν Dra, β Lyr, ζ Lyr, β Cyg (Albireo), 61 Cyg, α Cap, β Cap. *Fernrohr:* ε Lyr. **Sternhaufen und Galaxien** *bloßes Auge:* M 31 And. *Fernglas + Fernrohr:* M 13 Her, M 92 Her, M 39 Cyg, M 15 Peg, M 2 Aqr. **Planetarische Nebel** M 57 Lyr, M 27 Vul.

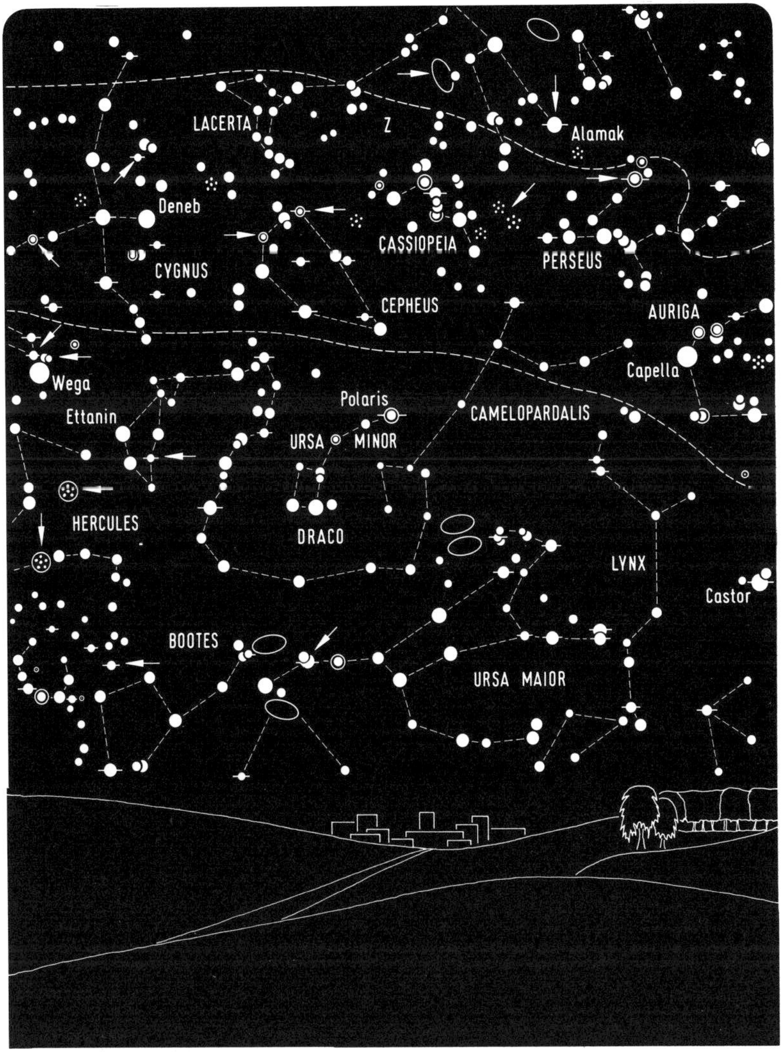

+ 50° Norden – November

Am 07. August um 03 Uhr, am 07. September um 01 Uhr, am 07. Oktober um 23 Uhr, am **07. November um 21 Uhr,** am 07. Dezember um 19 Uhr.
Am 22. Juli um 04 Uhr, am 22. August um 02 Uhr, am 22. September um 00 Uhr, am 22. Oktober um 22 Uhr, am **22. November um 20 Uhr,** am 22. Dezember um 18 Uhr.

Veränderliche Sterne *fürs bloße Auge:* γ Cas, δ Cep, μ Cep, β Per (Algol). **Doppelsterne** *bloßes Auge:* ζ + g UMa (Mizar + Alkor), ε Lyr. *Fernglas:* μ Boo, ν Dra, ζ Lyr, 61 Cyg. *Fernrohr:* ζ UMa (Mizar), ε Lyr, α UMi (Polaris), α Gem (Castor), γ And (Alamak). **Sternhaufen und Galaxien** *bloßes Auge:* M 31 And, h + χ Per. *Fernglas + Fernrohr:* M 34 Per, M 39 Cyg, M 13 Her, M 93 Her, M 81 UMa, M 82 UMa, M 101 UMa.

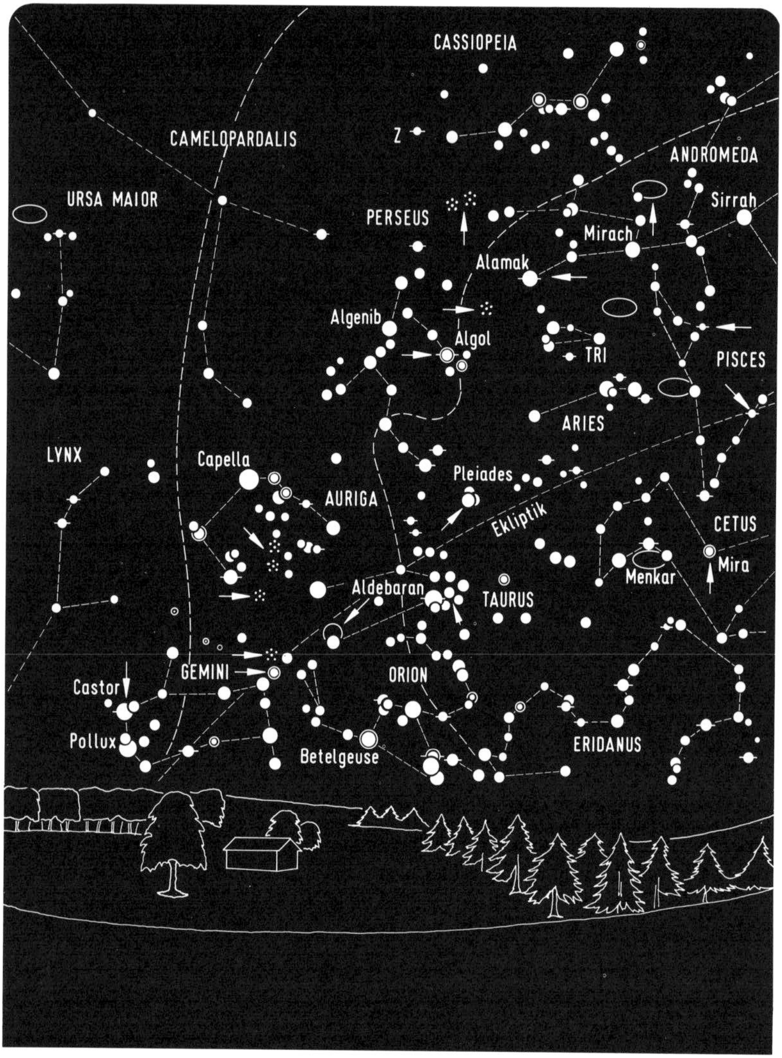

+ 50° Osten – November

Am 07. August um 03 Uhr, am 07. September um 01 Uhr, am 07. Oktober um 23 Uhr, am **07. November um 21 Uhr,** am 07. Dezember um 19 Uhr.
Am 22. Juli um 04 Uhr, am 22. August um 02 Uhr, am 22. September um 00 Uhr, am 22. Oktober um 22 Uhr, am **22. November um 20 Uhr,** am 22. Dezember um 18 Uhr.

Veränderliche Sterne *fürs bloße Auge:* γ Cas, β Per (Algol), o Cet (Mira), η Gem. **Doppelsterne** *bloßes Auge:* ϑ Tau. *Fernglas:* ψ Psc, ζ Psc. *Fernrohr:* γ And (Alamak), α Gem (Castor). **Sternhaufen und Galaxien** *bloßes Auge:* M 31 And, h + χ Per, Pleiades Tau. *Fernglas + Fernrohr:* M 34 Per, M 35 Gem, M 36 Aur, M 37 Aur, M 38 Aur. **Planetarische Nebel** M 1 Tau.

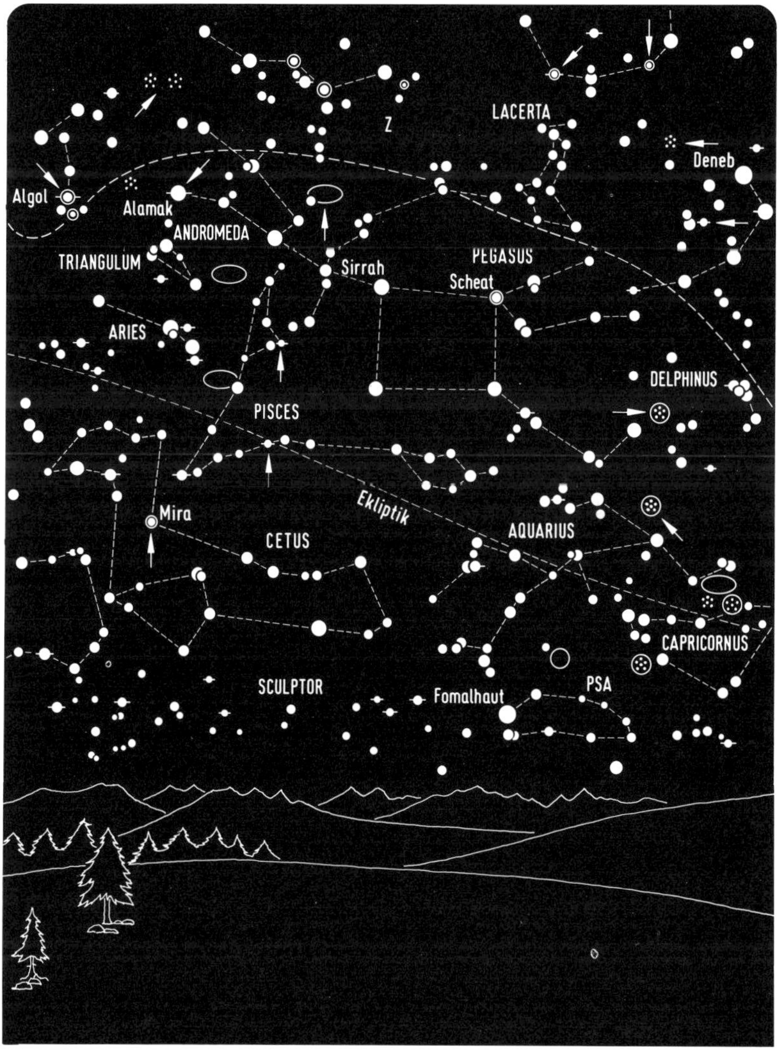

+ 50° Süden – November

Am 07. August um 03 Uhr, am 07. September um 01 Uhr, am 07. Oktober um 23 Uhr, am **07. November um 21 Uhr,** am 07. Dezember um 19 Uhr.
Am 22. Juli um 04 Uhr, am 22. August um 02 Uhr, am 22. September um 00 Uhr, am 22. Oktober um 22 Uhr, am **22. November um 20 Uhr,** am 22. Dezember um 18 Uhr.

Veränderliche Sterne *fürs bloße Auge:* ο Cet (Mira), β Per (Algol), δ Cep, μ Cep. **Doppelsterne** *bloßes Auge:* keine. *Fernglas:* 61 Cyg, ψ Psc, ζ Psc. *Fernrohr:* γ And (Alamak). **Sternhaufen und Galaxien** *bloßes Auge:* M 31 And, h + χ Per. *Fernglas + Fernrohr:* M 39 Cyg, M 15 Peg, M 2 Aqr, M 30 Cap, M 34 Per.

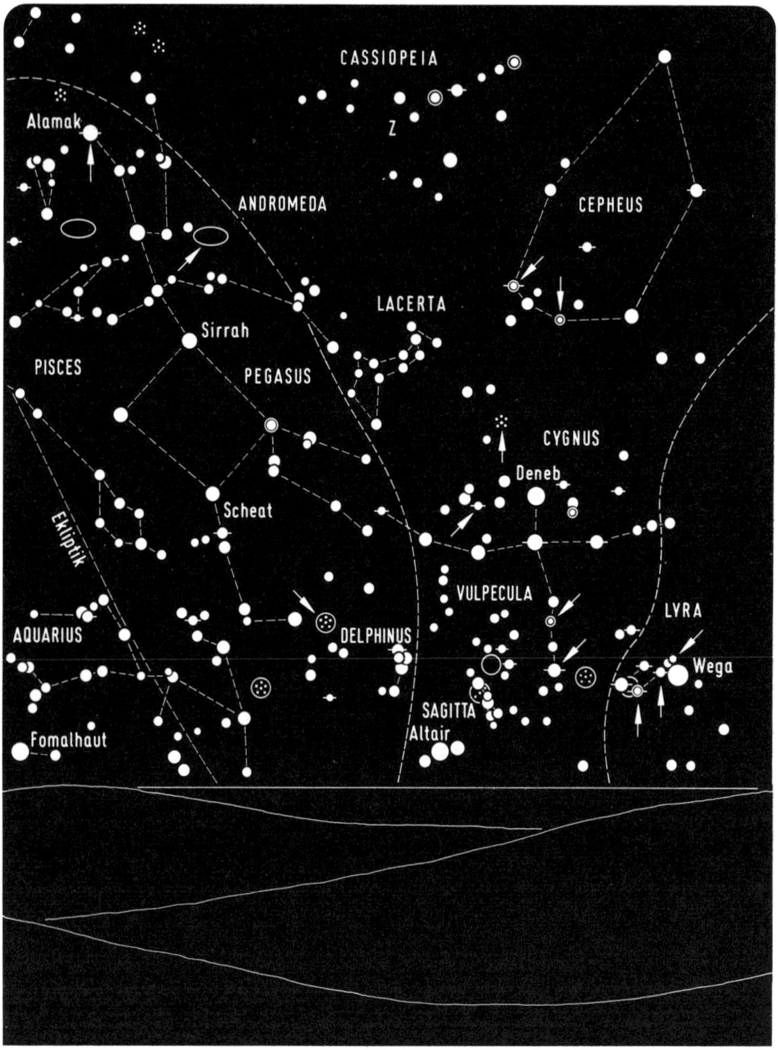

+ 50° Westen – Dezember

Am 07. August um 05 Uhr, am 07. September um 03 Uhr, am 07. Oktober um 01 Uhr, am 07. November um 23 Uhr, am **07. Dezember um 21 Uhr,** am 07. Januar um 19 Uhr.
Am 22. August um 04 Uhr, am 22. September um 02 Uhr, am 22. Oktober um 00 Uhr, am 22. November um 22 Uhr am **22. Dezember um 20 Uhr,** am 22. Januar um 18 Uhr.

Veränderliche Sterne *fürs bloße Auge:* δ Cep, μ Cep, β Lyr. **Doppelsterne** *bloßes Auge:* ε Lyr. *Fernglas:* β Lyr, ζ Lyr, β Cyg (Albireo), 61 Cyg. *Fernrohr:* γ And. **Sternhaufen und Galaxien** *bloßes Auge:* M 31 And. *Fernglas + Fernrohr:* M 15 Peg, M 39 Cyg.

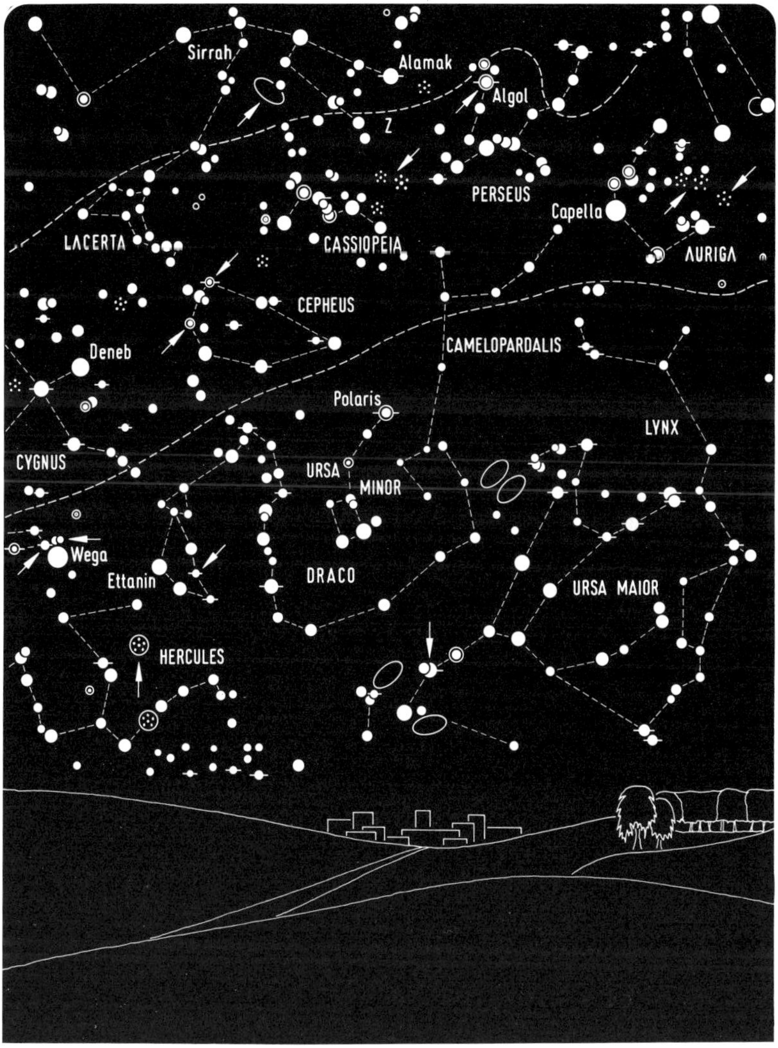

+ 50° Norden – Dezember

Am 07. August um 05 Uhr, am 07. September um 03 Uhr, am 07. Oktober um 01 Uhr, am 07. November um 23 Uhr, am **07. Dezember um 21 Uhr,** am 07. Januar um 19 Uhr.
Am 22. August um 04 Uhr, am 22. September um 02 Uhr, am 22. Oktober um 00 Uhr, am 22. November um 22 Uhr, am **22. Dezember um 20 Uhr,** am 22. Januar um 18 Uhr.

Veränderliche Sterne *fürs bloße Auge:* γ Cas, δ Cep, μ Cep, β Per (Algol). **Doppelsterne** *bloßes Auge:* ζ + g UMa (Mizar + Alkor), ε Lyr. *Fernglas:* 61 Cyg, ζ Lyr, ν Dra. *Fernrohr:* ζ UMa (Mizar), α UMi (Polaris), ε Lyr. **Sternhaufen und Galaxien** *bloßes Auge:* h + χ Per, M 31 And. *Fernglas + Fernrohr:* M 36 Aur, M 37 Aur, M 38 Aur, M 39 Cyg, M 81 UMa, M 82 UMa, M 93 Her.

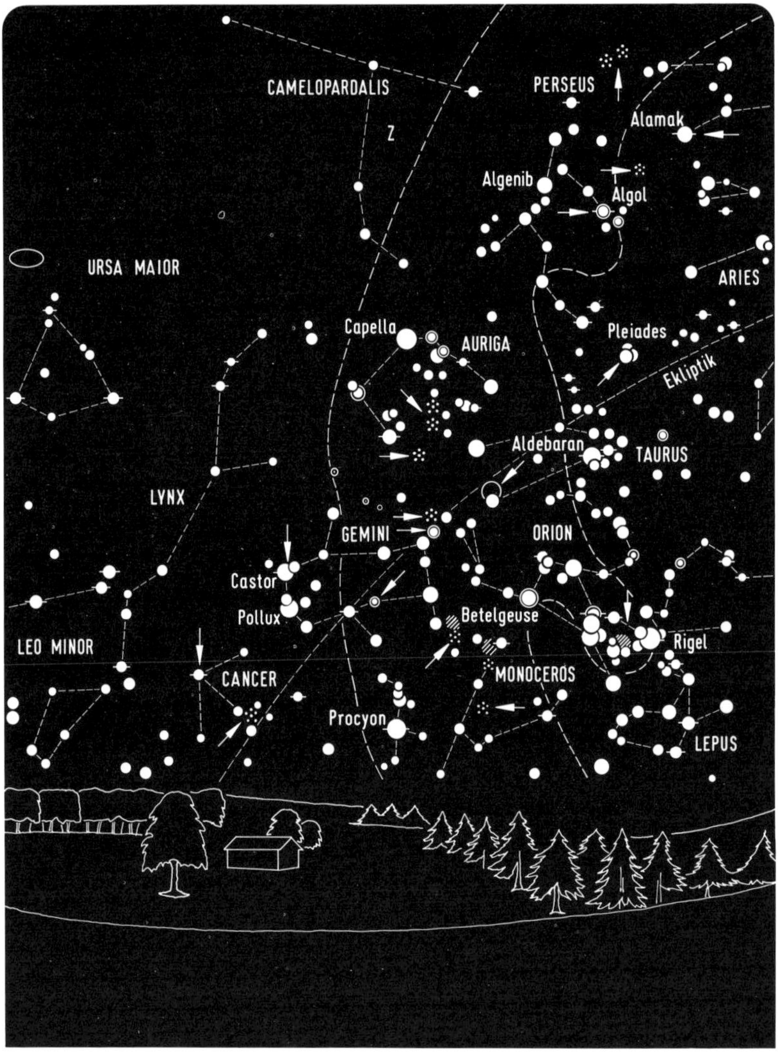

+ 50° Osten – Dezember

Am 07. August um 05 Uhr, am 07. September um 03 Uhr, am 07. Oktober um 01 Uhr, am 07. November um 23 Uhr, am **07. Dezember um 21 Uhr,** am 07. Januar um 19 Uhr.
Am 22. August um 04 Uhr, am 22. September um 02 Uhr, am 22. Oktober um 00 Uhr, am 22. November um 22 Uhr, am **22. Dezember um 20 Uhr,** am 22. Januar um 18 Uhr.

Veränderliche Sterne *fürs bloße Auge:* β Per (Algol), η Gem, ζ Gem. **Doppelsterne** *bloßes Auge:* ϑ Tau. *Fernglas:* ι Cnc. *Fernrohr:* γ And (Alamak), α Gem (Castor). **Sternhaufen und Galaxien** *bloßes Auge:* h + χ Per, M 44 Cnc, Pleiades Tau. *Fernglas + Fernrohr:* M 34 Per, M 35 Gem, M 36 Aur, M 37 Aur, M 38 Aur, M 67 Cnc. **Planetarische Nebel** M 1 Tau. **Gasnebel** M 42 Ori.

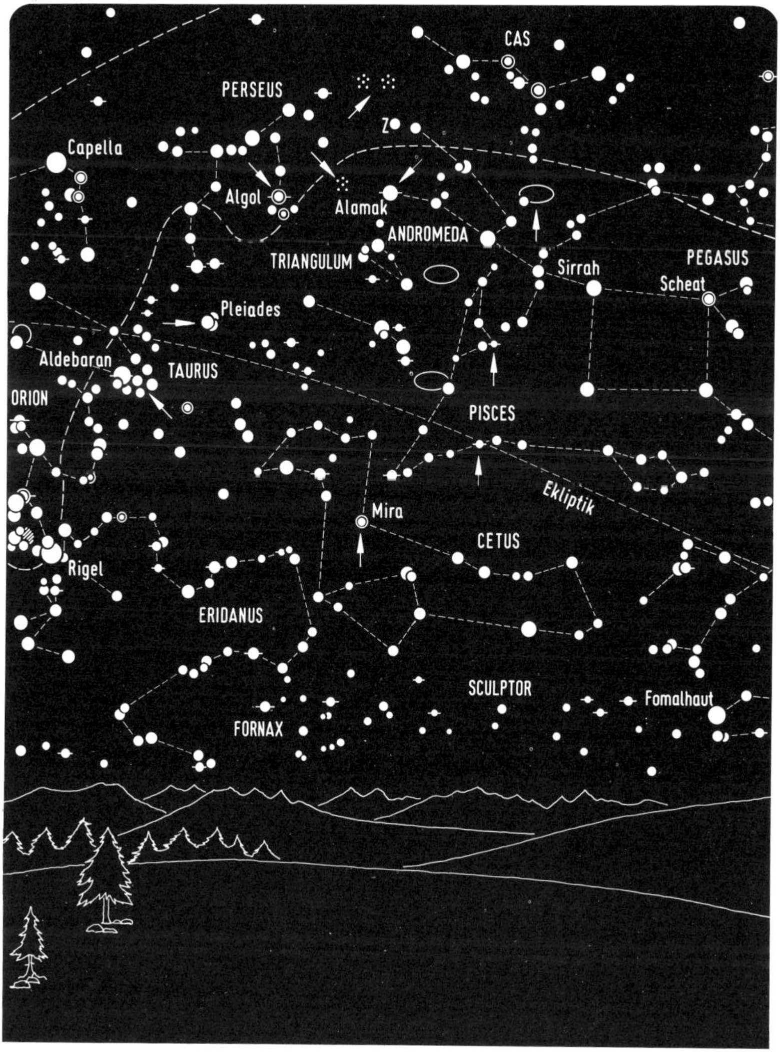

+ 50° Süden – Dezember

Am 07. August um 05 Uhr, am 07. September um 03 Uhr, am 07. Oktober um 01 Uhr, am 07. November um 23 Uhr, am **07. Dezember um 21 Uhr,** am 07. Januar um 19 Uhr.
Am 22. August um 04 Uhr, am 22. September um 02 Uhr, am 22. Oktober um 00 Uhr, am 22. November um 22 Uhr, am **22. Dezember um 20 Uhr,** am 22. Januar um 18 Uhr.

Veränderliche Sterne *fürs bloße Auge:* ο Cet (Mira), β Per (Algol). **Doppelsterne** *bloßes Auge:* ϑ Tau. *Fernglas:* ψ Psc, ζ Psc. *Fernrohr:* γ And (Alamak). **Sternhaufen und Galaxien** *bloßes Auge:* M 31 And, h + χ Per, Pleiades Tau, Hyades Tau. *Fernglas + Fernrohr:* M 34 Per.

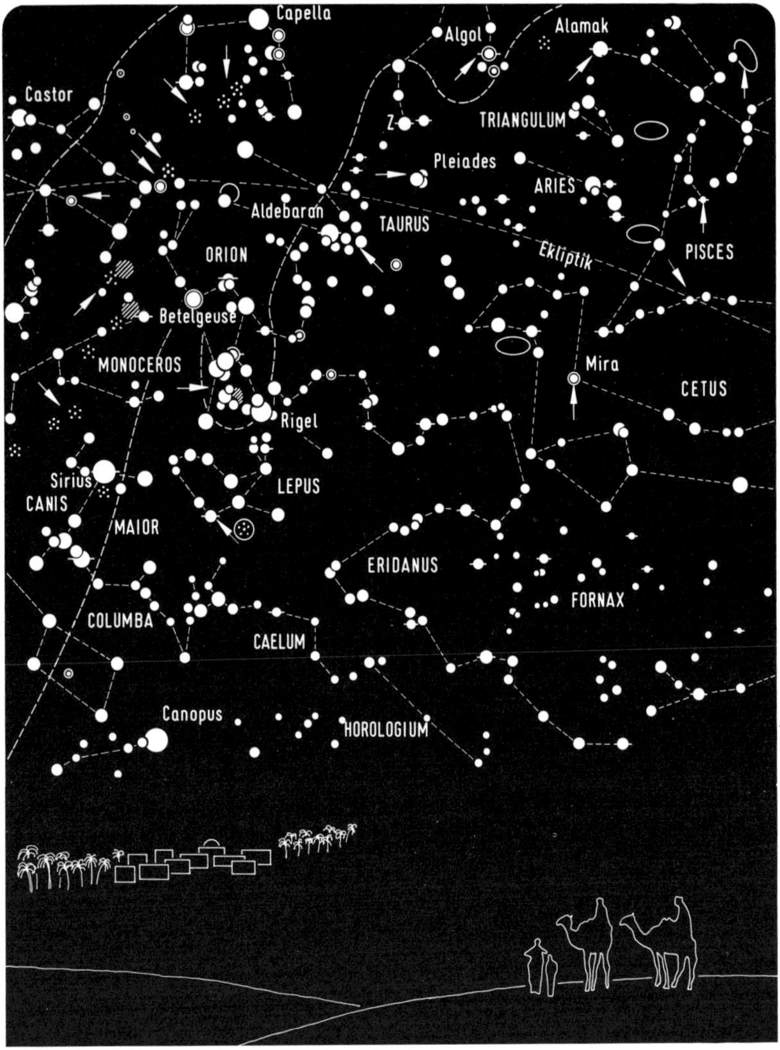

+ 30° Süden – Januar

Am 07. September um 05 Uhr, am 07. Oktober um 03 Uhr, am 07. November um 01 Uhr, am 07. Dezember um 23 Uhr, am **07. Januar um 21 Uhr,** am 07. Februar um 19 Uhr.
Am 22. September um 04 Uhr, am 22. Oktober um 02 Uhr, am 22. November um 00 Uhr, am 22. Dezember um 22 Uhr, am **22. Januar um 20 Uhr,** am 22. Februar um 18 Uhr.

Veränderliche Sterne *fürs bloße Auge:* ο Cet (Mira), β Per (Algol), η Gem, ζ Gem. **Doppelsterne** *bloßes Auge:* ϑ Tau. *Fernglas:* ψ Psc, ζ Psc, δ Ori, ϑ Ori, γ Lep. *Fernrohr:* γ And (Alamak), α Gem (Castor). **Sternhaufen und Galaxien** *bloßes Auge:* M 31 And, Pleiades Tau, Hyades Tau. *Fernglas + Fernrohr:* M 35 Gem, M 36 Aur, M 37 Aur, M 38 Aur, 2264 Mon, 2301 Mon, 2353 Mon, M 50 Mon, M 41 CMa. **Planetarische Nebel** M 1 Tau. **Gasnebel** M 42 Ori.

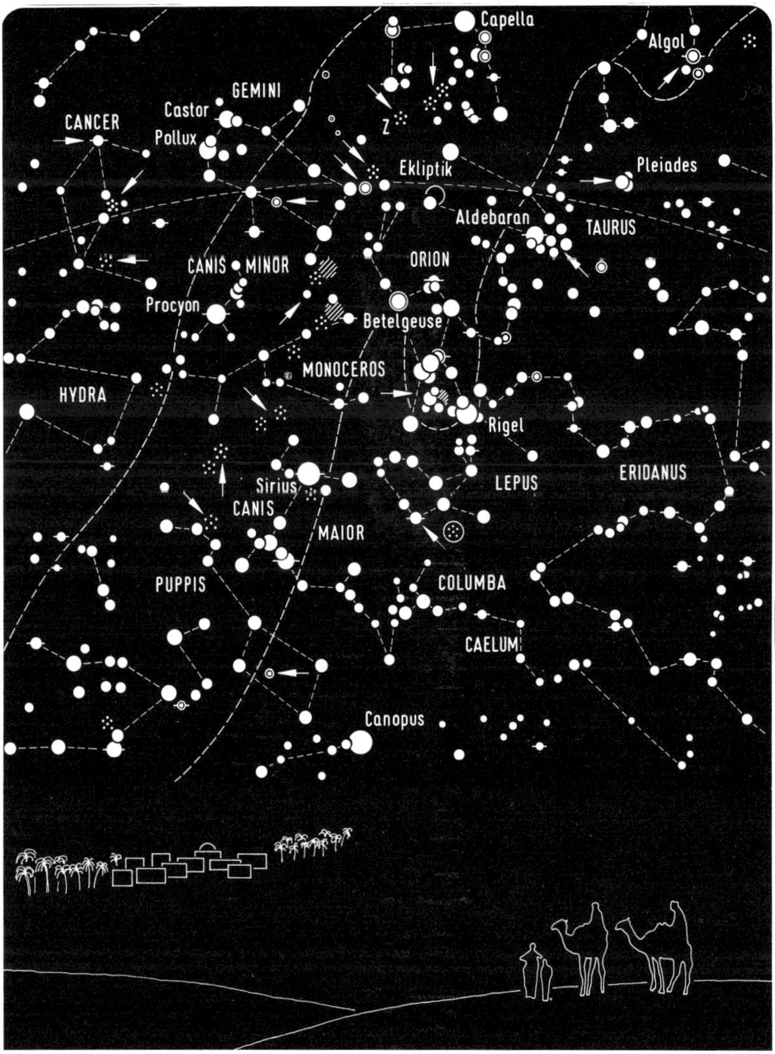

+ 30° Süden – Februar

Am 07. Oktober um 05 Uhr, am 07. November um 03 Uhr, am 07. Dezember um 01 Uhr, am 07. Januar um 23 Uhr, am **07. Februar um 21 Uhr,** am 07. März um 19 Uhr.
Am 22. Oktober um 04 Uhr, am 22. November um 02 Uhr, am 22. Dezember um 00 Uhr, am 22. Januar um 22 Uhr, am **22. Februar um 20 Uhr.**

Veränderliche Sterne *fürs bloße Auge:* β Per (Algol), η Gem, ζ Gem. **Doppelsterne** *bloßes Auge:* ϑ Tau. *Fernglas:* δ Ori, ϑ Ori, γ Lep, ι Cnc. *Fernrohr:* α Gem (Castor). **Sternhaufen und Galaxien** *bloßes Auge:* Pleiades Tau, Hyades Tau, M 44 Cnc. *Fernglas + Fernrohr:* M 35 Gem, M 36 Aur, M 37 Aur, M 38 Aur, 2264 Mon, 2301 Mon, 2353 Mon, M 50 Mon, M 41 CMa, M 67 Cnc. **Planetarische Nebel** M 1 Tau. **Gasnebel** M 42 Ori.

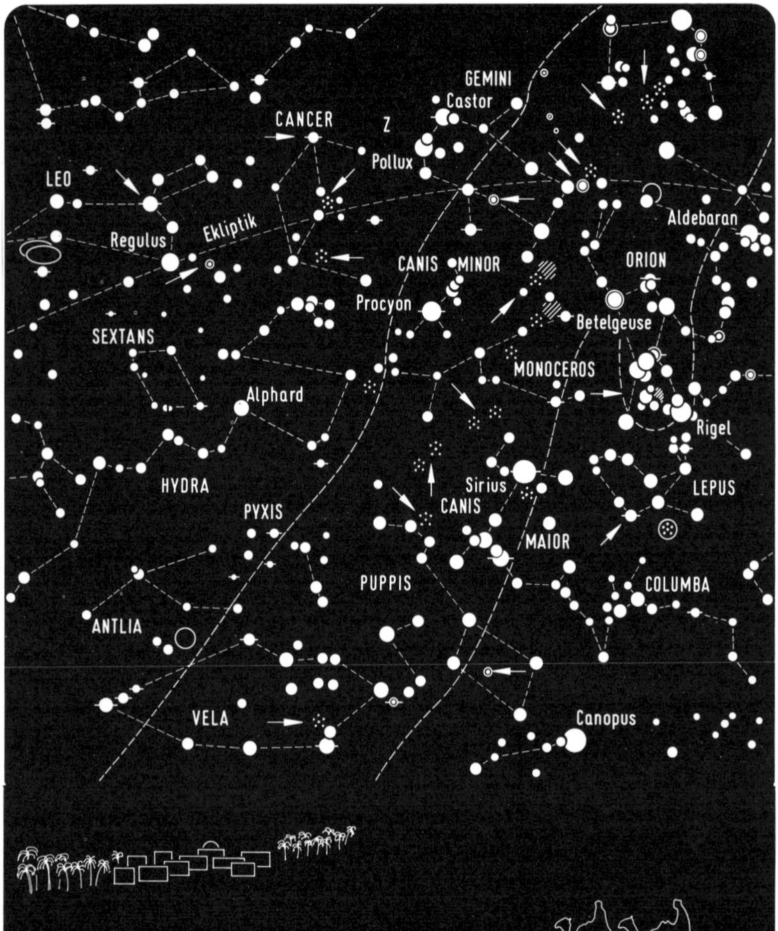

+ 30° Süden – März

Am 07. November um 05 Uhr, am 07. Dezember um 03 Uhr, am 07. Januar um 01 Uhr, am 07. Februar um 23 Uhr, am **07. März um 21 Uhr.**
Am 22. Oktober um 06 Uhr, am 22. November um 04 Uhr, am 22. Dezember um 02 Uhr, am 22. Januar um 00 Uhr, am 22. Februar um 22 Uhr, am **22. März um 20 Uhr.**

Veränderliche Sterne *fürs bloße Auge:* η Gem, ζ Gem. **Doppelsterne** *bloßes Auge:* ϑ Tau. *Fernglas:* δ Ori, ϑ Ori, γ Lep, ι Cnc. *Fernrohr:* α Gem (Castor), γ Leo (Algieba). **Sternhaufen und Galaxien** *bloßes Auge:* Hyades Tau, M 44 Cnc, IC 2391 Vel. *Fernglas + Fernrohr:* M 35 Gem, M 36 Aur, M 37 Aur, M 38 Aur, 2264 Mon, 2301 Mon, 2353 Mon, M 50 Mon, M 41 CMa, M 67 Cnc. **Planetarische Nebel** M 1 Tau. **Gasnebel** M 42 Ori.

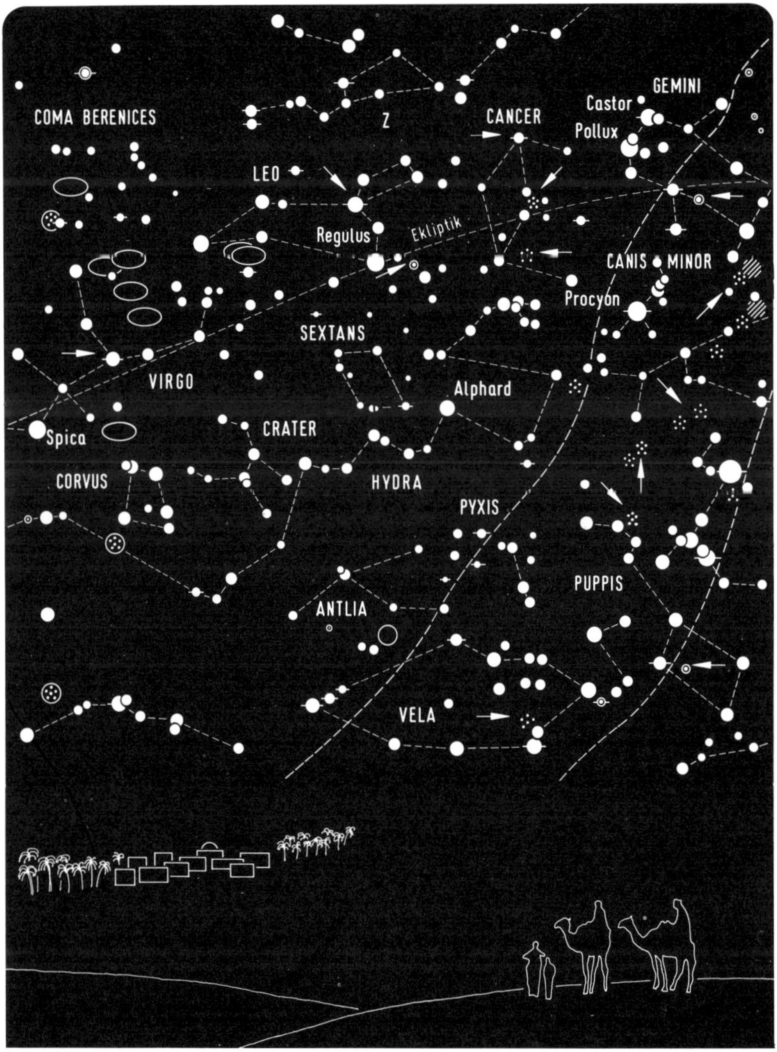

+ 30° Süden – April

Am 07. Dezember um 05 Uhr, am 07. Januar um 03 Uhr, am 07. Februar um 01 Uhr, am 07. März um 23 Uhr, am **07. April um 21 Uhr.**
Am 22. November um 06 Uhr, Am 22. Dezember um 04 Uhr, am 22. Januar um 02 Uhr, am 22. Februar um 00 Uhr, am 22. März um 22 Uhr, am **22. April um 20 Uhr.**

Veränderliche Sterne *fürs bloße Auge:* ζ Gem. **Doppelsterne** *bloßes Auge:* keine. *Fernglas:* ι Cnc. *Fernrohr:* α Gem (Castor), γ Leo (Algieba), γ Vir. **Sternhaufen und Galaxien** *bloßes Auge:* M 44 Cnc, IC 2391 Vel. *Fernglas + Fernrohr:* 2264 Mon, 2301 Mon, 2353 Mon, M 50 Mon, M 41 CMa, M 67 Cnc, Com Haufengalaxien, Leo Haufengalaxien, Vir Haufengalaxien.

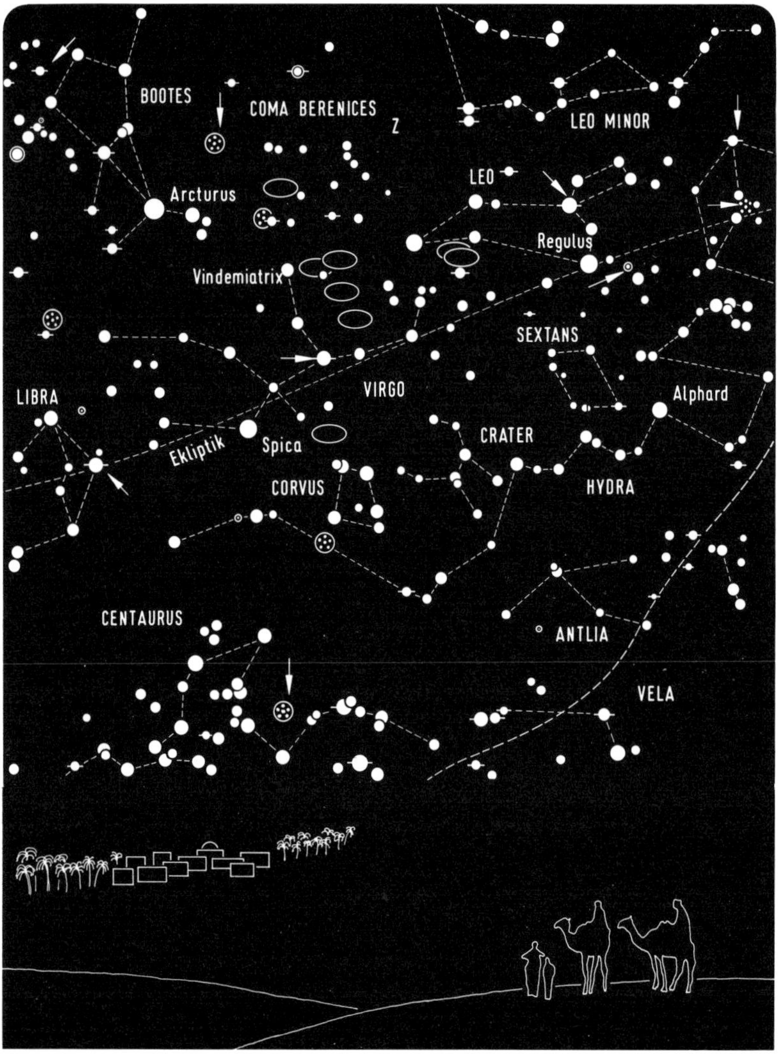

+ 30° Süden – Mai

Am 07. Dezember um 07 Uhr, am 07. Januar um 05 Uhr, am 07. Februar um 03 Uhr, am 07. März um 01 Uhr, am 07. April um 23 Uhr, am **07. Mai um 21 Uhr.**
Am 22. Dezember um 06 Uhr, am 22. Januar um 04 Uhr, am 22. Februar um 02 Uhr, am 22. März um 00 Uhr, am 22. April um 22 Uhr, am **22. Mai um 20 Uhr.**

Veränderliche Sterne *fürs bloße Auge:* keine. **Doppelsterne** *bloßes Auge:* keine. *Fernglas:* ι Cnc, α Lib, μ Boo. *Fernrohr:* γ Leo (Algieba), γ Vir. **Sternhaufen und Galaxien** *bloßes Auge:* M 44 Cnc, ω Cen. *Fernglas + Fernrohr:* M 3 CVn, Com Haufengalaxien, Leo Haufengalaxien, Vir Haufengalaxien.

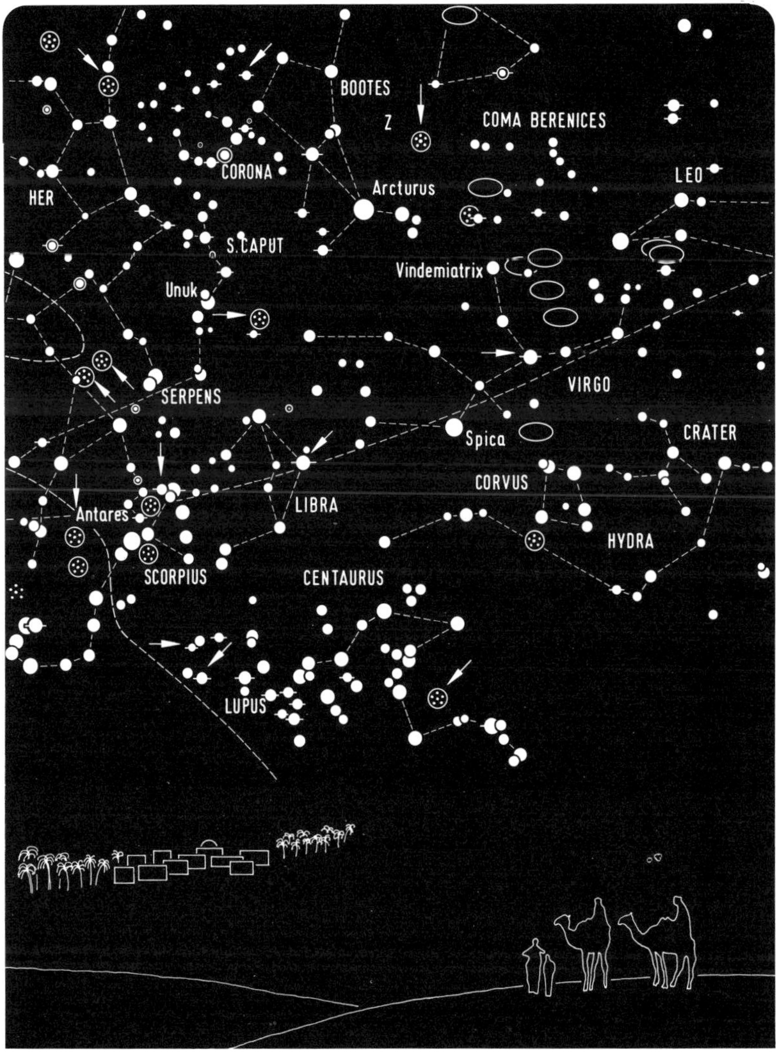

+ 30° Süden – Juni

Am 07. Januar um 07 Uhr, am 07. Februar um 05 Uhr, am 07. März um 03 Uhr, am 07. April um 01 Uhr, am 07. Mai um 23 Uhr, am **07. Juni um 21 Uhr.**
Am 22. Januar um 06 Uhr, am 22. Februar um 04 Uhr, am 22. März um 02 Uhr, am 22. April um 00 Uhr, am 22. Mai um 22 Uhr, am **22. Juni um 20 Uhr.**

Veränderliche Sterne *fürs bloße Auge:* α Her. **Doppelsterne** *bloßes Auge:* keine. *Fernglas:* μ Boo, α Lib, η Lup, ξ Lup, ν Sco. *Fernrohr:* γ Vir, β Sco, α Her. **Sternhaufen und Galaxien** *bloßes Auge:* ω Cen. *Fernglas + Fernrohr:* M 3 CVn, M 5 Ser, M 10 Oph, M 12 Oph, M 19 Oph, Com Haufengalaxien, Leo Haufengalaxien, Vir Haufengalaxien.

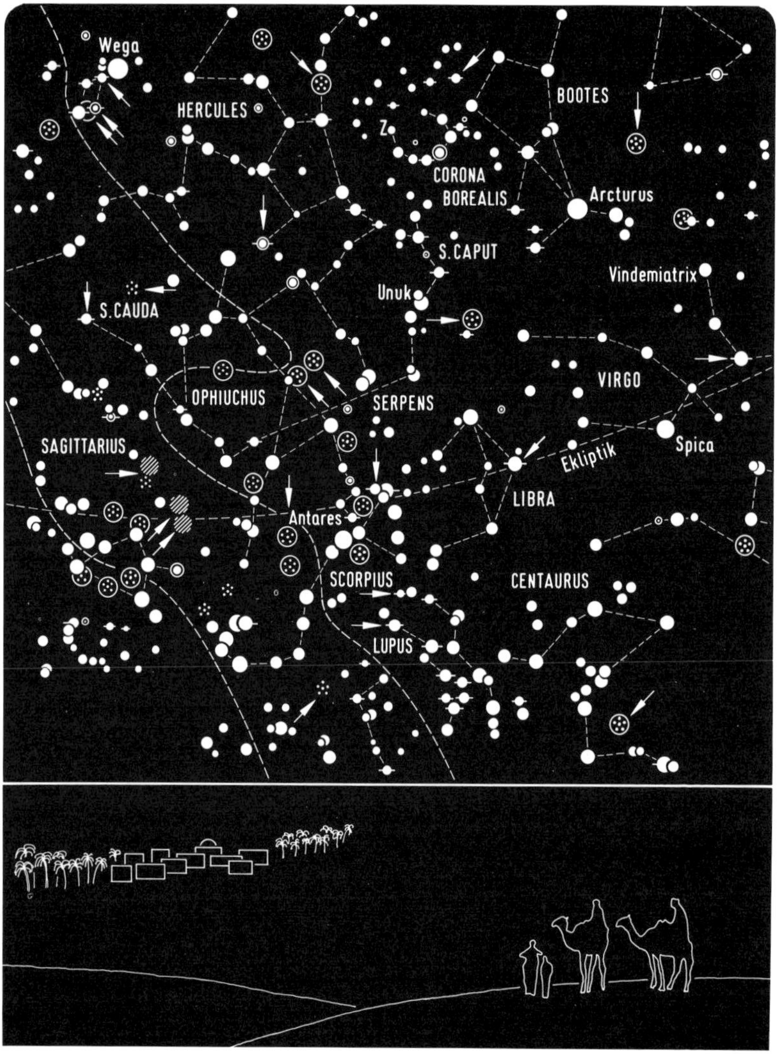

+ 30° Süden – Juli

Am 07. März um 05 Uhr, am 07. April um 03 Uhr, am 07. Mai um 01 Uhr, am 07. Juni um 23 Uhr, am **07. Juli um 21 Uhr.**
Am 22. Februar um 06 Uhr, am 22. März um 04 Uhr, am 22. April um 02 Uhr, am 22. Mai um 00 Uhr, am 22. Juni um 22 Uhr, am **22. Juli um 20 Uhr.**

Veränderliche Sterne *fürs bloße Auge:* α Her, β Lyr. **Doppelsterne** *bloßes Auge:* ε Lyr. *Fernglas:* μ Boo, α Lib, η Lup, ξ Lup, ν Sco, ϑ Ser, β Lyr, ζ Lyr. *Fernrohr:* γ Vir, β Sco, α Her, ε Lyr. **Sternhaufen und Galaxien** *bloßes Auge:* ω Cen. *Fernglas + Fernrohr:* M 3 CVn, M 5 Ser, M 13 Her, M 10 Oph, M 12 Oph, M 19 Oph, 6193 Ara, 6633 Oph, M 11 Sct. **Planetarische Nebel** M 57 Lyr. **Gasnebel** M 8 Sgr (Lagoon), M 17 Sgr (Omega), M 20 Sgr (Trifid).

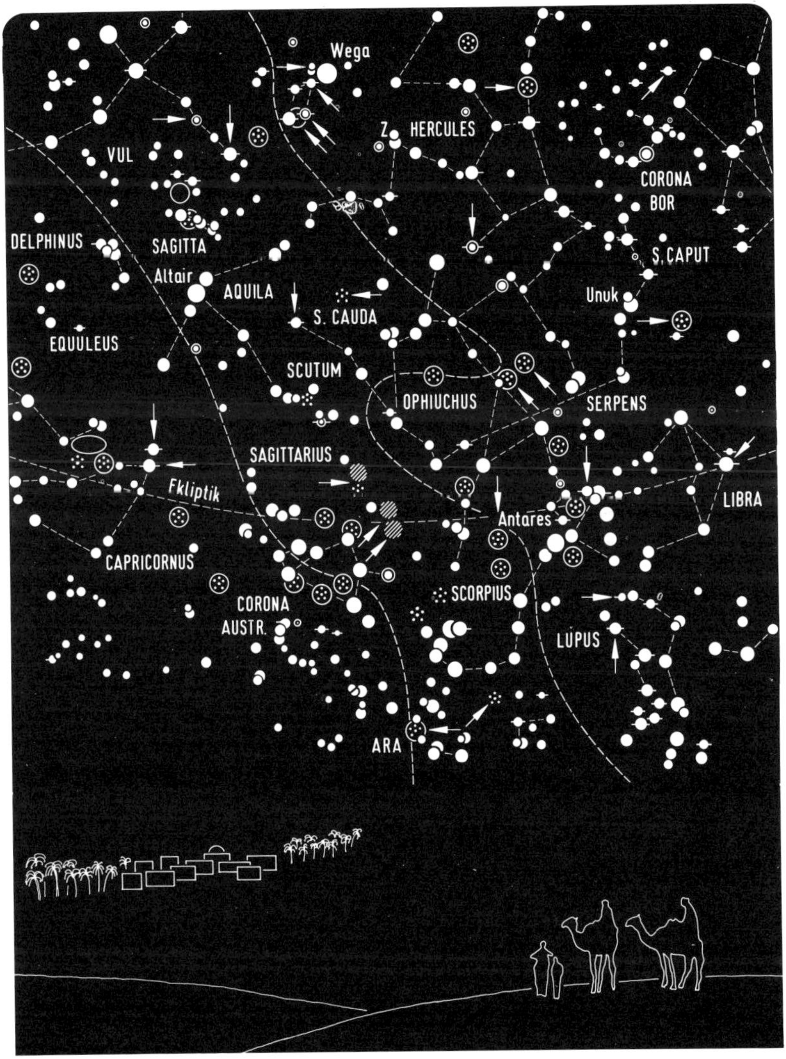

+ 30° Süden – August

Am 07. April um 05 Uhr, am 07. Mai um 03 Uhr, am 07. Juni um 01 Uhr, am 07. Juli um 23 Uhr, am **07. August um 21 Uhr.**
Am 22. April um 04 Uhr, am 22. Mai um 02 Uhr, am 22. Juni um 00 Uhr, am 22. Juli um 22 Uhr, am **22. August um 20 Uhr.**

Veränderliche Sterne *fürs bloße Auge:* α Her, β Lyr. **Doppelsterne** *bloßes Auge:* ε Lyr, α Cap. *Fernglas:* μ Boo, α Lib, η Lup, ξ Lup, ν Sco, ϑ Ser, β Lyr, ζ Lyr, β Cyg, α Cap, β Cap. *Fernrohr:* β Sco, α Her, ε Lyr, γ Del. **Sternhaufen und Galaxien** *bloßes Auge:* keine. *Fernglas + Fernrohr:* M 5 Ser, M 13 Her, M 10 Oph, M 12 Oph, M 19 Oph, 6633 Oph, 6193 Ara, 6397 Ara, M 11 Sct. **Planetarische Nebel** M 57 Lyr, M 27 Vul. **Gasnebel** M 8 Sgr (Lagoon), M 17 Sgr (Omega), M 20 Sgr (Trifid).

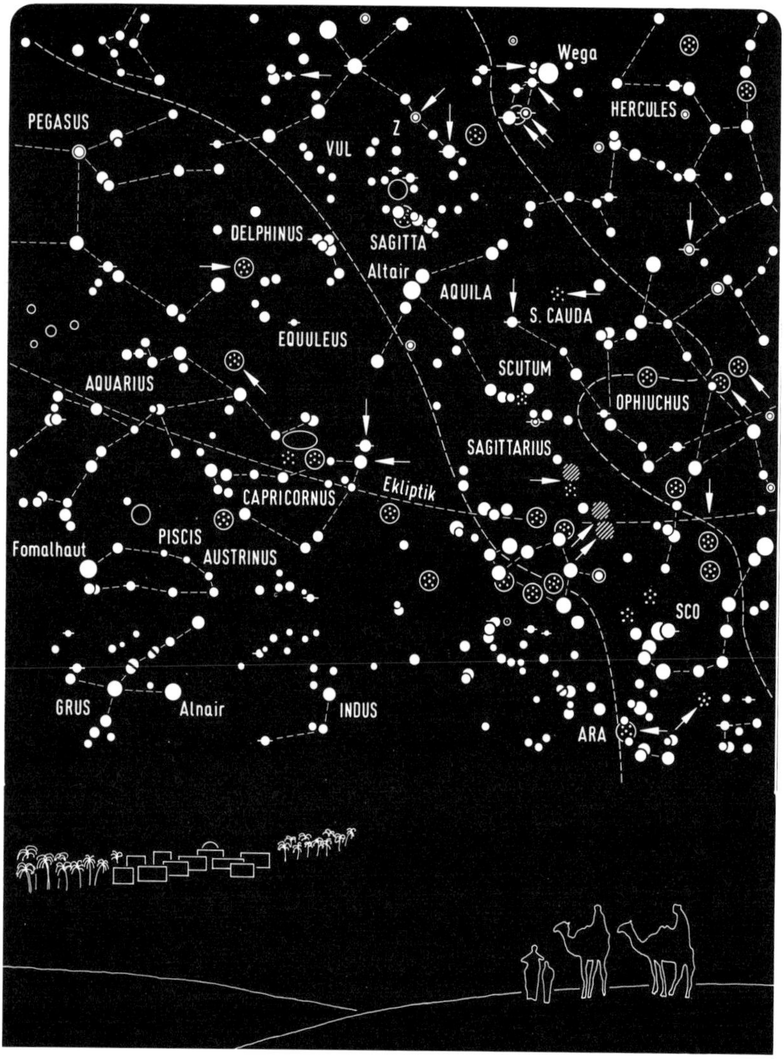

+ 30° Süden – September

Am 07. Mai um 05 Uhr, am 07. Juni um 03 Uhr, am 07. Juli um 01 Uhr, am 07. August um 23 Uhr, am **07. September um 21 Uhr.**
Am 22. Mai um 04 Uhr, am 22. Juni um 02 Uhr, um 22. Juli um 00 Uhr, am 22. August um 22 Uhr, am **22. September um 20 Uhr.**

Veränderliche Sterne *fürs bloße Auge:* α Her, β Lyr. **Doppelsterne** *bloßes Auge:* ε Lyr, α Cap. *Fernglas:* β Lyr, ζ Lyr, ϑ Ser, β Cyg, 61 Cyg, α Cap, β Cap. *Fernrohr:* ε Lyr, α Her. **Sternhaufen und Galaxien** *bloßes Auge:* keine. *Fernglas + Fernrohr:* M 13 Her, M 10 Oph, M 12 Oph, M 19 Oph, 6633 Oph, 6193 Ara, 6397 Ara, M 11 Sct, M 2 Aqr, M 15 Peg, M 30 Cap. **Planetarische Nebel** M 57 Lyr, M 27 Vul. **Gasnebel** M 8 Sgr (Lagoon), M 17 Sgr (Omega), M 20 Sgr (Trifid).

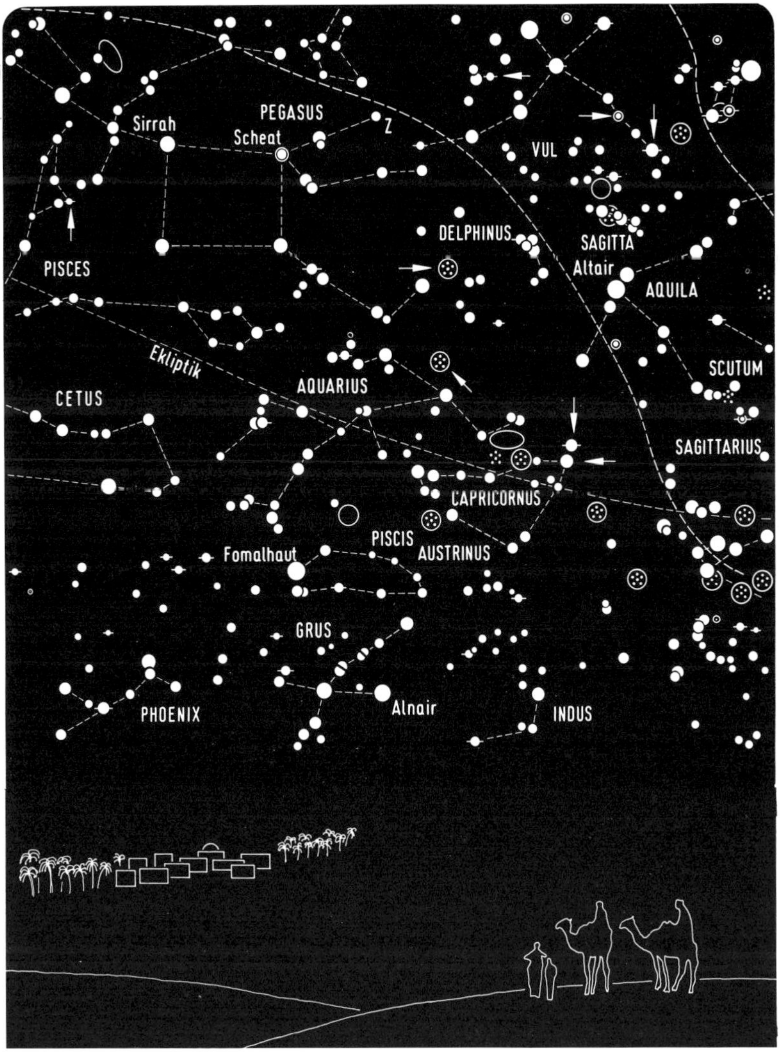

+ 30° Süden – Oktober

Am 07. Juli um 03 Uhr, am 07. August um 01 Uhr, am 07. September um 23 Uhr, am **07. Oktober um 21 Uhr,** am 07. November um 19 Uhr.
Am 22. Juli um 02 Uhr, am 22. August um 00 Uhr, am 22. September um 22 Uhr, am **22. Oktober um 20 Uhr,** am 22. November um 18 Uhr.

Veränderliche Sterne *fürs bloße Auge:* β Lyr. **Doppelsterne** *bloßes Auge:* ε Lyr, α Cap. *Fernglas:* β Lyr, ζ Lyr, ϑ Ser, β Cyg, 61 Cyg, α Cap, β Cap, ψ Psc, ζ Psc. *Fernrohr:* ε Lyr, γ Del. **Sternhaufen und Galaxien** *bloßes Auge:* M 31 And. *Fernglas + Fernrohr:* M 11 Sct, M 2 Aqr, M 15 Peg, M 30 Cap. **Planetarische Nebel** M 57 Lyr, M 27 Vul.

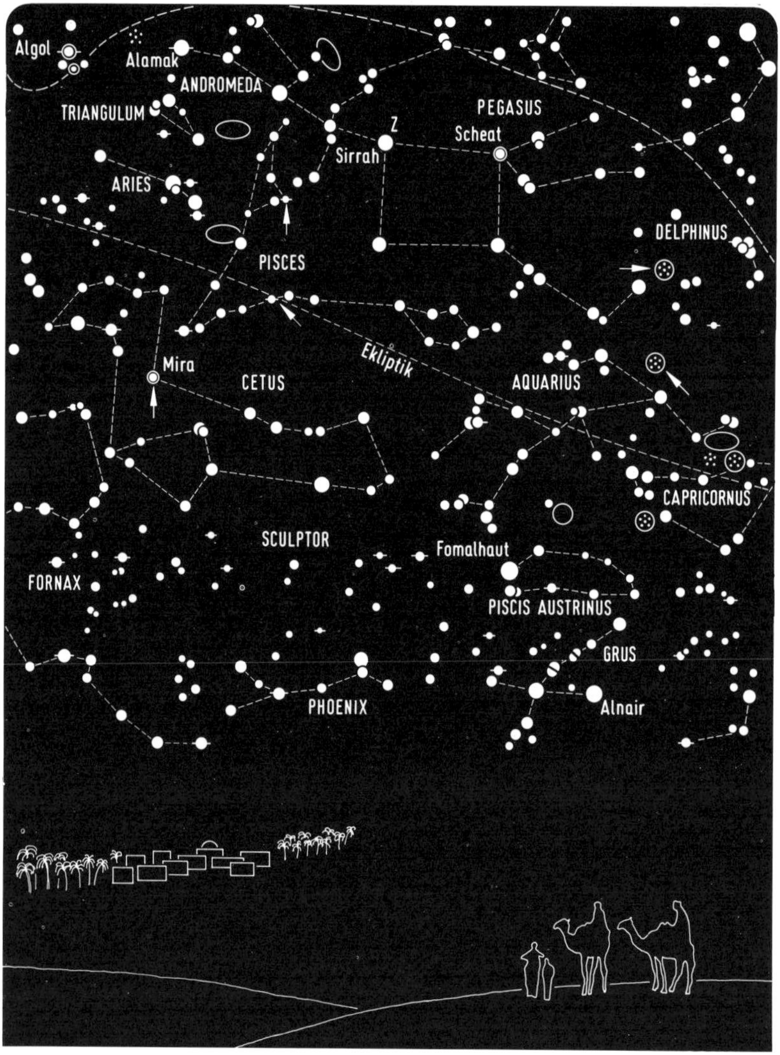

+ 30° Süden – November

Am 07. August um 03 Uhr, am 07. September um 01 Uhr, am 07. Oktober um 23 Uhr, am **07. November um 21 Uhr,** am 07. Dezember um 19 Uhr.
Am 22. Juli um 04 Uhr, am 22. August um 02 Uhr, am 22. September um 00 Uhr, am 22. Oktober um 22 Uhr, am **22. November um 20 Uhr,** am 22. Dezember um 18 Uhr.

Veränderliche Sterne *fürs bloße Auge:* ο Cet (Mira). **Doppelsterne** *bloßes Auge:* keine. *Fernglas:* 61 Cyg, ψ Psc, ζ Psc, *Fernrohr:* keine. **Sternhaufen und Galaxien** *bloßes Auge:* keine. *Fernglas + Fernrohr:* M 15 Peg, M 2 Aqr, M 30 Cap.

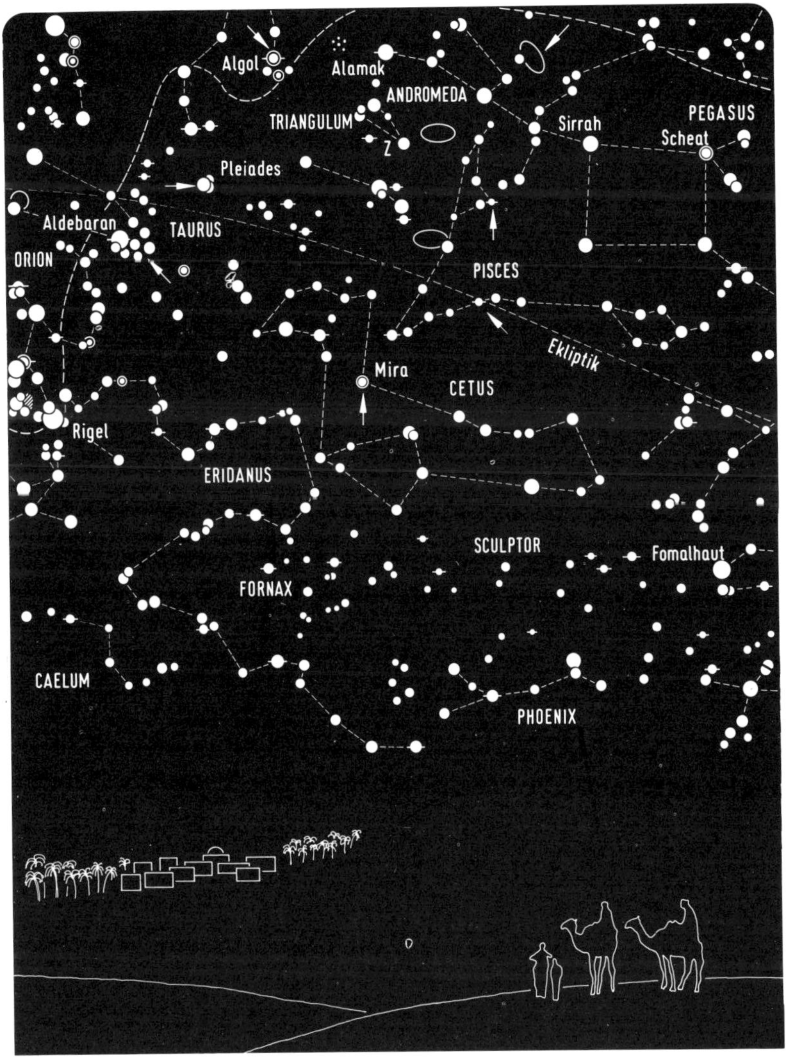

+ 30° Süden – Dezember

Am 07. August um 05 Uhr, am 07. September um 03 Uhr, am 07. Oktober um 01 Uhr, am 07. November um 23 Uhr, am **07. Dezember um 21 Uhr,** am 07. Januar um 19 Uhr.
Am 22. August um 04 Uhr, am 22. September um 02 Uhr, am 22. Oktober um 00 Uhr, am 22. November um 22 Uhr, am **22. Dezember um 20 Uhr,** am 22. Januar um 18 Uhr.

Veränderliche Sterne *fürs bloße Auge:* ο Cet (Mira). **Doppelsterne** *bloßes Auge:* ϑ Tau. *Fernglas:* ψ Psc, ζ Psc, δ Ori. *Fernrohr:* keine. **Sternhaufen und Galaxien** *bloßes Auge:* Pleiades Tau, Hyades Tau. *Fernglas + Fernrohr:* keine.

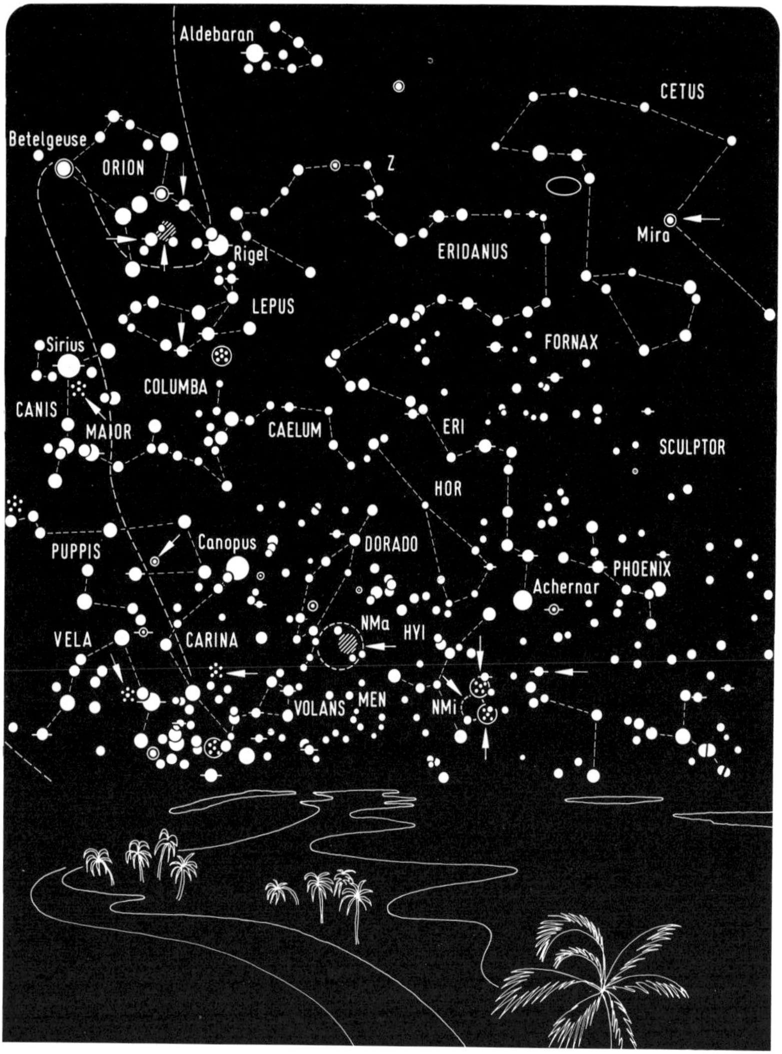

± 0° Süden – Januar

Am 07. September um 05 Uhr, am 07. Oktober um 03 Uhr, am 07. November um 01 Uhr, am 07. Dezember um 23 Uhr, am **07. Januar um 21 Uhr,** am 07. Februar um 19 Uhr. Am 22. September um 04 Uhr, am 22. Oktober um 02 Uhr, am 22. November um 00 Uhr, am 22. Dezember um 22 Uhr, am **22. Januar um 20 Uhr.**

Veränderliche Sterne *fürs bloße Auge:* ο Cet (Mira). **Doppelsterne** *bloßes Auge:* keine. *Fernglas:* δ Ori, ζ Ori, γ Lep, β Tuc. *Fernrohr:* keine. **Sternhaufen und Galaxien** *bloßes Auge:* 2516 Car, NMa Dor (Große Magellansche Wolke), NMi Tuc (Kleine Magellansche Wolke), 104 Tuc, IC 2391 Vel. *Fernglas + Fernrohr:* M 41 CMa, 362 Tuc. **Gasnebel** M 42 Ori.

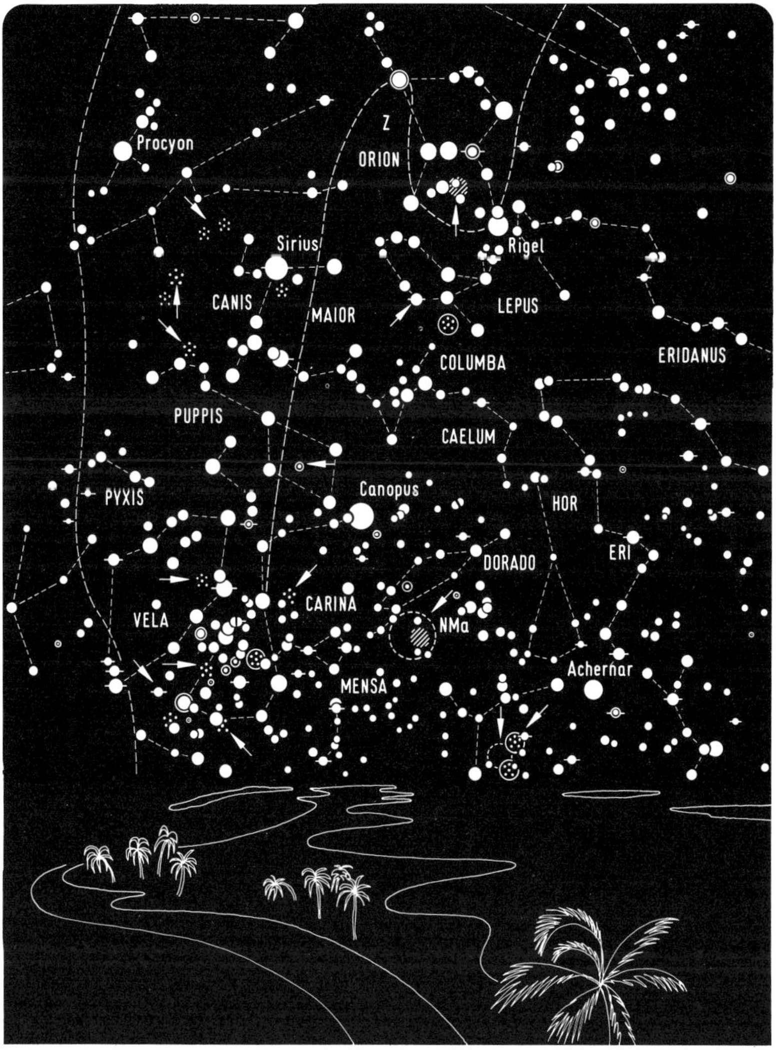

± 0° Süden – Februar

Am 07. Oktober um 05 Uhr, am 07. November um 03 Uhr, am 07. Dezember um 01 Uhr, am 07. Januar um 23 Uhr, am **07. Februar um 21 Uhr,** am 07. März um 19 Uhr.
Am 22. Oktober um 04 Uhr, am 22. November um 02 Uhr, am 22. Dezember um 00 Uhr, am 22. Januar um 22 Uhr, am **22. Februar um 20 Uhr.**

Veränderliche Sterne *fürs bloße Auge:* keine. **Doppelsterne** *bloßes Auge:* keine. *Fernglas:* δ Ori, ζ Ori, γ Lep, β Tuc. **Sternhaufen und Galaxien** *bloßes Auge:* NMa Dor (Gr. Magellan. Wolke), NMi Tuc (Kl. Magellan. Wolke), 2516 Car, 3114 Car, 3532 Car, 2602 Car, IC 2391 Vel, M 47 Pup. *Fernglas + Fernrohr:* M 93 Pup, M 41 CMa, M 50 Mon, 2353 Mon. **Gasnebel** M 42 Ori.

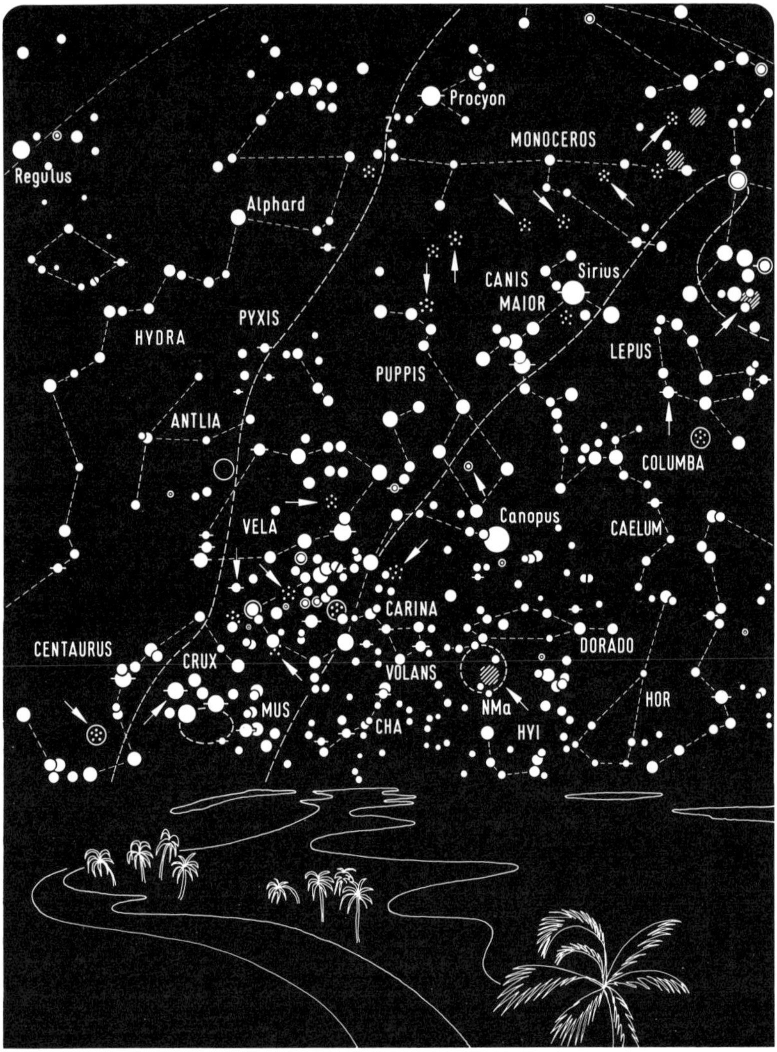

± 0° Süden – März

Am 07. November um 05 Uhr, am 07. Dezember um 03 Uhr, am 07. Januar um 01 Uhr, am 07. Februar um 23 Uhr, am **07. März um 21 Uhr,** am 07. April um 19 Uhr.
Am 22. November um 04 Uhr, am 22. Dezember um 02 Uhr, am 22. Januar um 00 Uhr, am 22. Februar um 22 Uhr, am **22. März um 20 Uhr.**

Veränderliche Sterne *fürs bloße Auge:* keine. **Doppelsterne** *bloßes Auge:* keine. *Fernglas:* δ Ori, ζ Ori, γ Lep, x Vel, γ Cru. *Fernrohr:* keine. **Sternhaufen und Galaxien** *bloßes Auge:* NMa Dor (Gr. Magellan. Wolke), 2516 Car, 3114 Car, 3522 Car, 2602 Car, IC 2391 Vel, ω Cen, M 47 Pup. *Fernglas + Fernrohr:* M 93 Pup, M 41 CMa, M 50 Mon, 2353 Mon. **Gasnebel** M 42 Ori. **Dunkelwolke** Cru („Kohlensack“).

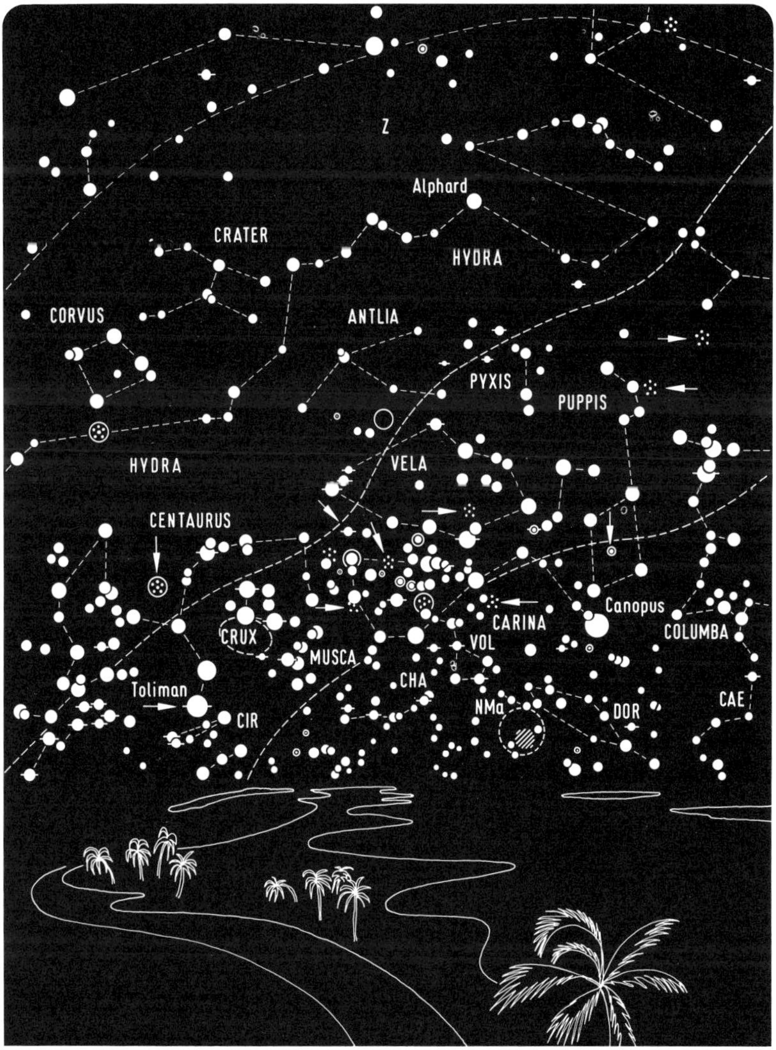

± 0° Süden – April

Am 07. Dezember um 05 Uhr, am 07. Januar um 03 Uhr, am 07. Februar um 01 Uhr, am 07. März um 23 Uhr, am **07. April um 21 Uhr,** am 07. Mai um 19 Uhr.
Am 22. Dezember um 04 Uhr, am 22. Januar um 02 Uhr, am 22. Februar um 00 Uhr, am 22. März um 22 Uhr, am **22. April um 20 Uhr.**

Veränderliche Sterne *fürs bloße Auge:* keine. **Doppelsterne** *bloßes Auge:* keine. *Fernglas:* x Vel, α Cen (Toliman). *Fernrohr:* keine. **Sternhaufen und Galaxien** *bloßes Auge:* NMa Dor (Gr. Magellan. Wolke), M 47 Pup, 2516 Car, 3114 Car, 3522 Car, 2602 Car, IC 2391 Vel, ω Cen. *Fernglas + Fernrohr:* M 93 Pup. **Dunkelwolke** Cru („Kohlensack").

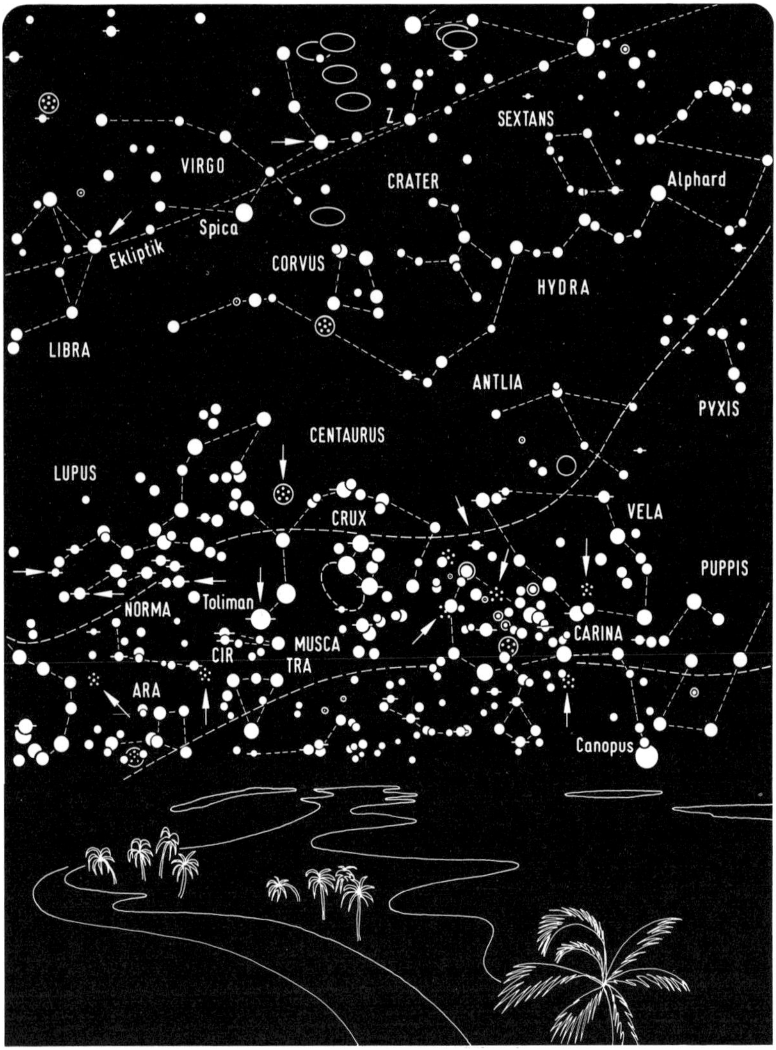

± 0° Süden – Mai

Am 07. Januar um 05 Uhr, am 07. Februar um 03 Uhr, am 07. März um 01 Uhr, am 07. April um 23 Uhr, am **07. Mai um 21 Uhr,** am 07. Juni um 19 Uhr.
Am 22. Januar um 04 Uhr, am 22. Februar um 02 Uhr, am 22. März um 00 Uhr, am 22. April um 22 Uhr, am **22. Mai um 20 Uhr.**

Veränderliche Sterne *fürs bloße Auge:* keine. **Doppelsterne** *bloßes Auge:* keine. *Fernglas:* α Lib, η Lup, κ Lup, ξ Lup, α Cen (Toliman), x Vel, γ Cru. *Fernrohr:* γ Vir. **Sternhaufen und Galaxien** *bloßes Auge:* 2516 Car, 3114 Car, 3532 Car, 2602 Car, IC 2391 Vel, ω Cen. *Fernglas + Fernrohr:* 6193 Ara, 6087 Nor, Vir Haufengalaxien. **Dunkelwolke** Cru („Kohlensack").

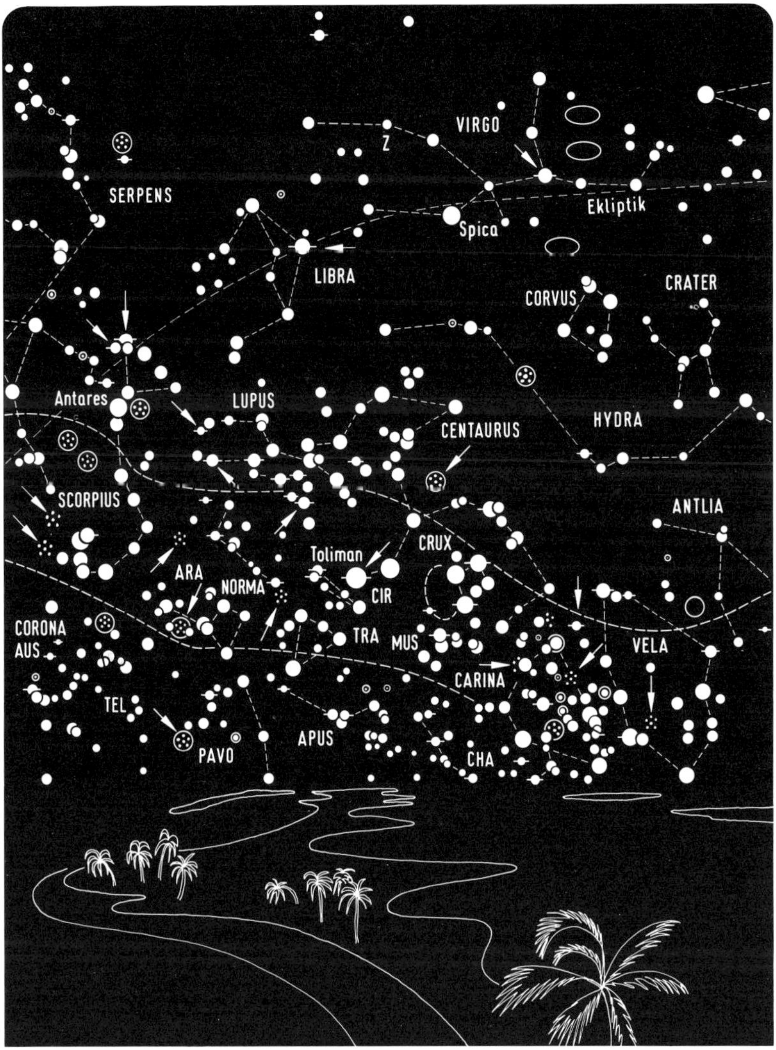

± 0° **Süden – Juni**

am 07. Februar um 05 Uhr, am 07. März um 03 Uhr, am 07. April um 01 Uhr, am 07. Mai um 23 Uhr, am **07. Juni um 21 Uhr,** am 07. Juli um 19 Uhr.
Am 22. Februar um 04 Uhr, am 22. März um 02 Uhr, am 22. April um 00 Uhr, am 22. Mai um 22 Uhr, am **22. Juni um 20 Uhr.**

Veränderliche Sterne *fürs bloße Auge:* keine. **Doppelsterne** *bloßes Auge:* keine. *Fernglas:* α Lib, ν Sco, η Lup, κ Lup, ξ Lup, α Cen (Toliman), x Vel. *Fernrohr:* γ Vir, β Sco. **Sternhaufen und Galaxien** *bloßes Auge:* 3114 Car, 3532 Car, 2602 Car, IC 2391 Vel, ω Cen, M 7 Sco, 6752 Pav. *Fernglas + Fernrohr:* 6193 Ara, 6397 Ara, 6087 Nor, M 4 Sco, M 6 Sco, M 19 Oph, Vir (Haufengalaxien). **Dunkelwolke** Cru („Kohlensack").

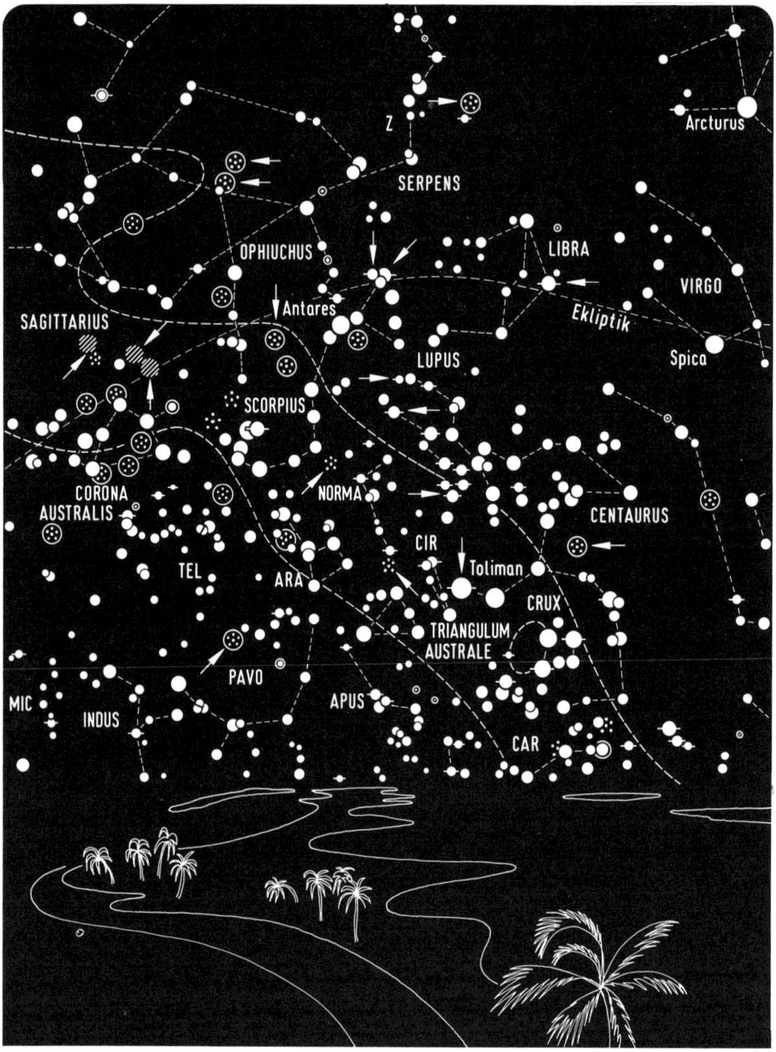

± 0° Süden – Juli

Am 07. März um 05 Uhr, am 07. April um 03 Uhr, am 07. Mai um 01 Uhr, am 07. Juni um 23 Uhr, am **07. Juli um 21 Uhr,** am 07. August um 19 Uhr.
Am 22. März um 04 Uhr, am 22. April um 02 Uhr, am 22. Mai um 00 Uhr, am 22. Juni um 22 Uhr, am **22. Juli um 20 Uhr.**

Veränderliche Sterne *fürs bloße Auge:* keine. **Doppelsterne** *bloßes Auge:* keine. *Fernglas:* α Lib, ν Sco, η Lup, κ Lup, ξ Lup, α Cen (Toliman). *Fernrohr:* β Sco. **Sternhaufen und Galaxien** *bloßes Auge:* ω Cen, M 7 Sco, 6752 Pav. *Fernglas + Fernrohr:* M 5 Ser, M 10 Oph, M 12 Oph, M 19 Oph, M 4 Sco, M 6 Sco, M 55 Sgr, 6193 Ara, 6397 Ara. **Gasnebel** M 8 Sgr (Lagoon), M 17 Sgr (Omega), M 20 Sgr (Trifid). **Dunkelwolke** Cru („Kohlensack").

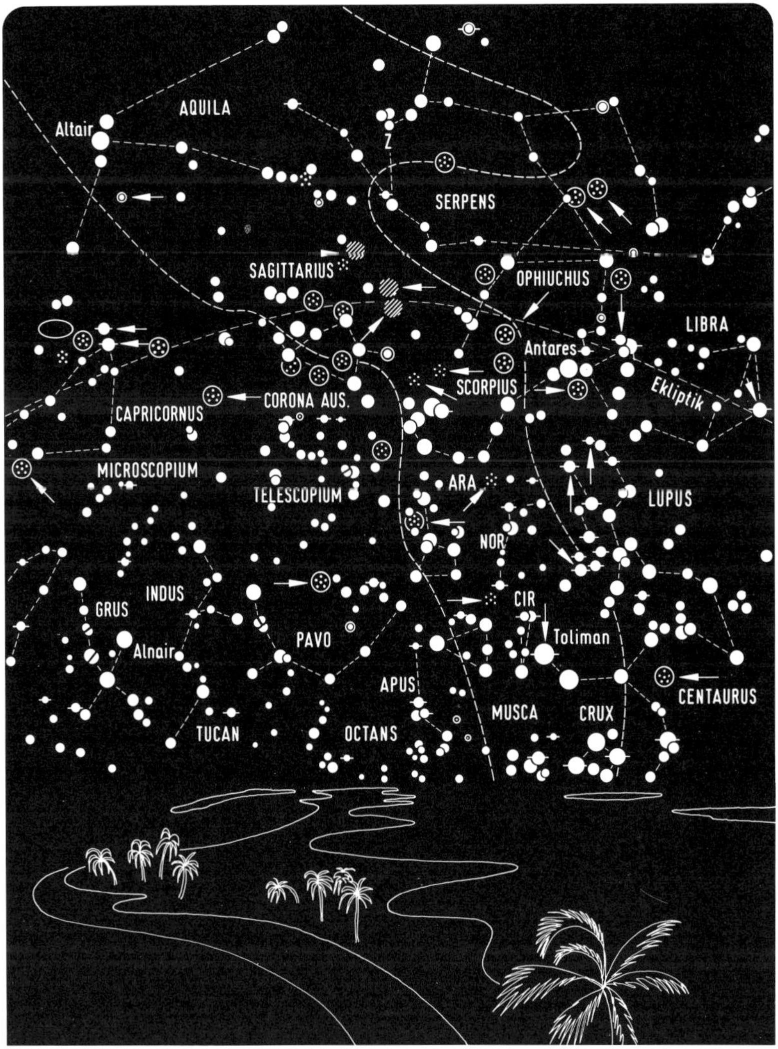

± 0° Süden – August

Am 07. April um 05 Uhr, am 07. Mai um 03 Uhr, am 07. Juni um 01 Uhr, am 07. Juli um 23 Uhr, am **07. August um 21 Uhr,** am 07. September um 19 Uhr.
Am 22. April um 04 Uhr, am 22. Mai um 02 Uhr, am 22. Juni um 00 Uhr, am 22. Juli um 22 Uhr, am **22. August um 20 Uhr.**

Veränderliche Sterne *fürs bloße Auge:* η Aql. **Doppelsterne** *bloßes Auge:* α Cap. *Fernglas:* α Lib, ν Sco, η Lup, κ Lup, ξ Lup, α Cen (Toliman), α Cap, β Cap. *Fernrohr:* β Sco. **Sternhaufen und Galaxien** *bloßes Auge:* ω Cen, M 7 Sco, 6752 Pav. *Fernglas + Fernrohr:* M 10 Oph, M 12 Oph, M 19 Oph, M 4 Sco, M 6 Sco, M 55 Sgr, M 30 Cap, 6193 Ara, 6397 Ara. **Gasnebel** M 8 Sgr (Lagoon), M 17 Sgr (Omega), M 20 Sgr (Trifid).

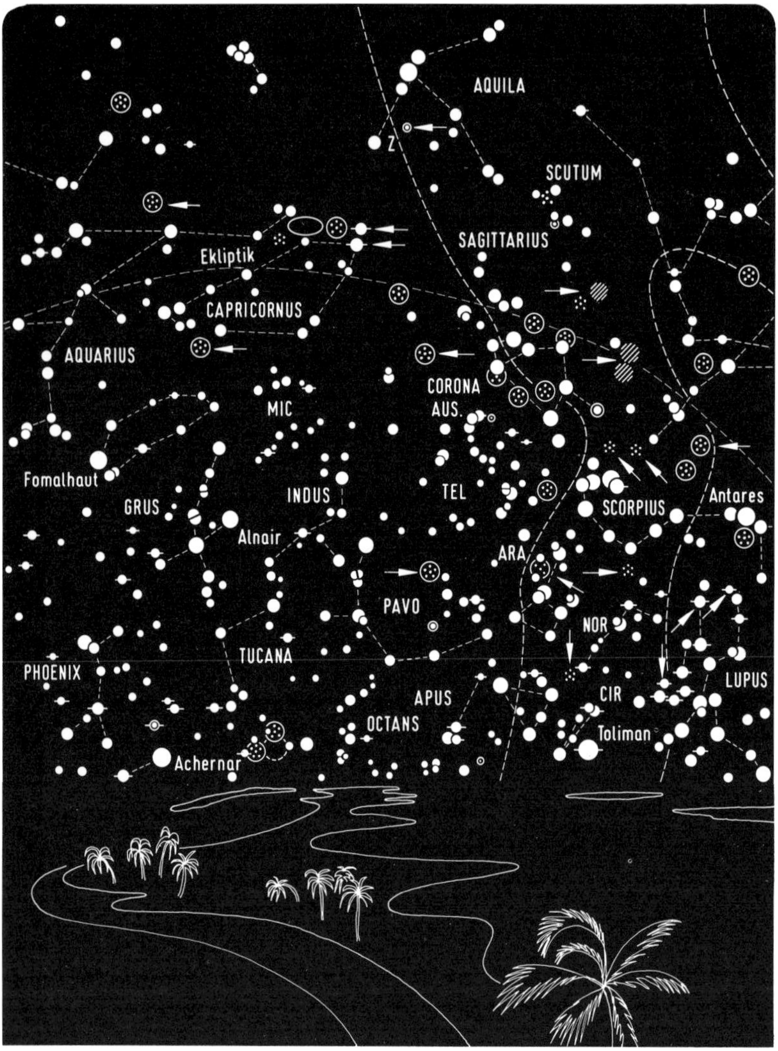

± 0° Süden – September

Am 07. Mai um 05 Uhr, am 07. Juni um 03 Uhr, am 07. Juli um 01 Uhr, am 07. August um 23 Uhr, am **07. September um 21 Uhr,** am 07. Oktober um 19 Uhr.
Am 22. Mai um 04 Uhr, am 22. Juni um 02 Uhr, am 22. Juli um 00 Uhr, am 22. August um 22 Uhr, am **22. September um 20 Uhr.**

Veränderliche Sterne *fürs bloße Auge:* η Aql. **Doppelsterne** *bloßes Auge:* α Cap. *Fernglas:* η Lup, κ Lup, ξ Lup, α Cen (Toliman), α Cap, β Cap, β Tuc. *Fernrohr:* keine. **Sternhaufen und Galaxien** *bloßes Auge:* M 7 Sco, 6752 Pav. *Fernglas + Fernrohr: M 19 Oph, M 4 Sco, M 6 Sco, M 55 Sgr, 6397 Ara, 6193 Ara, M 30 Cap, M 2 Aqr.* **Gasnebel** M 8 Sgr (Lagoon), M 17 Sgr (Omega), M 20 Sgr (Trifid).

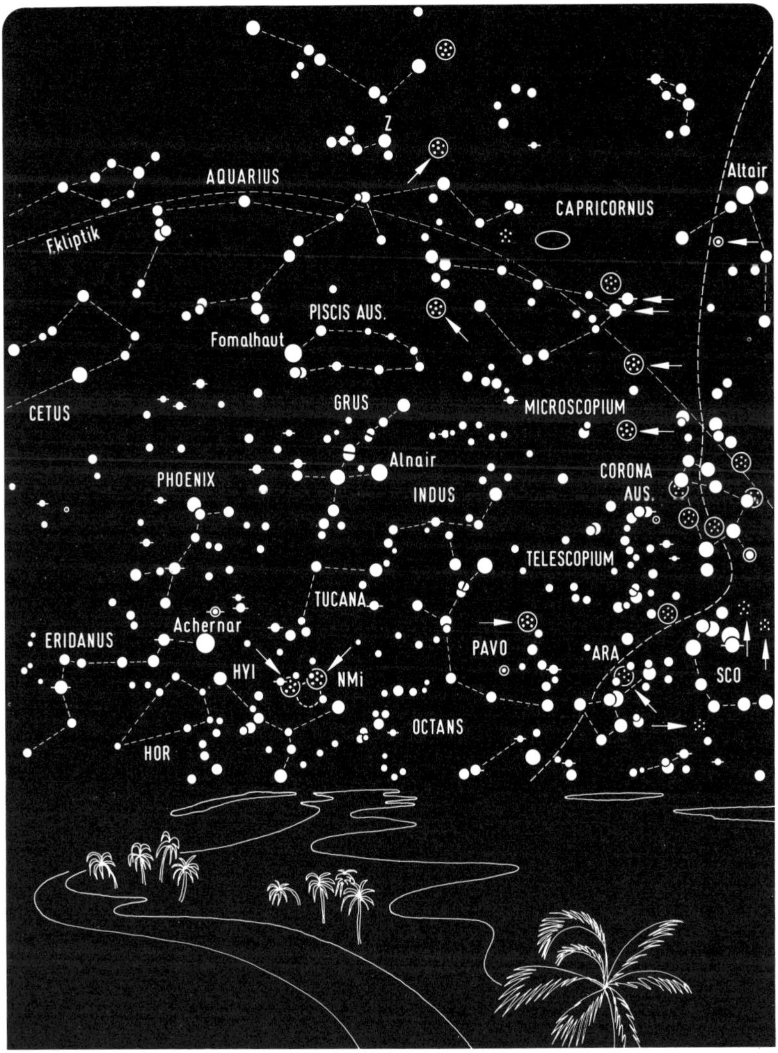

± 0° Süden – Oktober

Am 07. Juni um 05 Uhr, am 07. Juli um 03 Uhr, am 07. August um 01 Uhr, am 07. September um 23 Uhr, am **07. Oktober um 21 Uhr,** am 07. November um 19 Uhr.
Am 22. Juni um 04 Uhr, am 22. Juli um 02 Uhr, am 22. August um 00 Uhr, am 22. September um 22 Uhr, am **22. Oktober um 20 Uhr.**

Veränderliche Sterne *fürs bloße Auge:* η Aql. **Doppelsterne** *bloßes Auge:* α Cap. *Fernglas:* α Cap, β Cap, β Tuc. *Fernrohr:* keine. **Sternhaufen und Galaxien** *bloßes Auge:* NMi Tuc (Kl. Magellan. Wolke), 104 Tuc. *Fernglas + Fernrohr:* M 55 Sgr, M 4 Sco, M 6 Sco, 6193 Ara, 6397 Ara, M 30 Cap, M 2 Aqr, 362 Tuc.

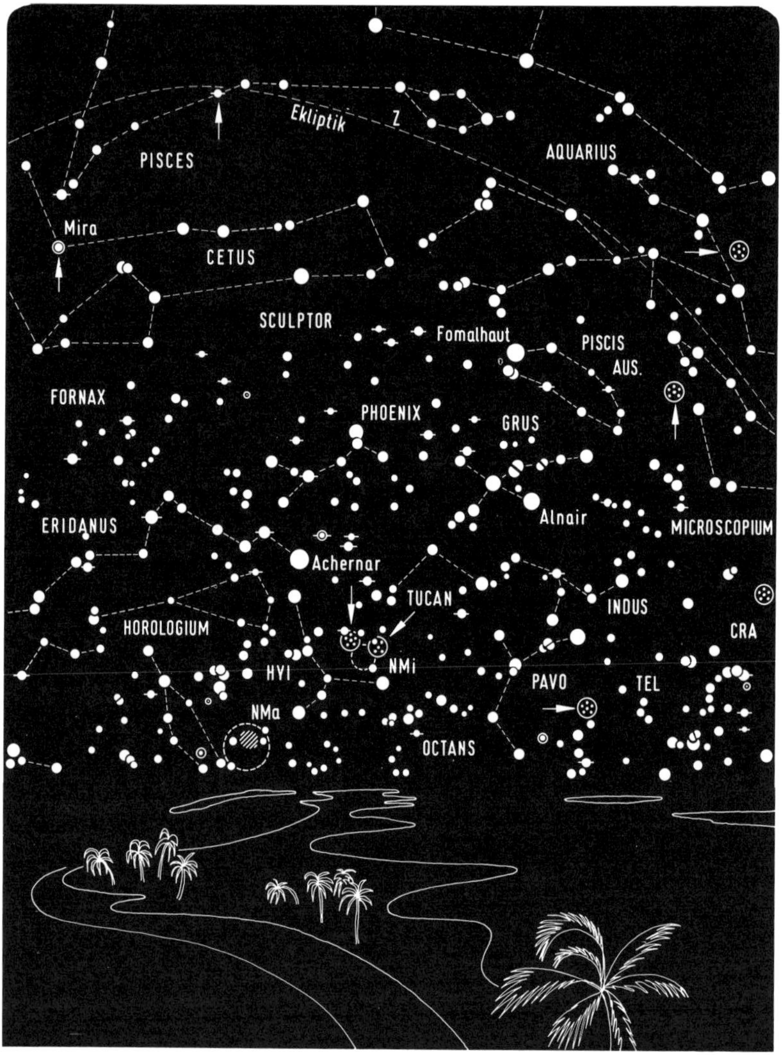

± 0° Süden – November

Am 07. Juli um 05 Uhr, am 07. August um 03 Uhr, am 07. September um 01 Uhr, am 07. Oktober um 23 Uhr, am **07. November um 21 Uhr,** am 07. Dezember um 19 Uhr.
Am 22. Juli um 04 Uhr, am 22. August um 02 Uhr, am 22. September um 00 Uhr, am 22. Oktober um 22 Uhr, am **22. November um 20 Uhr.**

Veränderliche Sterne *fürs bloße Auge:* o Cet (Mira). **Doppelsterne** *bloßes Auge:* keine. *Fernglas:* ζ Psc. *Fernrohr:* keine. **Sternhaufen und Galaxien** *bloßes Auge:* NMi Tuc (Kl. Magellan. Wolke), 104 Tuc, NMa Dor (Gr. Magellan. Wolke). *Fernglas + Fernrohr:* M 30 Cap, M 2 Aqr, 362 Tuc.

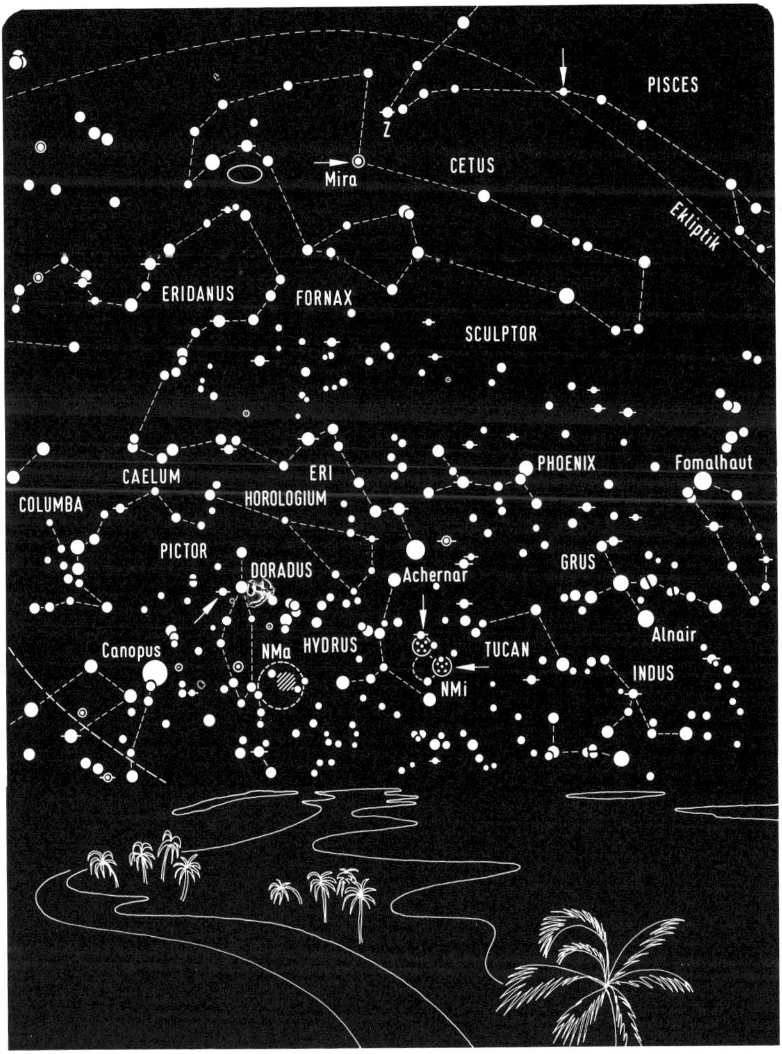

± 0° Süden – Dezember

Am 07. August um 05 Uhr, am 07. September um 03 Uhr, am 07. Oktober um 01 Uhr, am 07. November um 23 Uhr, am **07. Dezember um 21 Uhr,** am 07. Januar um 19 Uhr.
Am 22. August um 04 Uhr, am 22. September um 02 Uhr, am 22. Oktober um 00 Uhr, am 22. November um 22 Uhr, am **22. Dezember um 20 Uhr.**

Veränderliche Sterne *fürs bloße Auge:* o Cet (Mira). **Doppelsterne** *bloßes Auge:* keine. *Fernglas:* ζ Psc, β Tuc. *Fernrohr:* keine. **Sternhaufen und Galaxien** *bloßes Auge:* NMi Tuc (Kl. Magellan. Wolke), NMa Dor (Gr. Magellan. Wolke), 104 Tuc. *Fernglas + Fernrohr:* 362 Tuc.

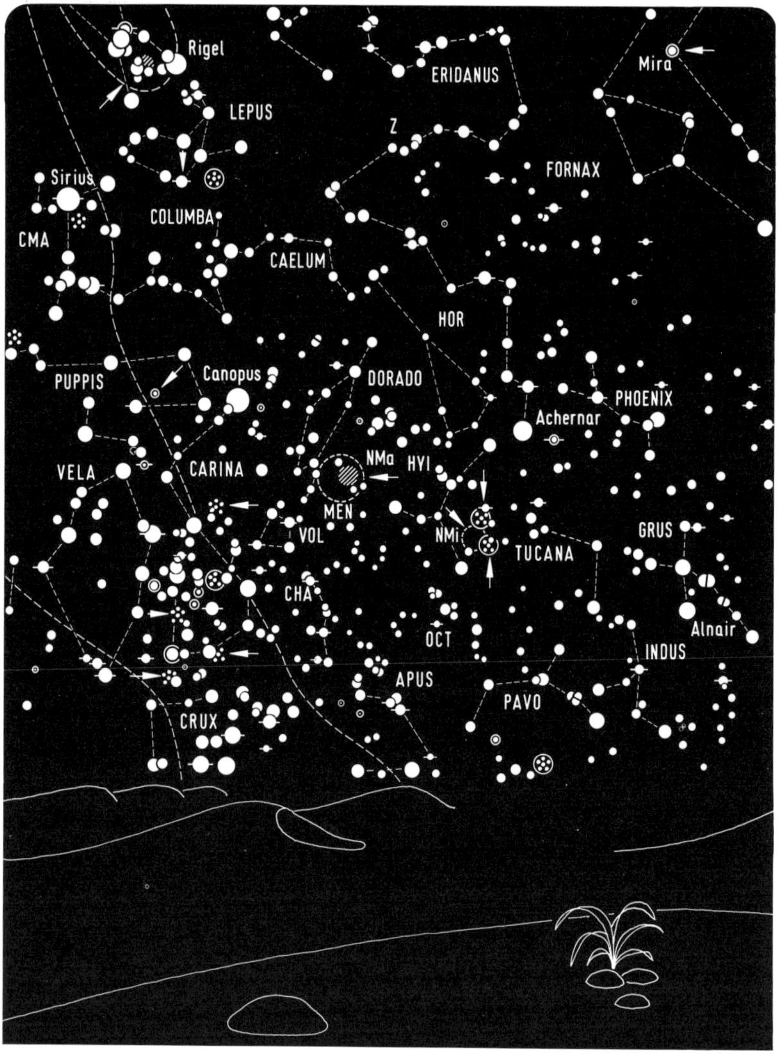

– 23°,5 Süden – Januar

Am 07. September um 05 Uhr, am 07. Oktober um 03 Uhr, am 07. November um 01 Uhr, am 07. Dezember um 23 Uhr, am **07. Januar um 21 Uhr,** am 07. Februar um 19 Uhr. Am 22. September um 04 Uhr, am 22. Oktober um 02 Uhr, am 22. November um 00 Uhr, am 22. Dezember um 22 Uhr, am **22. Januar um 20 Uhr.**

Veränderliche Sterne *fürs bloße Auge:* o Cet (Mira). **Doppelsterne** *bloßes Auge:* keine. *Fernglas:* γ Lep, β Tuc. *Fernrohr:* keine. **Sternhaufen und Galaxien** *bloßes Auge:* 2516 Car, NMa Dor (Gr. Magellan. Wolke), NMi Tuc (Kl. Magellan. Wolke), 104 Tuc. *Fernglas + Fernrohr:* M 41 CMa, 362 Tuc. **Gasnebel** M 42 Ori.

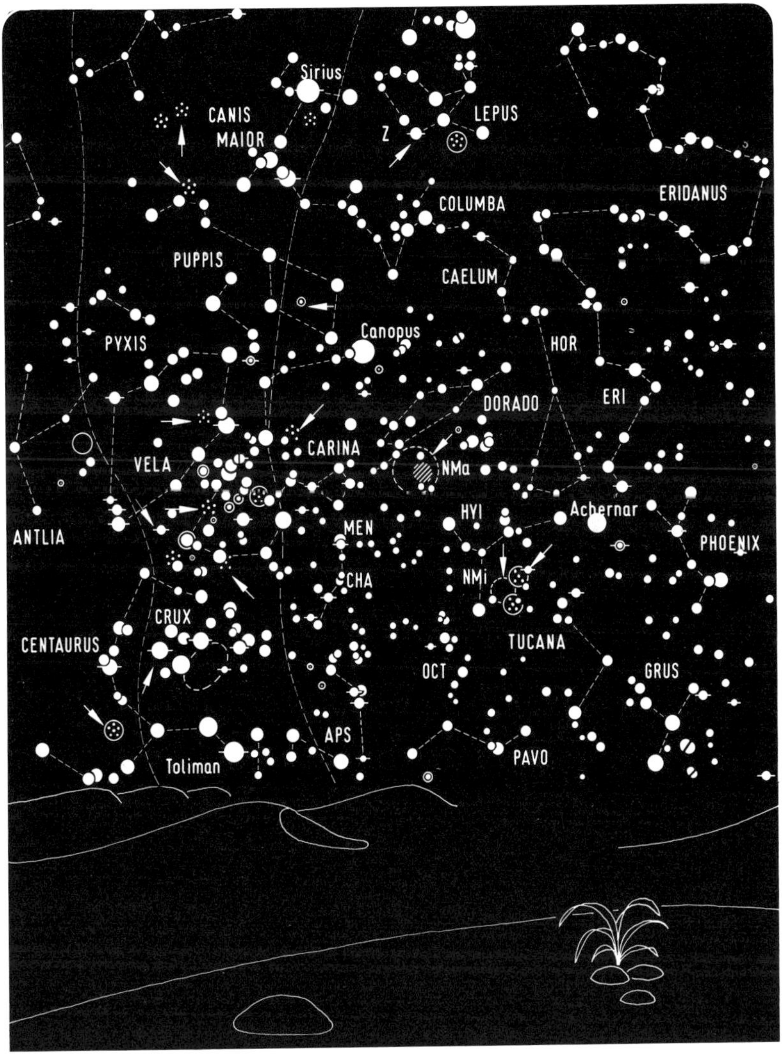

– 23°,5 Süden – Februar

Am 07. Oktober um 05 Uhr, am 07. November um 03 Uhr, am 07. Dezember um 01 Uhr, am 07. Januar um 23 Uhr, am **07. Februar um 21 Uhr,** am 07. März um 19 Uhr.
Am 22. Oktober um 04 Uhr, am 22. November um 02 Uhr, am 22. Dezember um 00 Uhr, am 22. Januar um 22 Uhr, am **22. Februar um 20 Uhr.**

Veränderliche Sterne *fürs bloße Auge:* keine. **Doppelsterne** *bloßes Auge:* keine. *Fernglas:* γ Lep, β Tuc, x Vel, α Cen (Toliman), γ Cru. *Fernrohr:* keine. **Sternhaufen und Galaxien** *bloßes Auge:* NMa Dor (Gr. Magellan. Wolke), NMi Tuc (Kl. Magellan. Wolke), 104 Tuc, 2516 Car, 3114 Car, 3532 Car, 2602 Car, IC 2391 Vel, M 47 Pup, ω Cen. *Fernglas + Fernrohr:* M 93 Pup, M 41 CMa. **Dunkelwolke** Cru („Kohlensack").

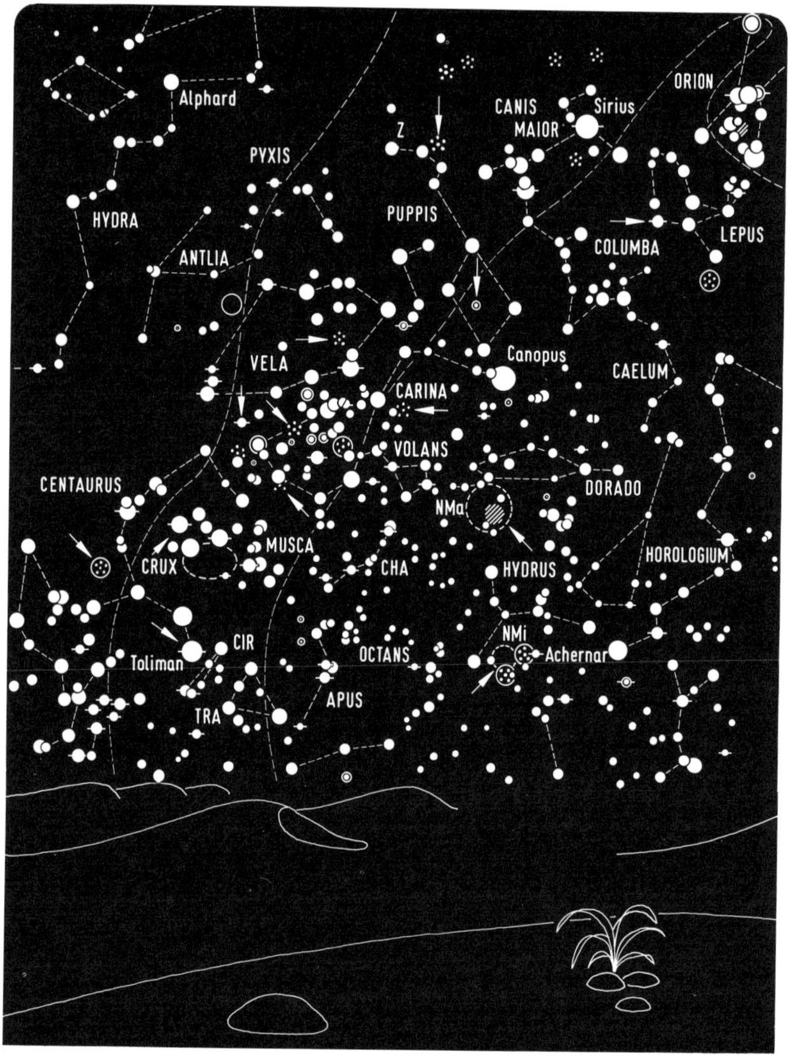

– 23°,5 Süden – März

Am 07. November um 05 Uhr, am 07. Dezember um 03 Uhr, am 07. Januar um 01 Uhr, am 07. Februar um 23 Uhr, am **07. März um 21 Uhr,** am 07. April um 19 Uhr.
Am 22. November um 04 Uhr, am 22. Dezember um 02 Uhr, am 22. Januar um 00 Uhr, am 22. Februar um 22 Uhr, am **22. März um 20 Uhr.**

Veränderliche Sterne *fürs bloße Auge:* keine. **Doppelsterne** *bloßes Auge:* keine. *Fernglas:* γ Lep, x Vel, γ Cru, α Cen (Toliman). *Fernrohr:* keine. **Sternhaufen und Galaxien** *bloßes Auge:* NMa Dor (Gr. Magellan. Wolke), 2516 Car, 3114 Car, 3522 Car, 2602 Car, IC 2391 Vel, ω Cen, M 47 Pup, NMi Tuc (Kl. Magellan. Wolke), 104 Tuc. *Fernglas + Fernrohr:* M 41 CMa, 362 Tuc. **Dunkelwolke** Cru („Kohlensack").

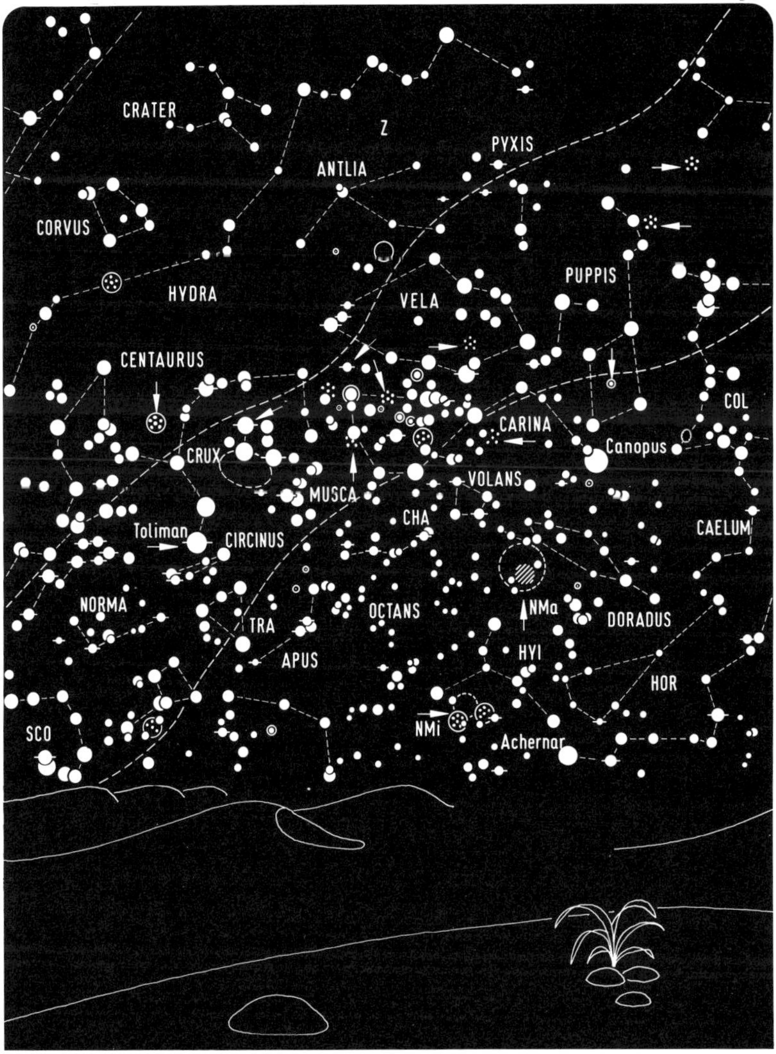

– 23°,5 Süden – April

Am 07. Dezember um 05 Uhr, am 07. Januar um 03 Uhr, am 07. Februar um 01 Uhr, am 07. März um 23 Uhr, am **07. April um 21 Uhr,** am 07. Mai um 19 Uhr.
Am 22. Dezember um 04 Uhr, am 22. Januar um 02 Uhr, am 22. Februar um 00 Uhr, am 22. März um 22 Uhr, am **22. April um 20 Uhr.**

Veränderliche Sterne *fürs bloße Auge:* keine. **Doppelsterne** *bloßes Auge:* keine. *Fernglas:* x Vel, α Cen (Toliman). **Sternhaufen und Galaxien** *bloßes Auge:* NMa Dor (Gr. Magellan. Wolke), NMi Tuc (Kl. Magellan. Wolke), 2516 Car, 3114 Car, 3522 Car, 2602 Car, IC 2391 Vel, ω Cen. *Fernglas + Fernrohr:* M 93 Pup. **Dunkelwolke** Cru („Kohlensack“).

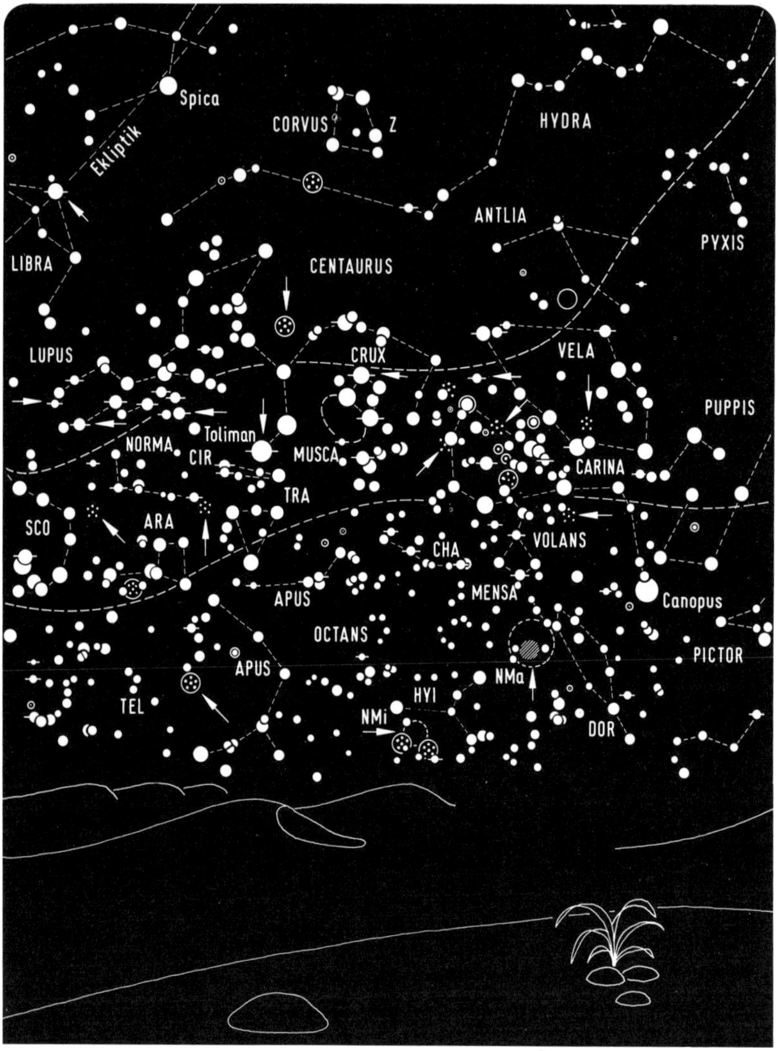

– 23°,5 Süden – Mai

Am 07. Januar um 05 Uhr, am 07. Februar um 03 Uhr, am 07. März um 01 Uhr, am 07. April um 23 Uhr, am **07. Mai um 21 Uhr,** am 07. Juni um 19 Uhr.
Am 22. Januar um 04 Uhr, am 22. Februar um 02 Uhr, am 22. März um 00 Uhr, am 22. April um 22 Uhr, am **22. Mai um 20 Uhr.**

Veränderliche Sterne *fürs bloße Auge:* keine. **Doppelsterne** *bloßes Auge:* keine. *Fernglas:* α Lib, η Lup, κ Lup, ξ Lup, α Cen (Toliman), x Vel, γ Cru. *Fernrohr:* keine. **Sternhaufen und Galaxien** *bloßes Auge:* NMa Dor (Gr. Magellan. Wolke), NMi Tuc (Kl. Magellan. Wolke), 2516 Car, 3114 Car, 3532 Car, 2602 Car, IC 2391 Vel, 6752 Pav, ω Cen. *Fernglas + Fernrohr:* 6193 Ara, 6087 Nor. **Dunkelwolke** Cru („Kohlensack").

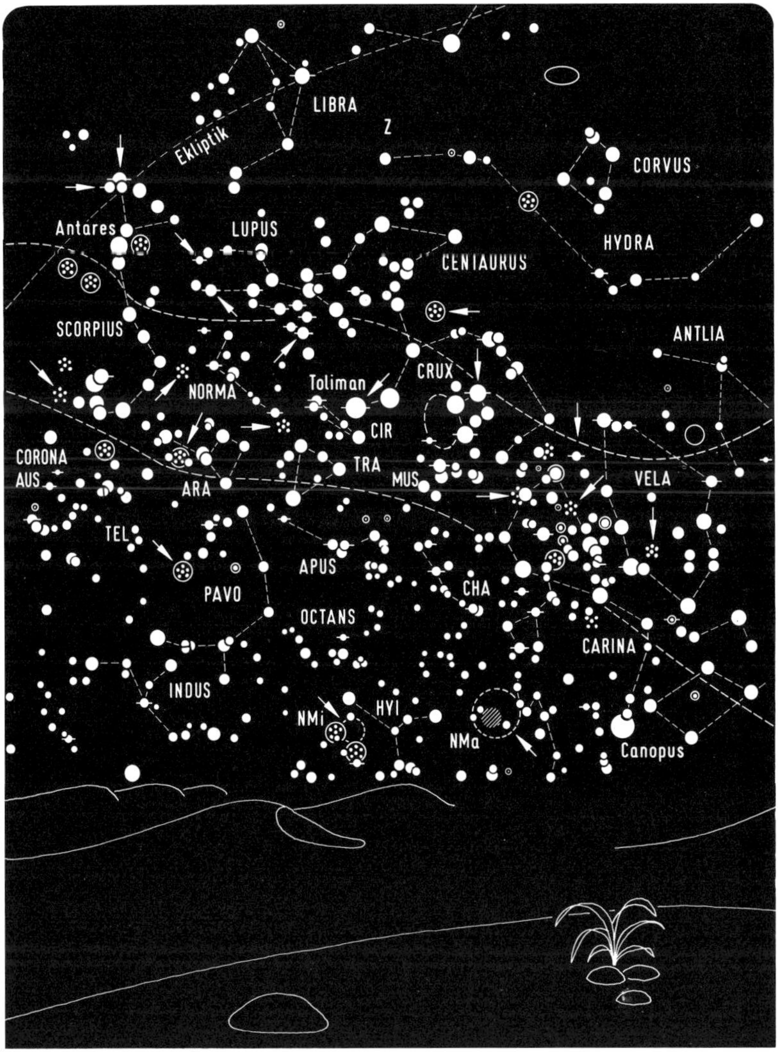

– 23°,5 Süden – Juni

Am 07. Februar um 05 Uhr, am 07. März um 03 Uhr, am 07. April um 01 Uhr, am 07. Mai um 23 Uhr, am **07. Juni um 21 Uhr,** am 07. Juli um 19 Uhr.
Am 22. Februar um 04 Uhr, am 22. März um 02 Uhr, am 22. April um 00 Uhr, am 22. Mai um 22 Uhr, am **22. Juni um 20 Uhr.**

Veränderliche Sterne *fürs bloße Auge:* keine. **Doppelsterne** *bloßes Auge:* keine. *Fernglas:* α Lib, ν Sco, η Lup, κ Lup, ξ Lup, α Cen (Toliman), γ Cru, x Vel. *Fernrohr:* β Sco. **Sternhaufen und Galaxien** *bloßes Auge:* 2516 Car, 3114 Car, 3532 Car, 2602 Car, IC 2391 Vel, ω Cen, M 7 Sco, 6752 Pav, NMa Dor (Gr. Magellan. Wolke), NMi Tuc (Kl. Magellan. Wolke). *Fernglas + Fernrohr:* M 19 Oph, 6193 Ar, 6397 Ara, 6087 Nor, M 4 Sco, M 6 Sco. **Dunkelwolke** Cru („Kohlensack“).

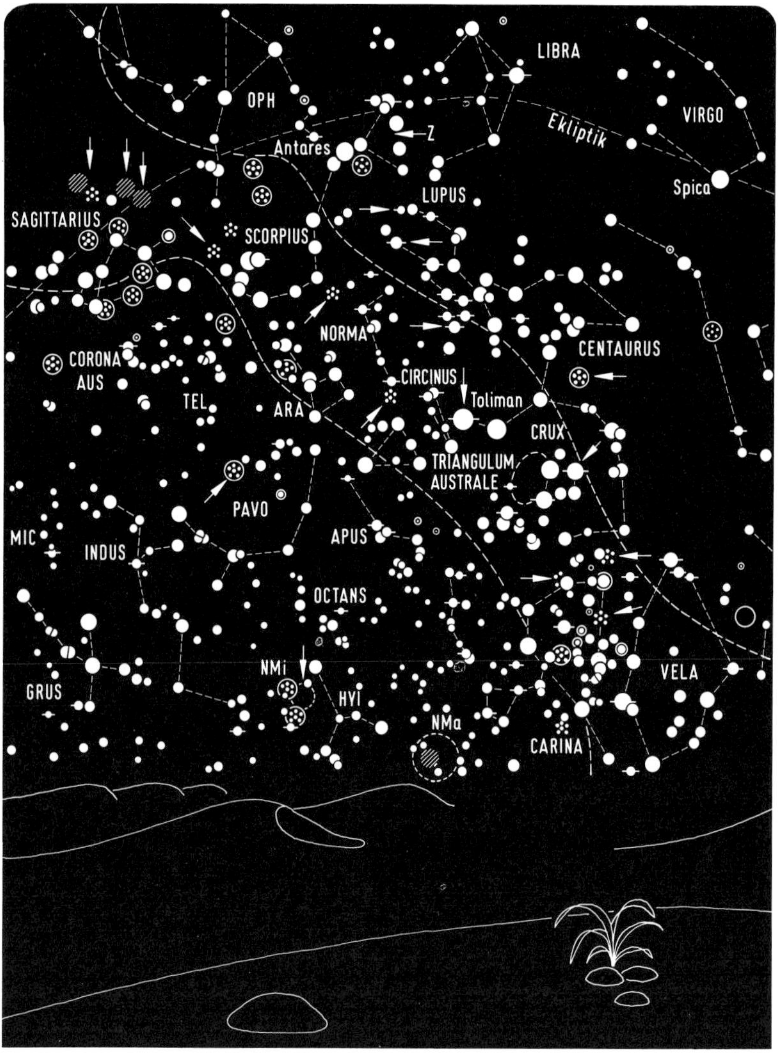

– 23°,5 Süden – Juli

Am 07. März um 05 Uhr, am 07. April um 03 Uhr, am 07. Mai um 01 Uhr, am 07. Juni um 23 Uhr, am **07. Juli um 21 Uhr,** am 07. August um 19 Uhr.
Am 22. März um 04 Uhr, am 22. April um 02 Uhr, am 22. Mai um 00 Uhr, am 22. Juni um 22 Uhr, am **22. Juli um 20 Uhr.**

Veränderliche Sterne *fürs bloße Auge:* keine. **Doppelsterne** *bloßes Auge:* keine. *Fernglas:* α Lib, ν Sco, η Lup, κ Lup, ξ Lup, α Cen (Toliman), γ Cru, x Vel. *Fernrohr:* β Sco. **Sternhaufen und Galaxien** *bloßes Auge:* 3114 Car, 3532 Car, 2602 Car, ω Cen, M 7 Sco, 6752 Pav, NMa Dor (Gr. Magellan. Wolke), NMi TUc (Kl. Magellan. Wolke). *Fernglas + Fernrohr:* M 19 Oph, 6193 Ara, 6397 Ara, 6087 Nor, M 4 Sco, M 6 Sco. **Gasnebel** M 8 Sgr (Lagoon), M 17 Sgr (Omega), M 20 Sgr (Trifid). **Dunkelwolke** Cru („Kohlensack").

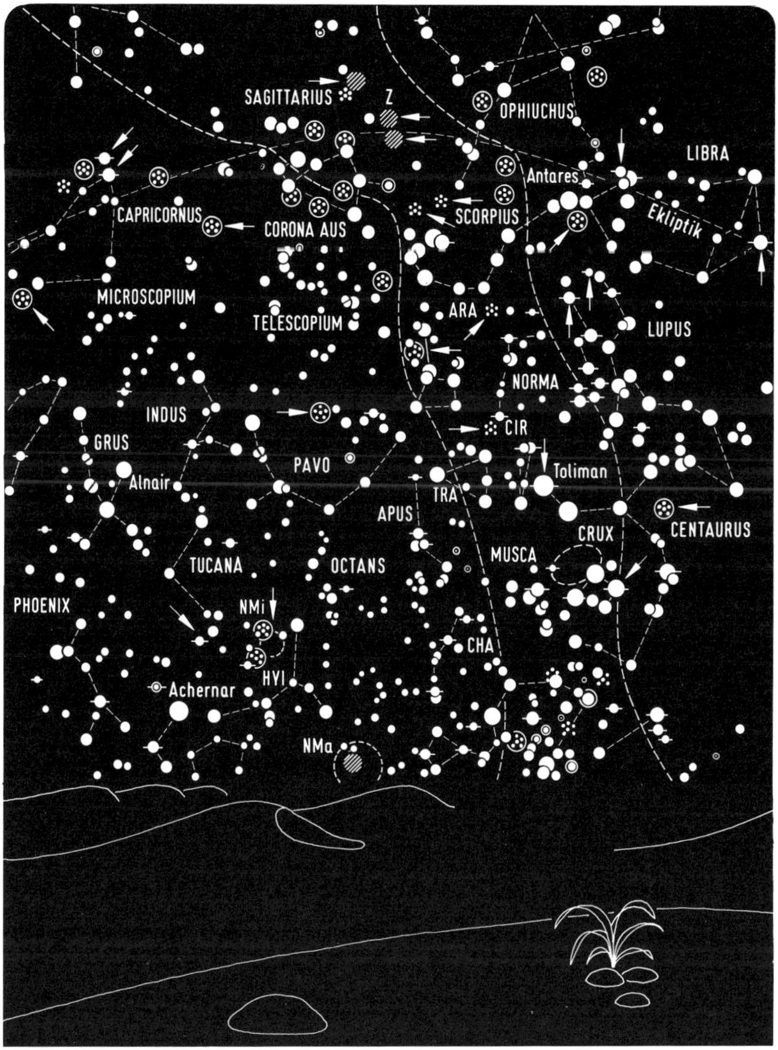

– 23°,5 Süden – August

Am 07. April um 05 Uhr, am 07. Mai um 03 Uhr, am 07. Juni um 01 Uhr, am 07. Juli um 23 Uhr, am **07. August um 21 Uhr,** am 07. September um 19 Uhr.
Am 22. April um 04 Uhr, am 22. Mai um 02 Uhr, am 22. Juni um 00 Uhr, am 22. Juli um 22 Uhr, am **22. August um 20 Uhr.**

Veränderliche Sterne *fürs bloße Auge:* keine. **Doppelsterne** *bloßes Auge:* α Cap. *Fernglas:* α Lib, ν Sco, η Lup, κ Lup, ξ Lup, β Tuc, α Cen (Toliman), γ Cru, α Cap, β Cap. *Fernrohr:* β Sco. **Sternhaufen und Galaxien** *bloßes Auge:* 3114 Car, 3532 Car, ω Cen, M 7 Sco, 6752 Pav, NMi Tuc (Kl. Magellan. Wolke), 104 Tuc, 362 Tuc. *Fernglas + Fernrohr:* M 19 Oph, 6193 Ara, 6397 Ara, 6087 Nor, M 4 Sco, M 6 Sco, M 30 Cap. **Gasnebel** M 8 Sgr (Lagoon), M 17 Sgr (Omega), M 20 Sgr (Trifid). **Dunkelwolke** Cru („Kohlensack").

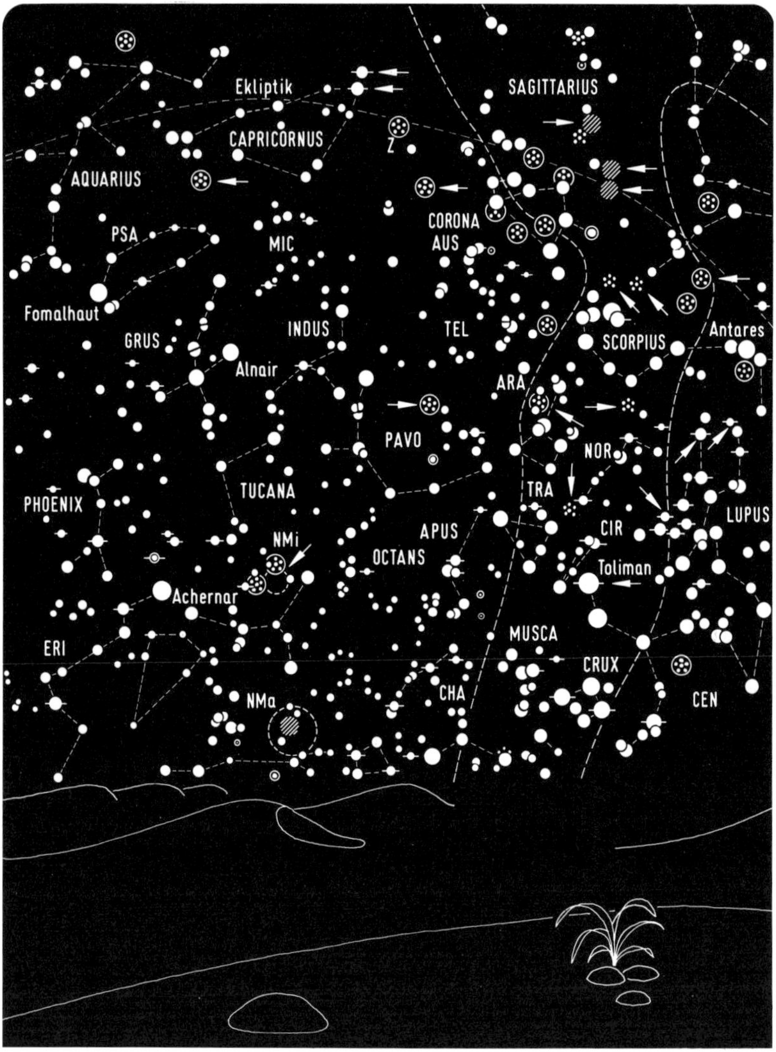

– 23°,5 Süden – September

Am 07. Mai um 05 Uhr, am 07. Juni um 03 Uhr, am 07. Juli um 01 Uhr, am 07. August um 23 Uhr, am **07. September um 21 Uhr,** am 07. Oktober um 19 Uhr.
Am 22. Mai um 04 Uhr, am 22. Juni um 02 Uhr, am 22. Juli um 00 Uhr, am 22. August um 22 Uhr, am **22. September um 20 Uhr.**

Veränderliche Sterne *fürs bloße Auge:* keine. **Doppelsterne** *bloßes Auge:* α Cap. *Fernglas:* α Cap, β Cap, η Lup, κ Lup, ξ Lup, α Cen (Toliman), γ Cru, β Tuc. *Fernrohr:* keine. **Sternhaufen und Galaxien** *bloßes Auge:* α Cap. *Fernglas:* α Cap, β Cap, η Lup, κ Lup, ξ Lup, α Cen (Toliman), γ Cru, β Tuc. *Fernrohr:* keine. **Sternhaufen und Galaxien** *bloßes Auge:* ω Cen, M 7 Sco, 6752 Pav, NMi Tuc (Kl. Magellan. Wolke), NMa Dor (Gr. Magellan. Wolke), 104 Tuc, 362 Tuc. *Fernglas + Fernrohr:* M 19 Oph, 6193 Ara, 6397 Ara, 6087 Nor, M 4 Sco, M 6 Sco, M 30 Cap. **Gasnebel** M 8, M 17, M 20 (Sgr).

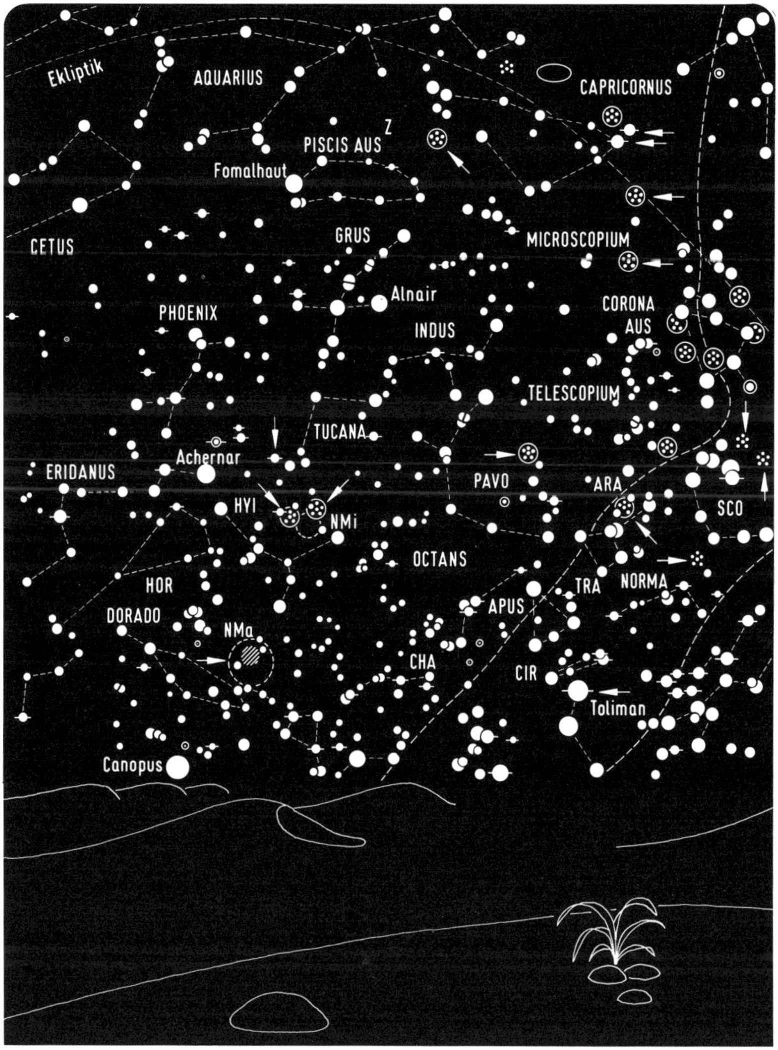

– 23°,5 Süden – Oktober

Am 07. Juni um 05 Uhr, am 07. Juli um 03 Uhr, am 07. August um 01 Uhr, am 07. September um 23 Uhr, am **07. Oktober um 21 Uhr,** am 07. November um 19 Uhr.
Am 22. Juni um 04 Uhr, am 22. Juli um 02 Uhr, am 22. August um 00 Uhr, am 22. September um 22 Uhr, am **22. Oktober um 20 Uhr.**

Veränderliche Sterne *fürs bloße Auge:* keine. **Doppelsterne** *bloßes Auge:* α Cap. *Fernglas:* α Cap, β Cap, α Cen (Toliman), β Tuc. *Fernrohr:* keine. **Sternhaufen und Galaxien** *bloßes Auge:* M 7 Sco, 6752 Pav, NMa Dor (Gr. Magellan. Wolke), NMi Tuc (Kl. Magellan. Wolke), 104 Tuc, 362 Tuc. *Fernglas + Fernrohr:* 6193 Ara, 6397 Ara, 6087 Nor, M 6 Sco, M 30 Cap.

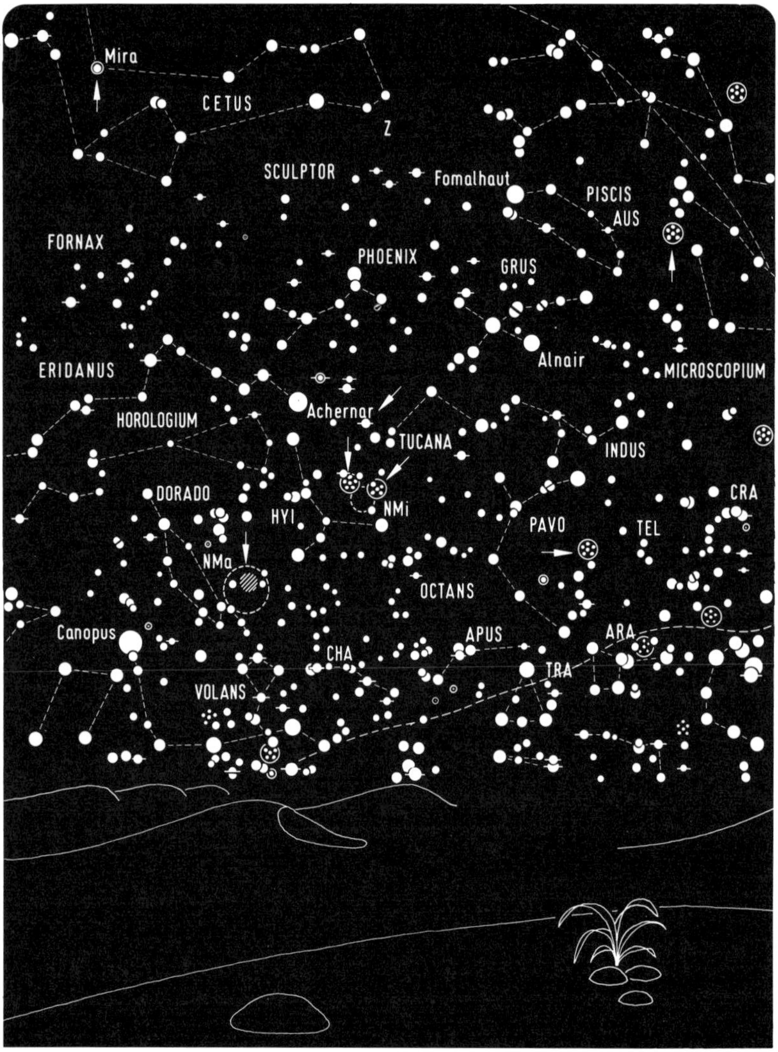

— 23°,5 Süden — November

Am 07. Juli um 05 Uhr, am 07. August um 03 Uhr, am 07. September um 01 Uhr, am 07. Oktober um 23 Uhr, am **07. November um 21 Uhr,** am 07. Dezember um 19 Uhr.
Am 22. Juli um 04 Uhr, am 22. August um 02 Uhr, am 22. September um 00 Uhr, am 22. Oktober um 22 Uhr, am **22. November um 20 Uhr.**

Veränderliche Sterne *fürs bloße Auge:* o Cet (Mira). **Doppelsterne** *bloßes Auge:* keine. *Fernglas:* β Tuc. *Fernrohr:* keine. **Sternhaufen und Galaxien** *bloßes Auge:* NMa Dor (Gr. Magellan. Wolke), NMi Tuc (Kl. Magellan. Wolke), 104 Tuc, 362 Tuc, 6752 Pav. *Fernglas + Fernrohr:* 6193 Ara, 6397 Ara, M 30 Cap.

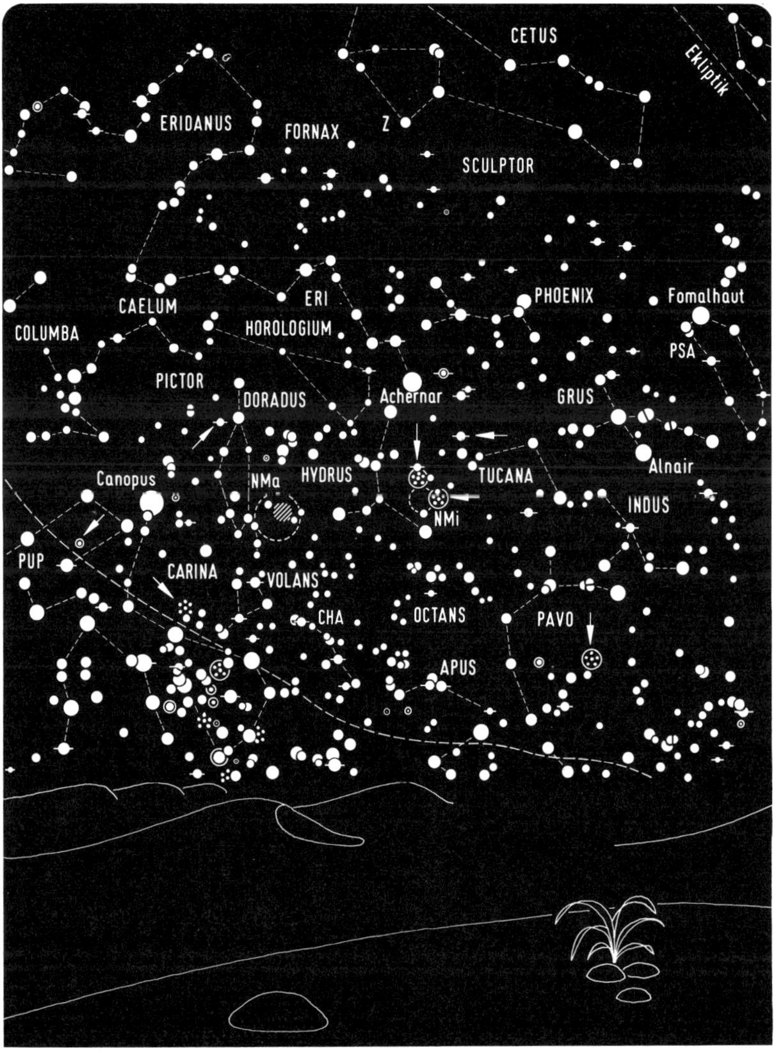

– 23°,5 Süden – Dezember

Am 07. August um 05 Uhr, am 07. September um 03 Uhr, am 07. Oktober um 01 Uhr, am 07. November um 23 Uhr, am **07. Dezember um 21 Uhr,** am 07. Januar um 19 Uhr.
Am 22. August um 04 Uhr, am 22. September um 02 Uhr, am 22. Oktober um 00 Uhr, am 22. November um 22 Uhr, am **22. Dezember um 20 Uhr.**

Veränderliche Sterne *fürs bloße Auge:* keine. **Doppelsterne** *bloßes Auge:* keine. *Fernglas:* β Tuc. *Fernrohr:* keine. **Sternhaufen und Galaxien** *bloßes Auge:* NMa Dor (Gr. Magellan. Wolke), NMi Tuc (Kl. Magellan. Wolke), 104 Tuc, 362 Tuc, 6752 Pav, 2516 Car. *Fernglas + Fernrohr:* keine.

Der Mond

Neben der Sonne ist der Mond wohl der bekannteste Himmelskörper. Schon das Kleinkind entdeckt ihn für sich. Seine auffälligen Lichtgestalten, die Phasen, haben bereits die Menschen in früh- und vorgeschichtlicher Zeit zum Nachdenken über den Kosmos angeregt. Wegen der Regelmäßigkeit seiner Phasenentwicklung ist der Mond sehr bald zum Zeitmesser geworden, die Bezeichnung „Monat“ erinnert in vielen Sprachen daran, denn etwa 29,5 Tage vergehen, bis sich sein Phasenablauf wiederholt. Der Mond taucht nach Sonnenuntergang im Westen in der Abenddämmerung als schmale, nach der Sonne hin gekrümmte Sichel auf. Dieses erste Sichtbarwerden war und ist auch heute noch bei vielen Völkern, vor allem

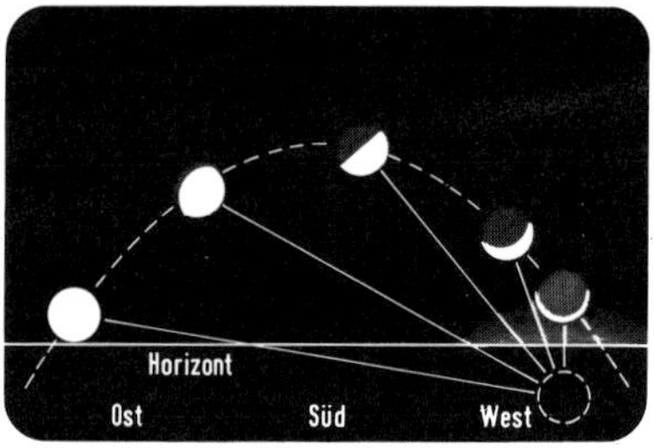

im Vorderen Orient, der Beginn der Monatszählung. Von Abend zu Abend füllt sich die Sichel immer mehr auf, gleichzeitig wird der Abstand zur untergegangenen Sonne größer. Besonders deutlich wird dieses Vorwärtsschreiten des Mondes nach Osten, wenn er an einem helleren Fixstern vorbeizieht. Stand er an einem Abend westlich von ihm, so ist er am nächsten östlich davon zu sehen, denn in einer Stunde bewegt er sich um seinen Durchmesser weiter (s. links). Vierzehn Tage nach seinem ersten Erscheinen hat sich die Mondsichel aufgefüllt und steht nun als Vollmond der Sonne am Himmel gegenüber. Der Mond geht im Osten auf, wenn die Sonne im Westen untergeht und er steht am nächsten Morgen im Westen, zum Untergang bereit, wenn die Sonne sich im Osten erhebt. Anschließend zieht sich der Mond immer mehr vom abendlichen Himmel zurück, wir finden ihn frühmorgens vor Sonnenaufgang schon in größeren Höhen, und die Sichel hat sich umgedreht: sie zeigt mit ihrer Krümmung nach links in Richtung zur aufgehenden Sonne. Sie wird schmaler, man kann sie aber vormittags noch ein paar Tage westlich der Sonne erkennen, bis sie schließlich so dünn wird, daß sie für das Auge verschwindet. Etwa drei Tage bleibt sie unsichtbar, dann taucht sie wieder in der Abenddämmerung im Westen auf und der Kreislauf beginnt von neuem.
Als kalter Himmelskörper sendet der Mond kein eigenes Licht aus, er reflektiert lediglich das einfallende Sonnenlicht, und zwar strahlt er nur etwa 7% wieder aus. Auch auf dem Mond wechseln deshalb an einem bestimmten Ort Helligkeit und Dunkelheit miteinander ab. Nur dauert ein „Mondtag“ nicht wie auf der Erde 24 Stunden, sondern er ist genauso lang wie die Periode zwischen Vollmond und Vollmond, nämlich 29 ½ Tage. Das liegt an der *gebundenen Rotation* des Mondes: Er dreht sich während eines Umlaufs um die Erde auch genau einmal um seine Rotationsachse. Dadurch wendet er der Erde immer dieselbe Seite zu. Bis zur ersten Mondumrundung eines künstlichen Raumflugkörpers im Jahre 1959 kannten wir deshalb die „Rückseite“ des Mondes nicht. Inzwischen ist sie von Kameras

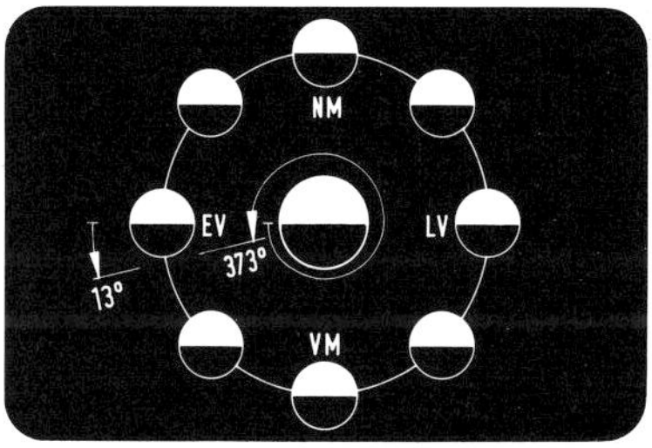

der verschiedenen amerikanischen und sowjetrussischen Mondsonden genau kartiert worden. Eine gebundene Rotation kommt mehrfach im Planetensystem vor. Sie stellt sich im Laufe langer Zeit durch die Schwerkraftwirkung zwischen Zentralplanet und Mond *(Gezeitenwirkung)* ein.

Die Abbildung mit der Erde im Mittelpunkt zeigt das Zustandekommen der Mondphasen schematisch. Das Sonnenlicht ist von oben kommend zu denken. Bei Neumond (NM) steht der Mond am Himmel in Sonnennähe (zwischen Erde und Sonne). Das erste Viertel (EV) zeigt ihn von der Erde aus in seiner rechten Hälfte beleuchtet, bei Vollmond (VM) steht die Erde zwischen ihm und der Sonne und im letzten Viertel (LV) sehen wir die helle Mondhälfte links.

Für die Erklärung der Mondphasen haben wir eine vereinfachte Darstellung benutzt. Genaugenommen müssen wir Erde und

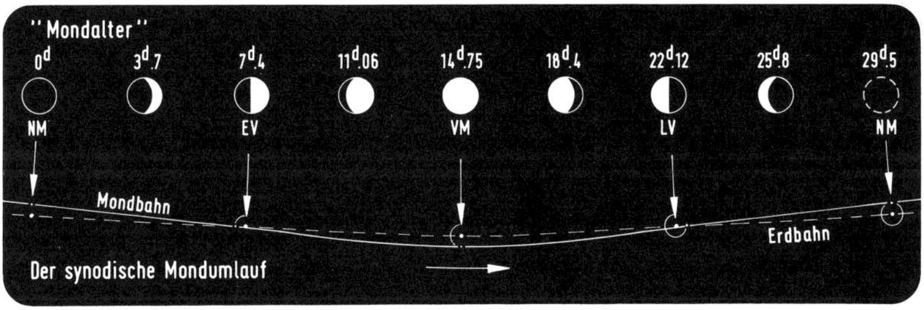

Mond als ein schwerkraftmäßig aneinander gebundenes Massenpaar betrachten, dessen gemeinsamer Schwerpunkt allerdings noch innerhalb der Erdkugel liegt. So beschreibt der Mond eine Art Wellenbewegung um die Erde, und beide Bahnen sind stets konkav zur Sonne hin gekrümmt. Da der Abstand Erde – Mond aber nur ein Vierhundertstel des Abstands Erde – Sonne beträgt, ist das in einer Zeichnung nur schematisch und nicht mehr maßstabsgetreu darzustellen.

Eine weitere Eigenschaft der Mondbewegung muß erklärt werden. Schon vor Vollendung eines Umlaufs um die Erde hat der Mond eine volle Drehung um 360° gemacht und dieselbe Stellung in bezug auf die Fixsterne wieder erreicht, denn die Erde hat sich ja inzwischen in ihrer Jahresbahn um fast 30° weiterbewegt. Die rund $27\frac{1}{4}$ Tage dauernde Zeitspanne einer vollen Mondumdrehung um 360° nennt man den *siderischen Monat* (lat. sidus = Stern), während man die gut zwei Tage längere Zeitspanne zwischen zwei gleichen Mondphasen als *synodischen Monat* (lat. synodus = Zusammenkunft, bezogen auf die Stellung von Mond und Sonne zueinander) bezeichnet.

Die Mondbahn ist gegen die Erdbahn um rund 5° geneigt. Sicher ist es schon manchem Beobachter aufgefallen, daß es Jahre gab, in denen der Mond im Sommer von Mitteleuropa aus relativ tief am Himmel entlangzog, während er im Winter recht hoch stand. Die Neigung von 5° kann in extremen Fällen dazu führen, daß der Mond in den Sternbildern Zwillinge (Vollmondstand im Winter) und Schütze (Vollmondstand im Sommer) einen Abstand vom Himmelsäquator von $+5^\circ + 23\overset{\circ}{,}5 = 28\overset{\circ}{,}5$ bzw. $-5^\circ - 23\overset{\circ}{,}5 = -28\overset{\circ}{,}5$ erreicht. Bei $+50^\circ$ geographischer Breite führt das zu einer Kulminationshöhe von $90^\circ - 50^\circ = 40^\circ \pm 28\overset{\circ}{,}5$, das sind $68\overset{\circ}{,}5$ (in den Zwillingen) bzw. $11\overset{\circ}{,}5$ (im Schützen) über dem Südhorizont. Die Kulminationshöhe eines Gestirns errechnet sich aus der Formel: 90° − geogr. Breite + Abstand vom Himmelsäquator.

Die Schnittlinie zwischen Mond- und Erdbahn nennt man *Knotenlinie,* ihre Schnittpunkte mit der Mondbahn den a*ufsteigenden Knoten* (☊) beim Kreuzen der Ekliptikebene von Süd nach Nord und den

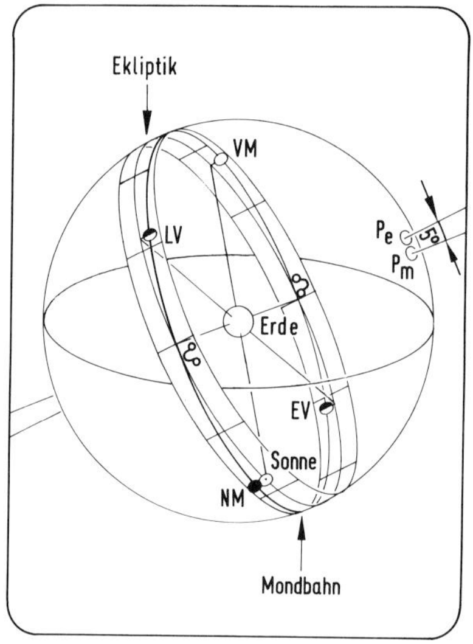

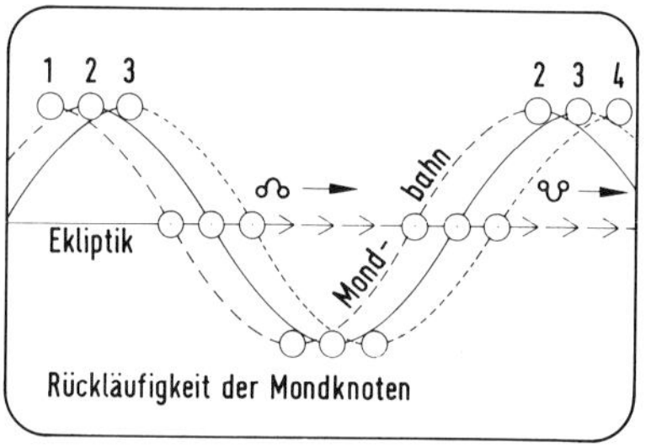

Rückläufigkeit der Mondknoten

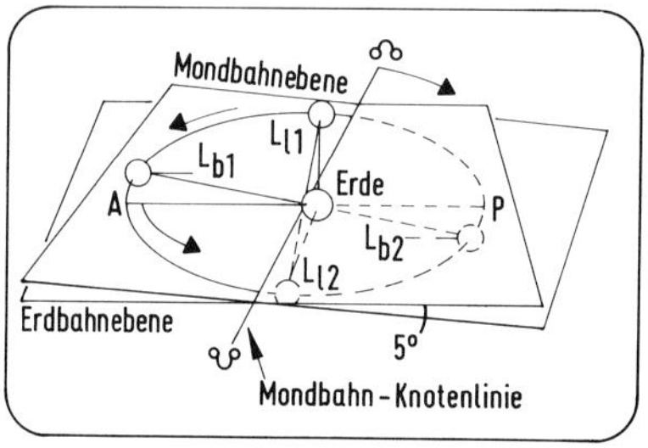

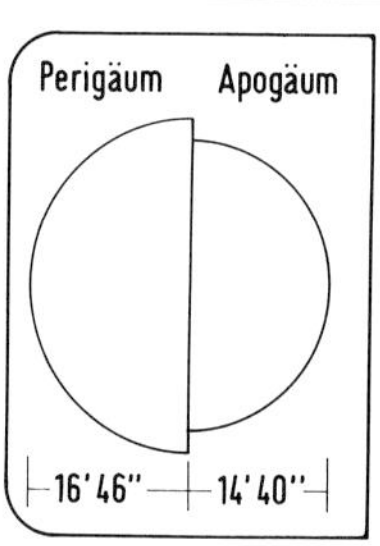

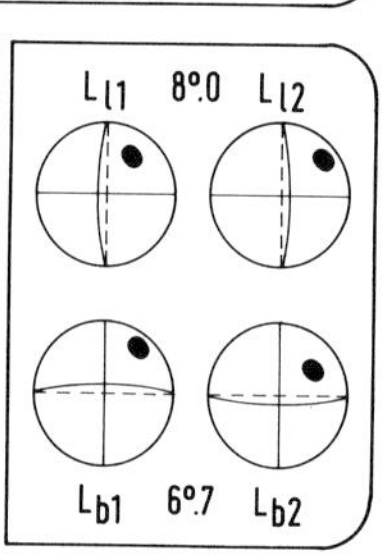

absteigenden Knoten (☋) gegenüber beim Kreuzen in anderer Richtung. Die Knotenlinie liegt nicht fest im Raum, sondern dreht sich infolge der Schwerkraftwirkung der Sonne langsam in westlicher Richtung. Die Knoten sind also „rückläufig" und kommen dem Mond entgegen. Deshalb ist die Zeit, in der der Mond denselben Knoten nach einem Umlauf wieder erreicht, etwas kürzer als der siderische Monat, und zwar um etwa 1/10 Tag. Diesen Zeitraum zwischen zwei Knotendurchgängen nennt man den *drakonitischen Monat,* denn die Knoten werden auch *Drachenpunkte* genannt.

Die Bahn des Mondes ist nicht kreisförmig sondern elliptisch. So hat der Mond im erdfernen Punkt seiner Bahn, dem *Apogäum A* (von griech. apo = fern, weg von und gäa = Erde) einen geringeren Winkeldurchmesser als im erdnahen Punkt seiner Bahn, dem *Perigäum P* (peri = um, an), und zwar um immerhin ein Achtel seines scheinbaren Durchmessers. Für das bloße Auge ist der Unterschied allerdings nicht zu erkennen, erst die Fotografie macht ihn sichtbar. Deutlich sind aber zwei andere Erscheinungen als Folgen der Bahnneigung gegen die Erdbahn und der elliptischen Bahnform.

Wenn wir unseren Mond sehr genau beobachten, so erkennen wir ein „Nikken" in Nord-Süd-Richtung. Wenn er unterhalb der Ekliptik steht, können wir ihm etwas über den „Scheitel" sehen, und ihm im gegenüberliegenden Bahnabschnitt unter das „Kinn" schauen, während er über der Ekliptik steht. Man bezeichnet diese Schwankung als die *Libration* (von lat. libra = Waage) *in* (Mond-) *Breite.* So sind uns das eine Mal Oberflächenformationen des Südpols zugewendet (Lb_1), während zu einem anderen Zeitpunkt die Gegend des Nordpols besser zu erkennen ist (Lb_2). Man braucht allerdings ein kleines Fernrohr, um die Oberflächendetails zu erfassen.

Die zweite Erscheinung ist die *Libration in Länge* (des Mondorts in seiner eigenen Bahn). Hier können wir einmal mehr hinter das „linke Ohr" sehen und ein andermal mehr hinter das „rechte Ohr" (Ll_1, Ll_2). Der Mond scheint nicht nur zu nicken, er schüttelt auch langsam mit dem Kopf. Das liegt an seiner eigenen Massenträgheit bei der gleichförmigen Rotation, wogegen er sich in den einzelnen Bahnabschnitten seiner elliptischen Bahn nach dem zweiten Keplerschen Gesetz verschieden schnell vorwärts bewegt, nämlich in Erdferne langsamer und in Erdnähe schneller. Die Libration in Länge macht $\pm 8^\circ,0$, die in Breite $\pm 6^\circ,7$ aus. Die Erscheinung wird dem unbewaffneten Auge bei aufmerksamer Beobachtung durch eine wechselnde Randnähe der auffälligen dunklen Mondflecken (Mondmare) sichtbar, im Fernglas oder im Fernrohr ist sie sehr deutlich. Die Beobachtung randnaher Mondgebiete kann zu einem Programm (z. B. für die Fotografie) gemacht werden. Die Jahrbücher für die beobachtenden Amateure enthalten Hinweise auf alle genannten Monderscheinungen.

Die Beobachtung des Mondes

Unseren Mond könnte man mit einer kosmischen Insel vor der Küste eines Kontinents (der Erde) vergleichen. Er ist uns nah und gut sichtbar wie diese, doch erst wenn man gelernt hat, entsprechende technische Hilfsmittel zu entwickeln und zu realisieren, wird er erreichbar. Nachdem die Menschheit viele Jahrhunderte davon geträumt hatte, eine Reise zum Mond zu machen, betraten im Jahre 1969 zwei Menschen erstmals seine Oberfläche. Seitdem können wir eigentlich nicht mehr von dem Mond „da oben" sprechen, wir sollten besser von dem Nachbarn „da drüben" reden.
Deutlich können wir mit bloßem Auge sehen, wie der Mond an helleren Sternen vorbeizieht. Manchmal kommt es sogar zu einer Bedeckung eines Sterns, wenn die langsam veränderliche Mondbahn ihn genau in dieser Richtung vorüberziehen läßt. Der Mond kann natürlich nur ekliptiknahe Sterne verdecken, die zu den Zodiakos-Sternbildern (Tierkreisbilder) gehören. Die hellsten hier infrage kommenden Sterne sind Regulus im Löwen, Spica in der Jungfrau und Antares im Skorpion. Es können aber auch die Sterngruppen im Sternbild Stier, die Plejaden und die Hyaden, betroffen sein. Diese Bedeckungen werden ebenso wie die Sternbedekkungen in den Jahrbüchern bekannt gemacht.
Mit dem bloßen Auge sehen wir zwar schon ausgedehnte dunklere Regionen auf dem Mond, aber erst mit einem optischen Hilfsmittel erschließt sich uns diese fremde und bizarre Welt. Betrachten wir einmal im März/April den zunehmenden Mond am Abendhimmel. Er ist in einem optischen Gerät leicht einzustellen. Der Mond möge gerade oberhalb (nördlich) eines hellen Sterns stehen, das kann z. B. der Fixstern Aldebaran im Stier sein oder auch die helle Venus. Innerhalb der Mondsichel sehen wir ein feines Leuchten. Ein scharf trennendes Auge kann, wenn die Sichel noch schmal genug ist und das angrenzende Gebiet noch nicht zu sehr überstrahlt, Helligkeitsunterschiede in diesem sekundären, „aschgrauen Licht", wie es genannt wird, wahrnehmen. Dieses zarte Licht wird von der beleuchteten Erde zum Mond reflektiert. Wenn wir ein Fernglas auf den Mond richten, so sehen wir die Erscheinung deutlicher. Jetzt überstrahlt auch die Mondsichel das aschgraue Licht, das *Sekundärlicht* nicht mehr, wir können es gut sehen. Die Richtungen entsprechen der Wahrnehmung

mit bloßem Auge: der Mond steht oberhalb des Sterns (wenn es sich um die Venus handelt, kann man vielleicht schon die flächige Planetengestalt erkennen). Nun betrachten wir den Mond mit dem Fernrohr bei schwacher Vergrößerung mit großem Gesichtsfeld. Das optische System kehrt das Bild um, so daß der Mond „auf dem Kopf" steht; der Stern ist nun im Fernrohr rechts oberhalb zu sehen. Die Mondsichel erscheint scharf konturiert, und im sekundären Licht sehen wir den Teil der von der Sonne nicht direkt beleuchteten Oberfläche, auf der wir unterschiedlich helle und dunkle Bereiche erkennen können. Hellere Mondformationen heben sich vom Untergrund ab. Im Verlauf der nächsten Tage und Abende sehen wir die Sichel sich auffüllen, und der Mond rundet sich zur Vollmondscheibe. Bei schmaler Sichel macht es uns keine Schwierigkeiten, den Mond länger im Instrument zu betrachten, doch nun blendet er uns. Um ihn trotzdem beobachten zu können, gibt es für Fernrohre (aber auch für manche Ferngläser) Dämpfgläser, also Graugläser in Abstufungen. Mit ihnen läßt sich der helle Mond ohne zu starke Augenreizung längere Zeit betrachten. Wir haben bereits feststellen können, daß seine Oberfläche zernarbt ist. Heute wissen wir, daß die ringförmigen Bergwälle und Bergketten vor Jahrmilliarden durch Aufschlag größerer Materiebrocken aus dem interplanetaren Raum auf die Oberfläche entstanden sind. Diese Formationen sind in ihrer ursprünglichen Gestalt erhalten geblieben, denn anders als auf der Erde gibt es auf dem Mond infolge seiner geringen Schwerkraft keine Atmosphäre und somit keine Windbewegungen. Auch die erodierenden Einflüsse von Regen, Schnee und Eis fehlen ebenso wie die Veränderungen, die in großen Zeiträumen auf der Erdoberfläche durch die Meere entstehen. Wir haben eine konservierte Naturlandschaft aus der Frühgeschichte unseres Planetensystems vor uns. Was uns bei der Beobachtung stört, ist unsere eigene Lufthülle. Allerdings ist es auf dem Mond nicht unbedingt langweilig, im Gegenteil: er ist für den Anfänger ein ausgezeichnetes Übungsfeld! Außerdem ist er der uns nächste Himmelskörper. Schon mit dem bloßen Auge erscheint er flächig und groß. Er bewegt sich um die Erde herum in einem Zeitmaß, so daß man etwa alle 4 Wochen dieselben Phänomene, an deren Beobachtung man interessiert ist, vorgeführt bekommt. Interessanterweise ändert sich der Anblick dieser Landschaft jeden Monat ein wenig, was mit den Librationen und kleinen Änderungen der Mondbahn im Zusammenhang steht.

Als nächstes sollte man sich eine Übersicht über die Vielfalt der Oberflächenformationen zu verschaffen suchen. Heute gibt es Mondkarten, die Einzelheiten bis hinunter zu etwa 10 bis 5 km Größe wiedergeben. Hier sei eine Bemerkung eingeschoben: Neuere Darstellungen der Mondoberfläche verwenden für die „Himmelsrichtungen" Bezeichnungen, die durch die Raumfahrt notwendig wurden und durch sie definiert sind. Beim Mond wie bei der Erde (und übrigens auch bei allen anderen Planeten und ihren Monden) ist normalerweise Norden in Richtung zum Nordpol der Ekliptik, d.h. in Richtung Sternbild Drache (Draco), Süden ist die Gegenrichtung. Osten ist diejenige Himmelsrichtung auf dem Mond wie auf der Erde und den Planeten, in der die Sonne „aufgeht", die Oberfläche also ihr erstes Licht erhält. Sinngemäß ist Westen die Richtung, in der die Sonne „untergeht", die Oberfläche wieder ins Dunkel versinkt. Blicken wir also von der Nordhalbkugel der Erde den Mond an und vergleichen ihn mit einer astronautisch orientierten Karte, so ist Norden „oben" und Süden „unten", Osten ist „rechts" und Westen „links" – genau wie bei den Landkarten unserer Erde! Bei älteren Karten finden wir Ost und West noch bezogen auf den genannten Anblick von unserem Nordhalbkugelhorizont – ein ganz und gar europäisch „geozentrischer Standpunkt". Wir sollten hier Nicolaus Copernicus folgen, wenn er nun auch schon einige Jahrhunderte tot ist, und uns seinem doch als richtig anerkannten *heliozentrischen Weltbild* anschließen! Erscheint nun der Mond im Blickfeld eines Fernrohrs, das nach der Keplerschen Bauart das Bild umkehrt, so müssen wir entsprechend auch unsere Mondkarten auf den Kopf stellen. Die meisten neuen Mondkarten sind schon so beschriftet, daß zum praktischen Gebrauch am umkehrenden Fernrohr der Mond-Südpol oben liegt. Für die weitere Orientierung werden noch einige Hinweise folgen.

Die zunächst auffälligste Erscheinung der Mondoberfläche ist die Ungleichmäßigkeit in der Helligkeitsverteilung. Was wir mit dem bloßen Auge noch als dunkle Flekken im Mond („Mann im Mond", „Hase im Mond") sahen, das entpuppt sich im vergrößerten Bild als ein Nebeneinander von ausgedehnten dunklen und glatt wirkenden Flächen, den Mond-„Meeren" und helleren Gebirgen. Die frühen Mondforscher glaubten, Formationen wie auf der Erde vor sich zu haben, und sahen in den dunklen Flächen wirkliche Meere (J. Hevelius). So wurden diese Gebiete auch *Maria* genannt (lat. Mehrzahl von mare =

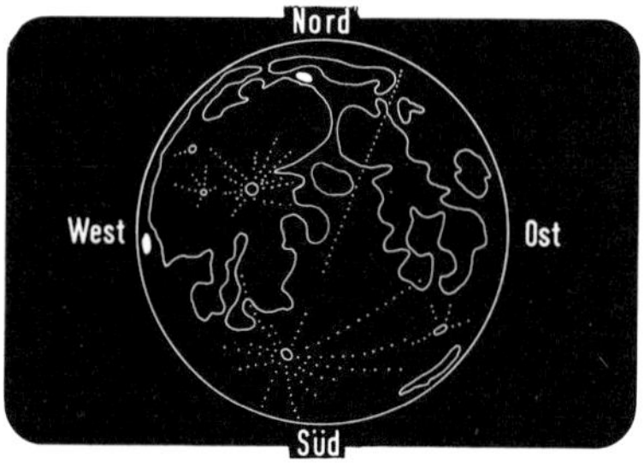

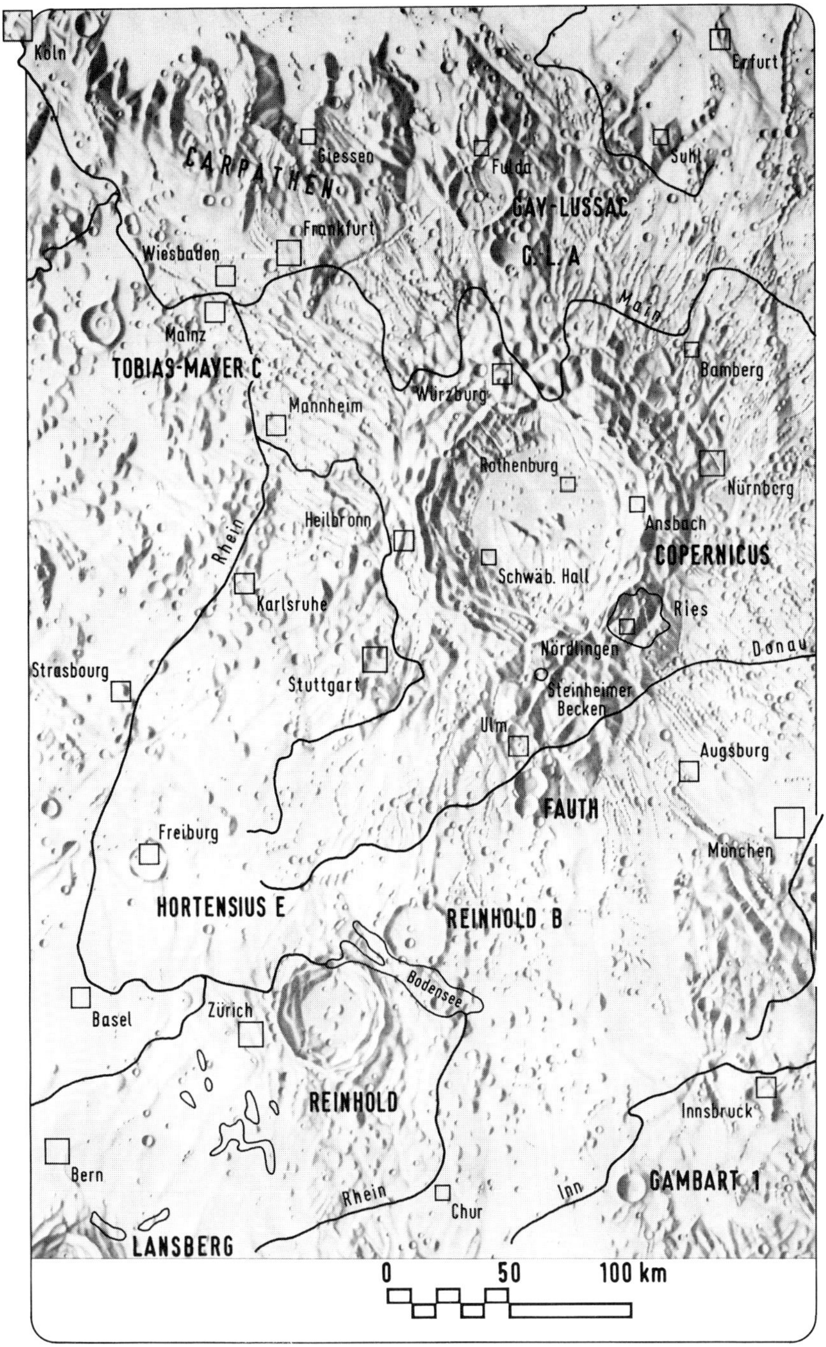
Köln
Erfurt
Giessen
Fulda
Suhl
CARPATHEN
GAY-LUSSAC
C.L.A
Frankfurt
Wiesbaden
Mainz
Main
TOBIAS-MAYER C
Bamberg
Würzburg
Mannheim
Rothenburg
Nürnberg
Rhein
Heilbronn
Ansbach
COPERNICUS
Schwäb. Hall
Karlsruhe
Ries
Nördlingen
Donau
Strasbourg
Stuttgart
Steinheimer
Becken
Ulm
Augsburg
FAUTH
Freiburg
München
HORTENSIUS E
REINHOLD B
Bodensee
Basel
Zürich
REINHOLD
Innsbruck
Bern
Rhein
Chur
Inn
GAMBART 1
LANSBERG
0
50
100 km

Meer) und mit Phantasienamen versehen. Auch dazwischenliegende Berge und Gebirge erkannten schon die ersten Forscher, trotz ihrer noch recht einfachen Fernrohre. So bekam manches auffälligere Kettengebirge den Namen eines irdischen Gebirgszugs (z.B. Alpen, Karpathen, Kaukasus, Altai).

Der Anblick des Mondes, vor allem, wenn man ihn das erste Mal vergrößert sieht, ist überraschend. Der harte Gegensatz von Licht und Schatten (es gibt auf dem Mond keine Lufthülle, also fehlen weiche Übergänge) läßt die Gebirge kontrastreich erscheinen. Vor allem fällt eine in allen Größenordnungen wiederkehrende Rundform auf. Vom größten Ring, den Berge bilden, bis hin zum gerade noch erkennbaren Loch in der Mondoberfläche sind alle Dimensionen vertreten. Durchmesser zwischen 200 und 250 km sind selten, je kleiner aber die Querschnitte werden, umso häufiger werden diese Objekte bis zu gerade noch in den Luftschlieren unserer Atmosphäre erkennbaren Trichtern von etwa 5 km Abmessung. Um einen Eindruck von den Durchmessern der Ringgebirge zu vermitteln, ist die dargestellte Gegend um Copernicus auf eine Karte von Süddeutschland projiziert. Dieses sehr regelmäßige Ringgebirge, das wir von der Erde aus nahezu senkrecht von oben sehen, hat einen Durchmesser von gut 90 km. In seiner Mitte erhebt sich ein Zentralberg. Der Außenwall reicht etwa 3500 m über die umgebende Oberfläche, um nach innen in den Kessel um 3850 m abzufallen, so daß der Boden um 350 m tiefer liegt als die Umgebung. Das Zentralgebirge steigt ca. 700 m über den Innenboden auf, liegt mit seiner höchsten Erhebung also erheblich tiefer als der Kamm des Ringgebirges. Man nimmt heute an, daß alle Mondkrater durch Einsturz von großen und kleinen kosmischen Brocken (Meteoriten) in der Frühzeit der Planetenentstehung – d.h. vor gut 4 Milliarden Jahren – entstanden sind. Copernicus ist jünger, nämlich etwa 3,5 Milliarden Jahre alt. Wahrscheinlich hat der Aufschlag eines kleinen Planetoiden diesen großen Krater erzeugt. Später erfolgten nur noch wenige Aufschläge. Copernicus ist deshalb sehr gut erhalten, während andere, ältere Gebirge durch spätere Einschläge überlagert wurden, so daß sie gestört oder zerstört sind. Beim Aufschlag wurde durch Rückfederung des Mondbodens das Zentralgebirge aufgeworfen sowie ein Magmaausfluß aus dem Mondinneren initiiert, den wir auf Nahaufnahmen als erstarrte Lavaströme an den Hängen erkennen können. Die Copernicus-Region ist mit gutem Grund für die Projektion auf die Karte Süddeutschlands ausgewählt worden. Wir finden in dieser Landschaft nämlich zwei Oberflächenformationen, die ebenfalls durch Aufschläge von Materiebrocken aus dem interplanetaren Raum entstanden sind, allerdings in viel späterer Zeit. Die Stadt Nördlingen liegt in einem flachen Becken, das vor 15,4 Millionen Jahren von einem großen Meteoriten geformt wurde. Anschließende Erosionen durch Wasser, Eis und Wind haben die ursprünglichen Formen geglättet und z.T. abgetragen, so daß die Rundform beim Durchwandern der Gegend nicht mehr unmittelbar auffällt. Etwa 40 km westlich von Nördlingen liegt die Kleinstadt Steinheim innerhalb eines Kessels von ungefähr 5 km Durchmesser, der zur gleichen Zeit wie der größere Nachbar entstanden ist. Beide Formationen, das Nördlinger Ries und das Steinheimer Becken, sind irdische Zeugnisse von Aufschlägen kosmischer Körper. Erfolgte die Entstehung des Kraters Copernicus ohne lebende Zeugen in der Lautlosigkeit des Mondes, so war das Riesereignis eine lokale Katastrophe für den damaligen süddeutschen Raum. Der Doppeleinschlag im Bereich der Schwäbischen Alb machte nicht nur dieses Gebiet zur Wüstenei, sondern hatte durch die Luftdruckwelle, das Aufschlagsbeben und den Auswurf von Oberflächengesteinen über Dutzende von Kilometern hinweg eine vernichtende Wirkung in der belebten Natur.

Für den Fernrohrbeobachter mag noch der Hinweis interessant sein, daß die Wallebene Gay-Lussac seitlich von Copernicus etwa die Größe des Nördlinger Rieses hat und mit kleinen Instrumenten gesehen werden kann. Der Krater daneben ist etwa so groß wie das Steinheimer Becken (das in seinen Abmessungen dem durch normale Oberflächenerosion entstandenen Stuttgarter Talkessel entspricht); ihn kann man mit einem großen Amateurfernrohr bei ruhiger Luft gerade noch bei stärkerer Vergrößerung erkennen.

Mondfinsternisse

Nicht bei jedem Umlauf des Mondes um die Erde findet in der Vollmondstellung eine Mondfinsternis und in der Neumondstellung eine Sonnenfinsternis statt. Dabei müssen sich ja Sonne, Erde und Mond genau auf einer geraden Linie befinden. Wegen der Neigung der Mondbahn gegen die Ekliptik läuft aber der Neumond normalerweise am Himmel oberhalb oder unterhalb der Sonne vorbei, oder der Erdschatten verfehlt die Mondoberfläche um einen kleinen Winkel. Nur wenn der Mond in seiner Voll- oder Neumondphase gerade seinen Bahnknoten durchläuft, kann eine Finsternis entstehen. Da die Mondknoten schwach rückläufig sind, verfrühen sich die Finsternisse im Laufe der Jahre ständig ein wenig. Zeitangaben zu den Finsternissen findet man in den astronomischen Jahrbüchern und Sternkalendern. Gewöhnlich folgen jeweils zwei Finsternisse im Abstand von zwei Wochen aufeinander, da der Mond nach einem halben Umlauf den gegenüberliegenden Knoten noch zur richtigen Zeit erreicht. Die Finsternisse wiederholen sich in der Regel in einem Zeitabstand von etwa einem halben Jahr. Der Schattenkegel, den das Sonnenlicht hinter der Erde auf ihrer Nachtseite erzeugt, besteht aus einer Kernschatten- und einer Halbschattenzone. Ist der Abstand der Schattenmitte vom Mondknoten noch zu groß, so durch-

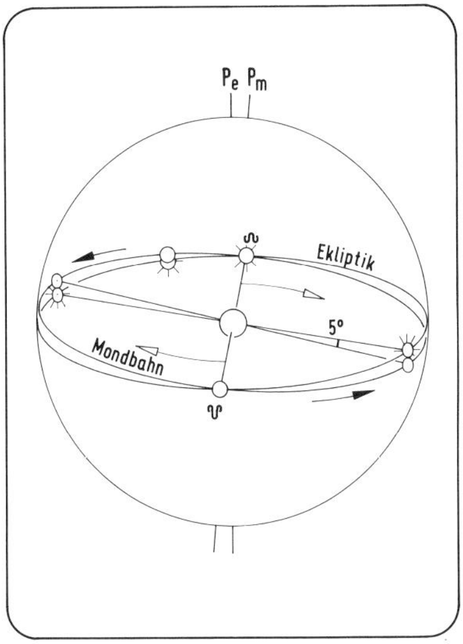

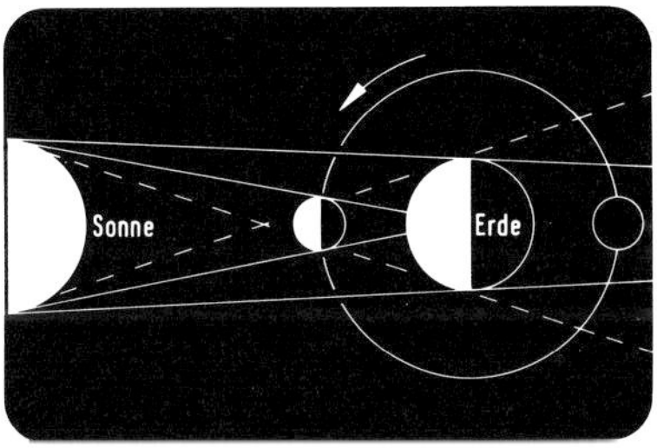

wandert der Mond nur das Halbschattengebiet. Wir sprechen dann von einer Halbschattenfinsternis (HSF), einem Ereignis, das kaum wahrnehmbar ist. Ist der Abstand vom Knoten genügend klein, so taucht der Mond teilweise oder ganz in den Kernschatten ein. Es entsteht eine partielle (pF) oder totale (tF) Mondfinsternis. Diese kann bis zu zwei Stunden dauern, wenn nämlich das Kernschatten-

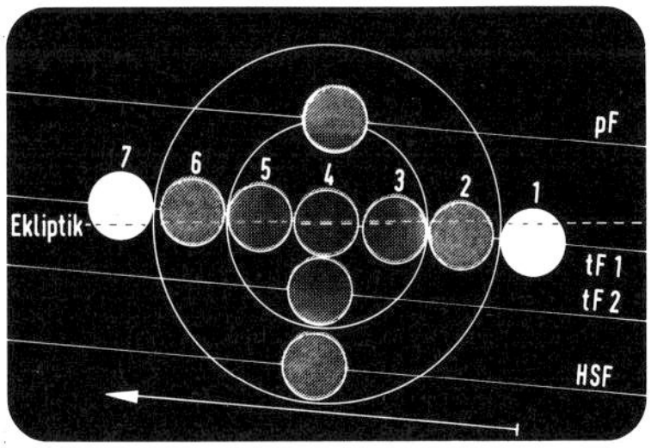

zentrum genau mit dem Mondknoten zusammentrifft (tF 1). Die variierenden Entfernungen Erde-Mond und Sonne-Erde haben Einfluß auf die Schattengröße und damit auf die Dauer der Totalität. Zwei weitere Ursachen hängen mit den unterschiedlichen Geschwindigkeiten von Erde und Mond zusammen, die sich aus ihren elliptischen Bahnen nach dem 2. Keplerschen Gesetz ergeben. Im *Apogäum* (erdfernen Punkt) verweilt der Mond etwas länger in Knotennähe. Außerdem wandert der Erdschatten in Sonnenferne etwas langsamer am Himmel weiter, dem der Mond nachlaufen muß.

Eine Mondfinsternis ist ein Ereignis, das für die ganze Erde gleichzeitig stattfindet. Natürlich kann man sie nur von einem Ort aus beobachten, wo der Mond dann über dem Horizont steht. So sehen wir manchmal den Mond bereits verdunkelt aufgehen, oder er ist noch im Kernschatten, wenn er untergeht.

Man teilt den Ablauf einer Mondfinsternis in folgende „Kontaktzeiten" ein:

1. Eintritt in den Halbschatten, kaum wahrnehmbar
2. Berührung des Mondrandes mit dem Kernschatten, Beginn der partiellen Phase
3. Eintritt in den Kernschatten, Beginn der totalen Phase
4. Finsternismitte
5. Wiedererscheinen des Mondrandes, Ende der totalen Phase
6. Austritt des nachfolgenden Mondrandes aus dem Kernschatten, Ende der partiellen Phase
7. Austritt aus dem Halbschatten, Ende der Finsternis, kaum wahrnehmbar.

Da die Erdatmosphäre infolge der Lichtbrechung Sonnenlicht auch in den Kernschatten lenkt, wird die Mondoberfläche noch schwach erleuchtet, sie wird nie ganz verdunkelt sein. Insbesondere der Rotanteil des Sonnenlichts erreicht noch den Mond und läßt ihn leicht rötlich erscheinen. Die Nuancierung und Intensität dieses Lichts hängt stark von den atmosphärischen Bedingungen der Lufthülle ab, durch die hindurch die Randstrahlen die Erdoberfläche streifen (s. S. 64). Die Farbbeobachtungen und Helligkeitsschätzungen gehören mit zum Programm des Amateurs. Man kann eine Mondfinsternis mit bloßem Auge als ästhetisches Ereignis genießen, man kann sie besser mit einem Fernglas betrachten. Der Amateur wird aber sein Fernrohr benutzen, den Verlauf fotografieren und, wenn er Messungen machen will, die An- und Austrittszeiten des Erdschattens für ausgewählte Oberflächenformationen des Mondes mit der Uhr bestimmen.
Bei einer Mondfinsternis läßt sich der Zeitpunkt des Eindringens der Vollmondscheibe in den Erdschatten durch Bestimmen der An- und Austrittskontakte mit dem Kern-Schattenrand und einer Auswahl von Mondformationen messen. Dafür ist eine Auswahl kontrastreicher Objekte getroffen worden, die als *Berliner System* bekannt sind:
Grimaldi / Billy / Aristarchus / Campanus / Cap Heraclides (Sinus Iridum) / Copernicus / Pytheas / Cap Laplace (Sinus Iridum) / Tycho / Plato / Manilius / Vitruvius / Censorinus / Goclenius / Proclus / Langrenus.
Da der Rand des Erdschattens diffus, d. h. nicht scharf abgegrenzt erscheint, und eine Genauigkeit von 0,1 Minuten anzustreben ist, muß man bei größeren Mondformationen die Schattenan- und Austritte getrennt für Westwall, Zentralberg und Ostwall bestimmen. Dabei wird folgendermaßen vorgegangen:
t_1 = Antritt (Austritt) erscheint gerade erfolgt; t_2 = Antritt (Austritt) ist mit Sicherheit erfolgt; t_3 = Antritt (Austritt) hat stattgefunden.
Die Gewichtung der Zeiten erfolgt nach der Formel $T = \frac{t_1 + 2 \times t_2 + t_3}{4}$.
Die Mondfinsternisse können von sehr unterschiedlicher Färbung und Helligkeit sein. Deshalb erfolgt eine Einstufung nach einer Skala des französischen Astronomen Audouin DANJON:

0 Sehr dunkle Finsternis, Mond fast unsichtbar, besonders in Totalitätsmitte
1 Dunkle Finsternis, graue oder bräunliche Färbung, Oberflächeneinzelheiten nur schwer erkennbar
2 Dunkelrote bis rostfarbene Finsternis, Schattenzentrum dunkel, Kernschattenrand aufgehellt
3 Ziegelrote Finsternis, Kernschatten mit hellem Rand oder gelblicher Färbung
4 Kupferrote oder orangerote Finsternis, Oberflächeneinzelheiten sind mit Fernglas gut sichtbar, Kernschattenrand aufgehellt bis bläuliche Färbung.
Mittlere Länge des Kernschattens der Erde = 1.383.582 km; mittlere Länge des Kernschattens des Mondes = 374.505 km; mittlerer Durchmesser des Kernschattens der Erde in Mondentfernung: $1^\circ\!,37$ = 9.212 km.

Von links oben nach rechts unten:

Mond, zunehmend. 11. 9. 1983, 19 Uhr UT. 7″ f = 2590 mm, Kodak 64. Bt = 2 s. Aufnahme: Beneke

Mond, zunehmend, 1. Viertel. 15. 8. 1983, 19.10 Uhr UT. 7″ f = 2590 mm Kodak 64, Bt = 1 s. Aufnahme: Beneke

Mond, zunehmend, kurz vor Vollmond. 21. 7. 1983, 19.50 Uhr UT. 7″ f = 2590 mm, Kodak 64, Bt = $\frac{1}{8}$ s. Aufnahme: Beneke

Mond, abnehmend, nach Vollmond. 26. 9. 1983, 22.30 Uhr UT. 7″ f = 2590 mm, Kodak Ektachrome 400, Bt. = auto (ca. $\frac{1}{8}$ s). Aufnahme: Beneke

Fokalaufnahmen am 7″-ZEISS-Refraktor der Schwäbischen Sternwarte, Stuttgart. f = 2590 mm, Minolta XE-1. Aufnahme: Beneke

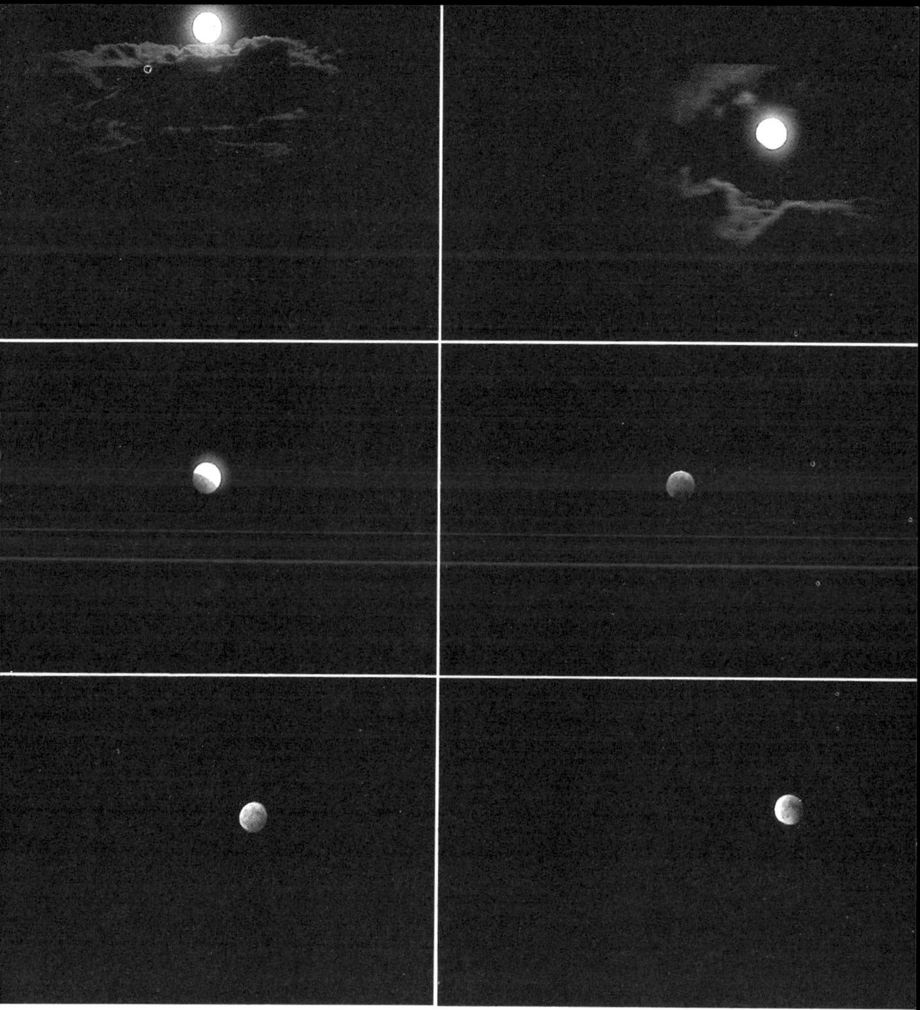

Die Phasen einer totalen Mondfinsternis. 16. 9. 1978. Drios/Paros (Kykladen). Serienaufnahmen mit Minolta XE-1. Optik: 1:2,8/135 mm, Kodak 64. Aufnahme: Beneke

---

Linke Seite:

Oben:
Milchstraße im Gebiet Schütze/Schlangenträger. 22.7. 1979, Stilfser Joch/Südtirol (2900 m Höhe). Optik: 1:1,4/50 mm, abgeblendet auf 2.4. Kodak Ektachrome 400 und Filter FL-W, Belichtung: 22.13 – 23.01 Uhr UT. Aufnahme: AABO

Unten:
Südliche Milchstraße im Gebiet Centaurus/Musca/Carina. Links die hellen Sterne α und β Centauri, in der Bildmitte das Kreuz des Südens mit der Dunkelwolke „Kohlensack", rechts der auffallende Gasnebel Eta Carinae. 3.2. 1984. ESO La Silla/Chile (2400 m Höhe). Optik: 1:1,7/50 mm, abgeblendet auf 2,4, Kodak Ektachrome 400 (USA). Belichtung: 8.07 – 8.29 Uhr. Aufnahme: Celnik (AABO)

Sonnenfinsternisse

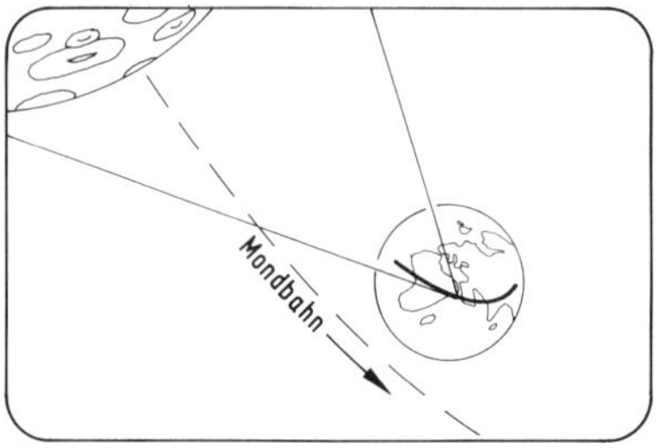

Im Gegensatz zu Mondfinsternissen, die von allen Orten aus beobachtet werden können, für die der Mond aufgegangen ist, sind Sonnenfinsternisse nicht überall dort sichtbar, wo die Sonne am Himmel steht. Nur bestimmte, schmale (bis zu 300 km breite) Zonen auf der Erdoberfläche werden vom Schatten des Mondes überstrichen. Auch der Mondschatten besteht aus einem Halb- und einem Kernschatten. Für uns sind diejenigen Finsternisse am interessantesten, bei denen der Mond die Sonnenscheibe ganz verdeckt: die *totalen Sonnenfinsternisse* (tF). Dabei wird das Licht unseres Tagesgestirns in einem Zeitraum bis zu einigen Minuten für eine Reihe von Orten auf der Erdoberfläche von West nach Ost durch den Mond abgedeckt. An einem verdunkelten Taghimmel, der eine Stimmung wie bei der Dämmerung aufkommen läßt, erscheint uns der Ort, an dem Mond und Sonne hintereinander stehen, wie ein dunkles Loch im Himmel. Für den kurzen Zeitraum der Totalität können wir die nähere Umgebung der Sonne mit ihrer leuchtenden Atmosphäre, der *Korona* (von lat. corona = Krone) sehen. Das ist die einzige Gelegenheit, die Sonne direkt mit einem Fernglas betrachten zu können. Wir sehen dann Einzelheiten, die mit bloßem Auge kaum erkennbar sind. Rote Gasausbrüche ragen über den Rand der Sonnenscheibe hinaus und die feinfaserige Struktur des hochverdünnten Koronagases wird in blaßweißem Licht sichtbar.

Manche Sternfreunde reisen weite Strekken um diese seltene, aber eindrucksvolle Himmelserscheinung einmal zu erleben (s. S. 166). Wenn sie ein Teleskop dabei haben, werden sie nach einem eintrainierten Programmfahrplan ihre fotografischen Aufnahmen machen. Am begehrtesten sind natürlich die totalen Sonnenfinsternisse, bei denen die Sonnenscheibe für längere Zeit (maximal etwa sieben Minuten!) ganz durch den Mond verdeckt wird. Auch hier hängt die Dauer der Erscheinung von den momentanen scheinbaren Durchmessern der Sonne und des Mondes und deren Relativitätsgeschwindigkeiten am Himmel ab. Nicht immer reicht ein zentrales Treffen für eine totale Verfinsterung. Es kann durchaus vorkommen, daß der Mond kleiner erscheint als die Sonne, dann kommt es zu einer *ringförmigen Sonnenfinsternis* (rF). Ein schmaler

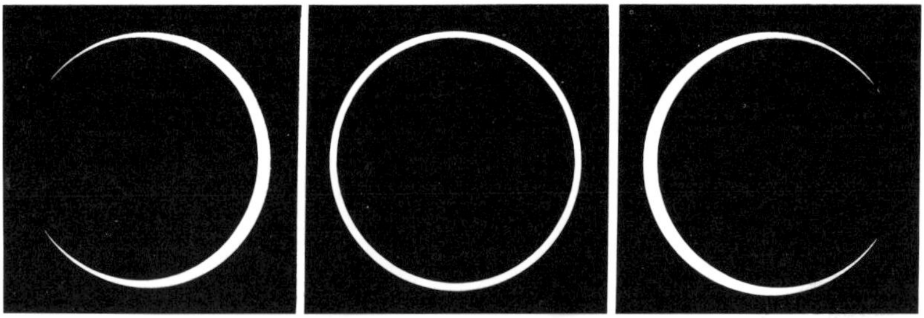

Ringförmige Sonnenfinsternis. 1976 April 29. Thira – Santorini/Kykladen. Maksutow 63/550 mm, Aufnahmebrennweite f = 1650 mm Kodak SO 410: 1/1000 s mit Metallfolienfilter. Aufnahme: Bernhard

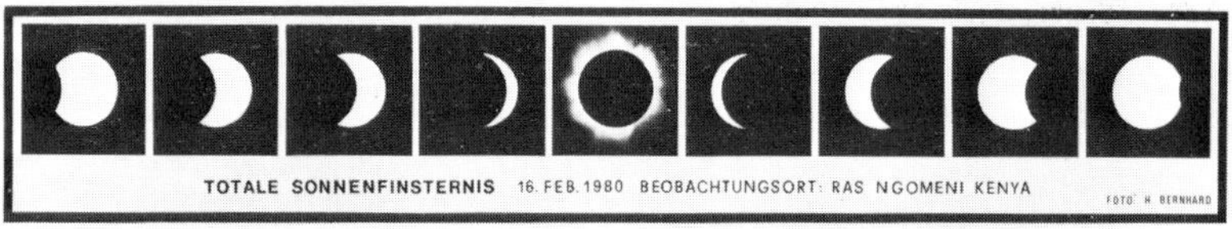

Totale Sonnenfinsternis. 16. 2. 1980. Ras Ngomeni/Kenia. Maksutow 63/550 mm. Aufnahmebrennweite f = 1100 mm. Partielle Phasen: Agfa Ortho 25, Metallfolienfilter, Belichtungszeit je nach Bewölkung 1/250-1/1000 s. Totale Phase: Kodak Tri-X Pan 27 DIN, Belichtungszeit 1 Sekunde (ohne Nachführung). Aufnahme: Bernhard

Ring der Sonnenscheibe bleibt um die dunkle Mondscheibe sichtbar. Aber in diesem Fall müssen wir unsere Augen schützen. Denn die restliche Lichtfülle reicht noch aus, unsere Augen zu schädigen. Bei einer *partiellen Finsternis* (pF) ist der Mond so weit von seinem Knoten entfernt, daß sein Kernschatten die Erdoberfläche nicht mehr erreicht. Aber auch bei jeder totalen Finsternis ist der schmale, lange Totalitätsstreifen von einer ausgedehnten Zone umgeben, wo die Sonne noch gerade verfinstert erscheint. Sehen wir uns bei einer partiellen oder einer ringförmigen Finsternis in der Landschaft um, so haben wir den Eindruck, es herrsche Dämmerung, allerdings mit einem gravierenden Unterschied: nirgendwo am Horizont sehen wir das Dämmerungssegment des Auf- bzw. Untergangsortes der Sonne. Sie steht ja hoch am Himmel! Aber auch eine solche Finsternis hat ihren eigenen ästhetischen Reiz.

Man kann eine partielle Finsternis sehr viel häufiger erleben, als eine totale. Für den Beobachter bietet sie die Möglichkeit, Sonnenfleckenpositionen durch die Verdeckung am Mondrand zu bestimmen.

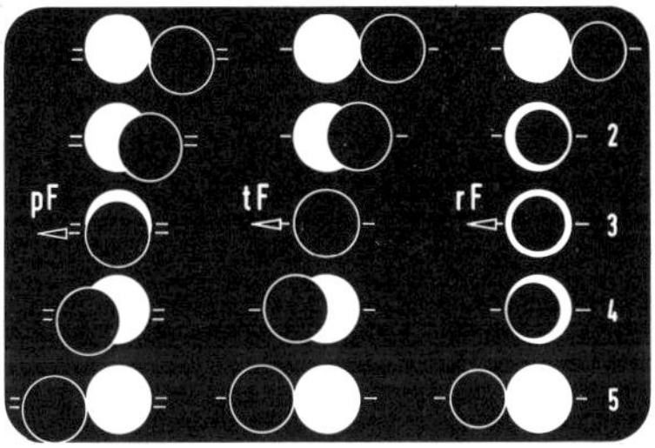

Bei einer Sonnenfinsternis werden folgende Zeiten unterschieden:

1. Kontakt: der Mondrand berührt den Sonnenrand, Finsternisbeginn
2. Kontakt: der Mondrand berührt den gegenüberliegenden Sonnenrand und die Sonne ist ganz abgedeckt (Beginn der Totalität)
3. Kontakt: Mitte der Finsternis
4. Kontakt: der Mondrand verläßt den Sonnenrand und beginnt, die Sonne wieder freizugeben (Ende der Totalität)
5. Kontakt: der Mondrand verläßt den Sonnenrand, Finsternisende

Totale Sonnenfinsternis mit innerer Korona. 11. 6. 1983. Blimbing, Nordküste von Java. Celestron 90, Agfa CT 18, Bt = 1,4 s. Die Aufnahme entstand ca. 90 Sekunden nach dem zweiten Kontakt. Während der Totalität herrschte leichter Cirrus, der bei der Aufnahme zur Aufhellung des Mondschattenbereichs führte. Aufnahme: Farago

Die Beobachtung einer Sonnenfinsternis durch ein Fernrohr muß mit den gleichen Sicherheitsvorkehrungen erfolgen wie die normale Sonnenbeobachtung auch: entweder durch Projektion des Sonnenbildes auf einen Fangschirm, so daß gleichzeitig mehrere Personen das Ereignis verfolgen können, oder direkt durch das Okular, wobei **vor** dem Fernrohrobjektiv ein Sonnenschutzfilter angebracht sein muß. Mit bloßem Auge kann man die Sonne ansehen, wenn man in Diarähmchen genügend Filmenden von neutralbelichteten Schwarz-weiß-Filmen einlegt. Am besten, weil billig, ist ein Satz von Rähmchen mit jeweils einer bzw. zwei, drei oder vier Lagen von Filmenden, so kann man je nach Sonnenstand, Dunst oder Wolkenschleier sich das passendste Filter aussuchen, indem man mit dem stärksten beginnt und nach unten geht bis zur Erträglichkeit für das Auge. Trotzdem: Vorsicht!

Eine wenig beachtete, aber einfache – und für die meisten Beteiligten überraschende – Methode ist die folgende: wenn belaubte Bäume in der Nähe sind (sie dienen in heißen Ländern als willkommene Schattenspender vor und nach der Finsternis), dann sollte man nicht nur nach oben zur Sonne, sondern auch einmal hinab auf den Erdboden blicken. Das Blätterdach eines Baumes hat viele kleine Öffnungen, die wie „Lochkameras" wirken und ein Bild des Finsternisverlaufs auf den Erdboden projizieren (s. S. 197).

Eine Sonderform von Finsternissen sind die Vorübergänge der Planeten Merkur (selten) und Venus (sehr selten) vor der Sonnenscheibe. Es bedarf auf jeden Fall eines Teleskops, da beide Planeten von unserer Erde weit entfernt sind und deshalb unter einem geringen Winkel erscheinen. Solch ein Vorübergang vor der Sonne ist nur dann zu beobachten, wenn die Sonne am betreffenden Beobachtungsort zur vorausberechneten Zeit auch über

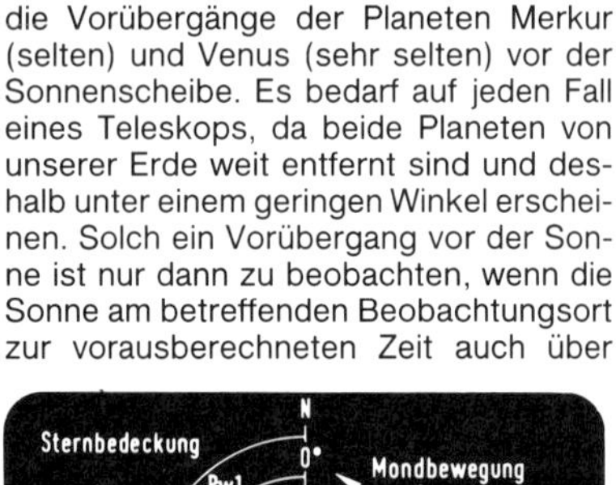

dem Horizont steht! Hinweise hierfür stehen in den astronomischen Jahrbüchern.
Auch Sternbedeckungen durch den Mond sind eine besondere Form von Finsternissen. Sie können schon mit einem starken Fernglas gesehen werden. Man lasse sich nicht die Bedeckung eines Planeten durch den Mond entgehen, auch wenn man deswegen nachts zu ungewohnter Stunde aus dem Bett muß. Zu den seltensten Ereignissen gehören Sternbedeckungen durch die Planeten. Sie sind noch viel seltener als lange, totale Sonnenfinsternisse. Auch hier werden Daten in den astronomischen Kalendern und Zeitschriften angegeben.

Die großen Planeten und ihre Monde

Bei flüchtigem Betrachten des Sternenhimmels unterscheiden sich die Planeten kaum von den Sternen. Wer sich etwas am Himmel auskennt, kann sie allerdings von den Fixsternen unterscheiden, weil ihr Licht weniger flimmert (szintilliert). Im Gegensatz zu den Fixsternen sind sie uns so nahe, daß wir sie als kleine Scheiben sehen und nicht nur das enge Lichtbündel einer Punktquelle empfangen; es gelangt immer ein kaum gestörter Anteil eines breiteren Lichtbündels durch die Atmosphäre in unser Auge, und die Lichtquelle erscheint ruhig. Fünf Planeten waren schon den Sternkundigen im Altertum bekannt. Es sind die mit bloßem Auge sichtbaren Merkur (Hermes), Venus (Aphrodite), Mars (Ares), Jupiter (Zeus), Saturn (Kronos). Man erkannte sie an ihren Bewegungen unter den anderen Sternen. Schon lange vor der Zeitenwende wurden sie im Vorderen Orient beobachtet, und man versuchte, ihre labyrinthisch anmutenden Bewegungen unter den Sternen vorauszuberechnen.
Die heutige Bezeichnung Planet stammt aus der altgriechischen Sprache und bedeutet *Wandelstern* (planetes = umherirrend). Das Wandeln folgt aber strengen Regeln, und durch eine große Genauigkeit in der Zeitrechnung gelangen Voraussagen der Planetenkonstellationen untereinander und in den Sternbildern des Zodiakos. Wenn auch die Beschreibung der scheinbaren Planetenbahnen am Himmel sehr kompliziert war, so war sie doch mit dem geozentrischen Weltbild des später nach Claudius PTOLEMÄUS benannten Systems hinreichend gut im Einklang. Fast 2000 Jahre (von Aristoteles 350 v. Chr. bis Copernicus ~ 1500 n. Chr.) galt die Weltbeschreibung mit der Erde im Mittelpunkt, bis ihre Existenz in Frage gestellt wurde. Zwar hatte der Grieche ARISTARCHOS VON SAMOS schon um 300 v. Chr. den Versuch unternommen, die Welt mit der Sonne im Zentrum des Planetensystems zu erklären, doch konnte sich sein Gedanke nicht durchsetzen. Nicolaus COPERNICUS (1472 – 1543) war schließlich der Wegbereiter des nach ihm benannten Weltbildes, in dem die Erde und die anderen Planeten ihre Bahn um das leuchtende Zentralgestirn ziehen. Lange wurden Sonne und Mond mit zu den Planeten gerechnet, sie wandern ja auch um den Sternenhimmel. Mit der Einführung des Fernrohrs in die Himmelsforschung bahnte sich jedoch eine Trennung an: der Mond schien mehr ein Abbild der Erde zu sein, die Sonne ein noch unerklärbares Phänomen. Die Erforschung des Sternenhimmels mit Fernrohren brachte bald auch eine Erweiterung unseres Sonnensystems um drei weitere Planeten mit sich. Es war eben kein Zufall, sondern ein Ergebnis der systematischen Beobachtung des Wilhelm HERSCHEL (1738–1822), die im Jahre 1781 zur Entdeckung des Planeten Uranus führte, der weit außerhalb der Saturnbahn seines Weges zieht.
Nicht nur die Astronomie hatte im Laufe der Jahrhunderte Fortschritte gemacht, auch die anderen Wissenschaften entwikkelten sich weiter. Das gilt auch für die Mathematik, die immer eine enge Verbindung zur Astronomie hatte. Immer hat eine Wissenschaft die andere befruchtet, beide sind untrennbar miteinander ver-

bunden. Das Studium der Planetenbewegungen führte zu den mathematisch-naturwissenschaftlichen Grundlagen, die mit den Namen Johannes KEPLER (1573–1630), der die drei Gesetze der Planetenbewegung aufstellte, und Isaac NEWTON (1643–1727), der das Gravitationsgesetz fand, verknüpft sind. Viele Forscher, vor allem beobachtende, haben oft durch mühsame Arbeit an diesem Gedankengebäude mitgearbeitet. So wurden aufgrund theoretischer Überlegungen die Planeten Neptun 1846 und Pluto 1930 nahe bei ihren vorausberechneten Positionen gefunden.

Die inneren Planeten

Zwei große Planeten ziehen ihre Bahnen um die Sonne innerhalb der Erdbahn, der sonnennahe Merkur und die Venus. Von allen Planeten kann sie der Erde am nächsten kommen. Die Abstände dieser beiden Planeten von unserer Erde variieren sehr stark, entsprechend ändert sich auch die scheinbare Helligkeit dieser beiden Nachbarn. Merkur, der etwa 1½mal so groß ist wie unser Mond, kann sich zudem nur um einen kleinen Winkelabstand von der Sonne entfernen, so daß er gewöhnlich im Dämmerungsbereich bleibt. Günstiger sind die geometrischen Voraussetzungen bei der Venus, die sich bis auf 48° seitlich von der Sonne entfernen kann, während Merkur nur einen maximalen Sonnenabstand von 28,°5 erreicht. Venus leuchtet zeitweise bis weit in die Nacht hinein. Vom Erdäquator aus sind beide Planeten immer günstig zu sehen. In mittleren Breiten hängt ihre Sichtbarkeit von den Jahreszeiten ab. Aufgrund der Lage der Ekliptik ist im Frühjahr der Nordhalbkugel die Abendsichtbarkeit am besten, im Herbst hingegen die Morgensichtbarkeit. Merkur und Venus sind während ihres größten seitlichen Sonnenabstandes *(Elongationen)* am besten zu sehen (abends in östlicher Elongation $E_ö$, morgens in westlicher Elongation E_W). Wenn sie genau in Sonnenrichtung stehen (Obere Konjunktion OK jenseits der Sonne, Untere Konjunktion UK zwischen Sonne und Erde), sind sie für einige Zeit unsichtbar.

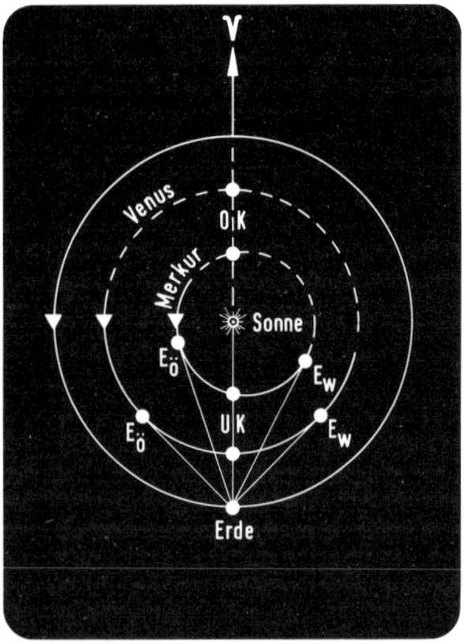

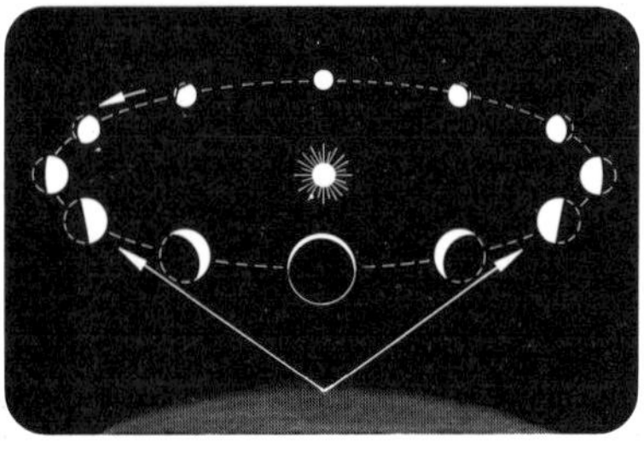

Nur die der Sonne zugewandten Hälften sind durch das reflektierte Sonnenlicht sichtbar, da alle Planeten nicht im eigenen Licht leuchten. Die beleuchtete Seite ist die Tagseite, die im Schatten die Nachtseite. Die Verhältnisse entsprechen denen unseres Mondes. Das bedeutet, daß wir auch bei Merkur und Venus unterschiedliche Beleuchtungsphasen sehen, und daß uns diese Planeten nicht nur aufgrund ihrer wechselnden Entfernung zur

Erde, sondern auch wegen der variierenden Größe der beleuchteten Oberfläche unterschiedlich hell am Himmel erscheinen. Bei gewissen Positionen zwischen den Elongationen und der Unteren Konjunktion kann man die Planeten zur Hälfte beleuchtet sehen. Diese Phase wird als *Dichotomie* (gr. dichotomeo = in zwei Teile spalten) bezeichnet und gern von Amateuren durch Beobachtung bestimmt.
Die Bahnen beider Planeten sind gegen die Ekliptik geneigt, die Merkurbahn um 7° und die Venusbahn um 3,°4. Gewöhnlich laufen die Planeten nördlich (P1) oder südlich (P3) der Sonne vorbei, wenn sie von der Abend- zur Morgensichtbarkeit überwechseln. Der Wechsel besonders der schmalen Venussichel, wenn sie „oberhalb“ der Sonne vorbeizieht und somit aus der günstigen Abstandssituation sowohl abends als auch morgens zu sehen ist, bietet der Fernrohrbeobachtung ein reizvolles Schauspiel. Wenn die Planeten Venus und Merkur während der unteren Konjunktion in der Nähe ihrer Bahnknoten stehen, (P2 und P4), kann es zu einem „Durchgang“ der dunklen Planetenscheibe vor der hellen Sonne kommen, ein Ereignis, das bei Merkur selten (etwa alle 8 Jahre) und bei Venus noch sehr viel seltener ist. Es ist nur mit dem Teleskop zu beobachten. Je nach der Lage der Planetenbahnen zueinander ist die Bogensehne vor der Sonnenscheibe kürzer oder länger und der kürzeste Abstand des Planeten vom Mittelpunkt der Sonnenscheibe bestimmt die Dauer des Ereignisses.
Da von verschiedenen Standorten auf der Erde aus die Venus vor der Sonnenscheibe perspektivisch versetzt erscheint, hat man diese Vorübergänge erstmals im 18. Jahrhundert dazu benutzt, die Entfernung Erde – Venus zu ermitteln. Damit läßt sich anschließend die Entfernung Erde zur Sonne berechnen.

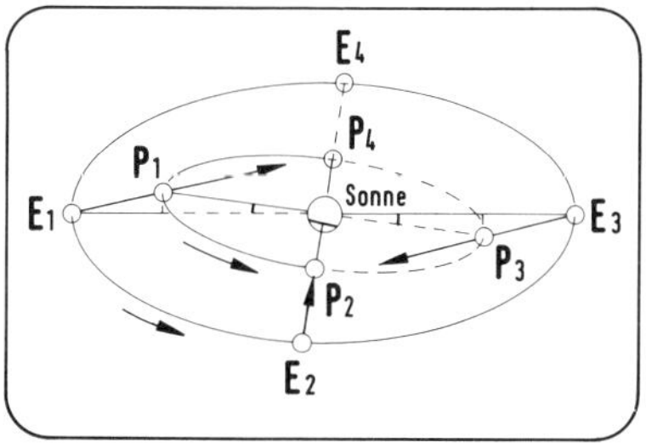

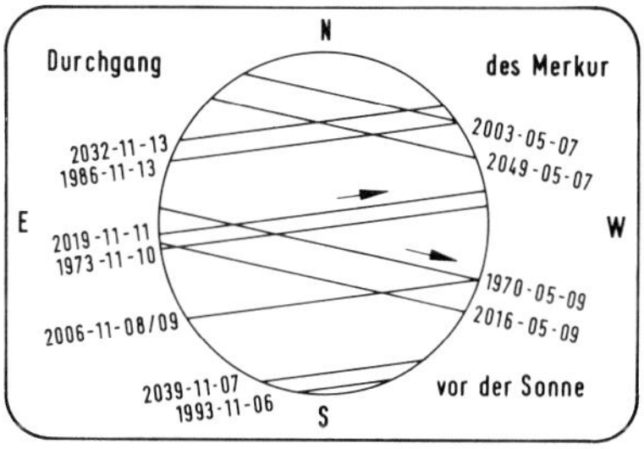

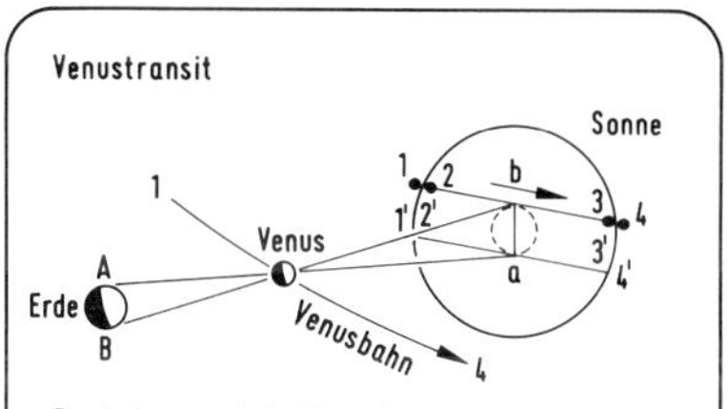

Erscheinungen beim Venusdurchgang

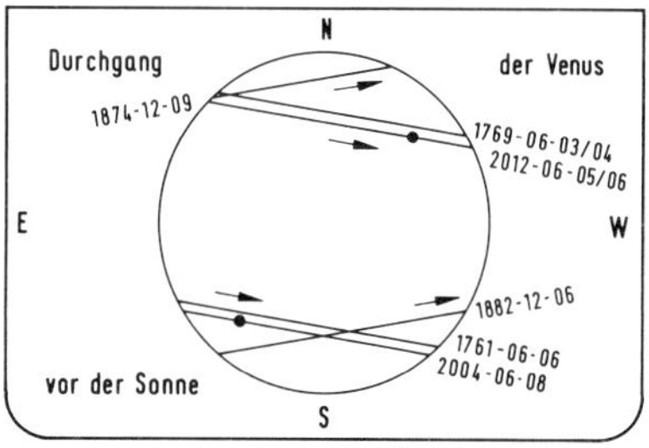

E1, E2, E3 und E4 = 4 Bahnpositionen der Erde
P1, P2, P3 und P4 = 4 Bahnpositionen der Venus bzw. des Merkur

Bei ihrem Umlauf um die Sonne können wir also diese beiden Planeten in allen möglichen Beleuchtungsphasen sehen: jenseits der Sonne in Oberer Konjunktion sind sie voll beleuchtet, sie wenden uns die Tagseite zu. Gleichzeitig sind sie allerdings in Erdferne, und ihr Winkeldurchmesser erreicht sein Minimum. Außerdem sind sie um die Zeit der Oberen Konjunktion unsichtbar am Taghimmel. Nähern die Planeten sich uns auf ihrer inneren Bahn, so werden sie scheinbar größer, aber sie drehen uns auch mehr und mehr ihre Nachtseite zu. Schließlich stehen sie unsichtbar zwischen Sonne und Erde in ihrem erdnächsten Bahnabschnitt in Unterer Konjunktion, einer Stellung, die der

Neumondsituation analog ist. Darauf wiederholt sich die Abfolge in umgekehrter Reihenfolge, denn jetzt wird allmählich wieder die Tagseite sichtbar. Aus diesen Verhältnissen wird deutlich, daß besonders der kleinere entferntere Merkur schwer zu beobachten ist. Seit dem 17. Jahrhundert wußte man, daß Venus eine Atmosphäre besitzt.

Im 20. Jahrhundert gelangen mit Hilfe moderner technischer Methoden (Radarpeilungen) genaueste Entfernungsmessungen. Denn bei der Beobachtung der Venusdurchgänge in den Jahren 1761 und 1769 hatte sich eine, damals unerwartete, Erscheinung als sehr störend bemerkbar gemacht: Beim 2. und 3. Kontakt waren heller Sonnenrand und dunkler Planetenrand nicht scharf voneinander getrennt zu sehen. Somit konnten und können die genauen Zeitkontakte nicht gemessen werden. Durch eine dunkle „Brücke" wurde das Bild der Ränder verschmiert, es gab eine Erscheinung wie beim Ablösen eines Wasserstropfens. Analog dazu spricht man seitdem vom *Tropfenphänomen.* Die Amateure könnten durch die Beobachtung zur völligen Klärung der Ursachen mit beitragen, inwieweit Instrumententyp und Objektivgröße, Okularvergrößerung, atmosphärische Begleitumstände sowie Unterschiede beim atmosphärenlosen Merkur und der verhüllten Venus zu dem Phänomen beitragen.

Man hat lange nach Oberflächenformationen auf beiden Planeten gesucht, gewisse Strukturen bei der Venusbeobachtung deuten auf Ähnlichkeiten hin, die man erst beim Vorbeiflug von Raumfahrzeugen an der Venus fand. Bei Merkur waren alle Versuche, von der Erde aus Einzelheiten zu beobachten, vergebens. Erst durch die Raumsonden erfuhren wir von der Beschaffenheit seiner Oberfläche.

Merkur

Wenn auch mit den besten instrumentellen Hilfsmitteln von der Erde aus gesehen nichts von der Oberfläche des sonnennächsten Planeten wahrgenommen werden kann, so ist es doch mit Hilfe von Raumfahrzeugen, die automatisch arbeiten und uns ihre Meßergebnisse per Funk übermitteln, möglich, Auskünfte über seine Beschaffenheit zu erhalten. Merkur besitzt, soweit wir wissen, keinen natürlichen Begleiter. Ursache ist wohl die Sonnennähe, denn ein Mond würde großen Bahnstörungen durch das Tagesgestirn unterliegen.

Es war nicht überraschend, auf den ersten Funkbildern der amerikanischen Mariner-Sonde eine Oberflächenstruktur vermittelt zu bekommen, die der unseres Mondes zunächst zum Verwechseln ähnlich sah. Der Planet besitzt einerseits wegen seiner geringen Masse nicht genügend Schwerkraft, um eine Atmosphäre dauerhaft festzuhalten. Zum anderen ist er durch die Sonnennähe einer sehr intensiven Bestrahlung und Aufheizung ausgesetzt, so daß eine eventuell vorhandene Lufthülle auch deshalb nach kurzer Zeit in den Weltenraum entwichen wäre. So ist die in der Frühzeit des Planetensystems durch Meteoriteneinschläge entstandene Kraterlandschaft keinerlei Verwitterung ausgesetzt, mit Ausnahme der durch die großen Temperaturschwankungen entstehenden physikalischen Verwitterung und Zermürbung des Oberflächengesteins. Ringgebirge reiht sich an Ringgebirge, die sich wohlkonserviert darstellen. Was das Aussehen dieses Planeten von dem unseres Mondes unterscheidet, ist das Fehlen der sogenannten „Meere" (Maria), wie sie auf der uns zugewandten Seite unseres Begleiters vorkommen, (seine Rückseite ist ebenso gleichmäßig mit Ringkratern bedeckt wie fast die ganze Merkuroberfläche). Bilder der Merkuroberfläche überlieferte die amerikanische Raumsonde Mariner 10 während dreier Vorbeiflüge in den Jahren 1974/75.

Merkur ist knapp $1\frac{1}{2}$mal so groß wie der Erdmond und hat einen Durchmesser von 4880 km. Da zudem seine mittlere Dichte höher ist, beträgt seine Gesamtmasse mehr als die vierfache Mondmasse. Aus den Vorbeiflügen der Mariner-Sonde erfuhr man von einem schwachen Magnetfeld, das den Planeten umgibt. Dieser scheint einen kompakten Eisenkern zu haben. Die Achse des magnetischen Dipolfeldes, das die von der Sonne anströmenden elektrisch geladenen Teilchen (den Sonnenwind) in Planetennähe beeinflußt, ist um 7° gegen die Rotationsachse des Merkur geneigt, die selbst senkrecht auf der Bahnebene steht. Merkur hat also keine Jahreszeiten wie die Erde. Ebenfalls durch die Raumfahrt gesichert und schon vorher durch Radarmessungen festgestellt wurde die bis dahin unbekannte Rotationszeit des Planeten. Sie steht in einem 2:3-Verhältnis mit der Umlaufzeit

(88 Tage) und beträgt rund 58 Tage. Die Tageslänge (Tag-Nacht-Rhythmus) dieses Planeten beträgt damit das Doppelte des Merkurjahrs, nämlich 176 Erdentage. Da die Merkurbahn stark elliptisch ist, kommt es im Laufe des langen Merkurtages zu großen Temperaturschwankungen auf der Oberfläche, wo sich, verursacht durch die Resonanz zwischen Rotation und Umlaufzeit, zwei Hitzepole ausgebildet haben. Dort steigen die Temperaturen zeitweise auf mehr als 400 °C.

Venus

Venus ist von einer wolkenreichen und undurchsichtigen dicken Atmosphäre umgeben, die dem solaren Wind ungeschützt ausgesetzt ist, da der Planet über keine Magnetosphäre verfügt. Etwa drei Viertel der einfallenden Sonnenstrahlung wird in den Weltenraum zurückgeworfen, der andere Teil von der Atmosphäre absorbiert. Von der Erde aus ist die Oberfläche nicht direkt beobachtbar, wohl aber durch Radarbeobachtungen schon vor der ersten erfolgreichen sowjetischen Venera-Landung 1972 abgetastet worden. Die Radarkarten zeigen eine vorwiegend ebene Landschaft mit eingestreuten Gebirgsregionen, die zum Teil schroff und hoch sind. Die höchsten Erhebungen ragen etwa 12 km über das Normalniveau heraus.
Wahrscheinlich hat die Venus eine im geologischen Sinne aktive Phase noch nicht abgeschlossen, da, durch die mit der großen Sonnennähe verbundene Aufheizung, der Wärmeabfluß des Planeteninnern gebremst wird. Die Venusatmosphäre besteht zu 95 % aus Kohlendioxid (CO_2) mit Beimengungen von Stickstoff und Wasserdampf sowie anderen Spurensubstanzen. Der hohe CO_2-Gehalt behindert die Wärmeabstrahlung (Treibhauseffekt). So erklären sich die enorm hohen Temperaturen von 450 ° bis 500 °C in Oberflächennähe. Der Druck der mächtigen Atmosphäre beträgt etwa 960 Pascal. Die Venus ist in ihrer Größe und Dichte der Erde recht ähnlich. Es gibt aber auch viele gravierende Unterschiede zwischen diesen beiden Geschwistern. Unsere mondlose Nachbarin steht mit ihrer Rotationsachse nahezu senkrecht auf ihrer Umlaufbahn um die Sonne, die fast kreisförmig ist. Das bedeutet, daß es keine Jahreszeiten auf der Venus gibt. Die größte Überraschung bot aber der verschleierte Planet, als man nach seiner Rotationszeit forschte. Venus ist der einzige Großplanet, der sich entgegengesetzt zum Drehsinn aller anderen Planeten um seine Achse bewegt, und zwar führt sie eine sehr langsame, 243 Tage dauernde Rotation aus. Inwieweit diese Rotation etwas mit einem Einfluß durch den Doppelplaneten Erde-Mond zu tun hat, muß die zukünftige Forschung herausfinden. Die Umlaufzeit um die Sonne ist etwas kürzer, nämlich knapp 225 Tage. Aus diesen Daten ergibt sich die Eigenart, daß die Venus immer dann, wenn sie in Unterer Konjunktion mit der Sonne steht, der Erde dieselbe (unbeleuchtete) Seite zukehrt. Diese Nachtseite ist übrigens nach dem Befund ernsthafter Beobachter nicht ganz dunkel, wie es der im Eigenschatten liegenden Nachtseite eines Planeten zukommt, sondern aschgrau aufgehellt. Da es keinen aufhellenden Venusmond gibt, muß dieses Leuchten ursächlich aus der Venusatmosphäre selbst herrühren.

Die Erde

nimmt eine Mittelstellung zwischen den Planeten ein. Vom Volumen her gehört sie zu den kleineren der großen Planeten; sie bildet, was Masse und Dichte anbelangt, mit Merkur, Venus und Mars eine sonnennahe Gemeinschaft. Gegenüber den jupiterähnlichen Riesenplaneten hat sie aber eine Eigentümlichkeit: sie bildet mit dem relativ großen Mond einen Doppelplaneten, während die Monde der Planetenriesen echte Trabanten sind. Die Erde hat aufgrund ihres inneren Aufbaus ein Magnetfeld, das gegen die Rotationsachse geneigt ist. Es beeinflußt die hohe Atmosphäre. Ihre Oberfläche besteht zu rund 30% aus Land und 70% aus Wasser. Durch eine (über lange Zeiträume hin) fast gleichmäßige Achsendrehung ist gewährleistet, daß auch nachts, wenn keine Sonneneinstrahlung auf die sonnenabgewandte Seite erfolgt, die Oberflächentemperaturen nicht zu stark absinken. Die Neigung der Polachse um 23,°5 gegen das Lot auf der Umlaufbahn sorgt für die Entstehung der Jahreszeiten und erzeugt ebenfalls ein ausgeglichenes Klima. Land- und Wasserverteilung bewirken eine Zirkulation der Luftmassen, so daß die gesamte Atmosphäre durchmischt wird. Auch im Meer entstehen Strömungen durch Temperaturunterschiede, die für eine Durchmischung der Wassermassen sorgen. Langfristig ist die Erde trotz der Verschiebung der Kontinente gegeneinander und relativ zu den Polen (sogenannte Polwanderung) einem Gleichmaß an inneren *(endogenen)* und äußeren *(exogenen)* Einflüssen ausgesetzt gewesen, die dafür gesorgt haben, daß das einmal vor etwa drei Milliarden Jahren entstandene Leben sich zu seiner heutigen Vielfalt entwickeln konnte. Die noch früher in der Geschichte des Planeten entstandenen Impaktkrater wurden allmählich durch die Erosion eingeebnet und nur jüngere sind noch erkennbar. Endogene Kräfte verschieben Landmassen, falten Gebirge auf, fügen Kontinente zusammen und trennen sie wieder. Der Zeitablauf dieser Vorgänge bemißt sich nach Hunderten von Millionen Jahren. Was über das Niveau des Meeres angehoben wurde, unterlag sofort den exogenen Kräften (Wind, Wasser, Schnee, Eis, Temperaturschwankungen) der Atmosphäre, die den Einebnungsprozeß besorgten. Alle Vorgänge zusammen haben unsere Erde so geformt, daß sie in der Vielfalt ihrer Erscheinungen im räumlichen Nebeneinander und zeitlichen Nacheinander einmalig in unserem Planetensystem ist: die Küsten zwischen Land und Meer, das Watt, die Inseln, die Gebirge, die Gletscher, die Hügel, die Wüsten. Die Besiedlung des Meeres, der Erdoberfläche und der Luft durch Pflanzen und Tiere in ihrer eng verflochtenen Symbiose stellt ein einmaliges Ereignis in der Geschichte unseres Sonnensystems dar.

Die äußeren Planeten

Für den Beobachter ist es entscheidend, daß die äußeren Planeten im Gegensatz zu Merkur und Venus, die innerhalb der Erdbahn um die Sonne laufen, am Himmel der Sonne gegenüber in *Opposition* stehen können. Man kann sie dann die ganze Nacht über sehen. Natürlich kommen diese Planeten nach etwa einem halben Erdumlauf in die Blickrichtung zur Sonne und stehen mit ihr am Taghimmel. Diese Stellung wird genau wie bei den inneren Planeten als Konjunktion mit der Sonne bezeichnet.

Da die Erde als sonnennächster der jetzt zu betrachtenden Planeten Mars, Jupiter, Saturn, Uranus, Neptun und Pluto auch der schnellste ist, überholt sie diese in regelmäßigen Zeitabständen. Zunächst läuft dabei die Erde hinter dem betreffenden Planeten her, bis dieser am Himmel stehen zu bleiben scheint, um dann beim Überholen scheinbar rückwärts zu laufen. Während dieses Abschnitts findet die Oppositionsstellung statt. Schließlich hat sich unsere Erde soweit bewegt, daß nun der Planet wieder still zu stehen scheint, um dann seinen Lauf in normaler Richtung weiter zu verfolgen. Lägen alle Planetenbahnen in einer Ebene, so würden wir den eben beschriebenen Ablauf als ein Hin- und Herpendeln des Planeten vor den Sternen im Hintergrund beobachten. Da die Bahnen aber unterschiedlich gegen die Ekliptik geneigt sind, können wir den betreffenden Planeten einmal oberhalb und nach einem halben Umlauf un-

terhalb der Ekliptik ziehen sehen. Durch den Stillstand und die Rückbewegung während der Opposition führt der Planet eine Schleifenbewegung aus. Diese Schleife kann geschlossen sein wie eine Schlinge, sie kann aber auch offen sein wie ein S.
Die Schnittpunkte einer Planetenbahn mit der Ekliptik bezeichnet man als *aufsteigenden* (☊) und *absteigenden* (☋) *Knoten,* ihre Verbindung als *Knotenlinie.* Da alle Bahnen mehr oder weniger elliptisch sind, gibt es einen sonnennahen Punkt, das *Perihel* (= gr. peri = um, helios = Sonne) und einen sonnenfernen Punkt, das *Aphel* (Ap-hel = gr. apo = fern), die durch die *Apsidenlinie,* die große Bahnachse, miteinander verbunden sind.
Die komplizierten Bahnerklärungen des Claudius Ptolemäus wurden im 16. Jahrhundert abgelöst durch die einfachere Darstellung des Nicolaus Copernicus. Der Däne Tycho Brahe (1546 – 1601) war ein ausgezeichneter und genauer Beobachter. Er maß die Örter des Planeten Mars mit einer für seine Zeit vor der Erfindung des Fernrohrs bestmöglichen Präzision. Nach seinem Tod wertete Johannes Kepler (1573 – 1630) das Zahlenmaterial aus und fand durch seine Berechnungen die wahren Bahnen der Planeten. Dabei half ihm der glückliche Umstand, daß Tycho Brahe in Mars einen Planeten mit einer relativ stark elliptischen Bahn beobachtet hatte. Kepler formulierte die später nach ihm benannten Gesetze wie folgt:

1. Die Bahnen der Planeten um die Sonne sind Ellipsen. Die Sonne befindet sich in einem der beiden Brennpunkte der Ellipse (1605; Astronomia Nova 1609).
2. Die Planeten umlaufen die Sonne in Sonnenferne langsamer als in Sonnennähe. Ein Planet und Sonne verbindender Strahl überstreicht in gleichen Zeiten gleichgroße Flächen (Astronomia Nova 1609).
3. Die Quadrate der Umlaufzeiten U der Planeten verhalten sich wie die dritten Potenzen der großen Bahnachsen a (1618; Harmonices Mundi 1619).
   $U^2_1 : U^2_2 = a^3_1 : a^3_2$

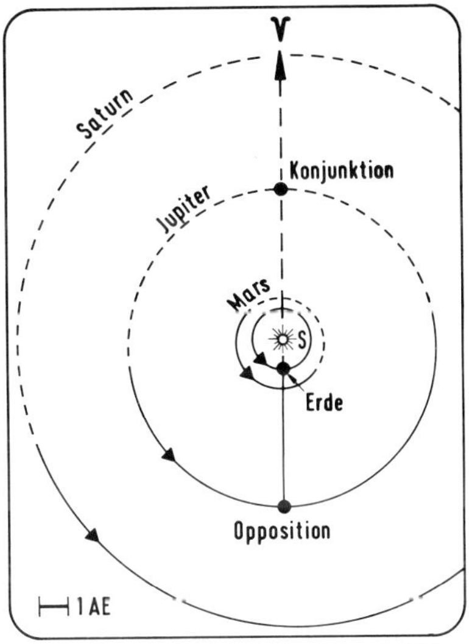

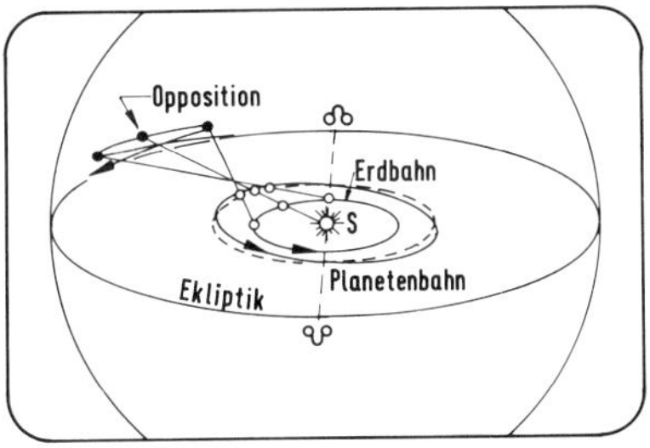

Diesen drei Keplerschen Gesetzen folgen im Kosmos alle Himmelskörper, die um einen zentralen, massereichen Körper laufen. Sie erhielten durch Isaac Newton (1643 – 1727) ihre Begründung in der Formulierung seines Gravitationsgesetzes, nach dem sich alle Körper anziehen mit einer Kraft K, die dem Produkt ihrer Massen ($m_1 \times M_2$) proportional ist, die aber umgekehrt proportional ist dem Quadrat des Abstands R der beiden Massen voneinander:

$K = g \times \frac{m_1 \times M_2}{R^2}$, mit g als Gravitationskonstante.

Die Größe der Planeten

Die mit bloßem Auge sichtbaren und seit dem Altertum bekannten Planeten sind auch die größten. Ihre Reihenfolge in abnehmender Größe ist: Jupiter, Saturn, Uranus, Neptun, Erde, Venus, Mars, Merkur, Pluto. Mit Beginn des 19. Jahrhunderts entdeckte man weitere kleine Planeten, die mit dem bloßen Auge nicht zu erkennen sind. Die meisten großen Planeten besitzen Monde, deren Größe in weiten Grenzen schwankt. Alle großen und kleinen Planeten zusammengenommen würden volumenmäßig in den großen Planeten Jupiter hineinpassen und mit Jupiter zusammen nur zwischen 1 und 2‰ des Sonnenvolumens darstellen. Die Durchmesser, in denen uns die Planetenscheiben am Himmel erscheinen, hängen vom jeweiligen Erdabstand ab. Die Abbildungen veranschaulichen die wahren Größen der Planeten und ihre scheinbaren Durchmesser, wie wir sie von der Erde aus wahrnehmen. Jeder der großen Planeten ist hier mit seinem maximalen und minimalen scheinbaren Durchmesser dargestellt. Der Unterschied ist bei den Planeten Venus und Mars, die der Erde besonders nahekommen am größten, da es auf die relative Abstandsänderung ankommt. Pluto ist so weit entfernt, daß er uns fast punktförmig erscheint. Der scheinbare Durchmesser eines Planeten hängt auch von der Elliptizität seiner Bahn ab. So kann z. B. Mars in einer Oppositi-

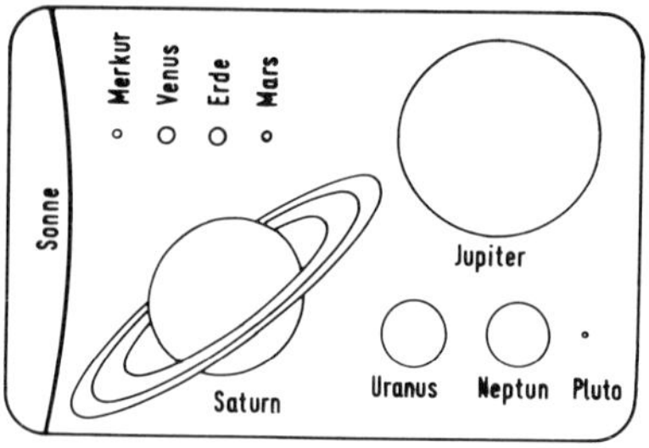

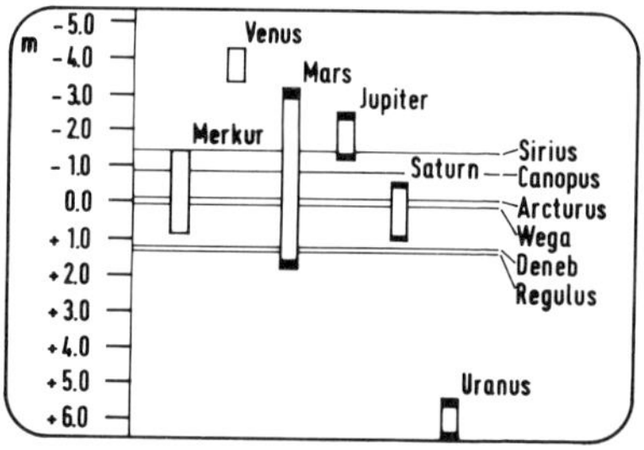

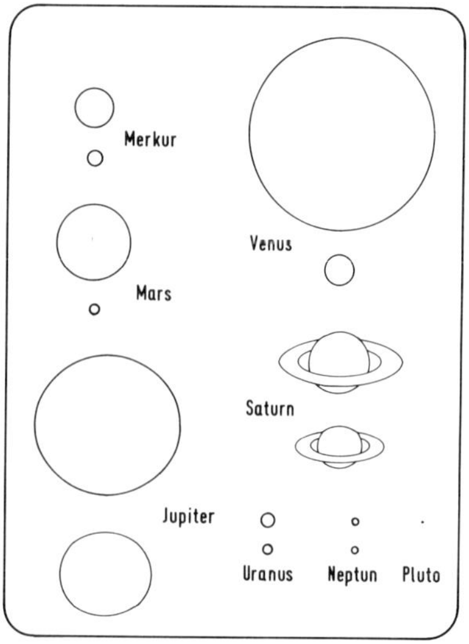

onsstellung nahe seinem Aphel oder auch in Perihelnähe stehen. Das bedeutet für den Beobachter, daß Mars bei einer Periheloppositon im Fernrohr größer erscheint, demnach auf seiner Oberfläche auch mehr Details gesehen werden können. Die Abbildung S. 175 zeigt den wechselnden scheinbaren Marsdurchmesser in Bogensekunden in den Oppositionsstellungen zwischen 1984 und 1999 (die kleine Zahl neben der Jahreszahl gibt die jeweilige Entfernung Erde – Mars in Millionen Kilometer an).

Auch die scheinbare Helligkeit eines Planeten hängt von seinem Sonnen- und Erdabstand ab. Die stärksten Schwankungen in der scheinbaren Helligkeit zeigt der Planet Mars, die geringste der von der Sonne weit entfernte Planet Uranus. Obige Grafik veranschaulicht, in welchen Helligkeitsbereichen die Planeten am Himmel leuchten (siehe S. 199f.).

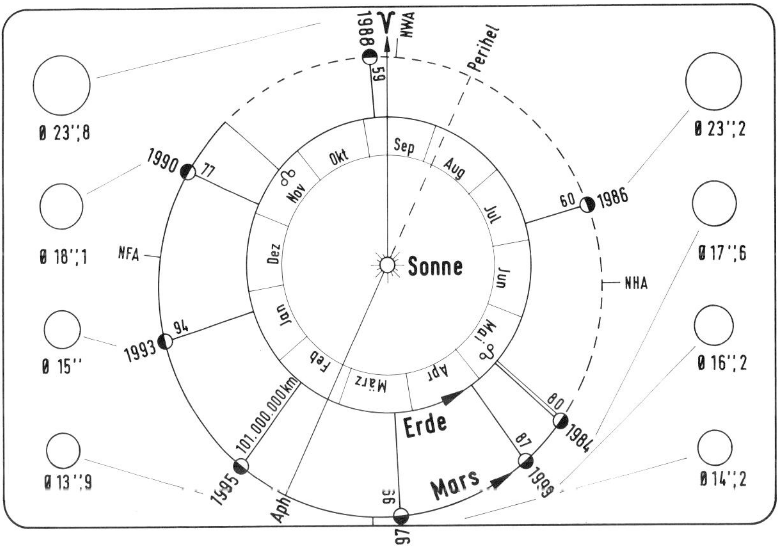

Mars

Der rötlich leuchtende Planet Mars erscheint etwa alle zwei Jahre in günstiger Beobachtungsstellung. Genau sind es 25 bis 27 Monate zwischen zwei Oppositionen zur Sonne, die bis auf einige Tage mit der Erdnähe zusammenfallen. Mars kann sich der Erde bis auf 55 Millionen Kilometer nähern. Er ist zwar nur etwa halb so groß wie die Erde (Durchmesser 6770 km), hat aber gewisse Ähnlichkeiten mit ihr. Man kann – anders als bei den beiden inneren Planeten Venus und Merkur – deutlich sehen, daß er rotiert, und der Marstag ist nur etwa ½ Stunde länger als der irdische. Seine Drehachse ist um 24° gegen die Achse seiner Bahnbewegung geneigt, das ist auch den Verhältnissen bei unserer Erde sehr ähnlich. Er hat deshalb analoge Jahreszeiten, die allerdings wegen seiner größeren Umlaufzeit von 687 Tagen fast doppelt so lang sind wie bei uns. Wir sprechen also auch bei Mars von Frühling, Sommer, Herbst und Winter, jeweils bezogen auf die Nord- bzw. Südhalbkugel. NFA = Frühlingsanfang für Nordhalbkugel, NSA = Sommeranfang für Nordhalbkugel, NHA = Herbstanfang für Nordhalbkugel, NWA = Winteranfang für Nordhalbkugel.

Den Beobachtern war schon lange bekannt, daß der Planet von einer Atmosphäre umschlossen ist. Sie wechselt in ihrem Erscheinungsbild mit den Jahreszeiten. So kann, je nach ihrer Durchsichtigkeit, die Marsoberfläche verschieden deutlich gesehen werden. Bei starken Eintrübungen durch Staubstürme ist die Oberfläche verschleiert. Wenn aber die Atmosphäre sehr transparent ist, kann der Besitzer eines mittleren bis größeren Fernrohrs viele Oberflächendetails erkennen. Sehr auffällig ist seine rötliche Färbung, die von seiner Oberflächenbeschaffenheit herrührt. Mars ist ein weitgehend trockener Planet, ohne offenes Wasser. Es gibt also dort keine Meere, keine Seen, keine Flüsse, wohl aber Landschaften aus Wüsten, Gebirgen und Vulkangebieten. Die Färbung der Landmassen gliedert die Planetenoberfläche in Regionen, die Namen bekommen haben. So kann man während einer Beobachtungsperiode, beruhend auf dem täglichen Zeitunterschied von einer halben Stunde der Tageslänge Mars – Erde, die gesamte Oberfläche zu Gesicht bekommen. Da die Oberflächenmarkierungen wenig veränderlich sind, konnte man schon früh auf dem Mars ein Gradnetz festlegen, so daß der Fernrohrbeobachter die einzelnen Landschaften leicht identifizieren kann.

Mars ist der Sonne noch so nahe, daß die Sonneneinstrahlung eine Konvektion in der Atmosphäre hervorruft. Durch diese Konvektion entstehen Luftströmungen, die feinen Staub bis hoch in die Atmo-

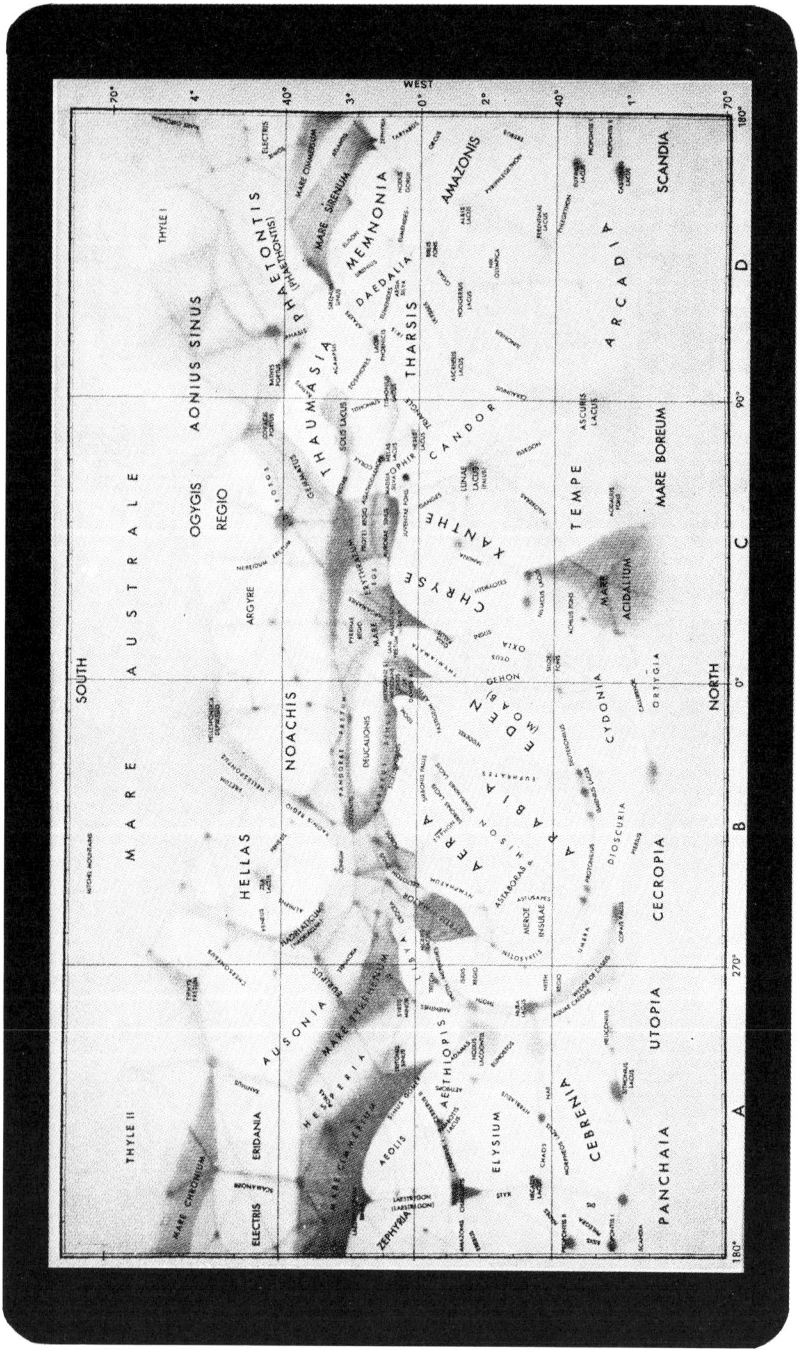

SOUTH
NORTH
WEST
MARE AUSTRALE
THYLE I
THYLE II
AONIUS SINUS
OGYGIS REGIO
ARGYRE
HELLAS
NOACHIS
DEUCALIONIS
ELECTRIS
ERIDANIA
AUSONIA
MARE TYRRHENUM
HESPERIA
MARE CIMMERIUM
AEOLIS
ZEPHYRIA
AETHIOPIS
LIBYA
ELYSIUM
CEBRENIA
PANCHAIA
UTOPIA
CECROPIA
DIOSCURIA
CYDONIA
AERIA
ARABIA
EDEN
(MOAB)
CHRYSE
XANTHE
TEMPE
MARE ACIDALIUM
MARE BOREUM
CANDOR
THARSIS
THAUMASIA
DAEDALIA
MEMNONIA
PHAETONTIS
(PHAETHONTIS)
MARE SIRENUM
MARE CIMMERIUM
AMAZONIS
ARCADIA
SCANDIA
A
B
C
D

sphäre transportieren. Ist das Oberflächenbild eingetrübt, so kann das ursächlich von diesen rötlichen Staubmassen herrühren. Bei genauer Beobachtung sind auch bläuliche Eintrübungen erkennbar. Die dünne Marsatmosphäre besteht wie die der Venus zu 95–96% aus dem durchsichtigen Kohlendioxid-Gas (CO_2), das an den beiden Polen zu weißem CO_2-Schnee (Trockeneis) kondensiert. Die hellen Polkalotten bestehen zum Teil auch aus Wassereis, das allerdings bei den fast ständig unter 0 °C liegenden Temperaturen kaum schmilzt bzw. abdampft. Deshalb ist Wasserdampf in der Atmosphäre nur spurenweise vorhanden. Je nach Jahreszeit und je nach Sicht auf die Nordpol- oder Südpolkalotte kann man den Wechsel in der Größe der weißen Polflecken von der Erde aus beobachten, der durch das Verdampfen des CO_2-Eises hervorgerufen wird. Auch wenn in den 60er und 70er Jahren des 20. Jahrhunderts der Mars durch Vorbeiflüge und Landungen von Forschungssonden in seiner Beschaffenheit genauer studiert wurde, bleibt für den Besitzer mittlerer und größerer Fernrohre ein weites Betätigungsfeld übrig, um die atmosphärische Beschaffenheit dieses Planeten und das Zu- und Abnehmen seiner Polkalotten über längere Zeiträume zu beobachten. Dies wird vor allem durch die mit Hilfe von Raumsonden kartographierte Planetenoberfläche erleichtert. Das wechselvolle Geschehen in der Atmosphäre zu beobachten, kann auch eine lohnende Aufgabe für den Amateur sein.

Mars besitzt zwei winzige Monde, die aber nur in größten Instrumenten sichtbar sein können. Sie sind unregelmäßig geformt und haben Durchmesser von etwa 20 km. 1877 wurden sie von dem Amerikaner Asaph Hall (1829-1907) entdeckt.

Auch wenn wir heute wissen, daß der Mars trotz seiner Erdähnlichkeit eine ganz anders geartete tote Welt ist, so stand er doch jahrzentelang im allgemeinen Blickpunkt des Interesses, weil man auf ihm außerirdisches Leben für möglich hielt. Im Jahre 1877 glaubte der italienische Astronom Giovanni Schiaparelli (1835–1910) auf dem Mars eine netzartige Struktur feiner Linien zu erkennen, denen er die Bezeichnung *canali* gab. Weltweit wurde diesen canali die Bedeutung von künstlichen Kanälen gegeben, wodurch der Anschein erweckt wurde, daß es sich hier um Schöpfungen intelligenter Wesen handelte. Die Erwartungshaltung, daß man auf dem Mars Leben antreffen könne, war so groß, daß sie nicht nur die Phantasie zu üppigen Beschreibungen einer belebten Marswelt anregte, sondern auch den Ausschlag gab, daß bei den Landungen von künstlichen Raumsonden 1976 biologische Experimente vorgesehen waren. Sie brachten jedoch keine positiven Ergebnisse.

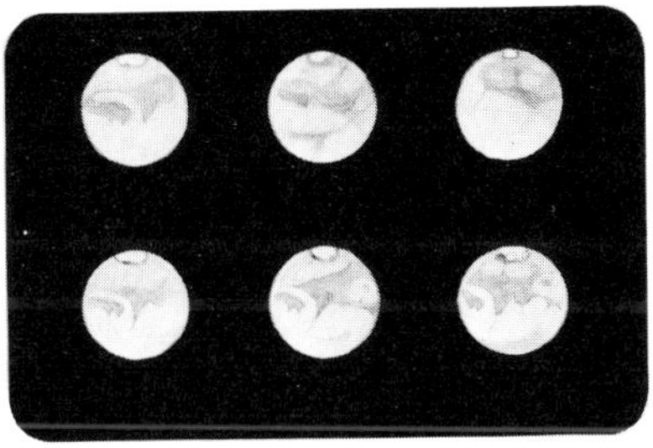

Der Planet Mars im Fernrohr. Obere Reihe von links nach rechts:
5″-Refraktor
1971 AUG 14: 01^h02^m MEZ (V = 238 ×) ZM 10°,0 ∅ 24″,9
AUG 25: 23^h40^m MEZ (V = 168 ×) ZM 243°,8 ∅ 24″,0
SEP 05: 23^h55^m MEZ (V = 238 ×) ZM 148°,5 ∅ Die Beobachtungen wurden bei durchweg mäßigen Luftbedingungen gemacht (Luftunruhe 3, 4 5 bzw. 3). Durch die Rotation bedingt sind unterschiedliche Landschaften des Planeten zu sehen. Auffällig ist das Kleinerwerden der Südpolkappe oben. Die Darstellung rechts erfaßt bereits die Phase. Untere Reihe von links nach rechts:
7″-Refraktor
1971 AUG 10: 00^h21^m MEZ (V = 260 ×) ZM 36°,9 ∅ 24″,9
AUG 09: 23^h50^m MEZ (V = 260 ×) ZM 28°,4 ∅ 24″,9
AUG 09: 23^h19^m MEZ (V = 260 ×) ZM 20°,6 ∅ 20″,6
Die Beobachtungen wurden bei mittleren bis guten Luftbedingungen gemacht (Luftunruhe 3, 3 – 2 bzw. 3 – 2). Die drei Beobachtungen wurden in der Nacht der Opposition des Planeten gemacht und zeigen im halbstündigen Abstand deutlich das Weiterrücken der Oberflächeneinzelheiten infolge der Rotation. Das Erfassen feinerer Details liegt auch an der größeren Leistung des 7″ gegenüber dem 5″! Die Drehrichtung im Fernrohr ist von rechts (Mars-West) nach links (Mars-Ost), die Formationen in der Planetenscheibenmitte am Zentralmeridian haben Mittag. Beobachter: Beneke

Jupiter

An dem Planeten kann der Amateur vielfältige Beobachtungen machen. Das Spiel seiner vier großen Monde, die von Galileo GALILEI (1564–1642) im Jahre 1610 erstmals mit dem Teleskop beobachtet wurden, wird auch den faszinieren, der mit seinem Fernrohr nur einen kurzen Blick auf den Planeten werfen möchte. Die vier *Galileischen Monde* sind von der Größenordnung des Erdmondes (der größte übertrifft den Planeten Merkur). In kleineren Fernrohren sind sie allerdings wegen der größeren Entfernung nur als Punkte sichtbar, bieten aber von Abend zu Abend wegen ihrer kurzen Umlaufzeiten um den Jupiter einen rasch wechselnden Anblick. Alle Monde umlaufen den Jupiter in seiner Äquatorebene, und da seine Drehachse nur wenig gegen seine eigene Umlaufbahn geneigt ist, kann man von der Erde aus mit dem Fernrohr beobachten, wie sie vor dem Jupiter vorbeiziehen, wobei ihre Schatten auf den Jupiter fallen können und als schwarze Punkte erscheinen, oder wie die Monde hinter den Jupiter treten und von ihm verdeckt werden, oder im Jupiterschatten eintauchen. Die Zeitpunkte solcher Ereignisse werden vorausberechnet und in Jahrbüchern abgedruckt. Die nebenstehende Abbildung zeigt für einen Abend so gut wie alle Phasen, die uns die Jupitermonde bieten können.

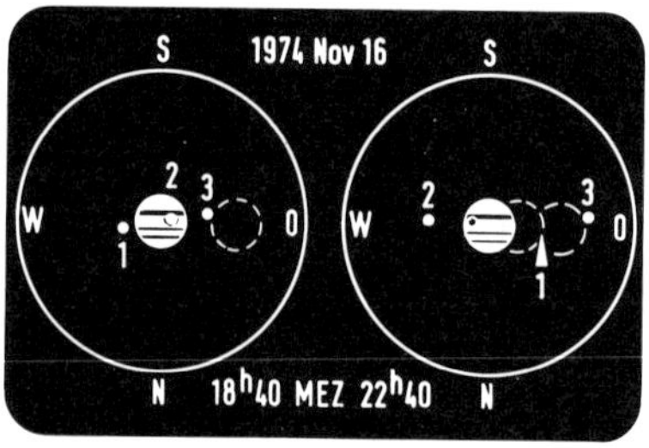

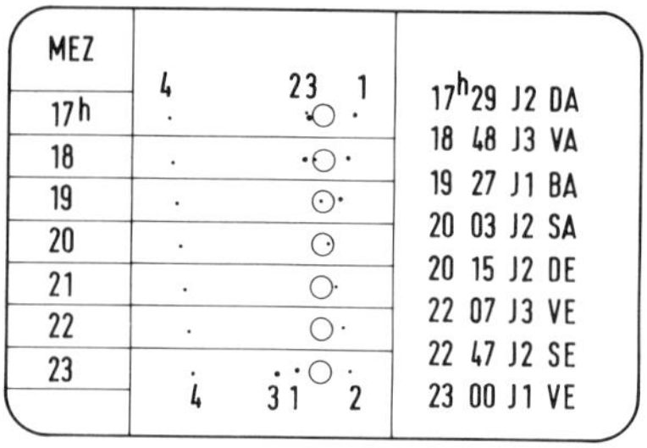

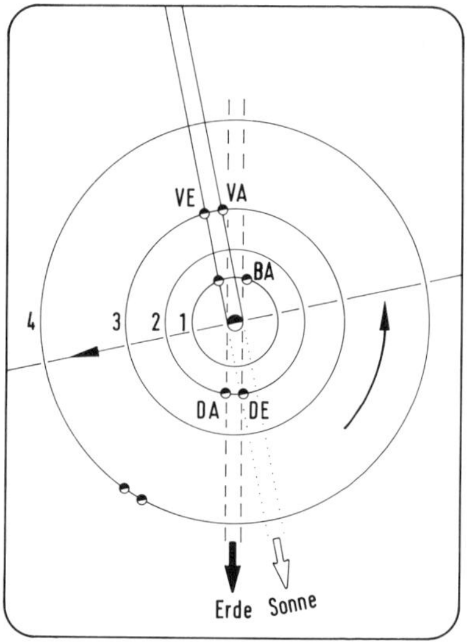

BA = Bedeckungsanfang
BE = Bedeckungsende
DA = Durchgangsanfang
DE = Durchgangsende
SA = Schattenvorübergangsanfang
SE = Schattenvorübergangsende
VA = Verfinsterungsanfang
VE = Verfinsterungsende

Neben diesem Spiel der relativen Positionen der Monde zueinander und zu Jupiter kommt es auch noch vor, daß die Monde sich gegenseitig verdecken oder ein Mond in den Schatten eines anderen tritt. Diese seltenen Phänomene treten dann ein, wenn die Monde in der Nähe der Knoten ihrer eigenen Bahnen mit denen der Jupiter- und der Erdbahn stehen.
Die Jupitermonde stellen sich in einem größeren Amateurfernrohr schon als kleine Scheiben dar. Einzelheiten auf der

Oben:
Schmidt-Cassegrain-Teleskop (Celestron). C 14 auf ALT-Montierung der Schwäbischen Sternwarte Stuttgart, Öffnung 14″ = 350 mm, Brennweite 154″ = 3.900 mm. Aufnahme: Beneke

Unten:
Sonnenbeobachtung mit Polarisationsprisma nach Colzi (Firma C. ZEISS) am 7″-ZEISS-Refraktor der Schwäbischen Sternwarte, Stuttgart. Aufnahme: Beneke

MEZ
SIZ

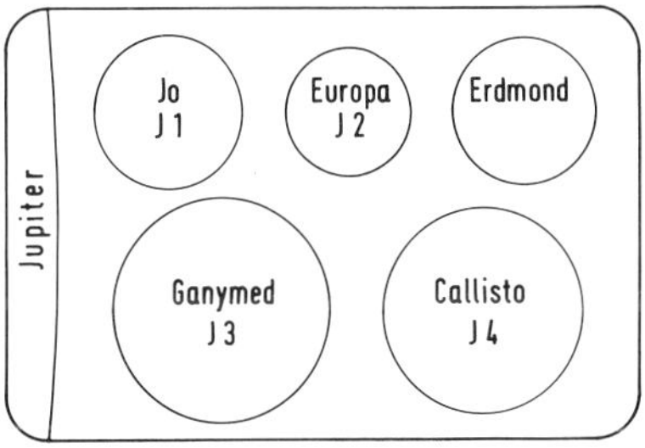

Oberfläche sind wegen der großen Jupiterentfernung allerdings nicht zu erkennen. Erst der nahe Vorbeiflug von vier Raumsonden in den 70er und 80er Jahren hat gezeigt, daß jeder Jupitermond eine eigene Welt für sich darstellt.

Beobachtungen der Jupiter-Oberfläche

Trotz seiner großen Entfernung von der Sonne ist Jupiter wegen seiner alle anderen Planeten weit übertreffenden Dimensionen ein attraktives Beobachtungsziel. Schon Fernrohre mittlerer Größe lassen Einzelheiten auf ihm erkennen. Jupiter ist von einer sehr hohen Atmosphäre umgeben, die geordnete Turbulenzzonen besitzt. Diese Turbulenzzonen unterscheiden sich in ihrer Helligkeit, so daß die Planetenscheibe gebändert erscheint (siehe untenstehende Grafik).

Es fällt auf, daß die Gestalt des Planeten nicht sphärisch ist, sie zeigt eine starke Abplattung, die durch die hohe Rotationsgeschwindigkeit von knapp 10 Stunden und dabei auftretenden starken Fliehkräften am Äquator entstanden ist. So beträgt die Differenz zwischen Äquatordurchmesser und Poldurchmesser 7300 km bei einer Gesamtgröße von rund 143 000 km. Da die Rotationsachse nur gering gegen die Umlaufbahn des Planeten geneigt ist, ändert sich der Anblick von der Erde aus während eines Jupiterumlaufs um die Sonne kaum. Bedingt durch die schnelle Rotation kann es möglich sein, daß sich während einer einzigen Beobachtungsnacht die gesamte Oberfläche des Planeten dem Beobachter darbietet. Das sehr aktive Geschehen in der Jupiteratmosphäre hat dazu geführt, daß Jupiter zu einem beliebten Beobachtungsobjekt der Benutzer größerer Fernrohre wurde. Amateurbeobachtungen können besonders sinnvoll sein, wenn sie sich in ein koordiniertes Programm einfügen. So sind die Atmosphärenerscheinungen international mit Standardbezeichnungen versehen worden, und Einzelbeobachtungen werden in vorhandene Schablonen eingetragen, so daß es nicht zu Ver-

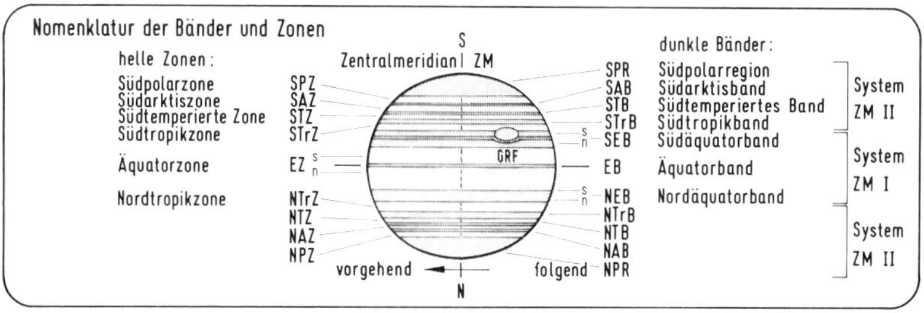

Von links oben nach rechts unten:

Sonnenbeobachtung. Projektionsmethode am 7″-Refraktor. Ungefährliche Methode für mehrere Betrachter. Aufnahme: Beneke

7″-ZEISS-Refraktor der Schwäbischen Sternwarte Stuttgart. f = 2590 mm, Objektivöffnung 175 mm, Öffnungsverhältnis 1:15. Mit 2″-Sucherfernrohr auf parallaktischer deutscher Montierung. Nachführung mechanisch durch Gewichtsuhrwerk mit Fliehkraftregler. Baujahr etwa 1925. Aufnahme: Beneke

Binokulares Fernglas 11 × 80 Tordalk von BECK/Kassel, auf stabilem Stativ mit Schwenkkopf (Linhoff). Aufnahme: Beneke

Schmidt-Cassegrain-Teleskop MEADE 8 der Schwäbischen Sternwarte, Stuttgart. Öffnung 8″ = 200 mm, Brennweite = 2000 mm. Vor dem Objektiv Schutzdeckel mit Helligkeitsfilter für direkte Sonnenbeobachtung. Parallaktische Gabelmontierung auf Stativ mit elektrischer Nachführung. Aufnahme: Beneke wechslungen kommen kann und eine Auswertung dieser Beobachtungen leichter möglich ist. Ein ernsthafter Beobachter des Jupiters muß sich mit der Literatur vertraut machen und wird gut beraten sein, wenn er sich einer der überregionalen Beobachtungsorganisationen anschließt. Zunächst wird Jupiter ein interessantes Übungsziel sein. Der Anfänger wird seine Beobachtungen in eine Schablone eintragen, und sollte schließlich so geübt sein, daß er innerhalb von 10 Minuten ein Gesamtbild des Planeten herstellen kann. Denn in längeren Zeiträumen verändert sich dieses Gesamtbild infolge der schnellen Umdrehung des Planeten schon deutlich. Es ist deshalb nicht so wichtig, die Randgebiete zu erfassen, wo die Atmosphäre auftaucht oder verschwindet. Vor allem sollten die Regionen

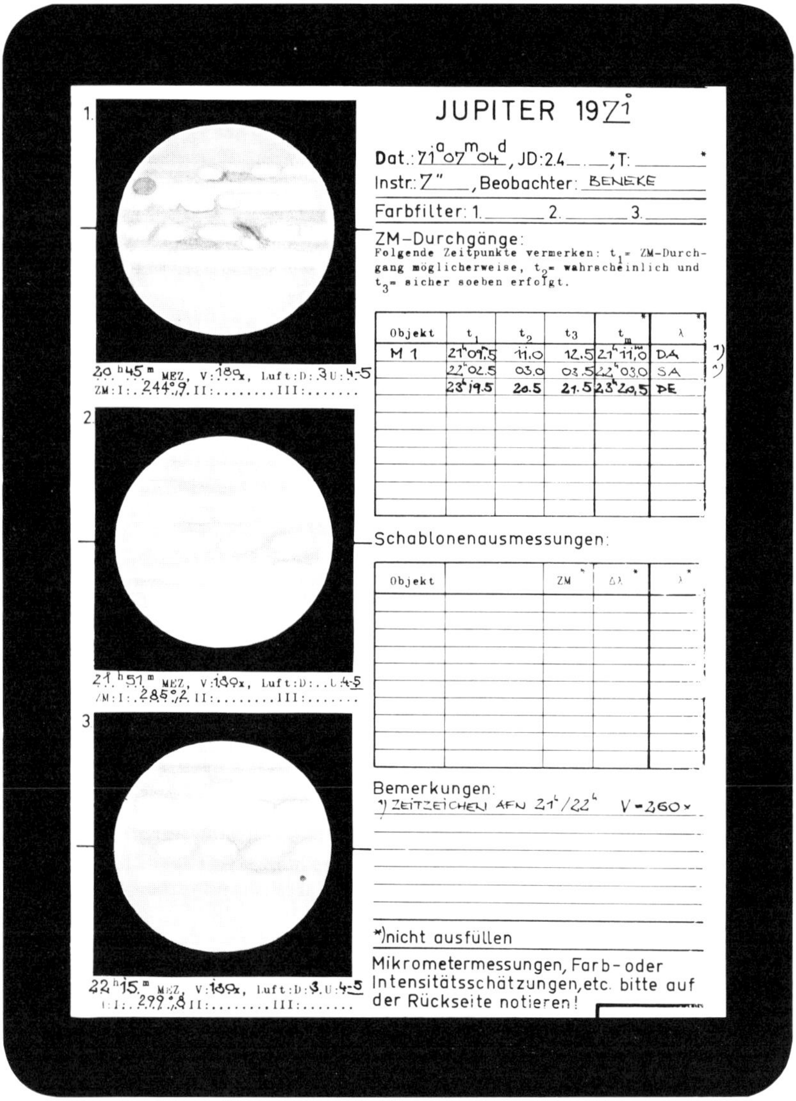

JUPITER 1971

Dat.: 71ᵃ07ᵐ04ᵈ, JD: 24__.__*; T: ____*

Instr.: 7", Beobachter: BENEKE

Farbfilter: 1.____ 2.____ 3.____

ZM-Durchgänge:

Folgende Zeitpunkte vermerken: t_1 = ZM-Durchgang möglicherweise, t_2 = wahrscheinlich und t_3 = sicher soeben erfolgt.

Objekt	t_1	t_2	t_3	t_m*	λ*
M 1	21ʰ09.5	11.0	12.5	21ʰ11.0	DA ¹)
	22ʰ02.5	03.0	03.5	22ʰ03.0	SA ¹)
	23ʰ19.5	20.5	21.5	23ʰ20.5	DE

Schablonenausmessungen:

Objekt		ZM*	Δλ*	λ*

1. 20ʰ45ᵐ MEZ, V: 189x, Luft: D: 3 U: 4-5
ZM: I: 244°.9 II: .... III: ....

2. 21ʰ51ᵐ MEZ, V: 189x, Luft: D: .. U: 4-5
ZM: I: 285°.2 II: .... III: ....

3. 22ʰ15ᵐ MEZ, V: 189x, Luft: D: 3 U: 4-5
ZM: I: 299°.8 II: .... III: ....

Bemerkungen:
¹) ZEITZEICHEN AFN 21ʰ/22ʰ V = 260×

*) nicht ausfüllen

Mikrometermessungen, Farb- oder Intensitätsschätzungen, etc. bitte auf der Rückseite notieren!

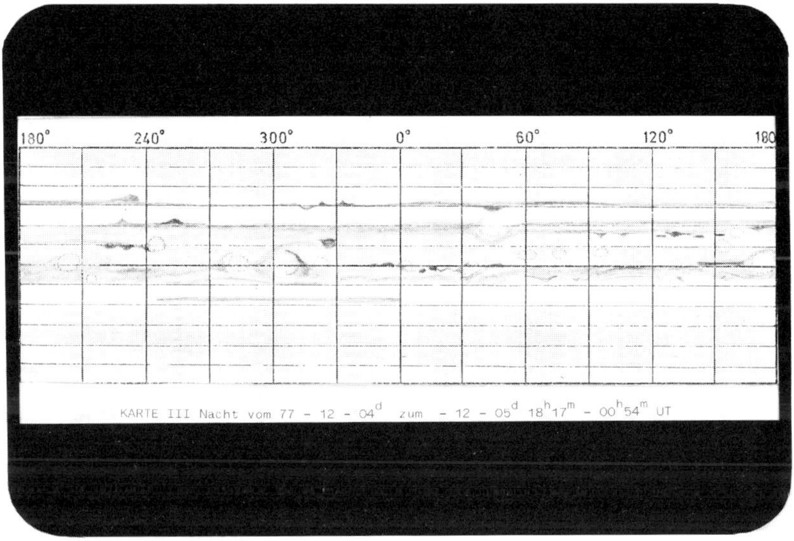

Synoptische Karte des Planeten Jupiter. Eine Gesamtkarte entsteht in einer Beobachtungsnacht, wobei in Zeitabständen Eintragungen bis max. 20° beiderseits des Zentralmeridians erfolgen. Die Abbildung zeigt das Atmosphärenbild 1977 DEZ 04 ab 18.17 Uhr UT (= Weltzeit) bis DEZ 05: 00.54 Uhr UT (entsprechend 19.17 Uhr bis 01.54 Uhr MEZ). Am linken Rand der Abbildung sind die zuerst beobachteten Erscheinungen eingetragen, rechts die zuletzt gesehenen. Süden ist oben! Bei jovigraphischer Länge ca. 45° ist der Große Rote Fleck erkennbar.

* Beobachtungsinstrument 4″-Refraktor, f = 1500 mm; Vergrößerung V = 115 bis 150×. Beobachter: Eggendinger.

um den sogenannten Zentralmeridian sorgfältig wiedergegeben werden, da sie sich dem Auge ohne Verzerrung darbieten und ihre Positionsbestimmung dort genauer als am Rand erfolgen kann. Der erfahrene Amateur wird vorwiegend Beobachtungen am Zentralmeridian zu einem Gesamtbild des Jupiter für eine Umdrehung (Jupitertag) zusammenstellen. Die Sammlung einer Serie von solchen Gesamtdarstellungen zeigt dann im Vergleich der Positionen markanter Atmosphärenerscheinungen, daß über Tage und Wochen hinweg manche Phänomene stationär sind, ein großer Teil aber starken Veränderungen unterworfen ist. Besitzern größerer Teleskope wird es sogar gelingen, auf diese Weise Bewegungsvorgänge in der Jupiteratmosphäre festzustellen. Durch die Koordination mit anderen Beobachtern kann man so Entwicklungsvorgänge in der Jupiteratmosphäre studieren.

Saturn

Den überraschendsten und schönsten Anblick unter den Planeten bietet Saturn, wenn man ihn zum ersten Mal im Fernrohr sieht. Seine Planetenkugel ist von einem Ringsystem umgeben, das nur teleskopisch gut sichtbar ist. Wir wissen heute aus dem Vorbeiflug von Raumfahrzeugen und durch genaue Beobachtungen von der Erde aus, daß auch die anderen großen Planeten Jupiter, Uranus und Neptun Ringsysteme besitzen, aber nur das von Saturn ist so ausgeprägt, daß man es leicht sehen kann. Neben diesem System

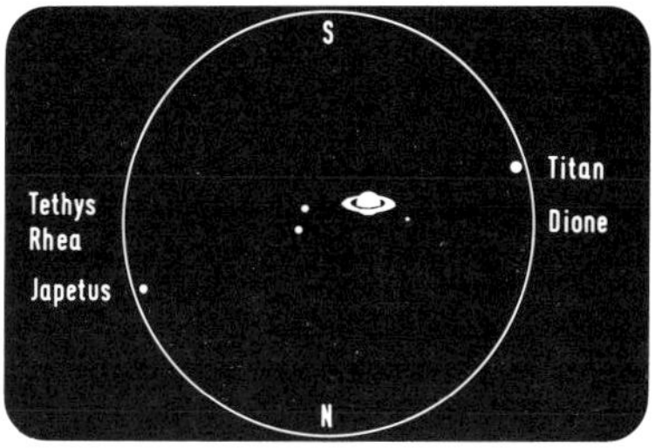

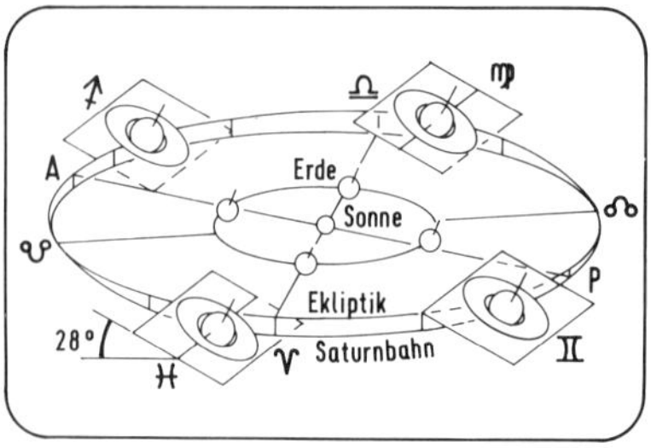

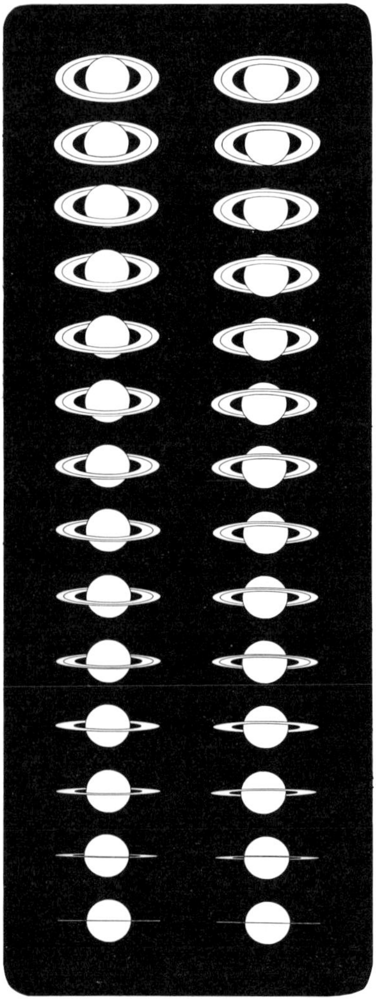

von Ringen besitzt Saturn auch mehrere Monde, von denen die größten und hellsten mit dem Fernrohr sichtbar sind.

Die Ringe des Saturn liegen in seiner Äquatorebene. Da die Drehachse des Planeten gegen die Achse seiner Umlaufbahn um die Sonne um 29° geneigt und wie alle Rotationsachsen der Planeten raumstabil ist, werden die Ringe und die Planetenkugel während eines Umlaufs um die Sonne einmal von der Nordseite und einmal von der Südseite beschienen. Das ist die Voraussetzung für ausgeprägte Jahreszeiten, aber wegen seines großen Abstands von der Sonne hat deren Einstrahlung so gut wie keinen Einfluß auf das atmosphärische Geschehen.

Von der Erde aus bietet sich im Laufe eines Saturnumlaufs (30 Jahre) die Möglichkeit, die Ringe zeitweise von oben, zeitweise von unten und dazwischen von der Kante zu sehen. Während der Kantenstellung der Ringe verschwinden sie zeitweise fast völlig, da sie nur eine mäßige Dicke besitzen. In der Schrägaufsicht wird erkennbar, daß es sich um mehrere Ringe handelt. Schon in kleineren Instrumenten deutlich sichtbar ist die von Giovanni CASSINI (1625 – 1712) entdeckte und nach ihm benannte Teilung. Sie ist zurückzuführen auf den gravitativen Einfluß der nahen großen Monde auf die kleinen *(Resonanzverhalten).* Beim Vorbeiflug mit Raumsonden am Saturn wurde sichtbar, was durch himmelsmechanische Überlegungen schon vorher erklärt wurde: daß nämlich das ganze System sich aus vielen dünnen, konzentrischen Ringen zusammensetzt. Sie werden ihrerseits wieder von kleinen und kleinsten Materieteilchen gebildet, die in ihrer Gesamtheit wie Monde um den Saturn als Zentrum kreisen. Es wurden sogar winzige Monde entdeckt, die noch im Bereich der Ringe um den Saturn wandern.

Saturn besitzt eine Reihe von Monden, deren größter, Titan, den Planeten Merkur

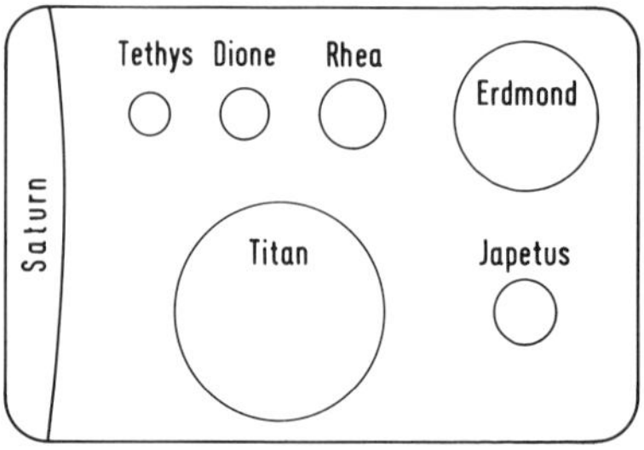

übertrifft. Er ist der einzige Mond im Planetensystem, der eine Atmosphäre besitzt. Alle anderen Saturnmonde sind erheblich kleiner, doch können außer Titan die größeren, nämlich Rhea, Dione, Tethys und Japetus noch vom Amateur mit Fernrohren gesehen werden. Japetus bietet eine Besonderheit: Wegen des unterschiedlichen Reflektionsvermögens seiner Oberfläche erscheint er verschieden hell, je nachdem, ob er westlich oder östlich von Saturn steht.

Beobachtungen des Saturn

Saturn ist Jupiter in vielem ähnlich. Auch er hat eine kurze Rotationsperiode und ist daher stark abgeplattet. Seine Oberflächenbänderung ist jedoch wesentlich schwächer ausgeprägt als die des Jupiter

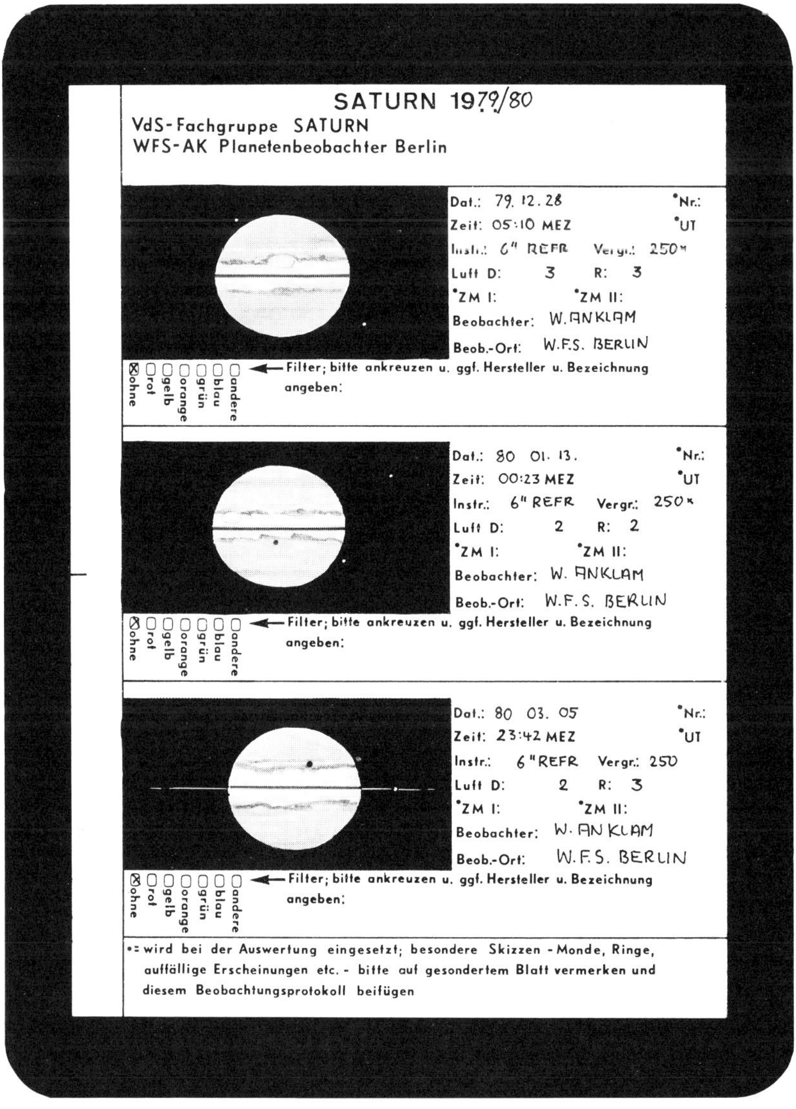

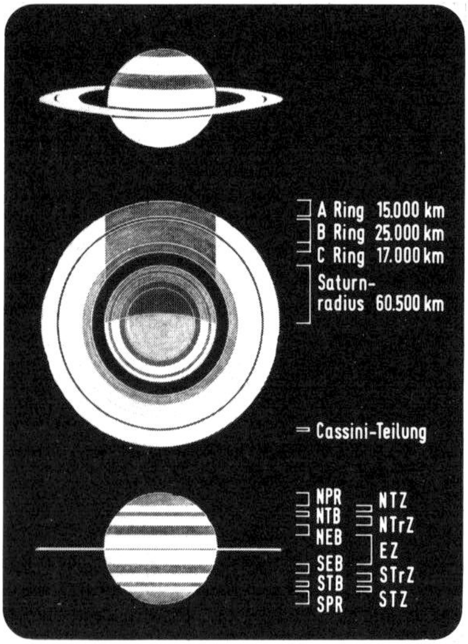

und daher nur für geübte Beobachter Gegenstand der Betrachtung. Trotzdem sollte man auffällige Erscheinungen in der Saturnatmosphäre aufzeichnen und weiterleiten. Man kann natürlich auch bei Saturn Gesamtkarten darstellen. Leicht zu beobachten ist vor und nach der Opposition des Planeten der Schatten, den die Planetenkugel auf die Ringe wirft, und auch der schmale Schatten der Ringe auf der Planetenoberfläche. Seiner Kontur sollte der ernsthafte Beobachter Aufmerksamkeit schenken, ebenso gewissen Strukturerscheinungen innerhalb der Ringe.

Sehr selten sind Vorübergänge und Schattenerscheinungen des Mondes Titan und sein Verschwinden hinter dem Planeten. Sie kommen nur dann vor, wenn wir auch die Ringe von der Kante sehen können.

Die Planeten Uranus, Neptun und Pluto

Diese entfernten Planeten, die außerhalb der Saturnbahn laufen, gehören zu den Fernrohrobjekten. Uranus erreicht zwar noch eine Grenzhelligkeit, die man mit dem bloßen Auge wahrnehmen kann, doch damit ist er kein auffälliges Objekt mehr. So wurde er erst im Jahre 1781 von Friedrich Wilhelm Herschel (1738 – 1822) in England mit dem Fernrohr entdeckt. Nach der Sicherstellung dieser Entdekkung stellte man fest, daß der Planet bereits früher von anderen Beobachtern mehrfach gesehen worden war, aber nicht als Planet erkannt wurde. Die Entdeckung des Uranus hing damit zusammen, daß im 18. Jahrhundert genaue Sternkarten angefertigt wurden, die auch teleskopische Objekte miterfaßten. W. Herschel entdeckte auch die beiden größten Uranusmonde; später fand man noch drei weitere Monde. Im Jahre 1979 wurden bei der Bedeckung eines Fixsterns durch Uranus mehrere Ringe entdeckt, die den Planeten umgeben. Diese Befunde konnten bestätigt werden, als Raumsonden, die

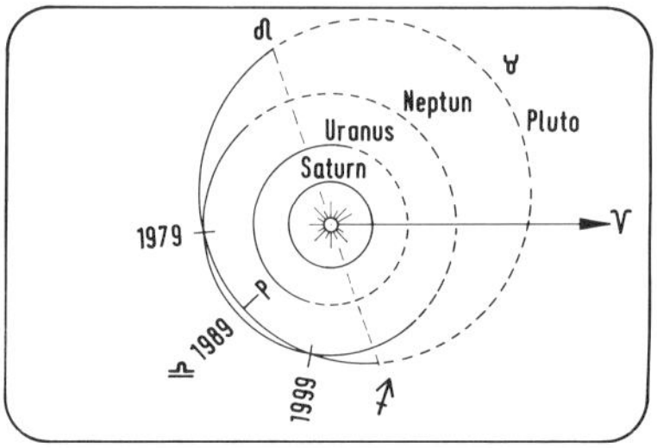

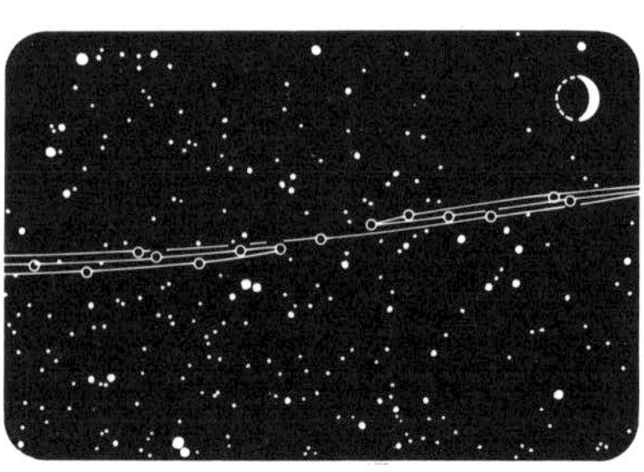

in die Nähe von Uranus geschickt wurden, weitere Monde fanden.
Aufgrund von Abweichungen des Planeten in seiner Bahn vermutete man, daß es noch einen weiteren großen Planeten außerhalb der Uranusbahn geben müßte, der den Uranus in seiner Bewegung um die Sonne stört. Die Berechnungen wurden von dem englischen Astronomen John Couch Adams (1819–1892) und dem Franzosen Urbain Jean Joseph Le Verrier (1811–1877) unabhängig voneinander vorgenommen. Nach den Angaben Le Verriers fand der Berliner Astronom Johann Gottfried Galle (1812–1910) im Jahre 1846 nahe bei dem vorausberechneten Ort ein Objekt, das sich als der gesuchte Planet entpuppte; er bekam den Namen Neptun. Dieser wird von zwei großen Monden umkreist. Da die Abweichungen des Uranus noch nicht voll durch die Störungen des Neptun erklärt wurden, suchte man nach einem weiteren Planeten, dessen Entdeckung schließlich dem Amerikaner Clyde Tombaugh 1930 gelang. Dieser Planet erhielt den Namen Pluto. Im Jahre 1978 wurde bei der genauen Analyse einiger Fotografien ein verhältnismäßig großer Begleiter entdeckt, der etwa um ein Drittel kleiner sein dürfte als Pluto. Dies, sowie die sehr exzentrische und gegen die Ekliptik stark geneigte Bahn, deuten auf eine Entstehungsgeschichte hin, die anders ist, als die der übrigen Planeten.
Alle drei Planeten Uranus, Neptun und Pluto sind für den beobachtenden Amateur wenig ergiebige Objekte, es sei denn, er ist instrumentell (für photometrische Vorhaben) gut ausgerüstet. Zu Uranus sei angemerkt, daß seine Drehachse nahezu in seiner Bahnebene liegt, so daß einmal der Nordpol zur Sonne hinzeigt und einen halben Umlauf später der Südpol. In den Stellungen dazwischen erfährt die Oberfläche des Uranus einen Wechsel von Tag und Nacht, wobei in der einen Bahnstellung, wie bei der Erde, im Osten die Sonne aufgeht und im Westen

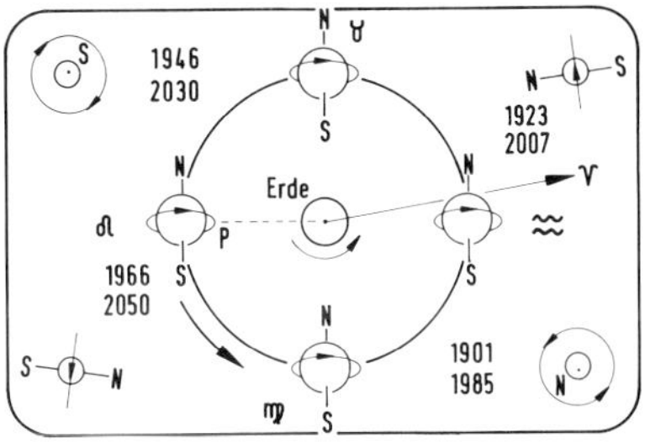

unter, und einen halben Umlauf später, da die Drehachse raumfest bleibt, sich der Vorgang selbstverständlich umkehren muß und die Sonne dann im Westen aufgeht und im Osten unter. Direkt beobachten kann man das nicht. Die Kenntnis davon hat man durch photometrische Messungen erhalten. Die Monde des Uranus umkreisen den Planeten nahe seiner Äquatorebene.
Ist Uranus für geübte Beobachter noch mit bloßem Auge auffindbar, so ist der Neptun nur ein schwacher Lichtpunkt unter den Sternen. Bei stärkerer Vergrößerung kann man ihn allerdings genau wie Uranus noch als kleines Scheibchen erkennen, aber keinerlei Konturen wahrnehmen. Beide Planeten sind von Atmosphären umschlossen, die hauptsächlich, wie die von Jupiter und Saturn, aus Wasserstoff bestehen dürften. Von den beiden bekannten größeren Monden des Neptun läuft der äußere im entgegengesetzten Drehsinn um seinen Planeten. Auch bei Neptun wurden in den 80er Jahren Ringe beobachtet.
Der Doppelplanet Pluto kann nur mit sehr lichtstarken Instrumenten beobachtet werden. Zweckmäßigerweise wird hier die Himmelsfotografie herangezogen. Bemerkenswert ist seine stark exzentrische Umlaufbahn um die Sonne, die ihn in dem Zeitraum von 1979 bis 1999 der Sonne näher bringt als Neptun, da er sich 20 Jahre lang innerhalb dessen Bahn bewegt.

Die kleinen Planeten (Planetoiden)

Im 18. Jahrhundert fanden Titius und Bode eine numerische Gesetzmäßigkeit in den Abständen der Planeten von der Sonne, bei der zwischen Mars und Jupiter ein Planet fehlte. Die Suche nach diesem Planeten führte in der Neujahrsnacht des Jahres 1801 durch den Italiener Giuseppe Piazzi (1746 – 1826) zur Entdeckung des größten der „kleinen Planeten" (Durchmesser 800 km), der den Namen Ceres erhielt. In den sechs darauffolgenden Jahren fanden dann Heinrich Wilhelm Olbers (1758 – 1840) und Karl Ludwig Harding (1765 – 1834), die drei nächstkleineren Planetoiden Pallas, Juno und Vesta. Erst nach längerer Pause wurde in der zweiten Hälfte des 19. Jahrhunderts und zu Beginn des 20. Jahrhunderts die Zahl der bekann-

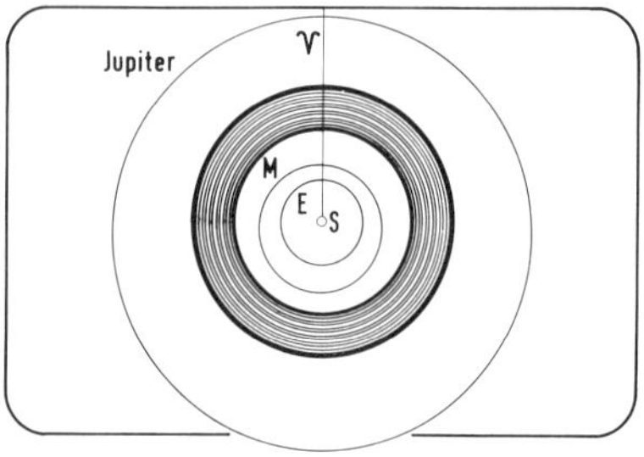

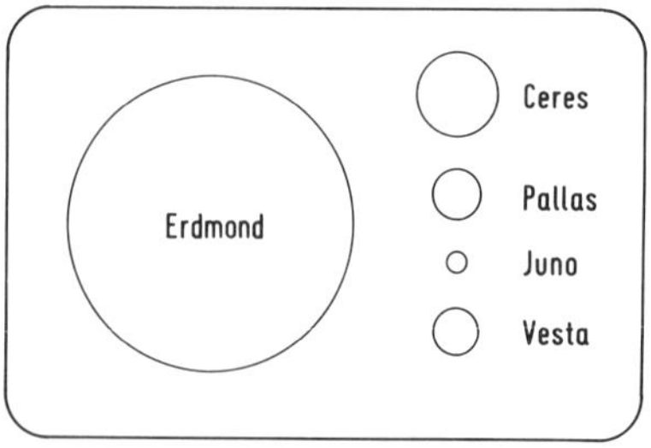

ten Kleinplaneten, vor allen Dingen mit Hilfe der Fotografie so stark vermehrt, daß man heute einige Tausend Kleinplaneten oder Planetoiden kennt. Sie haben kreis-

förmige bis zu stark elliptische Bahnen. Einige können der Sonne näherkommen als die Erde. Werden sie auf Himmelsaufnahmen fotografisch erfaßt, so verursachen sie wegen ihrer Eigenbewegung unter den Sternen eine Strichspur. Auch in großen Fernrohren sind die Planetoiden aufgrund ihrer geringen Durchmesser nur als kleine Punkte zu erkennen. Weil ihre Abbildung auf der Fotoplatte nicht von dem Bild eines Fixsterns zu unterscheiden ist, erhielten sie auch die Bezeichnung *Asteroiden.* Diese Bezeichnungsweise ist jedoch irreführend, und es ist daher besser, sie als Planetoiden zu bezeichnen (im Englischen Minor planets).

Die Beobachtung der Planetoiden ist vor allem für die Beobachter interessant, die über eine fotometrische Ausrüstung an ihrem Instrument verfügen. Damit kann man gegebenenfalls den Rotationslichtwechsel feststellen, da die meisten der kleinen Planeten wahrscheinlich rotieren und die Oberflächen das Sonnenlicht nicht gleichmäßig reflektieren. Über die Interpretation des Rotationslichtwechsels läßt sich eine Aussage über die Form der kleinen Planeten machen, die, bedingt durch die geringe Größe von nur wenigen Kilometern Durchmesser, nicht kugelförmig sein muß. Besonders interessant für den Amateur ist die Beobachtung von Sternbedeckungen durch kleine Planeten, die vorausberechnet werden.

Die Kometen

Daß auch die Kometen (griech. astér kométes = Haarstern, von astér = Stern und komé = Haar; latinisiert coma, daraus stella cometa, Kurzform cométa) den Gesetzen der Schwerkraft folgen, denen alle Himmelskörper unterworfen sind, und in Ellipsen bzw. Parabeln um die Sonne laufen, ist eine Entdeckung, die Ende des 17., Anfang des 18. Jahrhunderts gemacht wurde. Am Beispiel eines bekannten Kometen wird dies deutlich.
Aufgrund eines Vergleichs von Bahnen verschiedener Kometen, die er berechnet hatte, fand der englische Astronom Edmond HALLEY (1656–1742), daß ein hellerer Komet in regelmäßigen Abständen am Himmel aufgetaucht war. Er folgerte richtig, daß es sich um dasselbe Objekt handelte, und wagte eine Voraussage für die nächste Wiederkehr. Halley erlebte diese Wiederkehr des Kometen nicht, aber dieser erschien, wie vorausberechnet, im Jahre 1758 am Himmel. Seitdem zählt man die Kometen, – was vorher Astronomen nur vermuten konnten – zu den Mitgliedern des Sonnensystems. Bis ins 16. Jahrhundert hatte man die Kometen zu den atmosphärischen Erscheinungen gerechnet, oft galten sie als Vorzeichen kommenden Unheils.
Es gibt heute über 100 bekannte schwache Kometen, deren Erscheinen vorausberechnet werden kann. Doch für den Amateur wie auch für die Öffentlichkeit sind natürlich helle Kometenerscheinungen von größerem Interesse. Solche hellen Kometen lassen sich aber nicht voraussagen. Sie treten unvorhergesehen in Erscheinung und werden häufig erst kurz vor ihrer größten Helligkeit entdeckt. Bei der Entstehung unseres Sonnensystems vor 4,6 Milliarden Jahren ist allerhand Restmaterie übrig geblieben, aus der sich kleinere Himmelskörper gebildet haben. Viele sind schon bald von unserer Sonne und den großen Planeten aufgefangen worden, wobei die vielen Einschlagskrater an den Planetenoberflächen entstanden sind. Deshalb sind die meisten Krater auch älter als 4 Milliarden Jahre. Das Sonnensystem ist heute ausgedünnt und helle Kometen kommen meist aus sehr großen Abständen von der Sonne (bis zu 30 000 Astronomische Einheiten). Sie haben daher sehr langgestreckte Bahnen und große Umlaufzeiten (bis zu Millionen Jahren).
Kurzperiodische Kometen entstehen, wenn ein aus der Ferne kommendes Objekt durch das Schwerefeld eines großen Planeten (Jupiter) in eine sonnennahe Umlaufbahn gezwungen wird. ($P < 100^a$).
Man weiß heute, daß die Kometen etwa kilometergroße Konglomerate aus Eis und kleinen, staubartigen Partikeln sind. Der Hauptbestandteil ist gefrorenes Wasser, doch finden sich auch andere Gase (Kohlenwasserstoffe) in diesem *schmutzigen Schneeball,* wie der amerikanische Astronom Fred WHIPPLE diese überdimensiona-

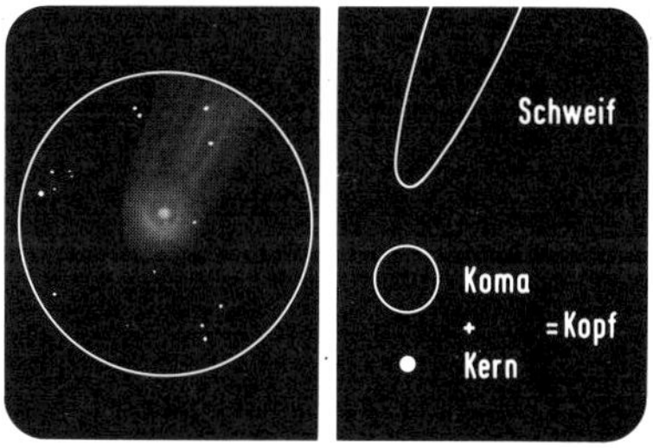

len Eisberge genannt hat. Dieses Konglomerat von Eis und Gestein wird als *Kometenkern* bezeichnet. Bei Annäherung an die Sonne wird durch die Energie des Sonnenlichtes die Oberfläche des rotierenden Komentenkerns erhitzt, so daß die Gase verdampfen (sublimieren) und sich um den Kern eine Hülle bildet, die sogenannte *Koma*. Der punktförmige Kern *(Nukleus)* ist in der diffus leuchtenden Hülle *(Koma)* meist nicht zu sehen.

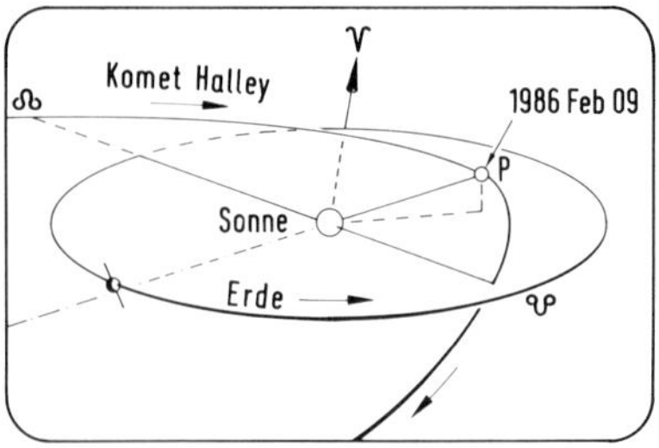

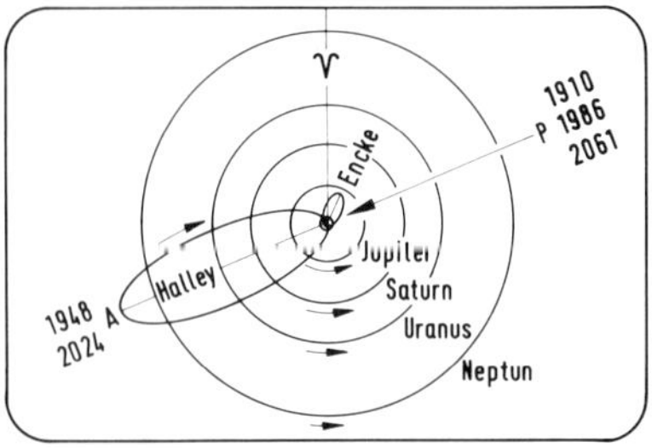

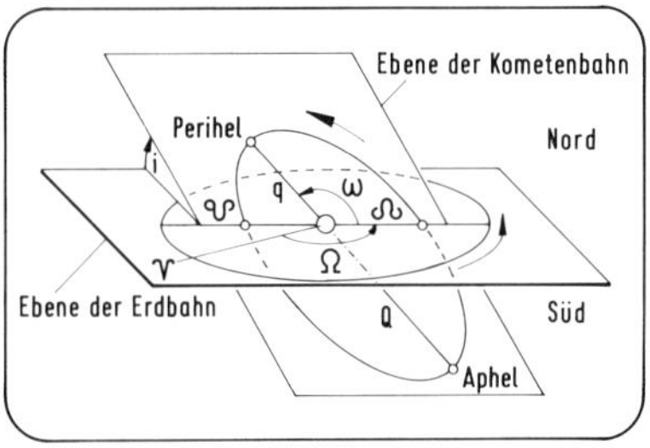

Bei weiterer Annäherung an die Sonne bildet sich aus der Koma der *Kometenschweif.* Oft lassen sich bei Kometenerscheinungen, wie z. B. beim Kometen Arend-Roland 1956, deutlich zwei Schweiftypen unterscheiden: Der eine Schweif ist gewöhnlich gerade und sehr dünn und strikt von der Sonne weggerichtet, der zweite Schweif breitgefächert und meist gebogen. Im ersten Fall handelt es sich um abgespaltene Moleküle, die vom sogenannten Sonnenwind mitgerissen werden (der Sonnenwind ist ein Teilchenstrom aus Protonen und Elektronen, der beständig von der Sonne abgestrahlt wird). Die zweite Schweiferscheinung wird verursacht durch kleinere Staubteilchen, die das Sonnenlicht reflektieren. Immer aber sind die Schweife von der Sonne weggerichtet. Durch die geometrische Perspektive von der Erde aus kann es aber zu bizarren Überlagerungen kommen. Neben den Kometen auf elliptischen Bahnen, die, wie der Halleysche Komet zeigt, rückläufig sein können, gibt es auch einige wenige Kometen, die fast kreisförmige Bahnen haben. Bei den elliptischen Bahnen bezeichnet man die längste Achse als Apsidenachse, wobei der sonnenfernste Punkt die Bezeichnung Aphel hat und der wichtige sonnennächste Punkt die Bezeichnung Perihel. Zu den weiteren Elementen einer Kometenbahn gehören als die wichtigsten die Neigung seiner Bahn gegen die Erdbahn und die Schnittlinie mit ihr. (Knotenlinie mit aufsteigendem ☊ und absteigendem ☋). Die Abbildung zeigt die charakteristischen Größen einer Kometenbahn (Bahnelemente). Die Neigung i bezeichnet den Winkel zwischen Kometenbahn und Ekliptik ($i < 90°$ rechtläufige, $i > 90°$ rückläufige Bahn). Der Perihelabstand q mißt die kleinste Entfernung von der Sonne, ☊ die Lage des aufsteigenden Knotens auf der Ekliptik in bezug zum Frühlingspunkt ♈ (ekliptikale Länge Ω) und ω den Abstand des Perihels vom aufsteigenden Knoten. Durch die Exzentrizität e schließlich wird die Form der Ellipsenbahn bestimmt ($e = 0$ ist ein Kreis, $e = 1$ eine Parabel, dazwischenliegende Werte sind Ellipsen). Weiß man noch den Augenblick des Periheldurchgangs eines Kometen (T), so ist sein Ort zu jedem Zeitpunkt bestimmt.

Die Sternschnuppen oder Meteore

Neben den stetigen und berechenbaren Phänomenen am Himmel gibt es auch Erscheinungen, die plötzlich und kurzfristig auftreten. Dazu gehören die Sternschnuppen. Hierbei handelt es sich um Leuchtvorgänge in der hohen Atmosphäre der Erde, die durch den Eintritt kosmischer Partikelchen hervorgerufen werden. Viele treten aber nicht vereinzelt auf, sondern bilden Gruppen. Durch diese entstehen sich jahreszeitlich wiederholende Ströme, die man auf Bahnbewegungen im Sonnensystem zurückführen kann. Dabei zeigt es sich, daß die Bahnen einiger solcher Sternschnuppenschwärme, wie man sie auch nennt, den elliptischen Bahnen einiger Kometen entsprechen. Man hat herausgefunden, daß zwischen manchen Kometen und gewissen Sternschnuppenschwärmen eine ganz enge Beziehung besteht. Die Kometen geben in Sonnennähe ständig Materie ab, nicht nur als Gase und feinen Staub, sondern auch in Form größerer fester Brokken. Man hat auch das Zerfallen ganzer Kometenkerne beobachtet. Diese Bruchstücke verteilen sich allmählich über die gesamte Bahn, und wenn die Erde bei ihrem Umlauf in die Nähe einer solchen Partikelansammlung kommt, beobachten wir einen Sternschnuppenschwarm. Die einzelnen Partikel auf einer elliptischen Umlaufbahn um die Sonne, seien sie nun durch den Zerfall eines Kometen entstanden oder gehören sie zu der überall vorhandenen interplanetaren Materie, bewegen sich wie alle anderen Himmelskörper auch nach den himmelsmechanischen Gesetzen auf Bahnen. Die Lage der Bahnen von Meteorströmen oder -schwärmen kann zum Schnitt mit der Erdbahn führen, so daß Kollisionen möglich sind. Die kleinen Materiebrocken, meist in der Größenordnung von Millimeter- oder Zentimetergröße, werden von der Erde angezogen und können in die Atmosphäre herabfallen. Ihre Relativgeschwindigkeit zur Erde kann dabei bis zu 60 km/s betragen. Je nach Größe und Geschwindigkeit erreichen sie die Erdoberfläche oder verglühen schon in sehr großen Höhen (ca. 120 – 80 km) durch Reibung mit den Luftteilchen. Wir sehen ihre Spur, da sie hinter sich einen Kanal aus ionisierten Luftmolekülen bilden. Wir bezeichnen die Erscheinung als Sternschnuppe oder wissenschaftlich als *Meteor.* Auf die Erdoberfläche fallende Objekte werden *Meteoriten* genannt. Nach ihrer chemischen Zusammensetzung unterscheidet man Eisen- und Steinmeteoriten. Größere Meteorite können Einschlagkrater verursachen. Da aber große Materiebrocken selten sind, kommt es auch entsprechend selten zu Einschlägen, die Schäden verursachen. Gelegentlich kann ein größerer Meteorit die Erdatmosphäre auch tangential durchdringen und sich dann anschließend im Weltenraum weiterbewegen. Meist sind diese Vorgänge mit großen Helligkeitsentwicklungen verbunden. Sehr leuchtkräftige Erscheinungen, bei denen es u. U. sogar zu einem explosionsartigen Auseinanderplatzen kommt, werden als *Boliden* bezeichnet.

Das gehäufte Auftreten von Meteoren führt zu Spitzen oder Maxima, die zeitlich sehr eng begrenzt sind, wobei alle Erscheinungen eines Schwarms alljährlich aus derselben Richtung kommen. Die Meteorschwärme tragen deshalb die lateinische Bezeichnung des jeweiligen Sternbildes, das diese Richtung am Himmel angibt. Wir sprechen also beispielsweise von den Virginiden, die im Laufe des April aus dem Sternbild Virgo (Jungfrau) zu kommen scheinen, oder z. B. von Perseiden, die in der Zeit Ende Juli/Anfang August aus der Perseus-Richtung kommen. Das Auftreten von Meteorschwärmen ist nicht an die Ekliptik gebunden wie bei dem ekliptikalen Strom der Virginiden, sie können vielmehr auch aus allen Richtungen einfallen. Ein typisches Beispiel bie-

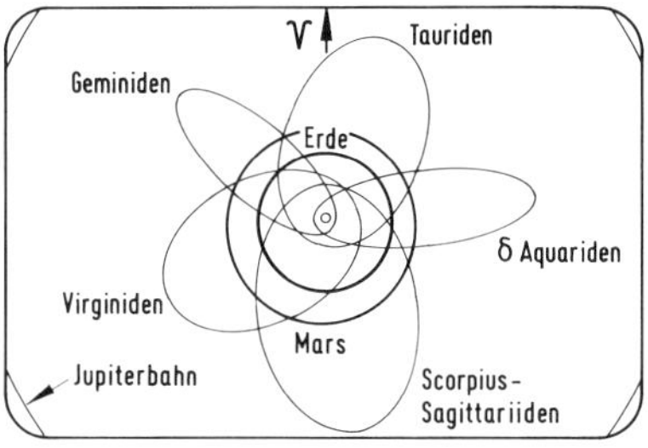

ten die *Quadrantiden,* benannt nach einem kleinen Sternbild zwischen Bootes und Großem Wagen, das nicht in moderne Himmelskarten aufgenommen wurde. Bei genauer Beobachtung zeigt es sich, daß der Punkt, von dem die einzelnen Meteore zu kommen scheinen, (der *Radiant*), eine Wanderung durch die Sternbilder macht. Dafür ist der Radiant der Perseiden ein Beispiel. Er überstreicht im Laufe eines Monats das ganze Sternbild Perseus. Erklärt werden kann das durch die Verteilung des Schwarmes über seine Bahn, die während dieser Zeit von der Erde angeschnitten wird.

Die Beobachtung von Meteoren

Eine effektive Meteorbeobachtung ist eine Gruppenaufgabe, jedoch kann auch der einzelne Beobachtungen machen. Voraussetzung hierfür ist eine sehr genaue Kenntnis des Sternenhimmels. Zur Auswertung einer Meteorerscheinung sind folgende Angaben erforderlich:

1. Der geographische Standort des Beobachters,
2. der genaue Zeitpunkt der Erscheinung, möglichst in Zehntel einer Minute,
3. die zeitliche Dauer der Erscheinung,
4. der Anfangs- und Endpunkt unter den Sternbildern (Eintrag in eine Sternkarte),
5. die Helligkeit und Helligkeitsentwicklung,
6. evtl. Farberscheinungen,
7. mögliche Begleiterscheinungen, wie etwa ein Knall oder andere Geräusche,
8. Bewölkungsanteil und Wetterbedingungen.

Das Sammeln solcher Beobachtungen an zentraler Stelle ermöglicht es, bei Auswertung synchroner Beobachtungen die Höhe eines Meteors über der Erdoberfläche, die Lage seiner Bahn und sein Herkunftsgebiet zu berechnen. Unter Umständen läßt sich auch der Fundort eines Meteoriten bestimmen.

Das Zodiakallicht

Unser Sonnensystem setzt sich aus der Sonne selbst, den großen Planeten mit ihren Monden, den kleinen Planeten, den Kometen und den Meteorströmen zusammen. Außerdem gibt es zwischen den Planeten große Mengen feinerer Staubmaterie, die im gestreuten Sonnenlicht sichtbar wird. Diese feinverteilte Materie reicht etwa bis zur Marsbahn und liegt wie eine flache Scheibe symmetrisch zur Ekliptik. Da die Ekliptik auch die Bezeichnung *Zodiakos* trägt, wird dieses Leuchten Zodiakallicht genannt. In einer mondlosen dunklen Nacht kann es nach Sonnenuntergang oder vor Sonnenaufgang außerhalb der Dämmerung beobachtet werden. Seine Sichtbarkeit hängt sehr stark von der geographischen Breite des Beobachtungsortes auf der Erde ab. So ergibt sich für mittlere geographische Nordbreiten eine Beobachtungszeit am Abendhimmel, die im Monat März liegt, und für den Morgenhimmel eine für den Monat September. Dann verläuft die Ekliptik steiler zum Horizont, so daß das Leuchtphänomen hoch genug aus dem Dämmerungsbereich herauskommt. Für die Südhalbkugel der Erde entspricht die zeitliche Umkehrung, d.h. am Morgenhimmel im März und am Abendhimmel im September. Beobachtungsorte in Erdäquatornähe haben keine jahreszeitliche Abhängigkeit. Da die feinverteilte Staubmaterie weit über die Erdbahn hinausreicht, gibt es eine Gegend, die der Sonne genau gegenüberliegt. Dort hat das Leuchtphänomen, verglichen mit dem angrenzenden Ekliptikstreifen, ein Maximum, das allerdings sehr viel schwächer ist als das „Hauptlicht" der Dämmerungszonen. Seine deutsche Bezeichnung *Gegenschein* ist in die internationale Fachsprache eingegangen. Diese Gegend entspricht dem Ort des Vollmonds, der ja auch der Sonne gegenübersteht, woraus man ersieht, daß bei Vollmond dieses zarte Licht nicht gesehen werden kann.

Die Sonne

Unsere Sonne ist ein durchschnittlicher Stern unter anderen Sternen. Sie erhält ihre Bedeutung für uns nur dadurch, daß wir ihr sehr nahestehen und in jeder Hinsicht von ihr abhängen. Wegen ihrer Nähe erscheint sie uns als große leuchtende Scheibe, so daß wir Einzelheiten auf ihrer Oberfläche beobachten können. Die Sonne ist vierhundertmal so weit von uns entfernt wie der Mond. Daher kann unser Mond, der etwa vierhundertmal kleiner ist als die Sonne, bei Sonnenfinsternissen die Sonnenscheibe zeitweise völlig abdecken, so daß es uns möglich ist, auch die sonst überstrahlte sonnennahe Umgebung zu studieren. Das ist einmalig in unserem Sonnensystem. Der wahre Durchmesser der Sonne beträgt rund 1,4 Millionen km, das entspricht etwa 110 aneinandergereihten Erdkugeln. Die Sonne ist eine vollkommene Kugel, da sie sehr langsam rotiert, so daß keine Abplattung an den Polen und kein Wulst am Äquator entstehen kann. In der Sonnenkugel würden etwa 1,3 Millionen Erdkugeln Platz finden, ihrer Masse entspricht 330000 mal der Erdmasse. Die Oberfläche ist etwa 12000 mal größer als die der Erde.

Wenn es auch bei eingetrübtem Himmel gelegentlich möglich ist, die Sonne mit bloßem Auge zu betrachten, so sollte die Sonnenbeobachtung doch immer mit großer Vorsicht vorgenommen werden. Die ungefährlichste Beobachtung ist die Projektion des Sonnenbildes auf einen Bildschirm mit Hilfe eines Fernglases. Bei direkter Beobachtung sind entsprechende Filter zu verwenden. Es ist immer darauf zu achten, daß Nebenfernrohre, wie z. B. Sucher, zugedeckt sind. Mit speziellen Einrichtungen läßt sich die Sonne auch fotografieren.

Das Sonnenbild ist eine kreisförmige Scheibe, deren Helligkeit von der Mitte zum Rand hin abnimmt (Randverdunkelung). Auf dieser Scheibe erscheinen zeitweise dunkle Flecken, die Sonnenflecken, die häufig in größeren Gruppen auftreten. Außer den Flecken, oft in ihrer Nachbarschaft, jedoch auch isoliert, sind häufig Aufhellungen zu sehen, die vor allem in Nähe des Sonnenrandes gut wahrnehmbar sind und als *Sonnenfackeln* bezeichnet werden.

Aus der Beobachtung solcher Oberflächenstrukturen (Flecken und Fackeln) und ihrer Weiterbewegung läßt sich herleiten, daß die Sonne eine Eigendrehung um ihre Achse hat. Tauchen die Sonnenflecken nach Ablauf von ca. vier Wochen an der gleichen Position wieder auf, so hat sich von der Erde aus gesehen die Sonne einmal um ihre Achse gedreht. Wir nennen diese Periode, die *synodische Rotationszeit* der Sonne. Sie dauert rund 27 Tage. Die wahre *(siderische)* Drehung der Sonne um 360° ist etwa zwei Tage

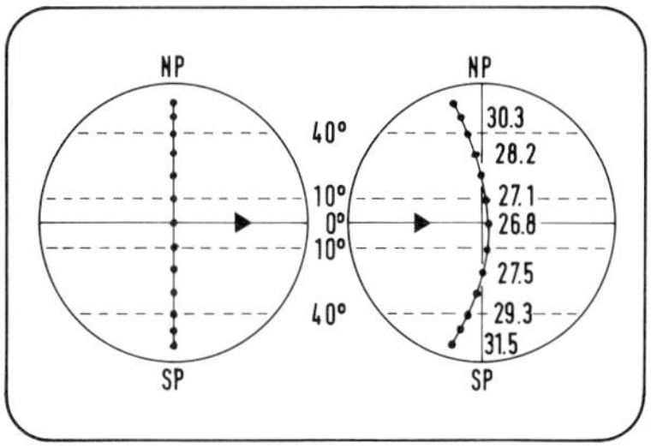

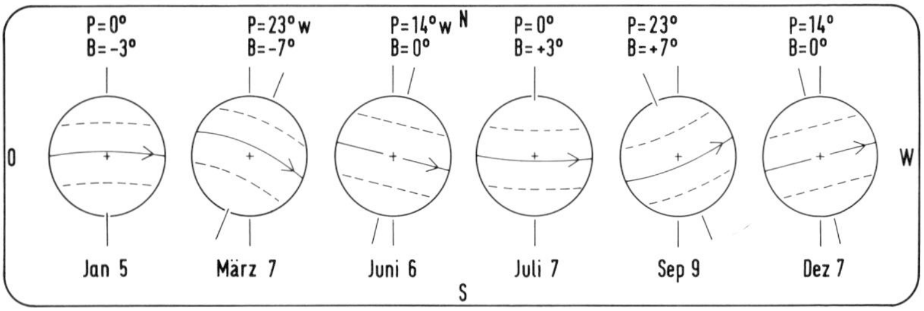

kürzer (25,4 Tage). Bei genauer Beobachtung der Sonnenflecken zeigt sich, daß bei einem gemeinsamen Start der Flekken die äquatornahen Flecken nach einer Sonnenumdrehung als erste durch den zentralen Meridian gehen, während die Flecken in höheren heliographischen Breiten etwas langsamer sind. Die Rotationszeit der Sonne ist also breitenabhängig.

Im Laufe eines Jahres zeigt es sich, daß die scheinbare Bewegung der Sonnenflecken infolge der Sonnenrotation, bezogen auf den Mittelpunkt der Sonnenscheibe, zeitweise einen leicht gekrümmten Weg durchläuft. Das liegt daran, daß der Sonnenäquator gegen die Ekliptik um $7\frac{1}{4}^{\circ}$ geneigt ist. Die Abbildung oben zeigt, daß wir im Laufe eines Jahres einmal mehr auf die Nordhalbkugel der Sonne und einmal mehr auf die Südhalbkugel sehen können, während zwischendurch zweimal der Sonnenäquator genau über das Zentrum der Sonnenscheibe ($M_{\odot}$) läuft. Die Ortsangaben für den scheinbaren Sonnenmittelpunkt lassen sich einem astronomischen Jahrbuch entnehmen.

Die in der Abbildung unten genannten Zahlen geben die Fleckenwanderung durch Sonnenrotation von Tag zu Tag an. $B_{\odot}$ – heliographische Breite des $M_{\odot}$ – scheinbaren Sonnenmittelpunktes; $NP_{\odot}$ – Sonnennordpol; $SP_{\odot}$ – Sonnensüdpol; P – Positionswinkel der Rotationsachse gegen Himmelskoordinaten.

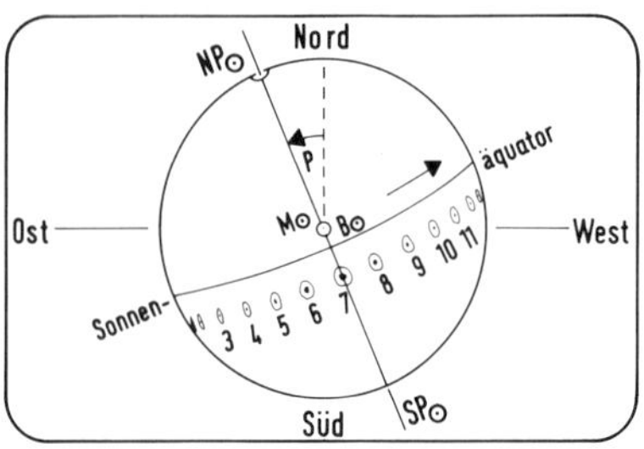

Neben diesen scheinbaren Bewegungen gibt es Veränderungen auf der Sonnenoberfläche, die physikalischer Natur sind. Am auffälligsten ist die Variation der Zahl der Sonnenflecken. Sie sind Erscheinungen in den oberen Sonnenschichten. So können punktförmige Gebilde, sogenannte *Poren,* beiderseits des Sonnenäquators auftreten, die nach kurzer Zeit wieder verschwinden oder sich flächenmäßig sehr stark ausdehnen und über die Dauer mehrerer Sonnenrotationen beobachtbar sind. Sonnenflecken entstehen zunächst in größerem Abstand vom Sonnenäquator, zeitlich nachfolgende Flecken entwikkeln sich dann immer näher am Sonnenäquator. Nach einem Zeitraum von etwa 11 Jahren, wenn Flecken sehr nahe am Sonnenäquator entstehen, tauchen in hohen heliographischen Breiten erneut Flekken auf. Dieser Aktivitätszyklus von ca. 11 Jahren, dem auch begleitende Phänomene unterliegen, wurde im Jahre 1843 von dem deutschen Amateurastronomen SCHWABE entdeckt. Eine physikalische Besonderheit der Sonnenflecken ist, daß Doppelflecken magnetisch polarisiert sind, wobei in jedem Zyklus Fleckenpaare auf der Südhalbkugel umgekehrt als die auf der Nordhalbkugel polarisiert sind. Geht also auf der Nordhalbkugel ein Südpolfleck einem Nordpolfleck voran, so ist umgekehrt auf der Südhalbkugel der vorangehende Fleck nördlich polarisiert und der nachfolgende südlich.

Das Schmetterlingsdiagramm

Sonnenflecken treten zu Beginn des elfjährigen Zyklus zunächst in geringer Zahl in großem Abstand vom Sonnenäquator (also in hohen heliographischen Breiten) auf. Im Verlauf des Zyklus nimmt die Häufigkeit der Flecken zu, wobei die Entstehungszonen näher an den Sonnenäquator heranrücken. Der Amateurastronom Samuel Heinrich SCHWABE (1789–1875) in

Dessau (Anhalt), kam im Verlauf seiner Sonnenbeobachtungen im Jahr 1843 zu der Erkenntnis, daß die Fleckenzahl im Zeitraum von ca. 10 Jahren regelmäßig schwankt; eine Vermutung in dieser Richtung hatte der dänische Astronom Peter Horrebow (1679 – 1764) schon Mitte des 18. Jahrhunderts geäußert. Die Fleckenzahl wurde von dem Schweizer Astronomen Rudolf Wolf (1816 – 1893) in Zürich über 200 Jahre zurückverfolgt und überprüft. Er führte die Züricher Sonnenfleckenrelativzahl ein und fand den 11jährigen Sonnenfleckenzyklus (der erste war zwischen 1755 und 1761 erfaßbar mit dem Maximum in 1761). Je näher nun die Fleckenentstehungszone an den Sonnenäquator heranrückt, um so schwächer wird die Fleckenbildung bis hin zum Verschwinden, bevor der Äquator ganz erreicht ist. Während eines Zyklus zeigen die Entstehungsgebiete der Flecken eine nach Zeit *(Abszisse)* und Sonnenbreite *(Ordinate)* geordnete Flächenverteilung im Diagramm, die in ihrem symmetrischen Bild für die Süd- und Nordhalbkugel der Sonne im Umriß Schmetterlingsflügeln gleicht. Der englische Astronom Edward Walter Maunder (1851 – 1928), der in Greenwich die Flecken untersuchte und die Lage der Sonnenachse bestimmte, stellte dieses unter dem Namen *Schmetterlingsdiagramm* geläufige Bild erstmals im Jahr 1904 dar.

Die scheinbar dunklen Flecken auf der Sonnenscheibe sind sichtbar gewordene Zentren der Sonnenaktivität. Sehr starke Magnetfelder durchdringen die oberen Sonnenschichten. Im Bereich dieser Magnetfelder ist die Sonnenmaterie abgekühlt und die Temperatur erheblich niedriger als an der allgemeinen Sonnenoberfläche (etwa 4500 K gegenüber 5800 K). Für sich betrachtet strahlen die Flecken natürlich auch noch sehr viel Energie ab und sind keineswegs „schwarz“. Nur durch den Temperaturkontrast zur Umgebung erscheinen sie dunkel. Bei genauer Betrachtung wird man feststellen, daß ein symmetrischer runder Fleck einen sehr dunklen Kern hat, die *Umbra,* und einen etwas aufgehellten ringartigen Hof, die *Penumbra.* Je nach der Entwicklung dieser Flecken können sie symmetrisch oder unregelmäßig ausgedehnt sein. Für die Anzahl der Flecken und ihre Klassifizierung wurde die Sonnenfleckenrelativzahl definiert, die ein Maß ist für die Aktivität der Sonne. Der Zyklus beginnt mit Monaten einer ruhigen Sonne, allmählich treten immer häufiger Flecken auf, und ihre Zahl und Größe nimmt steil zu, bis sie ein Maximum erreichen, um dann langsam wieder auf ein Minimum abzunehmen. In dem Zeitraum zwischen zwei Aktivitätsminima sprechen wir von der aktiven Sonne. Die Zeiten der Minima und Maxima lassen sich erst nachträglich durch Ausgleich der Sonnenfleckenrelativzahlen ermitteln.

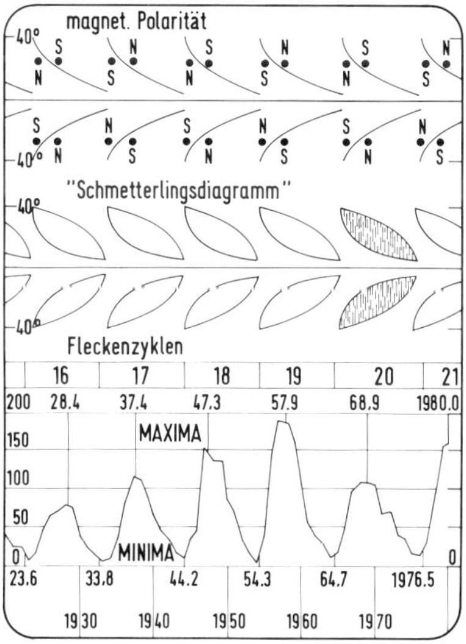

Neben den Sonnenflecken sollten auch die Fackelgebiete beobachtet werden, und soweit instrumentell möglich, auch die am Sonnenrand auftretenden Gasausbrüche oder Sonnenprotuberanzen. Die Beobachtung kann visuell oder auch fotografisch erfolgen. Um die eigenen Beobachtungsergebnisse zu bewahren, wird der aktive Amateur sich einer der überregionalen Sonnenbeobachtergruppen anschließen.

Seit ihrer Entstehung gibt die Sonne ständig Energie ab. Während der längsten Zeit ihrer Existenz war die Sonne ein ruhiger Stern. Infolge der großen Massendichte im Inneren und der daraus resultierenden hohen Drücke herrschen im Sonnenzentrum Temperaturen von ca. 15 Millionen K. Dabei wird aus dem vorhandenen Wasserstoff Helium aufgebaut. Aus der Atomphysik wissen wir, daß bei der Fusion von 4 Wasserstoffkernen, den Protonen, 1 Heliumkern aufgebaut wird, der aus 2 Proto-

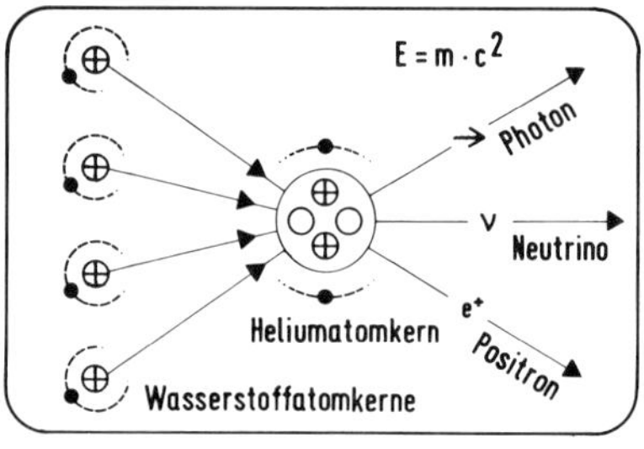

nen und 2 Neutronen besteht. Bei diesem Fusionsvorgang tritt ein Massendefizit auf, das sich in der Abgabe von Protonen, Neutrinos und Positronen bemerkbar macht. Die astrophysikalischen Forschungen in unserem Jahrhundert haben wesentlich dazu beigetragen, daß wir aus der Kenntnis der Sterne als natürliche Atomreaktoren gelernt haben, auf welche Weise aus Atomkernumwandlungen Energie frei wird.

Für uns ist es in diesem Zusammenhang wichtig, daß die Energie, die im Sonnenzentrum freigesetzt wird, durch Strahlungstransport nach Jahrmillionen die Konvektionsschicht der Sonne erreicht, in deren beiden oberen Schichten die anfänglich hochenergetische Strahlung gemildert an den Weltenraum abgegeben wird.

Die oberste Lage der Konvektionsschicht ist die etwa 400 km mächtige *Photosphäre.* Wir sehen sie als Sonnenoberfläche. Die Konvektionszellen dieser Gasmassen erscheinen uns als körnige Struktur der Sonnenoberfläche, die wir als *Granulation* bezeichnen. Die Temperatur liegt hier bei etwa 5800 K. Oberhalb der Photosphäre liegt die Chromosphäre, die nur bei totalen Sonnenfinsternissen direkt beobachtbar ist. In den beiden Schichten von Photosphäre und Chromosphäre vollzieht sich das für den Amateur interessante Geschehen. Hier kann er die Sonnenflekken, die Sonnenfackeln und besonders heiße Gasausbrüche, die sogenannten *Sonnenflares,* beobachten. Am Sonnenrand, wo ionisierte Sonnenmasse entlang magnetischer Feldlinien bis in sehr große Höhen über der Sonnenoberfläche aufsteigt und wieder absinkt, werden Gasausbrüche dieser Schichten sichtbar. Für die Beobachtung dieser *Protuberanzen* muß das Fernrohr mit einem „H-Alpha-Filter" ausgerüstet sein, da diese Phänomene in einem bestimmten Frequenzbereich der Wasserstoffatome (H = Hydrogenium) auftreten.

Bei totalen Sonnenfinsternissen wird außerhalb der Chromosphäre die hochverdünnte Atmosphäre der Sonne, die *Korona* sichtbar. Ihr Aussehen hängt von der Phase der Sonnenaktivität ab: sie ist diffus bei großer Aktivität an der Sonnenoberfläche und achsensymmetrisch strukturiert bei geringer Aktivität. Viele Sonnenbeobachter unternehmen mitunter lange und gut vorbereitete, aufwendige Reisen, um das seltene Phänomen einer Totalität zu erleben. Sie werden reich belohnt, wenn der Himmel wolkenfrei ist!

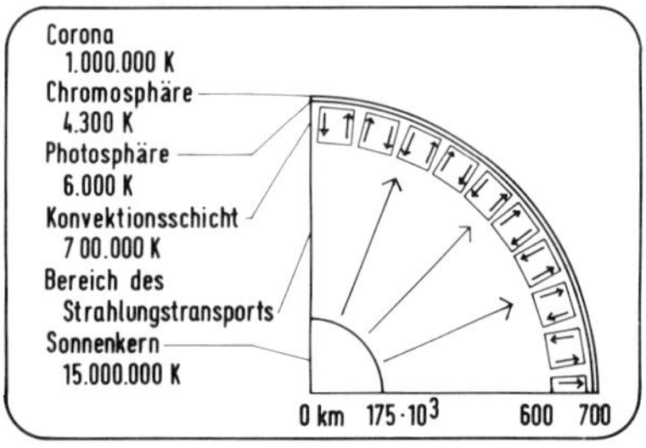

Die Strahlung der Sonne

Die Sonne ist eine Gaskugel, deren Dichte von außen nach innen stetig zunimmt. Die nach außen wirkende Kraft des Strahlungsdrucks und die zum Zentrum gerichtete Gravitationskraft halten sich die Waage, die Sonne ist im Gleichgewicht. Durch Strahlungstransport und, im äußeren Bereich auch durch Konvektion, gelangt die energiereiche, kurzwellige Strahlung in die äußeren Sonnenschichten. Wir sehen die Lichtschicht oder Photosphäre, die

Oben:
Ringförmige Sonnenfinsternis. 29. 4. 1976. Afrata/Kreta. Die bereits partiell vom Mond verfinsterte Sonne wird durch das Blattwerk eines Baumes nach dem Prinzip der Lochkamera vielfältig am Erdboden abgebildet. Minolta XE - 1,1:1,4/50 mm, abgeblendet auf 5,6. Kodak 64. $^{1}/_{125}$ s. Aufnahme: Beneke

Unten:
Totale Sonnenfinsternis. 16. 2. 1980, Malindi/Kenia. Mit 2",5-Refraktor projiziertes Sonnenbild vor der Totalität. Kodak 64 mit Minolta XE-1,1:1,4. Aufnahme: Beneke

Ringförmige
Sonnenfinsternis
29 April 1976

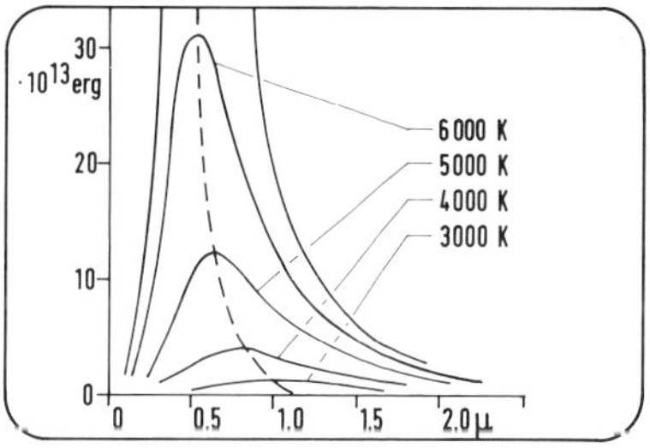

eine Mächtigkeit von etwa 400 km Dicke hat. Hier verläßt der Energiestrom die Sonne bei einer effektiven Temperatur von 5780 K. Die Sonne strahlt dabei in einem breiten Wellenlängenbereich ab mit einem Maximum bei 0,5 μ. Die Energieverteilung im Spektrum wird mit der einer bekannten Lichtquelle verglichen (schwarzer Strahler, Hohlraumstrahler). Die Energiekurve der Sonnenstrahlung reicht bis weit in den infraroten Bereich hinein, fällt jedoch am ultravioletten Ende steil ab. Das Maximum jeder Strahlungsverteilung hängt von der Temperatur ab und verschiebt sich mit wachsender Temperatur von längeren zu kürzeren Wellenlängen.

Über der Photosphäre liegt eine etwa 6000 km dicke Schicht, die Chromosphäre, in der kühlere Materiemassen für eine Absorption sorgen. Hier erhält das Sonnenspektrum seine Prägung durch die von Joseph von FRAUNHOFER (1787 – 1826) 1815 gefundenen und nach ihm benannten *Absorptionslinien.* Unter den Sterntypen ist die Sonne ein normaler Zwergstern auf der Hauptreihe des Hertzsprung-Russell-Diagramms mit der Typenbezeichnung G 2 V. Die Sonne hat eine absolute Helligkeit im visuellen Bereich von $4\overset{m}{.}87$, wäre also aus etwa 30 Lichtjahren Entfernung ein gerade noch mit dem bloßen Auge erkennbarer Stern.

Der Anblick des Fixsternhimmels

Der nächtliche Himmel zeigt uns (vor allem wenn kein Mondlicht stört) eine Fülle von Sternen und das Band der Milchstraße, dessen Leuchten durch gesammeltes Licht sehr vieler entfernter Sterne entsteht. Es fällt auch dem unvorbereiteten Betrachter auf, daß es nur wenige sehr helle Sterne gibt, und daß ihre Anzahl mit abnehmender Helligkeit zunimmt. Die heute gebräuchliche Einteilung der Fixsterne in Helligkeitsklassen geht auf den griechischen Astronomen HIPPARCH (190 – 125 v. Chr.) zurück. Er ordnete den hellsten Sternen die Größe 1 zu und den gerade noch sichtbaren die Größe 6. Diese Skala wurde durch den in Alexandria wirkenden Astronomen Claudius PTOLEMÄUS (85 – 160 n. Chr.) in sein „Handbuch der Astronomie", den bekannten Almagest, übernommen und uns auf diese Weise überliefert. Die Größenklassen werden heute noch durch ein „m" gekennzeichnet, das sich aus der lateinischen Bezeichnung für Größe, nämlich *magnitudo* herleitet. Die Sterne werden also in abnehmender Helligkeitsfolge mit 1^m, 2^m, 3^m, 4^m, 5^m und 6^m geordnet. Im 19. Jahrhundert lernte man das Sternenlicht exakt zu messen und so sind auch die Helligkeitsstufen numerisch definiert worden. Das Intensitätsverhältnis von Größenklasse zu Größenklasse beträgt $10^{0,4} = 2{,}512$. Ein Stern 1. Größe ist also 2,512 mal heller als ein Stern 2. Größe und $2{,}512 \times 2{,}512$ mal heller als ein Stern 3. Größe usw. Der Unterschied von fünf Größenklassen zwischen den hellsten Fixsternen und den gerade noch sichtbaren entspricht einem Intensitätsverhältnis von genau 100 : 1.

Bezieht man die Helligkeit auf einen

Links:
Komet West 1975. 4. 3. 1976 Herrsching/Ammersee. Belichtungszeit: 4.30-4.35 Uhr UT. Optik: 1:1,8/50 mm Kodak Ektachrome High Speed, Bt = 5 min. Aufnahme: Stättmayer

Stern 6. Größe und bezeichnet sie mit 1, so ergeben sich für die aufsteigenden Größenklassen folgende Intensitätsverhältnisse:

Intensität eines Sterns 6. Größe = 1
Intensität eines Sterns 5. Größe
2,5 = 2,5
Intensität eines Sterns 4. Größe
2,5 × 2,5 = 6,3
Intensität eines Sterns 3. Größe
2,5 × 2,5 × 2,5 = 16
Intensität eines Sterns 2. Größe
2,5 × 2,5 × 2,5 × 2,5 = 40
Intensität eines Sterns 1. Größe
2,5 × 2,5 × 2,5 × 2,5 × 2,5 = 100

Diese Skala der Größenklassen ist durch die zunehmende Genauigkeit der Helligkeitsmessungen in Dezimalen unterteilbar, ein Stern kann also die Größe $3\overset{m}{.}58$ haben. Da mit Ferngläsern und Fernrohren auch schwächere Sterne sichtbar werden, mußte die Skala über $6\overset{m}{.}0$ hinaus erweitert werden. Die Erdatmosphäre setzt durch das Eigenleuchten der Luftmoleküle (Hintergrundhelligkeit) eine Grenze bei etwa 22^{m}, doch lassen sich mit modernen technischen Mitteln die Meßmethoden noch darüber hinaus anwenden. Umgekehrt gibt es am Himmel hellere Objekte als 1. Größe. Beispielsweise sind einige Planeten heller wie Jupiter, Mars und Venus. So mußte die Skala über $0\overset{m}{.}0$ hinaus erweitert werden, was zu der zunächst kurios anmutenden Tatsache führte, daß hellere und hellste Himmelskörper eine negative Größenklasse zugeteilt bekamen! So kann die Venus $-4\overset{m}{.}4$ erreichen, der Vollmond $-12\overset{m}{.}55$ und die Sonne hat die Größe $-26\overset{m}{.}78$. Alle Angaben entsprechen der scheinbaren, visuellen Helligkeit eines Himmelsobjekts. Der Fachastronom unterscheidet daneben noch andere Helligkeitsangaben. Sie beziehen sich auf die jeweilige Wellenlänge des Empfindlichkeitsmaximums des Empfängers, z. B. Blauhelligkeit bei Fotoemulsionen etc.
Sirius ist mit $-1\overset{m}{.}47$ Größe der hellste Fixstern an unserem Himmel. Zur Sonne besteht ein Unterschied von über 25 Größenklassen, d. h. unsere Sonne ist zehn Milliarden mal so hell wie Sirius. Das liegt einzig und allein daran, daß uns die Sonne so viel näher steht, aus seiner Distanz betrachtet ist sie nur ein schwacher Stern unter anderen. Wir müssen also unterscheiden zwischen der scheinbaren Helligkeit eines Sterns an unserem Himmel und seiner wahren, die seine Energieausstrahlung angibt und zu seinen physikalischen Zustandsgrößen gehört.

Die Entfernungen der Fixsterne

Bei vielen Völkern und zu allen Zeiten hat man sich gern utopische Geschichten von Reisen in ferne Länder, unter Wasser und in der Luft oder Flüge zum Mond, zu den Planeten und sogar zu anderen Sternen ausgedacht. Daß dabei – abgesehen von wenigen Ausnahmen – die Naturgesetze oft grob vernachlässigt wurden, ist verständlich und scheint den Menschen manchmal besonderen Spaß zu machen. Gerade heute wird in Science-Fiction-Romanen gern über die Möglichkeit interstellarer Reisen sinniert. Allerdings hat kaum jemand dabei die richtige Vorstellung von den Distanzen, die dabei zu überbrücken wären. Vielleicht ist das auch gar nicht möglich – sie sind unvorstellbar im wahrsten Sinn des Wortes.
Wie weit sind nun die Fixsterne entfernt und wie bestimmt man ihre Distanzen?
Unser Gesichtsinn verhilft uns zu einer räumlichen Orientierung. Der Abstand unserer Augen voneinander bildet die Meßbasis, von der aus Gegenstände anvisiert werden. So stellen wir fest, ob ein Gegenstand greifbar in der Nähe oder weiter weg ist und wie weit. Das Ergebnis beruht z. T. auch auf Erfahrung: ein kleines Kind kann sich leichter verschätzen, ein Erwachsener, der nur noch über ein intaktes Auge verfügt, weiß aufgrund seiner Erfahrung, wie groß ein bestimmter Gegenstand ist und wie weit er von ihm entfernt sein muß, wenn er in einer gewissen Größe erscheint. In allen Fällen benutzen wir, ohne es zu wissen, geometrische Grundtatsachen. Vom Gegenstand aus gesehen haben unsere Augen einen bestimmten Winkelabstand. Den halben Winkel bezeichnet man auch als *Parallaxe* (π).
Das Prinzip der parallaktischen Entfernungsmessung können wir uns leicht wie folgt klar machen: Wenn wir einen Gegenstand (z. B. einen Bleistift) nahe vor unseren Augen anvisieren, wird sich seine Lage gegenüber einem weit entfernten Objekt (z. B. einen Fabrikschornstein) etwas verschieben, wenn wir abwechselnd das rechte und linke Auge schließen. Die Visierrichtung ist jeweils etwas anders.

Für weit entfernte Gegenstände versagt diese Methode; denn wenn der Verschiebungswinkel kleiner als etwa 1″ wird, kann das Auge ihn nicht mehr wahrnehmen (auflösen). Für die Messung von Sternentfernungen bietet sich als natürliche Basis der Durchmesser der Erdbahn um die Sonne an. Visieren wir einen bestimmten Stern an, so erscheint er uns nach einem halben Jahr von dem entgegengesetzten Punkt der Erdbahn aus gegen die weiter entfernten Hintergrundsterne etwas versetzt. Seine Spur am Himmel beschreibt im Laufe eines Jahres eine kleine Ellipse, die wir bestimmen können, wenn wir die Positionen des Sterns in gewissen Zeitabständen messen. Diese *parallaktische Ellipse* entartet zu einem Strich, wenn der Stern in der Erdbahnebene (Ekliptik) steht. An den Ekliptikpolen entsteht ein Kreis. Die Astronomen haben als Maßeinheit im Kosmos die Entfernung genommen, in welcher der halbe Erdbahndurchmesser

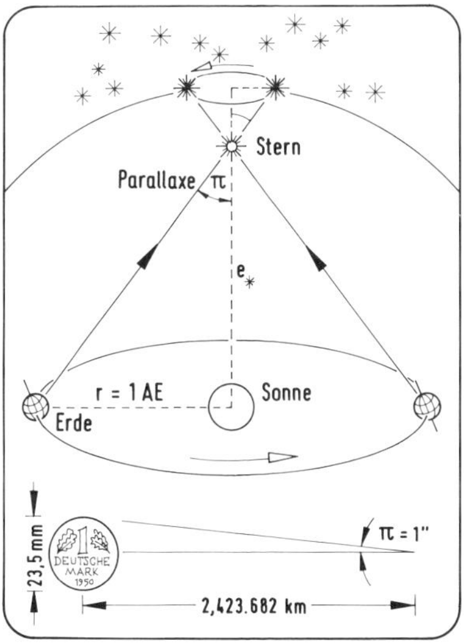

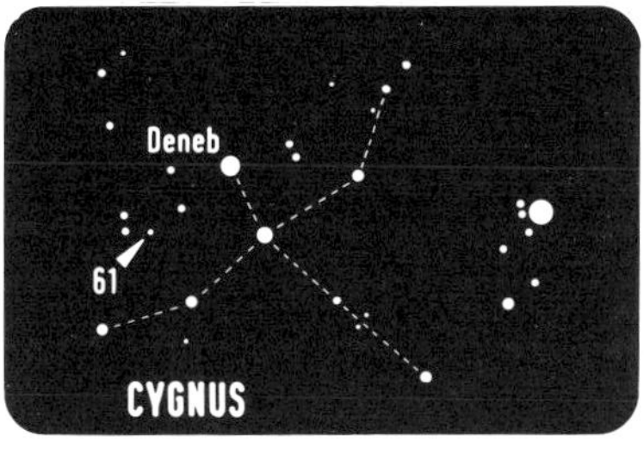

Sternbild Schwan. Optik: 1:2,8/50 mm, 3M 1000 ASA, Bt = 4 min. Aufnahme: Weidlich

unter einem Winkel von 1″ erscheint. Sie wird *Parallaxensekunde* (Parsec) genannt und ihr numerischer Wert ist 3,0857 Billionen km oder 206 265 Erdbahnradien (Astronomische Einheiten). Das *Parsec* ist etwa dreimal so groß wie das Lichtjahr (1 Parsec = 3,2633 Lj).

Schon COPERNICUS hatte diese Überlegung zum Nachweis der Richtigkeit seines Weltsystems angestellt, die Ungenauigkeit der Meßinstrumente der damaligen Zeit erlaubten allerdings diesen Nachweis des sehr kleinen parallaktischen Winkels noch nicht. Erst 1837/38 gelang dies Friedrich Wilhelm BESSEL (1784 – 1846), dem Direktor der von ihm ausgebauten preußischen Sternwarte in Königsberg. BESSEL maß über zwei Jahre die Position des Doppelsterns 61 Cygni (der Stern 61 im Schwan steht östlich von Deneb), den man schon in Ferngläsern trennen kann. Er überlegte, daß die Bewe-

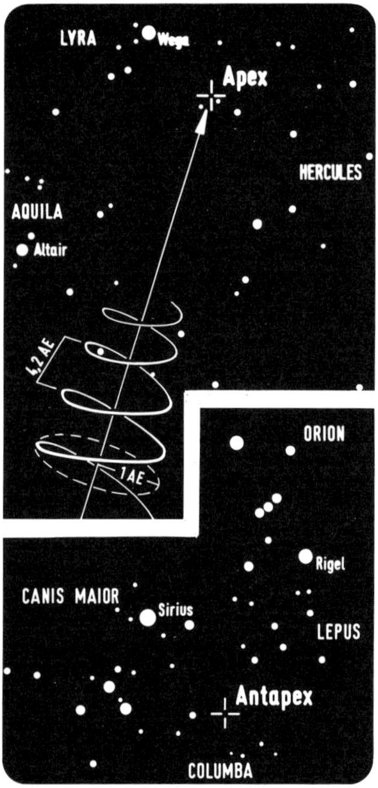

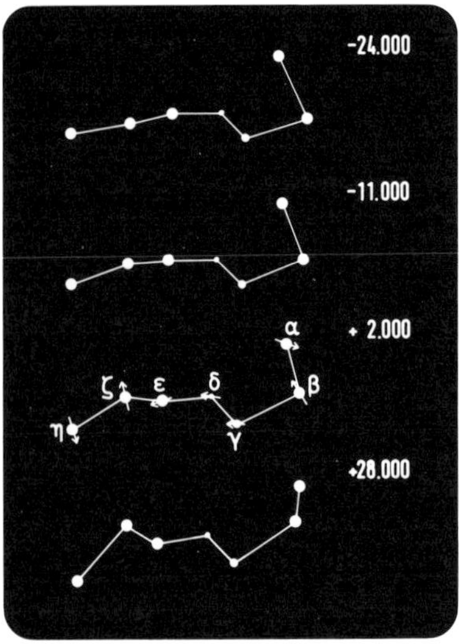

gung der beiden Komponenten umeinander nur beobachtbar sein kann, wenn das System der Sonne nahe genug ist. Außerdem steht es weit außerhalb der Ekliptik und ist im Ablauf eines Jahres über lange Zeit beobachtbar (man braucht ja auch viele gute Beobachtungstage). BESSEL fand, daß dieser Stern 600000 mal weiter von uns entfernt sein muß als die Sonne. Das entspricht etwa 11 Lichtjahren (s. Tabelle Seite 236).

Die Eigenbewegung (EB) der Fixsterne

Die Fixsterne tragen ihren Namen nicht ganz zu Recht (von lat. fixus = fest). Zwar sind ohne weiteres keine gegenseitigen Ortsveränderungen an ihnen wahrzunehmen, über lange Zeiträume machen sich aber die Bewegungen der Sterne untereinander auch von der Erde (dem Sonnensystem) aus bemerkbar. Aufgrund ihrer großen Entfernungen sind solche Ortsveränderungen naturgemäß sehr klein. Ein Menschenleben reicht zwar nicht aus, um sie wahrzunehmen, aber über Generationen hinweg fallen Veränderungen am Sternhimmel schon auf. Im großen und ganzen stimmt der heutige Sternenhimmel aber auch noch mit dem Anblick überein, der sich unseren Vorfahren vor etwa 6000 Jahren bot. Das entspricht in etwa dem Beginn schriftlicher Überlieferungen. Auch in 6000 Jahren werden unsere Nachfahren noch den uns gewohnten Anblick des Sternenhimmels vorfinden. Über noch größere Zeitabstände hinweg werden Veränderungen jedoch auffälliger. Unsere Vorfahren, die vor 15000 Jahren Höhlenmalereien geschaffen haben, sahen schon einen etwas anderen Himmel. Hinzu kommt noch die Verlagerung der Sternbilder durch die Präzession der Äquinoktialpunkte auf dem Äquator, die sie in etwa 26000 Jahren (Platonisches Jahr) einmal umlaufen läßt.

Auch unsere Sonne unternimmt eine Wanderung durch unser Milchstraßensystem und bewegt sich relativ zu den Sternen ihrer Umgebung. Ihre Zielbewegung ist auf das Sternbild Hercules hin gerichtet, der Zielort *(Apex)* selbst liegt südwestlich des hellen Sterns Wega in der Leier. Der Gegenpunkt d. h. die Herkunftsrichtung *(Antapex)* liegt südlich des Orion

und südwestlich des hellen Sirius im Großen Hund. Beide Bereiche befinden sich Band der Milchstraße.
Erst die genauen Beobachtungen durch verbesserte Meßmethoden erlaubten den Astronomen die Feststellung der Eigenbewegung der Sterne. Genaue Sternkarten zur Positionsbestimmung der Schiffe auf hoher See wurden mit der Eroberung der Meere im 16./17. Jahrhundert erforderlich. Inzwischen waren die Winkelmeßgeräte mit Fernrohren verbunden worden, was die Genauigkeit gegenüber früheren Beobachtungen mit bloßem Auge erheblich erhöhte. Der englische Astronom Edmond HALLEY fand fast 2000 Jahre nach HIPPARCHS Sternbeobachtungen durch Vergleichen von Sternpositionen Ortsveränderungen, die nicht durch Einflüsse im Sonnensystem hervorgerufen sein konnten. In Göttingen gelangen Tobias MAYER (1723–1762) weitere Nachweise von Sternbewegungen. Doch liegen fast alle EB weit unter 1″ pro Jahr. Gegen Ende des 19. Jahrhunderts fand dann der amerikanische Astronom Edward Emerson BARNARD (1857–1923) den schnellsten Stern, ein Objekt von knapp 10. Größe im Sternbild Ophiuchus. Barnards Stern, wie er genannt wird, hat die größte bisher bekannte EB von 10″,3 im Jahr. Amateure mit entsprechender fotografischer Ausrüstung können sich hier eine eigene Dokumentation über die Vorwärtsbewegung eines Sterns innerhalb weniger Jahre schaffen.

Wahre Sternhelligkeiten und Durchmesser

Zwei Sterne gleicher Leuchtkraft (Energieausstrahlung) werden uns unterschiedlich hell erscheinen, wenn sie verschiedene Entfernungen von uns haben. Um ein Maß für die Leuchtkraft zu bekommen, muß deshalb die Entfernung berücksichtigt werden. Man reduziert daher die gemessenen Helligkeiten auf eine Standardentfernung, für die 10 Parsec oder 32,5 Lichtjahre festgelegt wurden. Diese „absoluten Helligkeiten" werden ebenfalls in Größenklassen gemessen und mit „M" (im Unterschied zu den beobachteten scheinbaren Helligkeiten „m") bezeichnet. Die absoluten Helligkeiten bezeichnen eine Eigenschaft der Sterne und sind daher echte physikalische Zustandsgrößen.

Wir nehmen als Beispiel das Sternbild ORION mit seinen hellsten Sternen. Johannes BAYER hat sie mit abnehmender scheinbarer Helligkeit in seinem Sternatlas Uranometria 1603 so bezeichnet: BETELGEUSE = α, ($0^{\mathrm{m}}.50$); RIGEL = β, ($0^{\mathrm{m}}.12$); BELLATRIX = γ, ($1^{\mathrm{m}}.64$); MINTAKA = δ, ($2^{\mathrm{m}}.23$); ALNILAM = ε, ($1^{\mathrm{m}}.70$) und ALNITAK = ζ, ($1^{\mathrm{m}}.77$). BAYER konnte zu seiner Zeit, als noch mit bloßem Auge beobachtet wurde, die Sternhelligkeiten noch nicht so genau festlegen, wie wir das heute mit modernen Meßmethoden können. Deshalb entspricht die von BAYER festgelegte Reihenfolge im griechischen Alphabet, die eine Reihenfolge abnehmender Helligkeiten sein sollte, nicht in allen Fällen dieser Absicht. So ist der Stern η Ori ($3^{\mathrm{m}}.36$) schwächer als der Stern κ ($2^{\mathrm{m}}.05$). Auch bei den Sternen des Großen Wagens sind z. B. solche Unstimmigkeiten zu finden.
Beim Vergleich der scheinbaren mit den

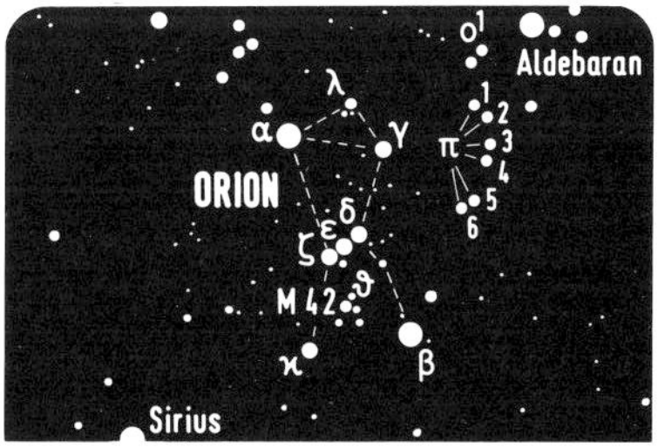

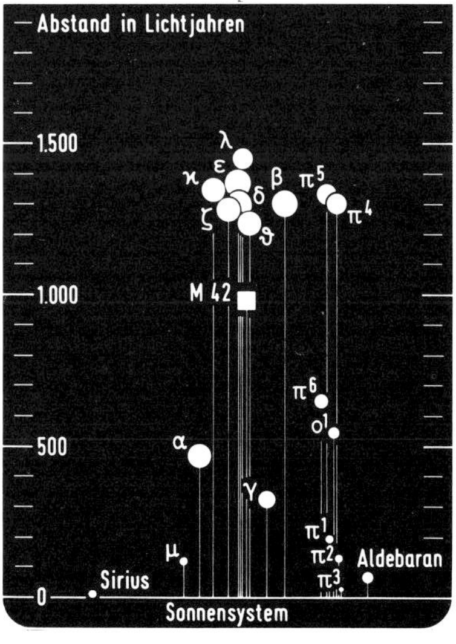

absoluten (wahren) Helligkeiten entpuppt sich manches uns schwach erscheinende Sternchen am Himmel als wahrer Leuchtriese. So bezieht der dritthellste Orionstern γ Ori seine große scheinbare Helligkeit nicht aus seiner Leuchtkraft sondern aus seiner Nähe. Dagegen sind die drei Gürtelsterne δ, ε und ς wahre Leuchtfeuer, dreimal so weit entfernt wie Betelgeuse und über viermal so weit wie γ Ori. Der Leser kann sich nun selbst ein Bild von der Reihe der π-Sterne 1 bis 6 machen.

Bei bekannter trigonometrischer Parallaxe, die sich allerdings nur bis in etwa 300 Lichtjahren Abstand anwenden läßt, kann man die absolute Helligkeit aus der scheinbaren bestimmen. Allerdings muß man noch eine weitere Größe kennen, um den Sterndurchmesser zu bestimmen, und zwar die pro Flächeneinheit abgestrahlte Lichtintensität. Man erhält einen brauchbaren Wert aus der Lage des

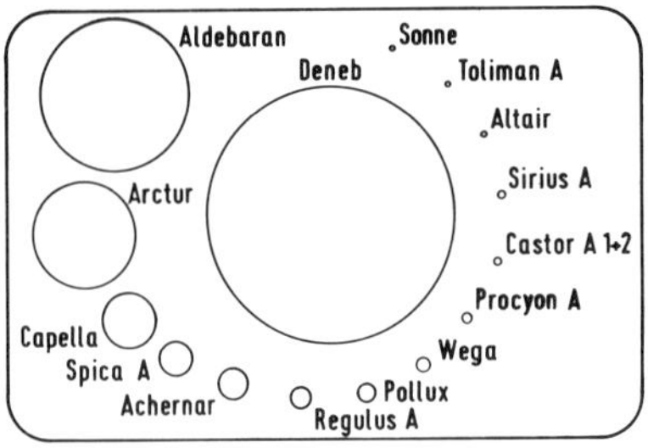

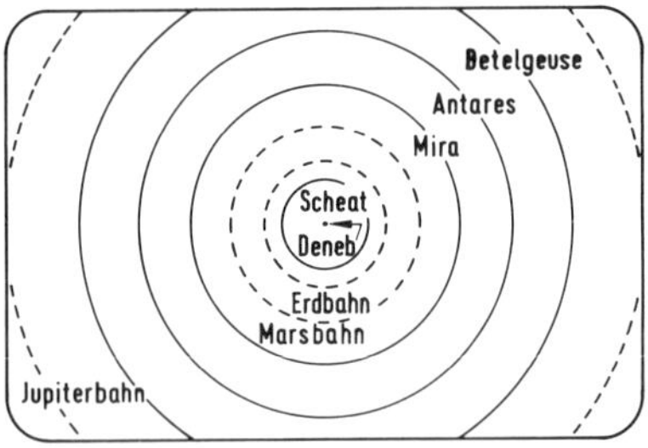

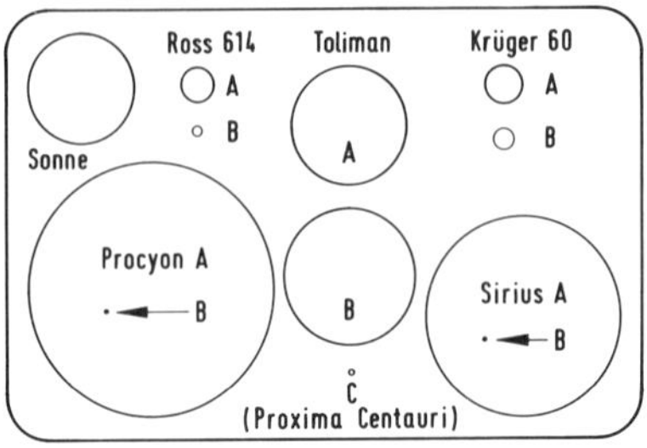

Sterns im Hertzsprung-Russell-Diagramm (HRD), das Leuchtkraft bzw. Temperatur und Farbe bzw. Spektraltyp miteinander verknüpft.

Das Ergebnis dieser Bemühungen läßt sich anschaulich grafisch verdeutlichen, wenn man die Größen der Sterne zu der unserer Sonne in Relation setzt. Es zeigt sich, daß unsere Sonne, so überragend sie an unserem Himmel leuchtet, nur ein ganz durchschnittlicher Stern ist. Die größten der bekannten Sterne würden, an die Stelle unserer Sonne versetzt, weit über die Bahn des Planeten Mars reichen, wie der veränderliche Stern Mira im Walfisch oder Antares im Skorpion, einige fast bis zur Bahn des Planeten Jupiter wie der hellste Orionstern Betelgeuse. Auf der anderen Seite gibt es allerdings noch mehr Sterne, die kleiner sind als die Sonne und z. T. wahre Winzlinge darstellen.

Es ist verständlich, daß die Astronomen zunächst den Eindruck hatten, die Zahl leuchtkräftiger Sterne sei größer als die leuchtkraftschwacher. Schwachleuchtende Sterne können wir aber nicht annähernd bis in so große Entfernungen sehen wie die leuchtkräftigen. Deshalb sehen wir helle Sterne aus einem viel größeren Raumbereich. Heute wissen wir, daß die schwachen Sterne häufiger sind als die hellen. Doch eine weitere überraschende Entdeckung am Ende des 19. Jahrhunderts stand bevor.

Am Ausgang des 18. Jahrhunderts bestand Gewißheit darüber, daß es neben Einzelsternen (wie unsere Sonne) auch Sternenpaare gibt. Die Astronomen Christian Mayer (1719–1783) und Wilhelm Herschel hatten sich des Themas angenommen und die ersten Listen solcher Doppelsterne zusammengestellt. Daneben wurden seit der ersten Hälfte desselben Jahrhunderts genaue Ortsbestimmungen an einer zunehmenden Zahl von Sternen vorgenommen, so daß um die Mitte des 19. Jahrhunderts genügend Beobachtungsmaterial vorlag, das der Bearbeitung harrte. F. W. Bessel (s. S. 201) der die erste Fixsternentfernung gemessen hat, nahm sich der Sache an und fand beispielsweise, daß der helle Sirius einen unsichtbaren Begleiter haben müsse, da dieser Stern eine Wellenbewegung in seiner Eigenbewegung aufwies, die nur durch die gravitative Einwirkung eines anderen, nahen Sterns hervorgerufen werden konnte. Als Umlaufperiode dieses Sternpaars ermittelte er 50 Jahre, denn nach dieser Zeit wiederholte sich die Periode. Da der Begleiter nicht entdeckt werden konnte, mußte er entweder dunkel sein oder dem Sirius so nahe stehen, daß er in dessen Glanz verblasste. Wenige Jahre nach Bessels Berechnungen entdeckte der Optiker und Instrumentenbauer Alvan Graham Clark (1832–1897) den Siriusbegleiter, nachdem Christian August Friedrich Peters (1806–1880) 1851 ebenfalls eine Berechnung durchgeführt hatte. Clark wußte allerdings von diesen Berechnungen nichts, als er am Abend des 31. Januar 1862 den neuen 18½ Zoll-Refraktor, der für das Dearborn Observatory der Northwestern University in Illinois bestimmt war, zu Testzwecken auch auf Sirius richtete und einen schwachen Lichtpunkt neben dem gleißend hellen Stern fand. William Crauch Bond (1789–1859) bestätigte zehn Tage später die Existenz des Siriusbegleiters mit einer Beobachtung am 15-Zoll-Refraktor des Harvard College Observatory in Massachusetts. Es stellte sich nun heraus, daß bei einer Entfernung des Siriuspaars von 8,7 Lichtjahren der mittlere Abstand der beiden Komponenten A (Hauptstern) und B (Begleiter) 24 AE beträgt. Bei einem mittleren Winkelabstand von $7'',62$ an der Sphäre und einer Exzentrizität (Abweichung) der Bahnellipse von 0,58 ergeben sich bei einer Umlaufzeit des Paares von $49^{\mathrm{a}}98$ erhebliche Abstandsunterschiede des Begleiters vom Hauptstern. Es bedarf schon größerer Instrumente, um Sirius B sehen zu können. Dabei ist dieser Stern mit einer Helligkeit von $8^{\mathrm{m}}.65$ gar nicht mal ein so schwacher Stern, aber der Hauptstern ist mit $-1^{\mathrm{m}}.47$ erheblich heller. Deshalb lassen unsere Luftverhältnisse nur höchst selten eine Beobachtung zu. Die Zeiträume für die größten scheinbaren Abstände der Sterne voneinander sind 1972–73 und 2022–23, das Minimum tritt 1993 ein. Die Auswertung der Bahn durch den Astronomen Adams (1914) ergaben für Sirius A eine Masse von 2,34 Sonnenmassen ($M_\odot$) und eine absolute Helligkeit von $1^{\mathrm{m}}.45$, für Sirius B eine Masse von 0,98 $M_\odot$ und eine absolute Helligkeit von $11^{\mathrm{m}}.4$. Das Staunen war groß, als man die Durchmesser der beiden Sterne ermittelte: Sirius A mißt 1,8 $R_\odot$, das ist normal für einen Stern, Sirius B aber mißt 0,022 $R_\odot$ und das ist die Größe eines Planeten! Die Dichte von Sirius A beträgt 0,4, die von Sirius B 92000 mal der Sonnendichte!

Die Astronomen haben aus dieser Entdeckung gelernt, daß es neben den Sternen mit hoher Leuchtkraft wie Antares, Betelgeuse, Canopus und Deneb, die wie Leuchtfeuer ihr Licht weit in den Weltenraum schicken, auch Sterne mit geringer Leuchtkraft gibt, die wie Glühwürmchen in der Dämmerung wirken. Jene bilden die Gruppe der weißen und roten Überriesen, diese die der roten und weißen Zwerge. Die Namensgebung rührt von der Einstufung nach ihrer absoluten Leuchtkraft her. Dazwischen finden sich die Riesensterne und die Hauptreihensterne, zu denen unsere Sonne gehört.

Die Spektralklassen der Sterne – Die Fixsterne und ihre Zustandsgrößen

Die Verbindung zwischen uns Beobachtern und den Sternen wird durch das Licht hergestellt, das sie aussenden. Physikalisch ist es elektromagnetische Strahlung eines bestimmten Wellenlängenbereichs, den wir als *visuellen Bereich* bezeichnen. Außer diesem für unsere Augen wahrnehmbaren Bereich gibt es weitere Gebiete der elektromagnetischen Wellenstrahlung, die für uns unsichtbar sind. Wir können die verschiedenen Bereiche durch die Länge der jeweiligen Welle oder durch ihre Frequenz d. h. die Anzahl der Schwingungen pro Sekunde, angeben. Alle Bereiche zusammen bezeichnet man als *Spektrum* (lat. spectrum = Bild, spectare = sehen). Licht, das aus einer Mischung vieler Wellenlängen besteht (wir nehmen es als „weißes" Licht wahr), kann in einem Glasprisma oder durch ein feines, in Glas geritztes Liniengitter in die verschiedenen Wellenlängenbereiche zerlegt werden. Das erste Spektrum des Sonnenlichts verdanken wir Joseph von Fraunhofer (1787–1826). Er fand 1815 in dem kontinuierlichen Farbband, das von rot über orange, gelb, grün, blau, indigo bis zu violett reicht, feine schwarze Unterbrechungen, die dann nach ihm benannten *Fraunhoferlinien*. Gustav Kirchhoff und Robert Bunsen entdeckten 1859 im Laboratorium, daß diese Linien bestimmten chemischen Substanzen zugeordnet werden können. In der zweiten Hälfte des vorigen Jahrhunderts fanden Vogel (1893), Secchi (1867), Pickering (1890), Cannon (1904) u. a. durch systematische

Untersuchungen vieler Sternenspektren, daß alle Spektren solche dunklen Linien aufweisen. Bei einigen fanden sie auch helle Linien auf dem kontinuierlichen Farbuntergrund. Der physikalische Prozeß läßt sich folgendermaßen kurz skizzieren. Wird ein fester Körper oder eine Flüssigkeit hinreichend erhitzt, so sendet er Energie in Form von Strahlung aus, die ein kontinuierliches Spektrum erzeugt. Läuft das Licht auf dem Weg zum Beobachter durch eine kühlere Gasschicht, so verschlucken die Atome und Moleküle des Gases gewisse Strahlungsanteile und zwar bei bestimmten, für die jeweilige chemische Substanz charakteristischen Wellenlängen. An diesen Stellen treten die dunklen Absorptionslinien auf. Eine solche Gasschicht kann z. B. die kühlere Atmosphäre sein, die einen Stern umgibt. Ihre Absorption prägt dem Spektrum gewissermaßen einen „Fingerabdruck" auf, aus dem wir die chemischen Bestandteile der Atmosphäre analysieren können. Dasselbe gilt für Wolken aus verdichtetem interstellarem Gas, in dem man bis heute etwa 50 einfache Moleküle (z. B. Kohlenwasserstoffe), aber auch einige vielatomige Moleküle gefunden hat. In den Sternatmosphären kommen dagegen wegen der höheren Temperaturen kaum Moleküle, sondern die Atome einzeln vor. (Die Untersuchung der interstellaren Materie ist im wesentlichen die Domäne der Radioteleskope, da die meisten Moleküle bei sehr langen Wellenlängen [Radiowellen] absorbieren.)
Wird eine Gaswolke durch die Einstrahlung heißer Sterne oder durch einen atomaren, vom Stern ausgehenden Partikelstrom (Sonnenwind) aufgeheizt, so fängt sie selbst an zu strahlen. Ihre Bestandteile absorbieren nicht, sondern emittieren nun die für sie charakteristischen Wellenlängen als helle Linien. Auch die heißen Hüllen einiger Sterne senden solche Emissionslinien aus.
Die Astronomen machten sich mit großem Aufwand daran, Spektren möglichst vieler Sterne aufzunehmen und zu untersuchen. Dabei muß man nicht jeden Stern einzeln mit dem Spektrograph aufnehmen. Durch einen technischen Kniff, der darin besteht, daß man das Licht zerlegende Prisma bereits mit dem Objektiv koppelt (sogenannte Objektivprismen), können die Spektren eines ganzen Sternfeldes mit einer Belichtung fotografiert werden. Die Platten werden anschließend am Schreibtisch ausgewertet. Der Amateur kann sich einen Eindruck von Sternspektren verschaffen, wenn er mittels eines Spektroskops, das man kaufen aber auch selbst bauen kann, helle Doppelsterne in seinem Fernrohr anschaut.
Das auf das Okular aufgesetzte Spektroskop wird so gedreht, daß die erzeugten Sternspektren parallel zueinander liegen. An Beispielen wie Albireo (β Cygni) oder Alamak (γ Andromedae) wird der Unterschied der Sterne deutlich! Es zeigt sich nämlich, daß sie nicht nur verschiedene Helligkeiten haben, sondern daß die Farben im Spektrum unterschiedlich stark hervortreten. Was mit bloßem Auge schon auffällt, wird hier deutlich: die Sterne heben sich voneinander durch ihre Farbunterschiede ab. Man fand bald heraus, daß die Farben von der Energieverteilung im Spektrum der Sterne abhängen. Kühle Sterne strahlen rot, bei heißeren Sternen erscheinen mit wachsenden Temperaturen die Farben gelb, gelbweiß, weiß-blau und blau.
Jeder Stern, auch wenn man ihn einer Gruppe zuordnen kann, ist ein Individuum. Er wird charakterisiert durch seine

Zustandsgrößen:

1. Die *scheinbare Helligkeit* (^{m}) ist entfernungsabhängig und keine physikalisch bedeutende Größe. Die aus ihr und der bekannten Entfernung des Sterns hergeleitete *absolute Helligkeit* (^{M}) gibt dagegen die im visuellen Bereich abgestrahlte Energie an. Die gesamte, vom Stern abgegebene Strahlung nennt man die *bolometrische Helligkeit,* sie kennzeichnet die Gesamtleuchtkraft des Sterns in Einheiten der Sonnenleuchtkraft.

2. *Die effektive Temperatur* (T_{eff}) des Sterns entspricht der Temperatur desjenigen schwarzen Körpers, der die gleiche Gesamtenergie abstrahlt. Die spektrale Intensitätsverteilung im Kontinuum des Spektrums ist verbunden mit der Temperatur.

3. *Die Farbe* (F) wird astrophysikalisch definiert als die Differenz zweier Helligkeiten bei verschiedenen Wellenlängen. Man mißt sie durch einen Farbenindex: $m_{kurzwellig} - m_{langwellig} = F_I = m_K - m_l$. Ist F_I positiv, so erscheint der Stern gerötet, ist F_I negativ, so ist er bläulich. Man hat als Nullpunkt festgelegt, daß die A0-Sterne den Farbindex 0 besitzen.
Ursache der Farbe kann sein:
a) die Energieverteilung im Sternspektrum = Eigenfarbe oder

b) der Einfluß der interstellaren Materie, die blaue (kurzwellige) Strahlung stärker absorbiert als rote (langwellige) und dadurch den Stern röter erscheinen läßt. Diese dem Stern ursprünglich nicht eigene Farbe nennt man *Farbexzeß.*

4. Der *Spektraltyp* oder die *Spektralklasse* ist hauptsächlich durch das Linienspektrum bestimmt. Es ist neben der Helligkeit unmittelbar beobachtbar, während alle anderen Zustandsgrößen aus anderen Meßgrößen ermittelt werden müssen. Die Sternspektren drücken eine Temperaturfolge linear aus. Die historische, anfänglich alphabetische Folge mußte im Laufe der Weiterentwicklung verändert werden. Nach dem Harvard-System von Edward PICKERING und Annie CANNON werden die Typen heute folgendermaßen benannt:
O B A F G K M R N S

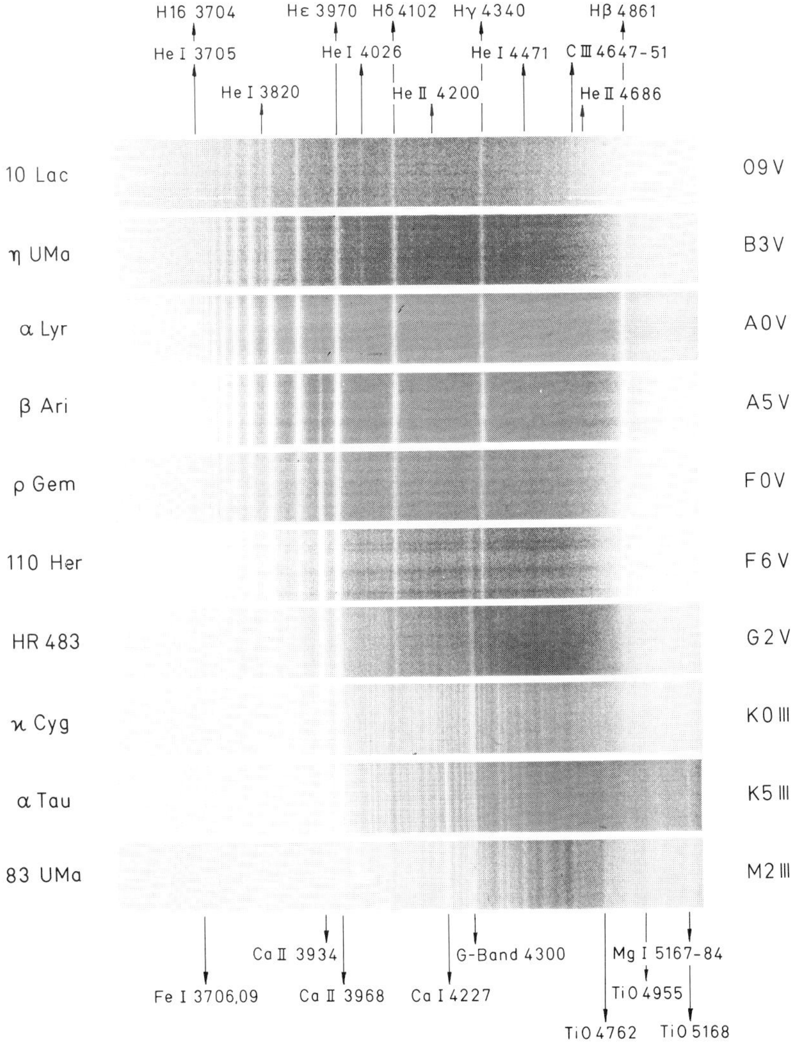

Objektivprismenspektren. Aufgenommen mit dem Schmidt-Spiegel des Observatoriums Hoher List. Zusammenstellung: Seitter/Duerbeck

Typen, die sich nicht in diese Folge von O bis M einordnen lassen, sind sehr selten und werden durch Zusätze bezeichnet.

Typencharakteristika:

O	Intensives Kontinuum (besonders im Blauen), vorherrschend Absorption durch ionisiertes Helium (He II), Emissionslinien möglich.
B	He I häufiger als He II, Balmerlinien des Wasserstoffs (H) zunehmend.
A	Balmerserie sehr stark, Metalle noch schwach.
F	Balmerserie überwiegt, Ca II stark, Metalle erscheinen.
G	Sonnenähnliche Spektren, Metalle intensiv, Balmerserie schwächer.
K	Metallinien stärker, Ca I und II stark vertreten.
M	Zunehmende Intensität der Bandenspektren von Molekülen, Metalloxide (TiO).
R + N	Kohlenstoffverbindungen (CN, CO anstelle der TiO-Banden der Klasse M).
S	Ca II, Ca I, Ba II, kräftige Banden von Oxiden (ZrO).

Jede Klasse ist nochmals dezimal (Annie CANNON 1901) unterteilt z. B. A 0, A 1, A 2 ... A 9, F 0, F 1 ... Die Sonne hat die Kennzeichnung G 2.

Eine Feinbezeichnung der Spektren erfolgt durch

a) angehängte Symbole (englische Kürzel):
   - n (nebulous): diffuse Linien, die durch Rotation des Sterns entstehen
   - s (sharp): scharfe Linien
   - e (emission): Emissionslinien, die von heißen Hüllen stammen
   - v (variable): veränderliches Spektrum
   - pec (peculiar): besonders zu beschreiben

b) vorangestellte Symbole:
   - c: Überriese
   - g: Riese (giant)
   - d: Zwerg (dwarf)
   - SD: Unterzwerg (subdwarf)
   - D: Weisser Zwerg (white dwarf)

Durch W. W. MORGAN, Philip G. KEENAN und Edith KELLMAN wurde die Harvard Spektraltyp-Klassifikation zweidimensional um die Leuchtkraftklassen erweitert *(MK-System).*

I a – O	Über-Überriesen (super-supergiants)
I b	Überriesen (supergiants)
II	helle Riesen (bright giants)
III	normale Riesen (giants)
IV	Unterriesen (subgiants)
V	Zwergsterne (dwarfs) = Hauptreihensterne (main sequence stars)
VI	Unterzwerge (subdwarfs)

Die Sonne wird beschrieben als G 2 V – Stern.

5. *Masse, Radius, Dichte* und *Schwerebeschleunigung* an der Sternoberfläche. Diese Parameter können gewöhnlich nur bei Doppelsternen und Bedeckungsveränderlichen sicher bestimmt werden. Die Reichweiten der Massen liegen zwischen etwa 0,5 $M_\odot$ bis 50 $M_\odot$, der Radien zwischen etwa 10^{-2} bis 10^3 $R_\odot$.

Mittlere Dichte und Schwerebeschleunigung an der Sternoberfläche sind in gewissen Grenzen abhängig voneinander und erreichen Extremwerte bei Weißen Zwergen und besonders bei den kompakten Neutronensternen sowie bei Überriesen.

6. *Chemische Zusammensetzung.* Sie ist neben der Masse eine entscheidende Größe für die gesamte Entwicklung eines Sterns. Das Spektrum erlaubt eine Aussage über die chemische Zusammensetzung der Sternatmosphäre, aus der auf den Anteil bestimmter chemischer Elemente am Aufbau des Sterns geschlossen werden muß (H-, He-Sterne).

7. *Rotation.* Die Geschwindigkeit, mit der sich ein Stern um seine Achse dreht, kann bei „normalen" Sternen schon sehr unterschiedlich sein (Sonne 25,4 Tage, Altair 6,5 Stunden). Sie läßt sich aus dem Linienspektrum (Linienverbreiterung durch Dopplereffekt) ermitteln, genaue Bestimmungen sind bei Bedeckungsveränderlichen möglich. Entartete Sterne *(Pulsare)* haben Rotationszeiten von Sekundenbruchteilen.

8. *Magnetfelder.* Die Anwesenheit und Stärke eines Magnetfeldes läßt sich durch den Zeeman-Effekt feststellen, der eine Aufspaltung bestimmter Spektrallinien in mehrere Einzellinien erzeugt. Häufig findet man bei sehr rasch rotierenden, heißen Sternen (Typ O + B) starke Magnetfelder. Die gemessene Feldstärke hängt mit von der Orientierung der Magnetfeldachse zur Erde ab.

9. *Alter der Sterne.* Die Sterne sind zu verschiedenen Zeiten entstanden und entstehen auch heute noch. Wir können am Himmel besondere Gebiete finden, wo dieser Prozeß gerade abläuft (siehe S. 213). Sehr alte Sterne sind in einer frühen Phase kosmischer Entwicklung entstanden, als sich die schweren Elemente (Metalle) noch nicht so reichlich gebildet haben. Sie sind daher ärmer an diesen Bestandteilen als die jüngeren Sterne, die ihr Baumaterial aus einer schon durch zahlreiche Supernova-Ausbrüche mit schweren Elementen angereicherten interstellaren Wolke beziehen konnten. Denn bei solchen Sternexplosionen gelangt immer wieder Sternmaterial in den Raum. Zum überwiegenden Teil bestehen aber alle Sterne aus Wasserstoff, der in späten Entwicklungsphasen weitgehend zu Helium verbrannt ist.

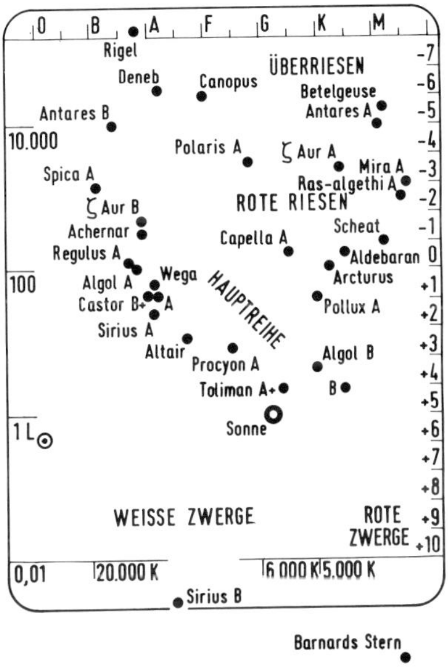

Hertzsprung – Russell – Diagramm (HRD)

Im Laufe des ersten Jahrzehnts des 20. Jahrhunderts entdeckten unabhängig voneinander der Däne Ejnar HERTZSPRUNG (1873 – 1967) und der Amerikaner Henry Norris RUSSELL (1877 – 1957) einen wichtigen Zusammenhang zwischen den Spektraltypen und Leuchtkräften der Sterne. Werden sie nach ihrem Spektraltyp *(Abszisse)* und ihrer absoluten Helligkeit *(Ordinate)* einander zugeordnet in ein Diagramm eingetragen, so zeigt sich, daß die Sterne sich nicht wahllos verteilen, sondern nur gewisse Bereiche ausfüllen. Erstmals veröffentlichte RUSSELL 1913 solch ein Diagramm, das seitdem nach den beiden Entdeckern benannt wird. Die Skala der absoluten Helligkeiten reicht von etwa $+ 12^M$ bis zu einer Größenklasse von etwa $- 9^M$. Die Sonne liegt mit einer absoluten Helligkeit von etwa $+ 5^M$ im unteren Teil der Skala, die ein Intensitätsverhältnis von mehr als $10^8:1$ überspannt. Die Skala der Spektraltypen beginnt mit O und läuft über B, A usw. bis M. Die Sonne wird dem Typ G 2 V zugerechnet. Es zeigt sich nun, daß sich in diesem Diagramm die meisten Sterne einer Diagonalen zuordnen lassen, die beim Typ O und den hohen absoluten Helligkeiten beginnend sich bis zum Typ M hin zu den niedrigsten absoluten Helligkeiten von links oben nach rechts unten erstreckt. Ein weiterer Teil folgt einer Linie gleichbleibender Helligkeit bei ca. $\pm 0^M$, beginnend beim Typ F bis hin zum Typ M *(Riesenast)*.
Anstelle der Spektren können auch die temperaturabhängigen Farben als Abszissenwerte genommen werden, somit läßt sich in einem Farben-Helligkeitsdiagramm auch die Zuordnung T_{eff} der Sternoberflächen zu den absoluten Helligkeiten in Beziehung setzen. Die Analysen ergaben, daß Sterne der Spektraltypen O und B sehr heiß sind mit Temperaturen um 30 000 K, A-Sterne haben etwa 10 000 K, die F- und G-Typen liegen bei 5000 K (Sonne), und die Spektraltypen K bis M vertreten die Sterne mit niedrigen Effektiv-Temperaturen bei 3000 K. Aus dem Diagramm folgt damit, daß Sterne der Typen O, B und A nicht nur sehr hell, sondern auch sehr heiß sind. Anders die folgenden Typen: sie weisen bei gleicher Farbe (Temperatur) sowohl sehr helle als auch wesentlich schwächere Vertreter auf. Genaueres sagt erst das differenzierte Spektrum aus. Die Unterschiede in der Leuchtkraft bei Sternen gleicher Temperatur (Farbe) werden durch unterschiedliche Sterngrößen (leuchtende Oberflächen) hervorgerufen. Es gibt also Riesen und Zwerge. Entsprechend gingen die Bezeichnungen *Riesenast* und *Hauptreihe* in den Sprachgebrauch ein. Im Laufe der Zeit wurden immer feinere Differenzierungen erforderlich, weil mehr und mehr entferntere schwache Sterne erfaßt werden konnten. Somit ist das HRD mehrdimensional geworden und enthält

Über-Überriesen, Überriesen, Riesen, Unterriesen, Zwerge, Unterzwerge und Weiße Zwerge. Durch moderne Techniken (Infrarot – Teleskope) stoßen die Astronomen auch in den Bereich sehr kühler und leuchtkraftarmer Zwerge vor, für die man den Namen „Braune Zwerge" eingeführt hat. Interessant ist, daß Sterne aus unterschiedlichen Teilen der Milchstraße und wahrscheinlich auch anderen Galaxien bestimmte Gruppen bilden. Die anfänglich untersuchten Sterne der Sonnenumgebung sind nicht typisch für alle Teile der Galaxie sondern für einen Bereich in den Spiralarmen. Diese Gruppe nennt man heute die Sternpopulation I oder Feldpopulation. Vor etwa 50 Jahren zeichnete sich bei der Untersuchung von Sternhaufen eine Feindifferenzierung ab. So fand der Astronom Walter BAADE (1893–1960) einen Unterschied zwischen den Sternen im Spiralarmbereich (heiße O-Sterne) und den Sternen in kugelförmigen Sternhaufen und dem galaktischen Zentrum. Diese Sterne werden seit 1952 als der Sternpopulation II (Kernpopulation) zugehörig benannt. Offene Sternhaufen vertreten dagegen die Population I. Das HRD ist zwar ein Zustandsdiagramm der Sterne. Dahinter verbirgt sich aber auch ihr Lebensweg. Anfänglich vermutete Lücken im Diagramm konnten mit der Zeit mit veränderlichen Sternen ausgefüllt werden. Manche Typen von Veränderlichen repräsentieren die Übergänge der Sterne von einer längeren stabilen Existenzphase in die nächste während einer Periode der Unruhe und des Umbruchs, kurz der Veränderlichkeit. Sehr massereiche Sterne (mehr als 1,5 $M_\odot$) kollabieren zu einem winzigen Neutronenstern, nachdem sie einen Großteil ihrer Masse in einer gewaltigen Explosion (Supernova) ausgestoßen haben. Sterne im Bereich der Sonnenmasse schrumpfen zu Weißen Zwergen, während noch kleinere kühle Braune Zwerge werden.

Doppelsterne

Das Sternenpaar Sirius A und B ist für den mit kleinen Instrumenten ausgerüsteten Sternfreund ein schwieriges Objekt. Es läßt sich erst mit leistungsfähigen Teleskopen gut auflösen. Trotzdem gibt es genügend Doppelsterne, die für den Anfänger reizvolle Testobjekte darstellen und die wegen ihrer verschiedenartigen Farben und Helligkeiten auch von dem erfahrenen Amateur immer wieder gerne aufgesucht werden. Ein Doppelstern ist sehr bekannt, da er leicht zu finden ist: Es handelt sich um den mittleren der Deichselsterne des Großen Wagens: Mizar. Neben ihm steht ein schwach leuchtender Stern, der den Namen Alkor trägt und als Augenprüfer gilt. Ein normalsichtiges Auge sollte beide Sterne leicht voneinander unterscheiden können. Im Fernrohr entpuppt sich Mizar als ein enger Doppelstern. Diesen schwachen Begleiter kann man nur mit optischen Hilfsmitteln finden. Etwas anspruchsvoller sind zwei andere Sternenpaare. Da ist zunächst der Stern ϑ (theta) in der Gruppe der Hyadensterne dicht bei Aldebaran im Sternbild Stier (Taurus).

Ein weiterer, mit bloßem Auge sichtbarer Doppelstern ist ε (epsilon) im Sternbild Leier (Lyra), er steht östlich der sehr hellen Wega. Bei den folgenden Sternpaaren muß man ein Instrument verwenden, da sie meist enger zusammenstehen und nicht mit bloßem Auge zu unterscheiden sind. β (beta) im Schwan (Cygnus), Albireo, ist für das Fernglas ein leicht zu trennendes Paar. Die eine Komponente erscheint orange, die andere bläulich. Natürlich erschließt ein Fernrohr viele andere Doppelsterne am Himmel. So wird man damit feststellen, daß die beiden Komponenten von ε Lyrae nochmals je ein Paar darstellen, allerdings muß hier bereits etwas stärker vergrößert werden. 61 Cygni, der Stern, an dem BESSEL die erste Entfernungsmessung vornahm, ist noch eben

▲ Großer Wagen. f = 50 mm, 1:1,4. Bt = 1 min. Aufnahme: Beneke

Deichselstern mit Reiterlein. f = 135 mm, 1:2,8. Bt = 1 min. Aufnahme: Beneke ▼

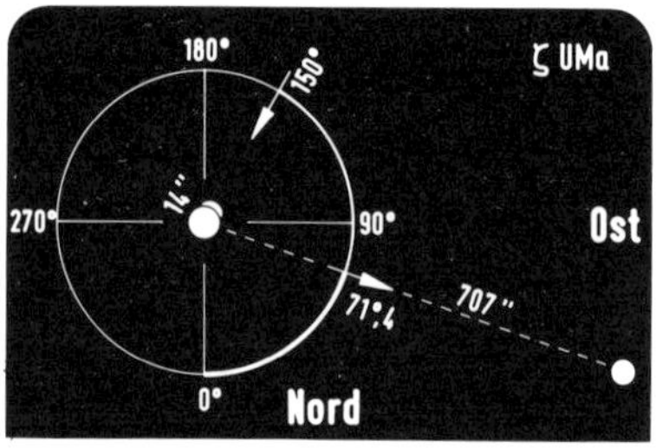

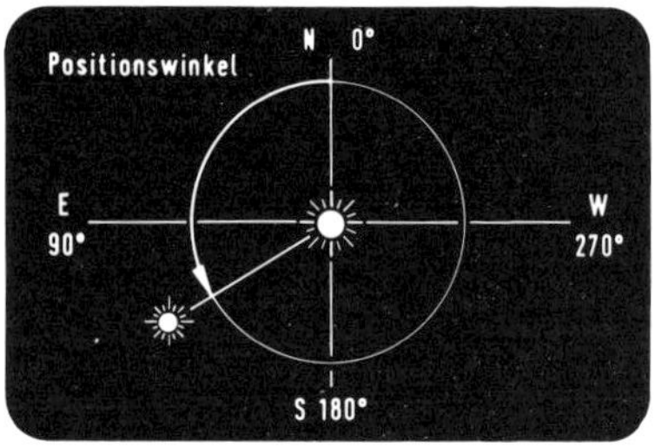

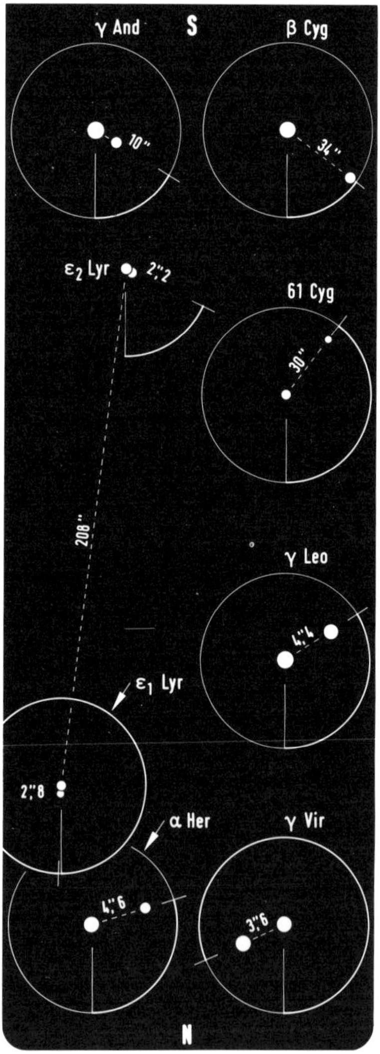

so leicht zu trennen wie Albireo, doch bei den Beispielen Alamak (γ Andromedae), Ras Algethi (α Herculis), Algieba (γ Leonis) und γ Virginis braucht man schon ein Fernrohr, um die Paare zu trennen. Die Suche nach diesen Sternen wird durch ihren interessanten Anblick belohnt. Es gehört mit zu den elementaren Erlebnissen für den Sternfreund, mit seinem Fernrohr den Himmel zu entdecken, und die Doppelsterne bieten die schönsten Möglichkeiten. Ihre Farben, ihre Helligkeitsunterschiede auf engem Raum bezeugen die Vielfalt der Erscheinungen im Weltraum. Zur Erforschung der Doppelsterne kann der Amateur allerdings heute nichts mehr beitragen. Das ist das Arbeitsgebiet gut ausgerüsteter Fachsternwarten. Zudem haben die Doppelsterne Umlaufzeiten, die oft sehr viel länger als die Dauer eines Menschenlebens sind. Trotzdem sind Doppelsterne wichtige Beobachtungsobjekte im Weltraum, denn sie lassen z.B. eine direkte Massenbestimmung ihrer Komponenten zu. Sie dürfen allerdings nicht zu weit entfernt sein, da man ihre Parallaxe trigonometrisch bestimmen muß. Aus scheinbarer Helligkeit und Entfernung läßt sich die absolute Helligkeit und der Durchmesser ihrer Bahn errechnen und zusammen mit der Umlaufzeit können ihre Einzelmassen ermittelt werden. Die Spektralanalyse ihres Lichts sagt etwas über die Oberflächentemperaturen aus sowie über die chemische Zusammensetzung ihrer leuchtenden Oberfläche. Dabei zeigt es sich, daß die Sterne der Paare mitunter sehr ähnlich, aber auch sehr unterschiedlich sein können. So wie das ungleiche Paar Sirius A und B bietet jeder andere Doppelstern ein natürliches Laboratorium, in dem unterschiedliche Zustände herrschen, so daß die Astronomen ein weites Betätigungsfeld haben.

Sternhaufen

Neben den Doppelsternen sind es vor allem Ansammlungen von Sternen, zumeist in der Nähe des Milchstraßenbandes, die die Aufmerksamkeit des Instrumentenbenutzers auf sich ziehen. Es handelt sich hier nicht um zufällig in der gleichen Blickrichtung stehende Sterne sondern um Gruppierungen, die von einigen Dutzend bis zu einigen Hundert Mitgliedern reichen. Sie werden Sternhaufen genannt und, da sie eine lockere Ansammlung bilden und über keine kompakte Form verfügen, als *offene Sternhaufen* bezeichnet. Mit dem bloßen Auge sind zwei Gruppen leicht am Himmel zu sehen. Südwestlich vom hellen Aldebaran im Sternbild Stier befindet sich die Gruppe der *Hyaden*. Eine zweite, hellere steht etwas weiter nordwestlich von Aldebaran, es sind die berühmten *Plejaden*. Sie führen bei uns auch den Namen *Siebengestirn*, obwohl man normal nur sechs Sterne sehen kann. Bei besonders günstigen Bedingungen kann man gelegentlich auch acht Sterne erkennen. Sucht der Beobachter mit einem Fernglas die Milchstraße ab, so wird er immer wieder überrascht sein, wie häufig Sterne in Gruppen beieinander stehen. Auch im Sternbild Krebs sieht man ein schwaches Leuchten, das sich im Fernglas als eine sehr lockere Ansammlung von Sternen zeigt, die *Praesepe*. Im Perseus entpuppt sich ein schwaches Wölkchen als ein zweifacher Haufen von Sternen, der die Bezeichnung h und χ (chi) *Persei* erhalten hat. Diese Aufhellung durch das gesammelte Licht der weit entfernten Sterne war schon vor der Erfindung des Fernrohrs aufgefallen. Weiter durch den Schwan hinab zu Schütze und Skorpion führt uns der Weg entlang der Milchstraße zu weiteren dieser für die Astronomen hochinteressant gewordenen Sternenansammlungen, und der Betrachter des Südhimmels wird feststellen, daß das Gewimmel sich durch den Zentauren hindurch bis ins Kreuz des Südens und zum Orion fortsetzt. Diese offenen Haufen stellen Familien von Sternen dar, die von uns aus gesehen etwa alle in der gleichen Entfernung stehen. Somit entsprechen Unterschiede ihrer scheinbaren Helligkeiten in diesem Fall in etwa auch den Unterschieden ihrer absoluten.

Die Untersuchungen von Sternhaufen seit den 40er Jahren haben den Astronomen völlig neue Einblicke in den Aufbau und die Entwicklung der Sterne gewährt. Wie schon angedeutet, gibt es besondere Regionen im Kosmos, in denen nahezu gleichzeitig viele neue Sterne entstehen. Diese Gruppen lösen sich wegen der individuellen Bewegung der einzelnen Sterne ganz allmählich auf. Dann werden die Sterne Einzelgänger wie die Sonne.

Entstehungsgebiete sind die überall in der Milchstraße vorhandenen dichten Staub- und Gaswolken. Von einer bestimmten Dichte ab können sich in der turbulenten Mischung rotierende große Gebilde abspalten und durch Eigengravitation zu einer dichten Masse im Inneren dieses „Urnebels" zusammenziehen. Dort entsteht ein kugelförmiges Gebilde, der *Protostern*. Er ist zunächst noch zu kühl, um zu leuchten. Neuerdings gelingt es aber, die noch nicht sichtbare Wärmestrahlung der etwa 1000 K „kühlen" Protosterne mit Infrarot-Teleskopen nachzuweisen. Erst wenn durch den hohen Innendruck die Zentraltemperatur einige Millionen Grad erreicht hat, kann der nu-

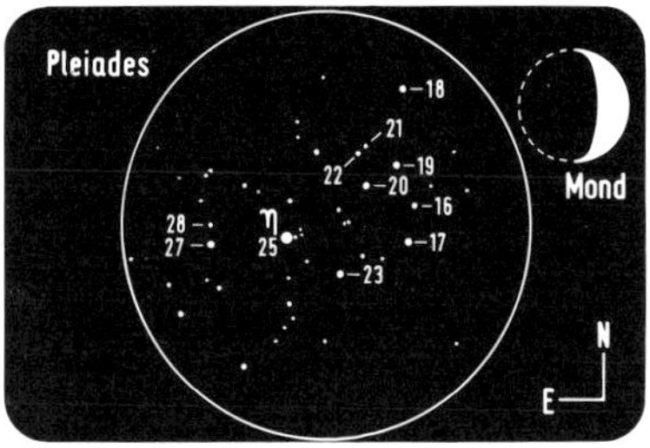

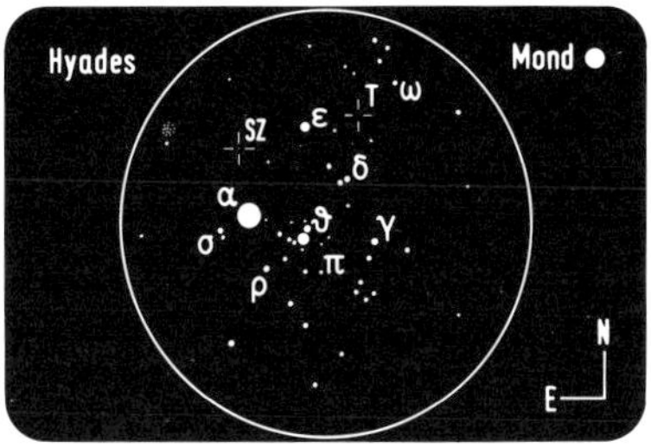

kleare Brennprozeß der Wasserstoff-Fusion beginnen, so daß die Sterne heißer werden und sichtbar strahlen. Das ist die Geburtsstunde eines neuen Sterns. Der Lebensweg eines „Sternenbabys" richtet sich nach seiner Anfangsmasse. Die „Übergewichtigen" starten ein wahres Feuerwerk, aber der mitgegebene Vorrat an Brennstoff ist auch entsprechend schnell vertan, die Frühvollendeten erreichen kein hohes Alter. Das ist den „Normalgewichtigen" vorbestimmt und zu ihnen gehört unsere Sonne. Ein stabiler Haushalt sorgt für lange Verweilzeiten in den Zwischenstadien auf der Hauptreihe des HR-Diagramms. So bescherte unsere Sonne ihren Planeten eine fast vier Milliarden Jahre währende Zeit der Ruhe, die zur Entstehung und Höherentwicklung des Lebens auf der Erde die Voraussetzung war, und noch weitere vier bis fünf Milliarden Jahre wird sie sich kaum verändern. Die „untergewichtigen" Sternenbabys werden kaum in Erscheinung treten können, da sie im Gegensatz zu ihren prassenden Riesengeschwistern nicht weit leuchten können, somit nicht leicht zu finden und schwer zu beobachten sind.

Veränderliche Sterne

Neben der Sonne als dem uns am nächsten stehenden Stern sind es vor allem die Sterne mit veränderlichem Licht, die die Beobachter faszinieren. Sie versprechen nicht nur Interessantes, sie halten dieses Versprechen auch dem gegenüber, der sich ihnen ernsthaft widmet. Entdeckt wurden die bekanntesten veränderlichen Sterne von Amateuren! Der erste war ein Stern im Wal (Cetus), der durch J. Hevelius den Namen Mira erhielt. Der richtige Name war „Stella Mira", der wunderbare Stern. Da man im Laufe der Zeit „Stella" wegließ, ist er uns heute als *Mira* bekannt. Der ostfriesische Pfarrer David Fabricius beobachtete diesen Stern im Sommer 1596, konnte ihn aber später nicht mehr auffinden. Erst der Augsburger Rechtsgelehrte Johannes Bayer fand ihn sieben Jahre später wieder und nahm ihn in seinen Sternatlas „Uranometria" auf. Er ordnete ihm den griechischen Buchstaben o (omikron) zu, und so ist seine wissenschaftliche Bezeichnung *omikron Ceti.* Erst 1667 fand der Franzose Ismael Boulliaud heraus, daß das Licht im Zyklus von etwa elf Monaten ein Maximum von fast m = 2 erreicht, und zwischendurch ein Minimum von etwa m = 9 bis 10 durchläuft.

Mira hat seinen Namen für eine Gruppe von veränderlichen Sternen hergegeben, die in nicht ganz konstanten Zeitintervallen in ihrer Helligkeit oft beträchtlich schwanken können. Ursache dieses Lichtwechsels ist eine Änderung des Sternradius, wobei sich seine Oberfläche durch Aufblähen der Sternatmosphäre gewaltig vergrößern kann. Der energiespendende Kern des Sterns verändert sich dabei nicht. Die Temperatur der Sternatmosphäre von Mira ist niedrig mit Werten zwischen 2100 K und 2600 K, woraus die rötliche Farbe des Sterns resultiert. Mira ist ein Riesenstern mit einem Durchmesser von über 400 Millionen km, seine Atmosphäre ist sehr dünn und seine Dichte dementsprechend niedrig. Langperiodische Veränderliche wie Mira sind

Oben:
Sternstrichspuren am nördlichen Himmelspol. 11. 8. 1983, Sierra Nevada/Südspanien (3200 m Höhe). Optik: 1:2,8/15 mm, Kodak Ektachrome 400 (USA) Bt = 22.37 – 23.01 Uhr UT. Aufnahme: Astronomische Arbeitsgemeinschaft Bochum (AABO)

Unten links:
Großer Löwe mit Saturn, Mars und Jupiter. 10. 5. 1980, 22 Uhr UT. Stuttgart. Optik: 1:2,8/24 mm, Kodak Ektachrome 400, Bt = 60 s. Aufnahme: Beneke

Unten rechts:
Sternbild Orion. 13. 1. 1977, 22.11 Uhr UT, Stuttgart. Optik: 1:1,4/50 mm, Kodak 64, Bt = 30 s. Aufnahme: Beneke

für Amateure bequeme Beobachtungsobjekte, da die Helligkeitsschätzungen in zeitlichen Abständen gemacht werden können, zwischen denen das Wetter auch einmal schlecht sein kann.

Zwei weitere Sterne, die hell genug sind, um von jedem auch ohne Instrument beobachtet werden zu können, sollen uns hier noch interessieren. Zur Zeit, als Wilhelm HERSCHEL in England den Planeten Uranus entdeckte (1781), beobachtete ein junger Engländer im Jahre 1784 die Veränderlichkeit des Lichts von δ (delta) im Sternbild Cepheus. Er war gerade 20 Jahre alt, und nur noch zwei weitere Jahre hatte der taubstumme junge Mann zu leben, sein Name war John GOODRIKE (1764 – 1786). δ Cephei arbeitet wie ein Uhrwerk. In 5,36634 Tagen vollzieht sich sein Lichtwechsel zwischen zwei Maxima, wobei der Lichtabfall zu dem etwa 0,8 Größenklassen schwächeren Minimum länger dauert als der Anstieg zum Maximum. Verursacht wird der Lichtwechsel hier wie bei Mira durch eine Änderung des Sternradius, doch ist der Vorgang anders. δ Cephei hat die zehnfache Sonnenmasse und eine tausendfache Sonnenleuchtkraft. Er verbraucht daher seine Energievorräte sehr rasch. Dabei wird die Zusammensetzung des Sternenzentrums, sein Kern, von Wasserstoff zu Helium chemisch umgebaut. Die Abgabe der Energie hat ein Aufblähen der Sternatmosphäre zur Folge, das sich auf eine Wiederholung einpendelt. Die Dauer der Pulsation steht bei dieser Sterngruppe, die man als δ *Cephei-Sterne* bezeichnet, in einem festen Zusammenhang mit der Leuchtkraft und der Masse des jeweiligen Sterns. Man nennt diese Beziehung deshalb auch *Perioden-Leuchtkraft-Gesetz*.

Der zweite uns hier interessierende Stern war GOODRIKES Erstentdeckung im Jahr 1782. Zwar hatte schon Geminiano MONTANARI (1633 – 1687) in Italien im Jahr 1670 bei dem Stern Algol im Perseus eine Lichtveränderung wahrgenommen, die Jacopo Filippo MARALDI (1665 – 1729)

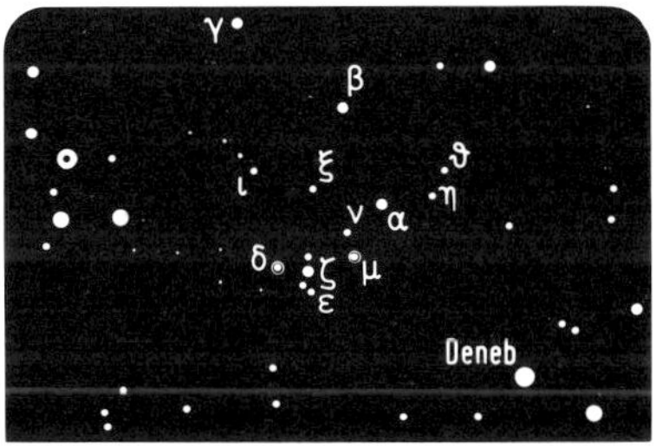

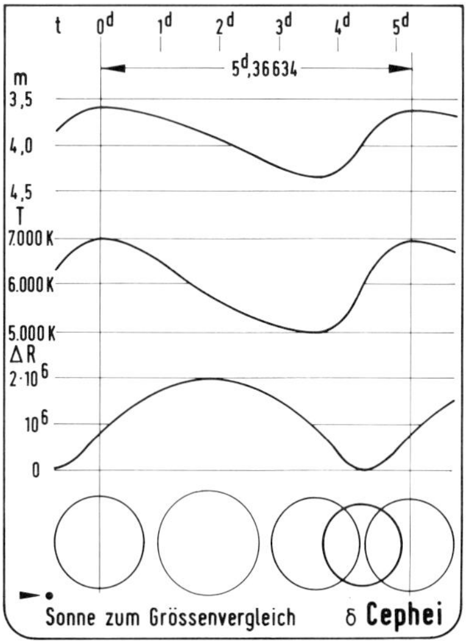

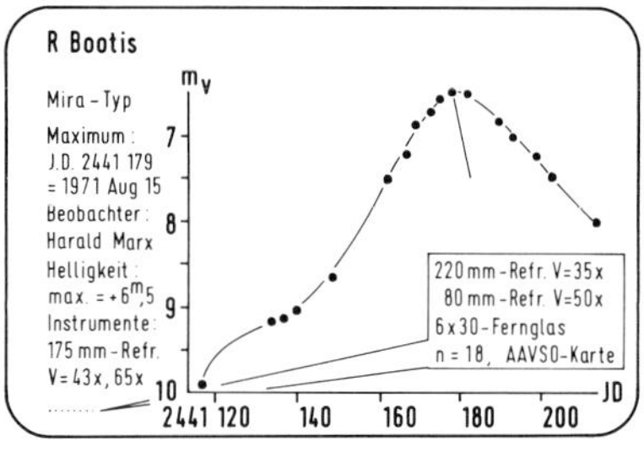

Oben:
Sternbild Skorpion. Sinai (1700 m Höhe) Optik: 1:1,7/50 mm, Kodak Ektachrome 400, Bt = 3 min. Aufnahme: Weidlich

Unten links:
Milchstraße im Schwan mit Nordamerikanebel. 11. 8. 1983, Sierra Nevada/Südspanien (3200 m Höhe). Optik: 1:1,9/85 mm, abgeblendet auf 2,4, Ektachrome 400 (USA), Belichtung: 1.38 – 2.28 Uhr UT. Aufnahme: AABO

Unten rechts:
Milchstraße im Schützen mit den Planeten Jupiter, Venus und Merkur (Horizont) am Morgenhimmel. 4. 2. 1984, ESO, La Silla/Chile (2400 m Höhe). Optik: 1:1,7/50 mm, Kodak Ektachrome 400, Belichtung 8.54 – 8.58 Uhr UT. Aufnahme: Celnik (AABO).

durch eine Minimumsbeobachtung bestätigte. Schon die Namensgebung durch die Araber (al Gul = der Teufel) deutet an, daß das ungewöhnliche Verhalten des Sterns bereits viel früher aufgefallen war. GOODRIKE beobachtete die Regelmäßigkeit des Lichtwechsels von 2 Tagen und 21 Stunden. Seine Vermutung, daß hier ein Stern zeitweise von einem dunkleren Begleiter abgedeckt wird, erwies sich

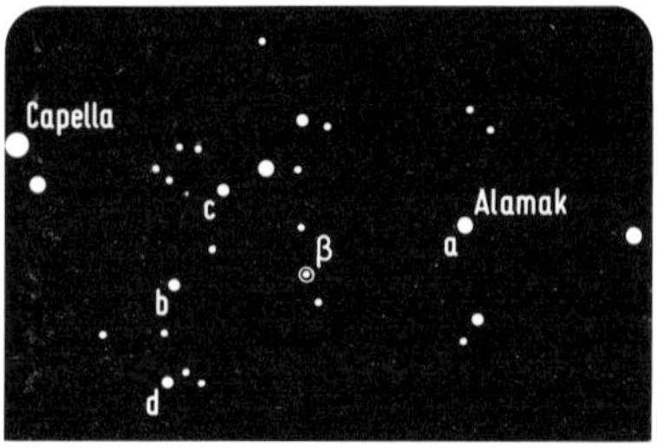

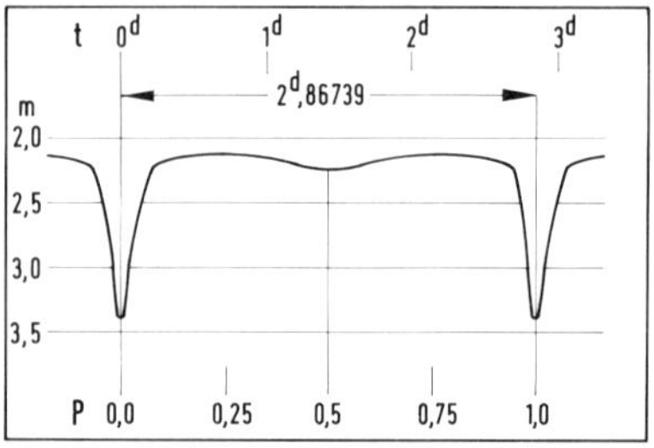

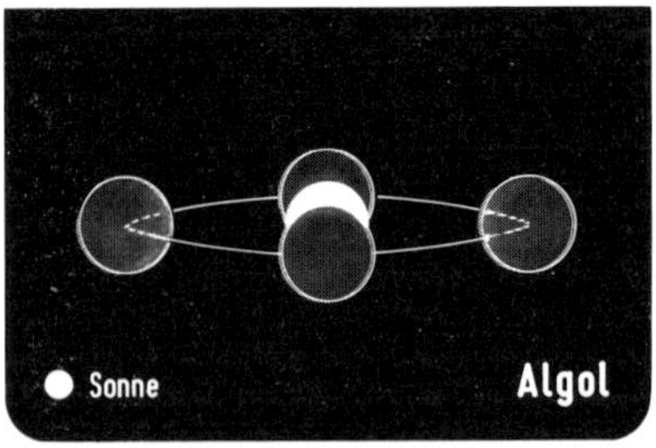

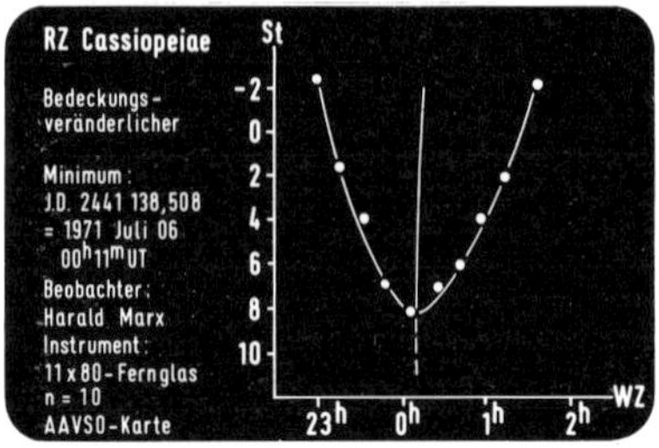

später als richtig gegenüber seiner anderen Annahme, daß ein Stern beim Rotieren unterschiedlich hell zu sehen sei. Wir haben also nichts anderes vor uns, als ein normales Doppelsternpaar, dessen Bahnebene mit der Erdrichtung übereinstimmt, so daß wir sie von der Kante sehen. Inzwischen sind viele solche *Bedeckungsveränderliche,* wie man sie nennt, gefunden worden. Bei Algol wird der Hauptstern nur partiell von seinem Begleiter verdeckt: die Lichtkurve läuft nämlich im Minimum spitz zu (geschieht bei einer totalen Bedeckung nicht). Im Nebenminimum, wenn der Begleiter vom Hauptstern partiell verdeckt wird, tritt zuvor und danach eine leichte „Erhöhung" der Lichtkurve auf. Das läßt sich so erklären: der sehr viel hellere Hauptstern bewirkt am Begleiter einen Beleuchtungseffekt, der in der Phase der oberen Konjunktion für uns beobachtbar wird, in der unteren Konjunktion aber unsichtbar bleiben muß.

Der amerikanischen Astronomin LEAVITT gelang es 1912, die schon erwähnte Beziehung zwischen den Perioden und den absoluten Helligkeiten (der Leuchtkraft) der Cepheiden numerisch zu bestimmen d. h. zu eichen. Sie benutzte dazu eine Gruppe von Veränderlichen in unserer Nachbargalaxie, der Kleinen Magellanschen Wolke. Wegen der großen Entfernung der Wolke kann man die Abstände dieser Sterne voneinander vernachlässigen. Deshalb ergibt die Differenz ihrer scheinbaren Helligkeiten zugleich die Differenz der Absolutwerte der Helligkeiten. LEAVITT stellte fest, daß die Cepheiden hoher Leuchtkraft die längsten Pulsationsperioden haben.

Aus diesem Gesetz läßt sich auf einfache Weise die Leuchtkraft und damit die Entfernung eines Cepheiden bestimmen, wenn seine Periode und scheinbare Helligkeit bekannt sind. Da die sehr leuchtkräftigen Cepheiden auch bei weiter entfernten Galaxien (z. B. im Andromedanebel) beobachtet werden können, hat man hier ein wichtiges Hilfsmittel zur Entfernungsbestimmung dieser Objekte gefunden, die zu wahren Meßmarken im Kosmos geworden sind.

Angehende Beobachter veränderlicher Sterne können sich an den genannten Veränderlichen o Ceti, δ Cephei und β Persei, der offiziellen Bezeichnung von Algol, üben, bevor sie sich an andere lohnenswerte Objekte wagen. Die zu beob-

achtenden Maxima bei Mira und δ Cephei werden vorausberechnet und sind in den Sternkalendern für Amateure zu finden. Ebenso werden die Minima für Algol abgedruckt. Mancher Erfolg beim Auffinden eines solchen Veränderlichen und bei der Bestimmung seines Typs entschädigt für den Aufwand und die Mühen beim Beobachten. Auch die Berechnung lohnt.
Für den Bedeckungsveränderlichen Algol (β Persei) ist eine kleine Sternkarte mit Vergleichssternen gegeben. Diese werden mit Buchstaben a, b, c, d usw. bezeichnet. In diesem Fall ist a = $2^{m}.28$ / b = $2^{m}.91$ / c = $2^{m}.96$ / d = $3^{m}.10$. Der Veränderliche wird nun mit dem ihm nächsthellen Stern verglichen und es wird festgestellt, ob er gleich hell ist, abweicht, stark abweicht, zwischen dem Vergleichsstern a und dem Stern b liegt, mehr nach b hin an Helligkeit hat usw. Durch Einstufen erhält man Helligkeitsstufen nach Argelander: das Resultat der Beobachtung ist dann eine Lichtkurve, bei der unser Stern schwächer wird und wieder sein Ursprungslicht erreicht. Genaue Beobachtungshinweise findet man in der Literatur für praktisches Beobachten. Vorübungen lassen sich an den Sternen des Großen Wagens oder des Orion machen. Ein weiteres Beobachtungsobjekt ist der pulsationsveränderliche Stern δ Cephei zwischen den Sternbildern Cassiopeia und Cygnus. (Vergleichssterne: ε epsilon = $4^{m}.23$ / ζ zeta = $3^{m}.62$ / η eta = $3^{m}.59$ / ι iota = $3^{m}.68$ / ν ny = $4^{m}.46$ / ξ xi = $4^{m}.40$. Vorsicht: der Granatstern μ mü ist ein veränderlicher Stern!)
Das Julianische Datum ist eine für den Astronomen zweckmäßige, durchgehende Tageszählung (nicht zu verwechseln mit dem Julianischen Kalender, abgekürzt J. D.). Es wurde mit der päpstlichen Kalenderreform 1582 von Joseph Justus Scaliger (1540–1609) eingeführt und beginnt am 1. Januar 4713 v. u. Z. um 12 Uhr Weltzeit (= 13 Uhr MEZ). Der Anfangszeitpunkt erhielt die Ordnungszahl 0 (Null). Stunden, Minuten und Sekunden werden in Dezimalteilen des Tages ausgedrückt. Damit lassen sich Zeitintervalle ohne Mühe leicht ermitteln, was die Vorausberechnung von Maxima- und Minimazeiten bei veränderlichen Sternen wesentlich vereinfacht. Aus praktischen Gründen ist der Datumswechsel auf den Mittag gelegt und der „Jahresbeginn" auf den 1. März (wegen des Unterschieds von Gemein- und Schaltjahr). Die Datumstabellen findet man in astronomischen Kalendern und Jahrbüchern.

Novae = Neue Sterne

Für den Amateurastronom ist es ein Höhepunkt, wenn am Himmel unvermutet eine ganz besondere Erscheinung aufleuchtet, wie am 29. August 1975. Es waren Schönwettertage über Mitteleuropa und ein Wochenende, als im Sternbild Schwan östlich von Deneb ein Stern sichtbar wurde, der vorher nicht da war und der für kurze Zeit selbst den Hauptstern des Schwans an Helligkeit übertraf! Das versetzte alle Amateure natürlich in Aufregung. Die *Nova Cygni* war zum Gesprächsthema unter Kennern geworden. Im Maximum ihres Leuchtens erschien sie deutlich rötlich gefärbt, das rührte vom ionisierten Wasserstoff um den sich ausdehnenden Stern her. Im Laufe der nächsten drei Wochen nahm die Helligkeit wieder ab, und viele Amateure beobachteten und maßen den Lichtabfall des Sterns. Aus einer Gruppenbeobachtung der Berliner Sternfreunde ist die beigestellte Lichtkurve entstanden. Die eingefügte Grafik zeigt die Einzelbeobachtungen der ersten zehn Tage, die gemittelte Übersichtskurve den Gesamtverlauf der Helligkeitsentwicklung. Bemerkenswert ist, daß die Nova Cygni noch in ihrem Helligkeitsanstieg zum Maximum zu beobachten war.
Diese Nova ist nicht die einzige ihrer Art. Man hat häufig Sterne mit einem ähnli-

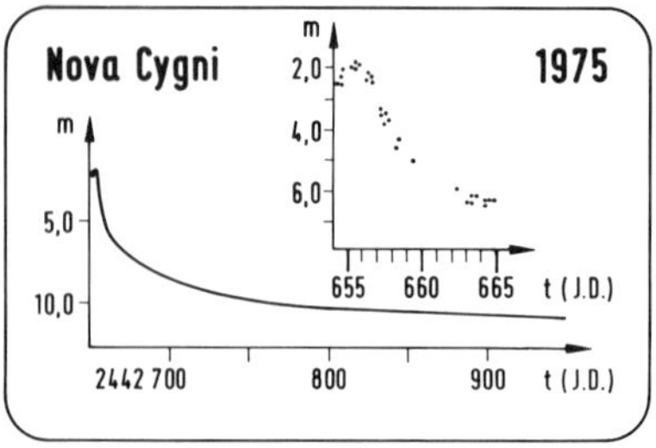

chen plötzlichen Lichtanstieg beobachtet. In allen Fällen scheint es sich dabei um ein Doppelsternpaar gehandelt zu haben, und das bietet auch eine Erklärung des Phänomens an. Zum ersten Mal stellte der Amerikaner Merle Walker die Doppelsterneigenschaft 1954 bei einer Ex-Nova im Sternbild Hercules fest, die 1934 bei ihrem Ausbruch beobachtet worden war. Das enge System hat eine Umlaufperiode von nur rund 4½ Stunden. Es handelte sich um einen Weißen Zwerg, der um einen normalen Hauptreihenstern läuft, dessen Atmosphäre sehr dicht an den Begleiter heranreicht. So strömt laufend Materie auf die Oberfläche des Weißen Zwergs und erzeugt dort einen heißen Fleck, an dem die ganze äußere Wasserstoffschicht sich schließlich entzündet und in einer gewaltigen Eruption nach allen Seiten wegfliegt. Wahrscheinlich wiederholen sich solche Ausbrüche bei einem Stern in längeren Zeitabständen.

Die planetarischen Nebel und Supernovae

Das Wort „Nebel“ ist für alle so bezeichneten Himmelsobjekte völlig irreführend. Es gibt im Raum keinen freien Wasserdampf wie in der Waschküche. Die Benennung stammt noch aus einer Zeit, die alles damit beschrieb, was im Fernrohr nicht scharf definiert war und nebelartig aussah, lange vor Einführung der Fotografie in die Beobachtungspraxis der Astronomen. Die Bezeichnung „planetarisch“ bei einigen Objekten deutet darauf hin, daß hier etwas ähnlich wie ein Planetenscheibchen aussieht. In der Tat sind wir überrascht, wenn wir den Ringnebel in der Leier (M 57) bei stärkerer Vergrößerung im Fernrohr sehen. Er sieht wie ein breiter Ring aus. Nicht minder bietet der Hantelnebel im Füchschen (M 27) ein Bild, das an einen schwach leuchtenden Planeten erinnert.
Hier sind Gaswolken aus Wasserstoff von einem Riesenstern ausgestoßen worden, die nun als expandierende Schalen den zum Weißen Zwerg gewordenen Stern umgeben, ein Schicksal, das auch die Sonne eines Tages erleiden könnte.
Etwas ähnliches sind die expandierenden Hüllen, die eine Supernova in einer gigantischen Explosion ausgestoßen hat. Solche Sterne haben Ausgangsmassen vom Mehrfachen der Sonnenmasse und entwickeln eine Lichtfülle, die die Helligkeit der Venus weit übersteigen kann. Der Stern stößt dabei den größten Teil seiner Masse ab, so daß nur ein kleiner Rest übrig bleibt. Für uns sichtbare Supernovae sind sehr selten. Ein berühmtes Ereignis fand 1054 statt, berühmt, weil wir die Hülle als leuchtende Gaswolke im Sternbild Stier beobachten und untersuchen können. Es ist der Krebs- bzw. Krabbennebel (M 1), ein faseriges Gebilde, das in seinem Aussehen einer Krabbe ähnelt.
Hin und wieder beobachten wir Supernova-Ausbrüche in anderen Galaxien. Dann kann tageweise dieses Objekt fast dieselbe Helligkeit ausstrahlen wie sonst alle Sterne der Galaxie zusammen.

Kugelsternhaufen

Die richtige Bezeichnung für diese Sternansammlungen lautet *kugelförmige Sternhaufen.* Fast alle sind teleskopische Objekte. An der nördlichen Himmelshälfte kann man unter guten Bedingungen im Sternbild Herkules den Haufen M 13 bei indirektem Sehen gerade wahrnehmen. An der südlichen Hemisphäre gibt es ein Objekt mit der Benennung ω (omega) Centauri, das seiner Helligkeit wegen zunächst in Sternverzeichnissen Eingang fand. Bei Benutzung eines Fernglases kann man schon mehrere dieser sehenswerten Objekte finden. Aber erst ein größeres Teleskop zeigt ihre charakteristische Struktur: das nebelartige Leuchten löst sich bei stärkerer Vergrößerung in eine Vielzahl winziger Punkte auf, die eine kreisförmige Anordnung haben. Doch ist auch großen Instrumenten bei sehr starker Vergrößerung eine Grenze gesetzt. Nach der Mitte der Scheibe bzw. der Kugel hin stehen die Sterne so dicht beieinander, daß man sie nicht mehr getrennt voneinander sieht. Auch Fotografien helfen hier nicht weiter: bei längeren Belichtungszeiten fließt das Licht der Sterne zusammen. Im Gegensatz zu den offenen Sternhaufen sind die kugelförmigen nicht auf das Milchstraßenband beschränkt, sie sind über den ganzen Himmel verstreut, denn sie umgeben unsere Galaxie in einem nahezu kugelförmigen weiten Gebiet, das keine Einzelsterne mehr enthält. Da wir in Richtung zu den Polen der Galaxie sehr weit hinausschauen können (hier versperrt keine interstellare Materie die Sicht wie entlang der Scheibe), sehen wir in diesen Richtungen besonders viele Kugelhaufen. Bis heute sind etwa 120 dieser Begleiter der Milchstraße registriert, es mögen aber sehr viel mehr sein. Sie stehen zwar von unserem Beobachtungsort unterschiedlich weit weg, aber von außerhalb unserer Galaxie gesehen, bilden sie eine annähernd kugelige Aureole um die Sternenlinse mit einem Durchmesser von etwa 160000 Lj. Die kugelförmigen Sternhaufen enthalten Sterne hoher Leuchtkraft, in einer Menge, die von mehreren Zehntausend bis zu einigen Hunderttausend reicht. Die Sterndichte infolge der geringen Abstände der Sterne untereinander ist weit höher als in der Sonnenumgebung. Entsprechend aufgehellt wird der nächtliche Himmel eines angenommenen Planeten sein, der dort einen Stern umkreist – wenn man überhaupt noch von einem Nachthimmel reden kann! Alle Sterne wären sichtbar, soweit sie sich nicht selbst gegenseitig verdecken. Die Kugelsternhaufen sind staubfrei, wie man bis heute annimmt. Das deutet darauf hin, daß die Sterne dort sehr alt sind und heute keine neuen mehr nachgebildet werden können. Kugelsternhaufen kommen nicht nur in unserem Milchstraßensystem vor. Auch die Nachbargalaxien besitzen solche Begleiter.

Sternbild Hercules. Schwarzwald. Optik: 1:2,7/ 50 mm ohne Aufnahmedaten. Aufnahme: Weidlich

Interstellare Materie, Diffuse Nebel, Dunkelwolken

Die Form des Milchstraßenbandes wird nicht allein von der tatsächlich vorhandenen Menge sichtbarer Sterne bestimmt sondern auch durch die feine Materie in Gas- und Staubform, die das Licht der jenseits befindlichen Sterne teilweise absorbiert und streut. Durch nahe heiße Sterne wird außerdem interstellarer Wasserstoff zu eigenem Leuchten angeregt und verrät dadurch seine Anwesenheit. Der Staub zwischen den Sternen kann dagegen sternleere Gebiete vortäuschen. Schon mit bloßem Auge kann man solche dunklen Gebiete erkennen. Der Einsatz von Instrumenten macht dies allerdings sehr viel deutlicher. So nimmt es nicht wunder, daß erst im Verlauf des 18. Jahrhunderts die Astronomen auf diese Erscheinungen aufmerksam wurden. Das lag einmal an der Benutzung verbesserter Optiken der Fernrohre, zum anderen aber auch, daß man überhaupt (so wie Wilhelm Herschel) danach Ausschau hielt, sie wahrnahm und registrierte. Das wohl auffälligste Beispiel einer leuchtenden Gaswolke finden wir im Sternbild Orion südlich der drei markanten Gürtelsterne. Eine sehr klare, dunkle Nacht ohne Mond und andere störende Lichtquellen läßt uns bei Betrachtung durch ein lichtstarkes Instrument mit schwacher Vergrößerung immer wieder erstaunen über die bewegte Form der Massen von Gas und Staub zwischen den Sternen, in deren Licht sie für unsere Augen grau erscheinen. *M 42* und *M 43*, nach dem Katalog von Charles Messier (1730 – 1817), sind die Bezeichnungen für den Orionnebel. Doch erst die seit dem Ende des 19. Jahrhunderts angewandte Himmelsfotografie zeigte die Fülle nicht nur dieser Materiekonzentration, sondern der Verbreitung feinverteilter Materie zwischen den Milchstraßensternen rund um den ganzen Himmel. Vor allem in Blick-

Interstellare Materieansammlungen M 8 und M 20. Sinai. Optik: 1:2,8/135 mm, Kodak Ektachrome 400. Bt = 6 min. Aufnahme: Weidlich

richtung der Sternbilder Schütze (Sagittarius) und Centaurus konzentrieren sich die Massen. Im Schwan (Cygnus) ist ein Gebilde zu finden, das die Umrisse des nordamerikanischen Kontinents besitzt und daher als *Nordamerikanebel* bekannt ist. Im Sternbild Adler (Aquila) teilen dunkle Ansammlungen von Staub das Milchstraßenband sichtbar für das bloße Auge und im Kreuz des Südens (Crux) scheint ein Loch im Himmel zu sein, das die Bezeichnung *Kohlensack* erhielt. Die Farbfotografie zeigt vor allem das rote Leuchten des ionisierten Wasserstoffs im Weltraum, die blau gefärbten Teile von diffusen Staubnebeln sind Streulicht heißer blauleuchtender Sterne. Hier kann der Amateur sich fotografisch betätigen, angefangen mit der Kleinbildkamera bis zu leistungsfähigen Instrumenten und lichtstarken Emulsionen. Denn die ungeordneten oder diffusen Nebel bieten eine Vielfalt von Erscheinungen. In einigen wird man auf Fotografien kleine, punktförmige, schwarze Tropfen finden. Es sind besonders dichte Konzentrationen der Materie *(Globulen)* und nach den heutigen Erkenntnissen die Geburtsstätten der Sterne und der offenen Sternhaufen. Das bekannte *Trapez,* eine Vierergruppe von sehr heißen Sternen im Orionnebel, ist solch ein junges Quartett. Wer die Plejaden längere Zeit belichtet, entdeckt einen sehr zarten Blauschleier um die hellsten der Sterne, es sind die Reste der „Sternenwindeln“, des Staubs, in dem sie entstanden.

Interstellare Materieansammlung. „Nordamerikanebel“ NGC 7000. 1. 11. 1980. Schwarzwald. Optik: 1:2,8/135 mm, Kodak Ektachrome 400. Aufnahme: Weidlich

Die Milchstraße – unsere Galaxie

Der bloße Augenschein zeigt uns, daß die Fixsterne nicht gleichmäßig über die ganze Himmelskugel verteilt sind, sondern sich symmetrisch längs eines Großkreises konzentrieren. Die Anzahl der Sterne wächst mit abnehmender scheinbarer Helligkeit und, bezogen auf die Flächeneinheit, mit Annäherung an den Milchstraßenäquator. Wir selbst befinden uns nicht weit von dieser Mittelebene entfernt inmitten der flachen Sternenwolke. Es ist schwierig, ihre wahre Struktur von dieser Position aus zu erkennen. Die Anfänge zu diesen Bemühungen lagen im 18. Jahrhundert, als sich Wilhelm HERSCHEL, ein vielseitiger Beobachter und Praktiker (er entdeckte den Planeten Uranus und einige Kometen und baute seine Reflektoren selbst; sein eigentlicher Beruf war Musiker), dem Problem der räumlichen Anordnung der Sterne in seinen Überlegungen zuwandte. Sein Sohn John HERSCHEL

Oben:
Milchstraße im Gebiet Schütze/Skorpion mit Jupiter (links oben beim hellen Gasnebel M8). 5. 2. 1984. ESO, La Silla/Chile (2400 m Höhe). Optik: 1:1,7/50 mm, abgeblendet auf 2,4, Kodak Ektachrome 400 (USA), Belichtung: 7.59 – 8.21 Uhr UT. Aufnahme: Celnik (AABO)

Links:
Milchstraße im Schützen/Skorpion/Schlangenträger. 11. 8. 1983, Sierra Nevada/Südspanien (3200 m Höhe). Optik: 1:1,9/85 mm, abgeblendet auf 2,4, Kodak Ektachrome 400 (USA), Belichtung: 22.45 – 23.09 Uhr. Aufnahme: AABO

(1792 – 1871) setzte die Arbeit in Südafrika fort. Es dauerte aber über 150 Jahre, bis gesichert war, wie das galaktische System unserer Heimatsterne tatsächlich aufgebaut ist. Nach vielen Messungen und Analysen an Sternen und dem von ihnen emittierten Licht bestätigte letztendlich die neu hinzugekommene Radioastronomie die mühsam gewonnenen Erkenntnisse der Stellarstatistiker und Himmelsmechaniker.
Die elektromagnetische Strahlung, ausgesandt vom interstellaren Wasserstoff als Radiostrahlung im 21-cm-Wellenlängenbereich, dringt tiefer durch die interstellare Materie als das kurzwelligere,

sichtbare Licht. Deshalb kann die 21-cm-Strahlung uns Informationen von der Anordnung des Wasserstoffs bis in sehr große Entfernungen liefern. Es ergab sich in den 50er und 60er Jahren eine spiralige Anordnung des Gases, ganz ähnlich der Sternkonzentration im sichtbaren Bereich. Nicht nur unsere Milchstraße besitzt diese Struktur, sondern auch viele der außergalaktischen Systeme (die Spiralnebel). In Größe und Form nimmt unser Milchstraßensystem keine Sonderstellung ein, sie ist eine Galaxie wie viele andere.

Unsere Sonne ist ein durchschnittlicher Stern nahe der Äquatorebene des Systems, aber in einem Abstand von etwa 30000 Lj. vom Zentrum, das in Blickrichtung zum Sternbild Schütze (Sagittarius) liegt. Die Zentralregion selbst ist uns durch Sterne und interstellare Materie verdeckt die davor lagert. In der Gegenrichtung ist der Ausblick ebenfalls begrenzt und zwar durch die hohe Sternendichte. Wir blicken in beiden Richtungen auf die Windungen zweier Spiralarme, die wir als *Sagittarius-Arm* und *Perseus-Arm* bezeichnen.

Dagegen geht der Blick senkrecht dazu in Richtung der beiden galaktischen Pole ungehindert hinaus in die Tiefen des Universums. Unser Sonnensystem steht am Innenrand des Perseusarms. Alles, was wir mit bloßem Auge sehen, gehört zu unserer unmittelbaren Sternennachbarschaft, was wir mit dem Fernrohr und seinen fotografischen Hilfsmitteln erreichen können zu einem weiteren Umkreis. Dieser wird begrenzt durch die beiden Spiralarme in der Ebene des Milchstraßenäquators. Einige tausend Lichtjahre weit können wir unsere Umgebung erkunden: kühle, kleine Sterne (Braune Zwerge) in der Nähe, rote und blaue Riesen bis in größere Entfernungen, leuchtende Gasnebel in mittleren Distanzen. Doppelsterne sind nur in nächster Nachbarschaft als solche zu erkennen. Weit entfernt sind die galaktischen Kugelsternhaufen mit Distanzen von zehntausenden Lichtjahren.

Sternbild Schütze. Sinai. Optik: 1:1,7/50 mm Kodak Ektachrome 400, Bt = 3 min. Aufnahme: Weidlich

Am Südhimmel leuchten schwach zwei unregelmäßige Sternansammlungen, die *Magellanschen Wolken,* so benannt nach ihrem Entdecker, dem portugiesischen Weltumsegler Fernando MAGELLAN (1480 – 1521). Sie sind nahe Begleiter des Milchstraßensystems von scheinbar unregelmäßiger Gestalt, doch verbirgt sich dahinter eine schwach ausgeprägte Spiralstruktur. Ganz anders die beiden Trabanten des Andromedanebels, die von elliptischer Form sind. Die beiden Magellanschen Wolken sind unsere engsten Nachbarn in der „lokalen" Gruppe von Galaxien, um weniger als die Hälfte näher als der Andromedanebel (M 31).

Galaxien oder Spiralnebel

Auf die Frage, wie weit das Auge in den Weltraum schauen kann, kann man getrost antworten: etwa 2,4 Millionen Lichtjahre. Das ist nämlich die Entfernung eines des uns nächsten selbständigen Sternsystems, das wir mit bloßem Auge sehen können. Es steht in Richtung zum Sternbild Andromeda und trägt deshalb den Namen *Andromedanebel;* die offizielle Bezeichnung nach dem Messier-Katalog ist *M 31*. Schon mit kleinen Fernrohren lassen sich einige ähnliche Gebilde als verwaschene Lichtflecken am Himmel finden, sie alle werden in dem Katalog von Messier aufgeführt.

Erst im 20. Jahrhundert konnte man aus der Beobachtung beweisen, daß es sich bei diesen Objekten um spiralig angeordnete, unserer eigenen Galaxie ähnliche Sternsysteme handelt. Aber schon viel früher hatte man sich über den Aufbau der Milchstraße Gedanken gemacht. Schon der Engländer Th. WRIGHT hatte 1750 die Vermutung geäußert, daß die Milchstraße eine ringförmig aufgebaute Sternenscheibe sei.

So ging der große Philosoph und Naturwissenschaftler Immanuel KANT (1724 – 1804) bei seinen etwa gleichzeitigen Überlegungen zur Entstehung des Sonnensystems von einer Art Analogie zu diesem großen Sternsystem aus. Seine „Nebularhypothese" beschreibt die Entstehung der Sonne und ihrer Planeten aus einem chaotischen Urnebel, der sich durch Gravitationskräfte zu einem Zentralkörper und ihn umlaufende Planeten geordnet hat. Vierzig Jahre später entwarf der französische Gelehrte Pierre Simon de LAPLACE (1749 – 1827) eine ähnliche Theorie, wobei er allerdings bereits einen gleichmäßig rotierenden Urnebel annahm. Beide Theorien basieren weitgehend auf Spekulation, da damals sowohl die nötigen Beobachtungen als auch die theoretisch-physikalischen Voraussetzungen fehlten. Die Grundidee hat sich allerdings bis heute behauptet.

Erst die Himmelsfotografie zeigte gegen Ende des 19. Jahrhunderts deutlich die vermutete Spiralstruktur dieser Nebel. Im Jahre 1924 gelang es dann dem amerikanischen Astronomen Edwin HUBBLE (1889 – 1953), mit dem damals größten Spiegelfernrohr der Welt, (dem $2\frac{1}{2}$ m-Hooker-Reflektor auf dem Mt. Wilson in Kalifornien), die Randgebiete des Andromedanebels in einzelne Sterne aufzulösen und damit den Nachweis zu erbringen, daß diese Objekte weit entfernte Sternsysteme sind – etwa 300 Jahre nachdem GALILEI einzelne Sterne in dem Band unserer Milchstraße erkannt hatte. Im Andromedanebel hatte man das erste Sternsystem gefunden, auf das wir von außen sehen können.

Bald entdeckte man im Andromedanebel Kugelhaufen, offene Sternhaufen, veränderliche Sterne und auch die benachbarten elliptischen Begleitsysteme. Mit Hilfe leuchtstarker δ Cephei-Veränderlicher gelang dann auch die erste Entfernungsbestimmung des Systems (vgl. S. 218). Durch einen erst später aufgedeckten Fehlschluß bei der Festlegung der absoluten Helligkeiten dieser Cepheiden hatte man damals allerdings einen um mindestens die Hälfte zu kleinen Wert für die Entfernungen von Galaxien abgeleitet. Deshalb mußte die kosmische Skala

30 Jahre danach korrigiert werden, so daß die heutigen Werte in der Literatur von den Entfernungsangaben in den ersten Berichten abweichen. Heute ist uns auch bekannt, daß außer dem Andromedanebel noch etwa zwanzig ähnliche Gebilde zusammen mit unserer Galaxie eine Gruppe bilden, die wir die *Lokale Gruppe* nennen. In größeren Abständen sind weitere Galaxienversammlungen zu finden, z.B. die riesigen Haufen im Bereich der Sternbilder Leo, Coma Berenices und Virgo. Soweit die Teleskope reichen: bis in Entfernungen von Milliarden Lichtjahren sind Galaxien anzutreffen.

Extragalaktisches Sternsystem Andromedanebel M31, Schwarzwald. Optik: 1:1,4/300 mm, 3M 1000 ASA, Bt = 22 min. Aufnahme: Weidlich

Übersichten und Tabellen

Liste der 88 Sternbilder

No	Lingua latina constellatio	Abbrev.	genitivus	deutsch Sternbild	ελληνικά πίνακας αστερισμών
1	Andrómeda f	And	Andromedae	Andromeda f	Ανδρμέδα θ
2	Antlia pneumatica f	Ant	Antliae pneumaticae	Luftpumpe f	Αντλία θ
3	Apus m	Aps	Apodis	Paradiesvogel m	Πτενόν παραδείσιον ου
4	Aquárius m	Aqr	Aquarii	Wassermann m	Υδροχόος θ
5	Aquila f	Aql	Aquilae	Adler m	Αετός α
6	Ara f	Ara	Arae	Altar m	Βωμός α
7	Aries m	Ari	Arîetis	Widder m	Κριός α
8	Auriga m	Aur	Aurigae	Fuhrmann m	Ηνίοχος α
9	Bootes m	Boo	Bootis	Bärenhüter m	Βοώτης α
10	Caelum n	Cae	Caeli	Grabstichel m	Γλυφειον ου
11	Camelopárdalis f	Cam	Camelopardalis	Giraffe f	Καμηλοπάρδαλις θ
12	Cancer m	Cnc	Cancri	Krebs m	Καρκίνος α
13	Canes Venatici mpl	CVn	Canum Venaticorum	Jagdhunde mpl	Κύνες Θηρευτικοί απλ
14	Canis Maior m	CMa	Canis Maioris	Grosser Hund m	Κύων Μέγας α
15	Canis Minor m	CMi	Canis Minoris	Kleiner Hund m	Κύων Μικρος α
16	Capricórnus m	Cap	Capricorni	Steinbock m	Αιγόκερως α
17	Carina f	Car	Carinae	Schiffskiel m	Τρόπις θ
18	Cassiopeia f	Cas	Cassiopeiae	Cassiopeia f	Κασσιόπη θ
19	Centaurus m	Cen	Centauri	Zentaur m	Κένταυρος α
20	Cepheus m	Cep	Cephei	Cepheus m	Κηφεύς α
21	Cetus m	Cet	Ceti	Wal m	Κῆτος θ
22	Chamaeleon m	Cha	Chamaeleóntis	Chamäleon n	Χαμαιλέων α
23	Cîrcinus m	Cir	Circini	Zirkel m	Δραβήτης α
24	Colúmba f	Col	Columbae	Taube f	Περιστερά θ
25	Coma Berenices f	Com	Comae Berenices	Haupthaar der Berenice f	Κόμη Βερενίκης θ
26	Corona Australis f	CrA	Coronae Australis	Südliche Krone f	Στέφανος Νότιος α
27	Corona Borealis f	CrB	Coronae Borealis	Nördliche Krone f	Στέφανος Βόρειος α
28	Corvus m	Crv	Corvi	Rabe m	Κόραξ α
29	Crater m	Crt	Crateris	Becher m	Κρατήρ α
30	Crux f	Cru	Crucis	Kreuz des Südens n	Σταυρός τοῦ Νότου α
31	Cygnus m	Cyg	Cygni	Schwan m	Κύκνος α
32	Delphinus m	Del	Delphini	Delphin m	Δελφίν ου
33	Dorado m	Dor	Doradus	Schwertfisch m	Δοράς α
34	Dráco m	Dra	Draconis	Drache m	Δράκων α
35	Equúleus m	Equ	Equúlei	Füllen, Pferdchen n	Ιππάριον ου
36	Erîdanus m	Eri	Eridani	Fluss Eridanus m	Ηριδανός α
37	Fórnax f	For	Fornacis	Chemischer Ofen m	Κάμινος α
38	Gémini mpl	Gem	Geminorum	Zwillinge mpl	Δίδυμοι απλ
39	Grus f	Gru	Grúis	Kranich m	Γερανός α
40	Hércules m	Her	Herculis	Hercules m	Ηρακλῆς α
41	Horológium n	Hor	Horologii	Pendeluhr f	Ωρολόγιον ου
42	Hydra f	Hya	Hydrae	Nördliche Wasserschlange f	Ὑδρα θ
43	Hydrus m	Hyi	Hydri	Südliche Wasserschlange f	Ὑδρος α
44	Indus m	Ind	Indi	Inder m	Ινδός α
45	Lacérta f	Lac	Lacertae	Eidechse f	Σαύρα θ
46	Leo (Maior) m	Leo	Leonis (Maioris)	(Grosser) Löwe m	Λέων α
47	Leo Minor m	LMi	Leonis Minoris	Kleiner Löwe m	Λέων Μικρός α
48	Lepus m	Lep	Léporis	Hase m	Λαγωός α
49	Libra f	Lib	Librae	Waage f	Ζυγός α
50	Lupus m	Lup	Lupi	Wolf m	Λύκος α

nglish onstellation	espanol constelación	francais constellation	italiano costellazione	No
ndromeda f	Andrómeda f	Andromède f	Andromeda f	1
ir Pump f	Máquina neumática f	Machine pneumatique f	Macchina pneumatica f	2
ird of Paradise m	Ave del paraîso f	Oiseau du Paradis m	Uccello del Paradiso m	3
ater Bearer m	Acuario m	Verseáu m	Acquario o Aquario m	4
agle m	Aguila f	Aigle m	Aquila f	5
ltar m	Altar m	Autel m	Altare m	6
am m	Carnero m	Bèlier m	Ariete m	7
harioteer m	Cochero m	Cocher m	Cocchiere m	8
erdsman m	Boyero m	Bouvier m	Bifolco m	9
hisel m	Buril m	Burin m	Bulino m	10
iraffe f	Jirafa f	Girafe f	Giraffa f	11
rab m	Cangrejo m	Cancer m, Ecrevisse f	Cancro m, Granchio m	12
unting Dogs mpl	Perros de caza mpl	Chiens de Chasse mpl	Cani da Caccia mpl	13
reater Dog m	Perro mayor m	Grand Chien m	Cane Maggiore m	14
esser Dog m	Perro menor m	Petit Chien m	Cane Minore m	15
ea Goat f	Capricornio m	Capricorne m	Capricorno m	16
eel m	Quilla f	Carène f	Carena f	17
assiopeia f	Cassiopea f	Cassiopée f	Cassiopea f	18
entaur m	Centauro m	Centaure m	Centauro m	19
epheus m	Cefeo m	Cephée m	Cefeo m	20
hale m	Ballena f	Baleine f	Balena f	21
hameleon n	Camaleôn m	Caméléon m	Camaleonte m	22
ompasses mpl	Compás m	Compas m	Compasso m	23
ove f	Paloma f	Colombe f	Colomba f	24
erenice's Hair n	Cabellera de Berenice f	Chevelure de Berenice f	Chioma di Berenice f	25
outhern Crown m	Corona austral f	Couronne australe f	Corona Australe f	26
orthern Crown m	Corona boreal f	Couronne boréale f	Corona Boreale f	27
row f	Vuervo m	Corbeau m	Corvo m	28
up f	Copa f	Coupe f	Cratere m, Tazza f	29
outhern Cross n	Cruz del sur f	Croix du Sud f	Croce del Sud f	30
Swan m	Cisne m	Cygne m	Cigno m	31
Dolphin m	Delfîn m	Dauphin m	Delfino m	32
Swordfish m	Pez doado m	Dorade f	Dorado m, Pesce rosso	33
Dragon m	Dragôn m	Dragon m	Dragone m	34
Little Horse n	Caballo menor m	Petit Cheval m	Cavalletto,Cavallino m	35
River Eridanus m	Eridano m	Eridan m	Eridan m	36
Furnace m	Horno m	Fourneau Chimique m	Fornace f	37
Twins mpl	Gemelo, Géminis mpl	Gèmeaux mpl	Gemelli mpl	38
Crane m	Grulla f	Grue f	Gru f	39
Hercules m	Hércules m	Hercule m	Ercole m	40
Clock f	Reloj m	Horloge f	Orologio m	41
Water Snake, Sea Serpent f	Hidra f	Hydre femelle f	Idra fémmina f	42
Water Snake m	Hidra macho m	Hydre male m	Idra maschio m	43
Indian m	Indio m	Indien m	Indiano m	44
Lizard f	Lagarta f	Lézard m	Lucertola f	45
Lion m	León mayor m	Lion m	Leone m	46
Lesser Lion m	León menor m	Petit Lion m	Leone Minore m	47
Hare m	Liebre f	Lièvre m	Lepre f	48
Scales fpl	Balanza f	Balance f	Bilancia f	49
Wolf m	Lobo m	Loup m	Lupo m	50

No	Lingua latina constellatio	Abbrev.	genitivus	deutsch Sternbild	ελληνικά πίνακας αστερισμών
51	Lynx m	Lyn	Lyncis	Luchs m	Λύγξ α
52	Lyra f	Lyr	Lyrae	Leier f	Λύρα θ
53	(Mons) Mensa (-e) f	Men	(Montis) Mensae	Tafelberg m	Τράπεζα θ
54	Microscópium n	Mic	Microscopii	Mikroskop n	Μικροσκόπιον ου
55	Monóceros m	Mon	Monocerotis	Einhorn n	Μονόκερως α
56	Musca f	Mus	Muscae	Fliege f	Μυῖα θ
57	Norma f	Nor	Normae	Winkelmass n	Γνώμων α
58	Octans n	Oct	Octântis	Oktant m	Οκτάς θ
59	Ophiuchus m	Oph	Ophiuchi	Schlangenträger m	Οφιοῦχος α
60	Orion m	Ori	Orionis	Orion m	Ωριων α
61	Pavo m	Pav	Pavonis	Pfau m	Ταώς α
62	Pégasus m	Peg	Pegasi	Pegasus m	Πήγασος α
63	Perseus m	Per	Pêrsei	Perseus m	Περσεύς α
64	Phoenix m	Phe	Phoenicis	Phönix m	Φοίνιξ α
65	Pictor m	Pic	Pictoris	Malerstaffelei f	Οκρίβας ζωγράφου α
66	Pisces mpl	Psc	Piscium	Fische mpl	Ιχθύες απλ
67	Piscis Austrinus m	PsA	Piscis Austrini	Südlicher Fisch m	Ιχθύς Νότιος α
68	Puppis f	Pup	Puppis	Schiffsheck n	Πρύμνη θ
69	Pyxis f	Pyx	Pyxidis	Schiffskompass m	Ναυτική Πυξίς θ
70	Retîculum n	Ret	Reticuli	Netz n	Δίκτυον ου
71	Sagitta f	Sge	Sagittae	Pfeil m	Βέλος α
72	Sagittarius m	Sgr	Sagittarii	Schütze m	Τοξότης α
73	Scórpius m	Sco	Scorpii	Skorpion m	Σκορπίος α
74	Scúlptor m	Scl	Sculptoris	Bildhauerwerkstatt f	Εργαστήριον γλύπτου ο
75	Scutum Sobiesci n	Sct	Scuti Sobiescii	Schild des Sobieski m	Ασπίς θ
76	Sérpens Caput n	Ser	Serpéntis Capitis	Schlangenkopf m	Οφις Κεφαλή θ
	Sérpens Cauda f	Ser	Serpéntis Caudae	Schlangenschwanz m	Οφις Ουρά θ
77	Séxtans m	Sex	Sextántis	Sextant m	Εξας θ
78	Taurus m	Tau	Tauri	Stier m	Ταῦρος α
79	Telescópium n	Tel	Telescopii	Fernrohr n	Τηλεσκόπιον ου
80	Triangulum Australe n	TrA	Trianguli Australis	Südliches Dreieck n	Τρίγωνον Νότιον ου
81	Triangulum (Boreale) n	Tri	Trianguli (Borealis)	(Nördliches) Dreieck n	Τρίγωνον ου
82	Tucana f	Tuc	Tucanae	Tukan m	Τουκάνα θ
83	Ursa Maior f	UMa	Ursae Maioris	Grosse Bärin f	Μεγάλη Άρκτος θ
84	Ursa Minor f	UMi	Ursae Minoris	Kleine Bärin f	Μικρά Άρκτος θ
85	Vela npl	Vel	Velorum	Schiffssegel n	Ιστία θ
86	Virgo f	Vir	Virginis	Jungfrau f	Παρθένος θ
87	Vôlans m	Vol	Volántis	Fliegender Fisch m	Ιχθύς Ιπτάμενος α
88	Vulpecula f	Vul	Vulpeculae	Füchschen n	Αλώπηξ θ

Auswahl heller Weißer Zwerge

Nr.	Name	Con.	V m	V M	Sp	Dm km	Masse Sonne	ρ kg/cm³	g × 10³ gr
1	Sirius B	CMa	8ᵐ3 → $8^{m}_{.}3$	$11^{m}_{.}1$	DA	10.300	1,3	3.600	500
2	40 Eri B	Eri	9.5	11.1	DA	17.000	0,43	330	80
3	Procyon B	CMi	10.7	13.0	DF	17.500	0,65	500	100
4	EG 82 LP 145 – 141	Mus	11.5	13.0	λ 4670	15.000	0,73	900	200
5	HE 3 EG 50	Aur	12.0	10.8	DAn	13.000	0,83	1.400	250
6	van Maanen	Psc	12.4	14.2	DG	17.000	0,63	500	100

Name = Eigenname bzw. Katalogbezeichnung
Con. = Constellation = Sternbild
V m = visuelle scheinbare Helligkeit
M = absolute Helligkeit
Sp = Spektraltyp
Dm = wahrer Durchmesser in Kilometer
Masse = in Sonnenmassen, Sonne = 1
ρ kg/cm³ = Dichte in Kilogramm pro Kubikzentimeter
g gr = Oberflächengravitation in Gramm

Quelle: Sky & Telescope 1983, November, p. 432; nach Astrophysics and Space Science, 81, 5, 1982 und Astrophysical Journal, Feb. 15, 1979

english constellation	espanol constelación	francais constellation	italiano costellazione	No
Lynx m	Lince m	Lynx m	Lince f	51
Lyre f	Lira f	Lyre f	Lira f	52
Table (Mountain) m	Montana de la Mesa f	Table f	Tavola f, Mensa f	53
Microscope n	Microscopio m	Microscope m	Microscopio m	54
Unicorn n	Unicornio m	Licorne f	Unicorno, Monoceronte m	55
Fly f	Mosca f	Mouche f	Mosca f	56
Square n	Escuadra f	Equerre f	Squadra f	57
Octant m	Octante	Octant m	Ottante m	58
Serpent Bearer m	Ofiuco m	Serpentaire m	Serpentario m	59
Orion m	Orión m	Orion m	Orione m	60
Peacock m	Pavo real m	Paon m	Pavone m	61
Pegasus m	Pegaso m	Pégase m	Pegaso m	62
Perseus m	Perseo m	Persée m	Perseo m	63
Phoenix m	Fénix m	Phénix m	Fenice m	64
Painter's Easel	Taller del pintor m	Chevalet du Peintre m	Cavalletto del Pittore m	65
Fishes mpl	Peces mpl	Poissons mpl	Pesci mpl	66
Southern Fish m	Pez del sur m	Poisson Austral m	Pesce Australe m	67
Poop n	Casco del navîo m	Poupe f	Poppa f	68
Compass m	Brûjula f	Boussole f	Bussola f	69
Net n	Retîculo m	Réticule m	Rete f, Reticolo m	70
Arrow m	Flecha f	Flèche f	Freccia f, Saetta f	71
Archer m	Sagitario m	Sagittaire m	Sagittario m	72
Scorpion m	Escorpión m	Scorpion m	Scorpione m	73
Sculptor m	Escultor m	Atelier du Sculpteur m	Scultore m	74
Shield m	Escudo de Sobiesky m	Ecu de Sobieski m	Scudo di Sobieski m	75
Serpent's Head m	Serpiente f	Serpent (tête) m	Serpente testa m	76
Serpent's Tail m			Serpente coda m	
Sextant m	Sextante m	Sextant m	Sestante m	77
Bull m	Toro m	Taureau m	Toro m	78
Telescope n	Telescopio m	Télescope m	Telescopio m	79
Southern Triangle n	Triángulo austral m	Triangle Austral m	Triangolo Australe m	80
(Northern) Triangle n	Triángulo m	Triangle m	Triangolo Boreale m	81
Toucan m	Tucán m	Toucan m	Tucano m	82
Great Bear f	Osa mayor f	Grande Ourse f	Orsa Maggiore f	83
Little Bear f	Osa menor f	Petite Ourse f	Orsa Minore f	84
Sail n	Vela f	Voiles fpl	Vela f	85
Virgin f	Virgen f	Vierge f	Vergine f	86
Flying Fish m	Pez volador m	Poisson volant m	Pesce Volante m	87
Fox m	Zorra f	Petit Renard m	Volpetta, Volpicella f	88

Sternzahlen bis zur scheinbaren Größe $8\overset{m}{.}05$

Größenklasse	Bereich			Anzahl der Sterne	Summierung
m	m		m	N	Σ N
− 1	− 1.50	bis	− 0.51	2	2
0	− 0.50		+ 0.49	7	9
+ 1	+ 0.50		+ 1.49	13	22
+ 2	+ 1.50		+ 2.49	71	93
+ 3	+ 2.50		+ 3.49	192	285
+ 4	+ 3.50		+ 4.49	625	910
+ 5	+ 4.50		+ 5.49	1.963	2.873
+ 6	+ 5.50		+ 6.49	5.606	8.479
+ 7	+ 6.50		+ 7.49	15.565	24.044
+ 8	+ 7.50		+ 8.05	21.225	45.269

Quelle: Sky Catalogue 2000.0, Vol. 1, Tab. II, p. IX

Die hellsten Sterne am Himmel

Nr.	Bezeichnung	Name	scheinbare Helligkeit
1	α CMA	Sirius	$-1^m.46$
2	α Car	Canopus	-0.72
3	α Cen	Toliman	-0.35
4	α Boo	Arcturus	-0.04
5	α Lyr	Wega	$+0.03$
6	α Aur	Capella	$+0.08$
7	β Ori	Rigel	$+0.12$
8	α CMi	Procyon	$+0.38$
9	α Eri	Achernar	$+0.46$
10	α Ori	Betelgeuse	$+0.40$ var.
11	β Cen	Hadar	$+0.61$
12	α Aqu	Altair	$+0.77$
13	α Tau	Aldebaran	$+0.85$ var.
14	α Cru		$+0.87$
15	α Sco	Antares	$+0.96$ var.
16	α Vir	Spica	$+0.98$
17	β Gem	Pollux	$+1.14$
18	α PsA	Fomalhaut	$+1.16$
19	α Cyg	Deneb	$+1.25$
20	β Cru		$+1.25$
21	α Leo	Regulus	$+1.35$

Quelle:
Sky Catalogue 2000.0, Volume 1; Cambridge Mass. 1982, Sky Publishing Corporation USA

Grenzgrößen veränderlicher Sterne

Öffnung	Grenzgröße nicht schwächer als
bloßes Auge	4^m
Fernglas 7 × 50	8^m
Teleskop 2″	$8^m.5$
Teleskop 4″	$10^m.0$
Teleskop 6″	$11^m.5$

Quelle:
BAV – Einführung in die visuelle Beobachtung veränderlicher Sterne, S. 74, 2. Auflage 1983.

Grenzgrößen für die Sichtbarkeit der Sterne

Öffnung des Instruments		visuelle Grenzgröße
bloßes Auge		$6^m.0$
50 mm	2″	10.3
100	4	11.7
200	7.5	13.0
300	12	13.8
500	20	14.5

Quelle:
Joachim Herrmann, Weltall in Zahlen. Tabellenbuch für Sternfreunde (Kapitel: Grenzgrößen bei der Fernrohrbeobachtung). Franckh Verlag Stuttgart

Eigennamen von 153 hellen Fixsternen und Sternhaufen

Anmerkung:

var	variable	=	lichtveränderlicher Stern
irr.	irregular	=	unregelmäßig veränderlicher Lichtwechsel
aust.	australis	=	südlich
bor.	borealis	=	nördlich
post.	posterior	=	nachfolgend
prior	vorausgehend		

Quellen:

Sternnamen, Schreibweise und Aussprache:
Prof. Dr. Paul Kunitzsch
- „Naturwissenschaft und Philologie:
  Die arabischen Elemente in der Nomenklatur und Terminologie der Himmelskunde". Die Sterne, 52. Jg., Heft 4, 1976, S. 218–227
- „Arabische Sternnamen – Sternnamen der Araber"
  Zur Begriffsbestimmung
  Sudhoffs Archiv, Band 61, Heft 2 (1977), S. 105–117
- „Die Aussprache der arabischen Sternnamen und der arabisch-persischen Namen von Mondobjekten"
  Die Sterne, 56. Bd., Heft 6, 1980, S. 358–363
- How We Got Our "Arabic" Star Names
  Sky & Telescope, Vol. 65, No. 1, 1983, January, p. 20–22
- persönliche Mitteilungen
- s. a. Literaturverzeichnis

Sternhelligkeiten:
- SKY CATALOGUE 2000.0; Volume 1: Stars to Magnitude 8.0
  Edited by Alan Hirschfeld and Roger W. Sinnot 1982 Sky Publishing Corporation Cambridge, Massachusetts, USA
  ISBN 0-933346-35-2 (gebunden), -4 (broschiert)

laufende Nummer	Name	Bez. nach Bayer	scheinb. vis. Helligkeit	Bemerkung
1	Achernár	α Eri	$0^{m}.46$	
2	Adhára	ε CMa	1.50	
3	Ákrab	β Sco	2.64	
4	Alamák	γ And	2.18	
	Almách			
5	Albíreo	β Cyg	3.08	
6	Alchibá	α Crv	4.02	
7	Alcýone	η Tau	2.87	
8	Aldebarán	α Tau	0.85	var.
9	Alderamín	α Cep	2.44	
10	Aldhaféra	ζ Leo	3.44	
11	Algénib	γ Peg	2.83	
12	Algénib	α Per	1.80	
	Mírfak			
13	Algiéba	γ Leo	2.30	
14	Algól	β Per	2.12 – 3.47	
15	Algoráb	δ Crv	2.95	
16	Alhéna	γ Gem	1.93	
17	Alióth	ε UMa	1.77	var.
18	Alkalúrops	μ Boo	4.31	
19	Alkés	α Crt	4.08	
20	Alkór	g UMa	4.01	
	Reiterlein			
21	Alnaír	ζ Cen	2.55	
22	Alnilám	ε Ori	1.70	
23	Alniták	ζ Ori	1.77	
24	Alphárd	α Hya	1.98	
25	Alrami	α Sgr	3.97	
26	Alschaín	β Aql	3.71	
27	Alshaín	ζ Ori	1.77	
28	Alúla aust.	ξ UMa	3.79	
29	Alúla bor.	ν UMa	3.48	
30	Áncha	ϑ Aqr	4.16	
31	Antáres	α Sco	0.96	var.
32	Arctúrus	α Boo	–0.04	
33	Aséllus aust.	δ Cnc	3.94	
34	Aséllus bor.	γ Cnc	4.66	
35	Aspidíske	ξ Pup	3.34	
36	Atáir	α Aql	0.77	
	Altáir			
37	Átik	ο Per	3.83	
38	Átlas	f Tau	3.63	
39	Azelfafáge	π_1 Cyg	–4.67	
40	Báten Kaítos	ζ Cet	3.73	
41	Bellátrix	γ Ori	1.64	
42	Benetnásch	η UMa	1.86	
	Alkáid			
43	Beteigeúze	α Ori	0.4 – 1.3	
	Betelgeusé			
44	Cánopus	α Car	–0.72	
45	Capélla	α Aur	0.08	
46	Cástor	α Gem	1.58	
47	Céginus	γ Boo	3.03	
48	Celbalrái	β Oph	2.77	
49	Chaph	β Cas	2.27	
50	Cóxa	ϑ Leo	3.34	
51	Cúrsa	β Eri	2.79	
52	Déneb	α Cyg	1.25	
53	Déneb Algédi	γ Cap	3.68	
54	Déneb Kaítos	β Cet	$2^{m}.04$	
	Díphda			
55	Denébola	β Leo	2.14	
56	Dúbhe	α UMa	1.79	

laufende Nummer	Name	Bez. nach Bayer	scheinb. vis. Helligkeit	Bemerkung
57	Elárneb	α Lep	2.58	
58	Elmuthálleth	α Tri	3.41	
59	Elscheratain	β Ari	2.64	
60	Énif	ε Peg	2.38	
61	Errái	γ Cep	3.21	
62	Ettanín	γ Dra	2.23	
63	Fomalhaút	α PsA	1.16	
64	Gémma Alphécca	α CrB	2.23	
65	Giédi Algédi	α Cap	3.57	
66	Gienáh	γ Crv	2.59	
67	Grúmium	ξ Dra	3.75	
68	Hadár	β Cen	0.61	
69	Haédus 1	ζ Aur	3.75	
70	Haédus 2	η Aur	3.17	
71	Hámal	α Ari	2.00	
72	Izár	ε Boo	2.37	
73	Kóchab	β UMi	2.08	
74	Korynephóros Rutílicus	β Her	2.77	
75	Lésath	ε Sco	2.69	
76	Máasym	λ Her	4.41	
77	Márkab	α Peg	2.49	
78	Márkeb	κ Vel	2.50	
79	Mátar	η Peg	2.94	
80	Mebsúta	ε Gem	2.98	
81	Mégrez	δ UMa	3.31	
82	Mekbúda	ζ Gem	3.66 – 4.16	
83	Menkalinán	β Aur	1.90	
84	Ménkar	α Cet	2.53	
85	Ménkhib	ξ Per	4.04	
86	Merák	β UMa	2.37	
87	Mesarthím	γ Ari	4.68	
88	Míntaka	δ Ori	2.23	
89	Míra	ο Cet	3.04 – 10.0	
90	Mírach	β And	2.06	
91	Mírzam	β CMa	1.98	
92	Mísam	h + χ Per	4.4 + 4.7	
93	Mizár	ζ UMa	2.27	
94	Muliphein	γ CMa	4.11	
95	Múphrid	η Boo	2.68	
96	Múscida	ο UMa	3.36	
97	Náos	ζ Pup	2.25	
98	Nath	β Tau	1.65	
99	Nekkár	β Boo	3.50	
100	Nihál	β Lep	2.84	
101	Nódus 1	ζ Dra	3.17	
102	Nódus 2	δ Dra	3.07	
103	Nusakán	β CrB	3.68	
104	Phakt Phact	α Col	2.64	
105	Phékda	γ UMa	2.44	
106	Phérkad	γ UMi	3.05	
107	Phurúd	ζ CMa	3.02	
108	Poláris	α UMi	2.02	
109	Póllux	β Gem	1.14	
110	Prócyon	α CMi	0.38	
111	Ras Algéthi	α Her	3.19	
112	Ras Alhagué	α Oph	2^{m}08	
113	Ras Elásed aust.	ε Leo	2.98	
114	Ras Elásed bor.	μ Leo	3.88	
115	Régulus	α Leo	1.35	
116	Rígel	β Ori	0.12	

laufende Nummer	Name	Bez. nach Bayer		scheinb. vis. Helligkeit	Bemerkung
117	Rūcba	δ	Cas	2.68	
118	Sábik	η	Oph	2.43	
119	Sadáchbia	γ	Aqr	3.84	
120	Sadalmélik	α	Aqr	2.96	
121	Sadalsuúd	β	Aqr	2.91	
122	Schaúla Shaúla	λ	Sco	1.63	
123	Schéat	δ	Aqr	3.27	
124	Schéat	β	Peg	2.42	var. irr.
125	Schédir	α	Cas	2.23	var. irr.
126	Sertán	α	Cnc	4.25	
127	Sheliák	β	Lyr	3.34 – 4.20	
128	Sírius	α	CMa	−1.46	
129	Sírrah Alphératz	α	And	2.06	
130	Spíca	α	Vir	0.98	
131	Sulaphát	γ	Lyr	3.24	
132	Tálita	ι	UMa	3.14	
133	Tánia aust.	μ	UMa	3.05	
134	Tánia bor.	λ	UMa	3.45	
135	Tarazéd	γ	Aql	2.72	
136	Teját post.	μ	Gem	2.88	
137	Teját príor	η	Gem	3.28 – 3.9	
138	Thubán	α	Dra	3.65	
139	Tolimán Rígil Kentaúrus	α	Cen	0.35	
140	Tureís	ρ	Pup	2.81	
141	Únuk Elhaíja	α	Ser	2.65	
142	Vindemiátrix	ε	Vir	2.83	
143	Wásat	δ	Gem	3.53	
144	Wéga	α	Lyr	0.03	
145	Wézen	δ	CMa	1.86	
146	Yed 1	δ	Oph	2.74	
147	Yed 2	ε	Oph	3.24	
148	Zaúrak	γ	Eri	2.95	
149	Zavijavá	β	Vir	3.61	
150	Zósma	δ	Leo	2.56	
151	Zubén Elákrab	σ	Lib	3.29	
152	Zubén Elgenúbi	α	Lib	2.75	
153	Zubén Elschemáli	β	Lib	2.61	
	Hyáden	α	Tau	0.85	
		γ	Tau	3.63	
		δ	Tau	3.76	
		ε	Tau	3.54	
		ϑ1	Tau	3.85	
		ϑ2	Tau	3.42	
	Jákobsstab	δ	Ori	2.23	
	"	ε	Ori	1.70	
	"	ζ	Ori	1.77	
	Plejáden				
	Alcýone	25 η	Tau	2.87	
	Asterope	21	Tau	5.76	
	Atlas	27	Tau	3.63	
	Celaeno	16	Tau	5.45	
	Electra	17	Tau	3.70	
	Maia	20	Tau	3.88	
	Merópe	23	Tau	4.18	
	Pleione	28	Tau	5.06	
	Taygete	19	Tau	4.30	

Auswahl sonnennaher Sterne

Nr.	Name	π ″	μ ″/a	E Lj	V m	M	L/L_0	Sp
1	Sonne				$-26^{m}.72$	$4^{M}.85$	1.0	G2 V
2	Proxima Cen	0″.772	3″.85	4.2268	11 . 05	15 . 49	0.00006	dM5e
	α Cen A	0″.750	3″.68	4.3508	-0 . 01	4 . 37	1.6	G2 V
	α Cen B				1 . 33	5 . 71	0 . 45	KO V
3	Barnard's Stern	0″.545	10″.31	5.9874	9 . 54	13 . 22	0.00045	M5 V
4	Wolf 359	0″.421	4″.70	7.7508	13 . 53	16 . 65	0.00002	dM8e
5	Lalande 21185	0″.397	4″.78	8.2194	7 . 50	10 . 50	0.0055	M2 V
6	Luyten 726-8 A	0″.387	3″.36	8.4318	12 . 52	15 . 46	0.00006	dM6e
	B				13 . 02	15 . 96	0.00004	dM6e
7	Sirius A	0″.377	1″.33	8.6554	-1 . 46	1 . 42	23.5	A1 V
	B				8 . 3	11 . 2	0.003	DA
8	Ross 154	0″.345	0″.72	9.4582	10 . 45	13 . 14	0.00048	dM5e
9	Ross 248	0″.314	1″.60	10.3920	12 . 29	14 . 78	0.00011	dM6e
10	ε Eri	0″.303	0″.98	10.7693	3 . 73	6 . 14	0.30	K2 V
12	61 Cyg A	0″.294	5″.22	10.95	5 . 22	7 . 56	0.082	K5 V
	B				6 . 03	8 . 37	0.039	K7 V
16	Procyon A	0″.285	1″.25	11.4494	0 . 37	2 . 64	7.65	F5IV - V
	B				10 . 7	13 . 0	0.00055	DF
18	CD-36° 15693	0″.279	6″.90	11.6957	7 . 35	9 . 58	0.013	M2 V
19	G 51-15	0″.278	1″.27	11.7377	14 . 81	17 . 03	0.00001	
20	τ Cet	0″.277	1″.92	11.7801	3 . 50	5 . 72	0.45	G9 V
24	Kapteyn's Stern	0″.256	8″.72	12.7465	8 . 84	10 . 88	0.0039	sdM0pec
25	Krüger 60 A	0″.253	0″.86	12.8976	9 . 85	11 . 87	0.0016	dM3
	B				11 . 3	13 . 3	0.0004	dM5e
30	CD-37° 15492	0″.225	6″.11	14.5026	8 . 56	10 . 32	0.0065	M4 V
32a	LHS 292	0″.219	1″.64	14.9	15 . 60	17 . 30	0.00001	
43	70 Oph A	0″.203	1″.12	16.0744	4 . 22	5 . 76	0.43	KO V
	B				6 . 00	7 . 54	0.084	K5 V
45	Altair	0″.198	0″.66	16.4803	0 . 76	2 . 24	2.24	A7 IV, V

Anmerkung:

Nr. = Numerierung nach W. Gliese
Name = Eigen- oder Katalogname
π″/a = Parallaxe in Bogensekunden
μ″/a = Eigenbewegung in Bogensekunden pro Jahr (a)
E Lj = Entfernung in Lichtjahren
V m = scheinbare visuelle Helligkeit
M = absolute Helligkeit
L/L_0 = Leuchtkraftverhältnis Stern/Sonne
Sp = Spektraltyp

Literatur:

Gliese, Wilhelm Catalogue of Nearby Stars Edition 1969, Karlsruhe, Verlag G. Braun; Gliese, Wilhelm in Landolt-Börnstein, neue Serie, VI/2c: 8.2.5 Stars within 5 pc Berlin, Heidelberg, New York 1982, Springer Verlag

Auswahl hellerer veränderlicher Sterne

1. Bedeckungsveränderliche

1.1 Algol-Typ

Stern im Sternbild		Helligkeit max.	min.	Periode in Tagen	Bemerkungen
U	Cep	$6\overset{m}{.}75$	$9\overset{m}{.}24$	$2^{d},4930475$	Dauer des Hauptminimums $9^{h},6$, unregelmäßige Änderungen; Beobachtungsintervall 7 Minuten.
β	Per	$2\overset{m}{.}12$	$3\overset{m}{.}40$	$2^{d},8673075$	Algol; Prototyp; partielle Bedeckung, Dauer des Hauptminimums $9^{h},6$; Entfernung 29 pc = 95 Lj; A-Komponente Dm = 3,10 ⊙; M = 4 ⊙ Sp. B8 V; im Abstand 0,14 AE: B-Komponente Dm = 3,5 ⊙; M = 0,8 ⊙ Sp. G5 IV; gebundene Rotation! C-Komponente Dm = 1,5 ⊙; M = 1,7 ⊙ Sp. Am. Beobachtungsintervall 20 Minuten.
δ	Lib	$4\overset{m}{.}9$	$5\overset{m}{.}9$	$2^{d},327$	Minimum variabel Sp. A0
ζ	Phe	$3\overset{m}{.}9$	$4\overset{m}{.}4$	$1^{d},670$	Sp. B6 und B8

1.2 Beta-Lyrae-Typ

Stern im Sternbild		Helligkeit max.	min.	Periode in Tagen	Bemerkungen
β	Lyr	$3\overset{m}{.}34$	$4\overset{m}{.}34$	$12^{d},93578$	Scheliak; Prototyp; kontaktnahes Sternpaar, gravitativ verformt. Entfernung 92 pc = 300 Lj. Gemeinsame Hülle, A-Komponente füllt Roche-Grenze, Sp. B7 Ve. B-Komponente Sp. A8p
U	Her	$4\overset{m}{.}6$	$5\overset{m}{.}3$	$2^{d},051$	Sp. B3 und B5

2. Physische Pulsationsveränderliche

2.1 Kurzperiodische Veränderliche

Stern im Sternbild		Helligkeit max.	min.	Periode in Tagen	Bemerkungen
RR	Lyr	$7\overset{m}{.}20$	$8\overset{m}{.}60$	$0^{d},566844$	Beobachtungsintervall 10 Min.

2.2 Langperiodische Veränderliche, δ-Cephei-Typ

Stern im Sternbild		Helligkeit max.	min.	Periode in Tagen	Bemerkungen
η	Aqu	$3\overset{m}{.}48$	$4\overset{m}{.}39$	$7^{d},176641$	Sp. F6
δ	Cep	3.48	4.37	5 ,366341	Sp. F5 Begleiter $7\overset{m}{.}5$, d = 41″,0
ζ	Gem	3.66	4.16	10 ,15082	Sp. F7
T	Vul	5.9	6.8	4 ,4356	
l	Car	3.4	4.1	35 ,522	Sp. F6
β	Dor	3.5	4.1	9 ,842	Sp. F4

Stern im Sternbild		Helligkeit max.	min.	Periode in Tagen	Bemerkungen
R	Car	$3\overset{\mathrm{m}}{.}9$	$10\overset{\mathrm{m}}{.}5$	$308^{\mathrm{d}},71$	Sp. M4e
o	Cet	2.0	10.1	331,96	(Stella Mira =) Mira; Prototyp. Entfernung 29 pc = 95 Lj.
χ	Cyg	3.3	14.2	406,93	Im Durchschnitt Maximum bei $5\overset{\mathrm{m}}{.}2$ Minimum bei $13\overset{\mathrm{m}}{.}4$
R	Hya	3	11	389,61	Sp. M6e; abnehmende Periode
R	Leo	4.4	11.3	312,43	Sp. M6e Im Durchschnitt Maximum bei $5\overset{\mathrm{m}}{.}8$ Minimum bei $10\overset{\mathrm{m}}{.}0$

3. Halbregelmäßige Veränderliche

Stern im Sternbild		Helligkeit max.	min.	Periode in Tagen	Bemerkungen
μ	Cep	$3\overset{\mathrm{m}}{.}43$	$5\overset{\mathrm{m}}{.}1$	730^{d}	Sp. M2e
η	Gem	3.2	3.9	232,9	Sp. M3
α	Her	3	4		Ras Algethi; Sp. M5 Entfernung 67 pc = 218 Lj.
R	Lyr	3.88	5.0	46,0	Sp. M5
α	Ori	0.40	1.3	2110	Betelgeuse; Sp. M2e Entfernung 95 pc = 310 Lj. $M_v = -5\overset{\mathrm{M}}{.}6$
ρ	Per	3.3	4.0	50	Sp. M4
L_2	Pup	2.6	6.2	140,2	
α	Sco	0.88	1.8	1733	Antares, Sp. M1 Entfernung 100 pc = 326 Lj. $M_v = -4\overset{\mathrm{M}}{.}7$ Begleiter B = $6\overset{\mathrm{m}}{.}5$, d = $2'',9$

4. Unregelmäßige Veränderliche

Stern im Sternbild		Helligkeit max.	min.	Periode in Tagen	Bemerkungen
γ	Cas	$1\overset{\mathrm{m}}{.}6$	$3\overset{\mathrm{m}}{.}0$		Novatyp, Sp. B0e
β	Peg	2.31	2.74		Scheat
R	CrB				
ρ	Cas	4.1	6.2		R CrB? Sp. F8p

Erforderliche Öffnungsdurchmesser zur Helligkeitsschätzung veränderlicher Sterne

Helligkeit des Veränderlichen in Größenklassen	Öffnungsdurchmesser des Beobachtungsinstruments
0^m – $3^m.5$	7 mm (Auge)
2.5 – 5.5	18 mm (Fernglas)
4.5 – 7.5	44 mm (Zweizöller)
6.5 – 9.5	110 mm (Vierzöller)
8.5 – 11.5	260 mm (Zehnzöller)

Quelle:
Walter Jahn, die Photometrie von Fixsternen und Planeten in G. D. Roth: Handbuch für Sternfreunde, Kap. 20.4, S. 506, 3. Aufl. 1980. Springer Verlag.

Die guten Bürger, Karikatur von Honoré Daumier, in „Le Charivari", am 4. 12. 1846. Vergebliche Suche nach dem Planeten Leverrier. (Der Astronom Galle in Berlin entdeckte am 23. 9. 1846 Neptun, aufgrund von Berechnungen Leverriers in Paris)

Bezeichnung der Oberflächenerscheinungen auf dem Mond

Formation	latein. Name	Beispiel
Ozean	oceanus	O. Procellarum (O. d. Stürme)
Meer	mare s. maria pl.	M. Imbrium (Regenmeer)
See	lacus	L. Somniorum (See der Träume)
Bucht	sinus	S. Iridum (Regenbogenbucht)
Gebirge	mons s. montes pl.	M.s Alpes
Ringgebirge		Copernicus
Wallebene		Clavius
Dom		
Rille	rima	R. Ariadaeus
Tal	vallis	V. Alpes
Felsenwand	rupes	R. Altai

Auflösungsvermögen (Trennleistung) des Fernrohrs

errechnet sich nach der Formel $\frac{120}{D} = A$.

D = Durchmesser der Optik in ″ (Zoll, inch) und mm

A = Auflösungsvermögen in Bogensekunden (″)

Fernrohröffnung		Auflösung
1″	25,4 mm	4″,53
1,5	38	3 ,0
2	51	2 ,25
2,5	63,5	1 ,8
3	76	1 ,5
4	101,6	1 ,13
5	127	0 ,90
6	152	0 ,75
7	178	0 ,65
8	203	0 ,57

Auswahl von Doppelsternen

Sternbild und Stern	Helligkeit m	m_1	m_2	Abstand ″	Bemerkung PW°
1. Gruppe: *Mit bloßem Auge erkennbar*					
Cap α 2/1		$3^{m}.57$	$4^{m}.24$	377″,7	291°
Lyr υ 1/2		4.7	5.1	207,7	172
Tau ϑ 1/2		3.4	3.8	337,4	346
UMa ζ		2.3	4.0	708,6	71 Mizar u. Alkor
2. Gruppe: *Mit Fernglas*					
Boo μ		4.47	6.67	108″,8	
Cap β	3.08	3.4	6.2	205 ,3	267
Cnc ι	4.02	4.2	6.61	30 ,7	307
Cen α	0.00	−0.04	1.17	14 ,2	222
Cru γ	1.63		6.42	110	31
Cyg β	3.08	3.24	5.36	34 ,6	
Cyg 61	5.22	5.54	6.35	27	
Dra ν	4.88	4.98	4.95	62	
Her κ	5.0	5.34	6.52	29 ,4	
Lep γ	3.60	3.80	6.41	95	
Lib α					
Lup η	3.41	3.64	7.7	15 ,2	21
Lup κ	3.72	4.14	6.04	27	144
Lup ξ	5.05	5.15	5.57	10 ,6	49
Lyr β	3.45	3.34var	7.8	46 ,6	
Lyr ζ		4.29	5.87	43 ,7	
Ori δ	2.23	2.48	6.87	52 ,8	
Ori ϑ					
Pic ι	5.23	5.60	6.44	12	58
Psc ζ	4.86	5.6	6.5	23	
Psc ψ	5.34	5.8	5.8	30	
PsA β	4.29	4.36	7.9	30 ,4	
Ret ζ		5.2	5.5	310	
Sco β	2.64	2.9	5.1	13 ,7	
Sco ν	4.00	4.3	6.5	41	
Ser ϑ		4.06	4.98	22 ,6	
Tuc β		4.37	4.53	27 ,1	170
UMa ζ		2.3	4.0	14 ,4	152 Mizar
Vel x	4.28	4.25	6.62	20 ,2	176
3. Gruppe: *Mit kleinem Fernrohr bis 2″ (50 mm) Öffnung*					
And γ		2.18	5.03	10″,0	
And π	4.36	4.44	8.7	36 ,1	
Ant ζ	5.77	6.35	7.21	8 ,2	211
Aqr ψ	4.21	4.5	9.1	50	
Ari γ		4.68	4.59	8 ,2	
Ari λ	4.79	4.83	7.4	37 ,4	
Boo κ	4.40	4.60	6.61	13 ,2	
CVn α	2.90	5.39	2.9 v	19 ,7	
Cap α	3.57	3.77	10.6	7 ,1	
Cas η	3.44	3.64	7.5	13	
Cep β	3.23	3.32var	8.0	41	
Cep δ	3.75	3.9 var	7.5	41	
Cep ξ	4.29	4.45	4.61	8 ,2	
Cir α	3.19	3.4	8.8	15 ,8	235
Com 24	5.02	5.18	6.72	20 ,3	
CrA κ	5.9	5.95	6.55	21 ,6	359
CrA λ	5.13	5.13	8.9	25 ,6	214
CrB ζ		6.0	5.07	6 ,3	
CrB ρ	5.41	5.58	6.59	7 ,11	
Cru α	1.41	1.58	2.09	4 ,7	114

Sternbild und Stern	Helligkeit m	m_1	m_2	Abstand ″	Bemerkung PW°
3. Gruppe: (Fortsetzung) Fernrohr bis 2″ (50 mm)					
Del γ	$4^{m}.12$	$5^{m}.47$	$4^{m}.49$	10″,4	
Dra ο	4.66	4.78	8.2	34	
Dra ψ	4.58	4.9	6.07	30,3	
Eri δ	3.54	3.42	4.42	8,5	
Eri ο	4.43	4.48	9.37	82,8	
Eri τ	3.69	3.95	9.8	5,7	
Eri f		4.27	4.86	5.12	7,7
Eri A		4.87	5.13	8.9	6,4
For ω	4.90	4.95	8.69	10,8	245
Gem α	1.58	1.94	2.92	3,8	62
Gem δ	3.53	3.55	8.18	5,8	225
Her α	3.19	3.0var	5.39	4,6	
Her δ	3.14	3.16	8.8	10,0	
Her ρ	4.17	5.47	4.52	4,0	
Her 95	4.27	5.21	5.13	6,5	
Ind ϑ	4.39	7.0	4.6	5,3	276
Leo γ	2.30	2.61	3.80	4,4	125
Leo 54	4.32	4.5	6.3	6,4	109
Lyr η	4.39	4.46	8.7	28	
Mon β		4.7	5.2	7,3	132
Mon ε	4.33	4.48	6.54	13,2	
Mus ϑ	5.51	5.64	7.2	5,7	186
Nor ε	4.47	4.8	7.46		
Oph 70	4.02	4.2	6.0	22	335
Ori β		0.1var	6.8	9,5	202
Ori ϑ_1		6.7	7.9	8,8	31 Trapez
Ori ϑ_2		5.2	6.5	52,5	92
Ori ι		2.8	6.9	11,3	141
Ori λ	3.39	3.66	5.56	4,4	43
Ori ρ	4.46	4.64	8.6	7,0	
Ori σ		4.0	6.0		
Per ε	2.89	2.98	8.1	9,0	
Per η	3.76	3.93	8.6	28,4	
Psc ζ	4.86	5.6	6.5	23	
PsA γ	4.46	4.52	8.1	4,3	
Pup σ	3.25	3.27	8.5	22,4	74
Sge ζ		5.5	6.2		
Sco ν	4.00	4.3	6.5	41	
Ser β		3.7	9.9	30,6	265
Ser δ	3.80	4.23	5.16	3,9	
Tau φ	4.95	5.06	8.7	52,1	
Tau ξ	5.39	5.38	8.2	19,9	
TrB ι	5.25	5.3	9.7	19,7	16
Tuc κ	4.86	7.3	5.10	5,7	341
Tuc λ		6.22	5.45	20,8	80
UMa ζ		2.4	4.0	14,4	152
UMa h	3.67	3.75	9.3	22,8	
UMa 57	5.31	5.26	8.5	5,5	
Vel t	5.02	5.11	8.6	40,5	162
Vir γ	2.75	3.63	3.6	5,2	
Vol γ	5.7	5.81	3.87	13,8	299
Vol ε	4.35	4.46	8.0	6,1	22
4. Gruppe: *Mit Fernrohr bis 4″ (100 mm) Öffnung*					
Ari π	5.22	5.3	8.3	3″,2	
Aqr ζ	4.31	4.4	4.6	2	
Aur ϑ	2.62	2.71	7.5	3,0	
Aur ω	4.94	4.99	8.0	5,8	
Aur 16	4.54	4.81	10.5	4,2	

Sternbild und Stern	Helligkeit m	m_1	m_2	Abstand ″	Bemerkung PW°
4. Gruppe: (Fortsetzung) Fernrohr bis 4″ (100 mm)					
Boo ε	$2\overset{m}{.}37$	$2\overset{m}{.}70$	$5\overset{m}{.}12$	2″,9	
Boo ξ	4.55	4.8	6.9	6,7	
Boo π	4.93	4.94	5.81	5,6	
Cae γ	4.55	4.62	8.5	3,1	311
Cam H_1	4.40	4.42	9.0	2,4	
Cnc ζ	4.67	5.1	6.0	6,04	72,7
CVn 25	4.82	5.1	7.1	1,7	
CMa α	−1.21	−1.5	8.5	4,6	150
CMa ε	1.5	1.63	8.1	7,4	160
CMi α	0.38	0.48	9.5	4,3	
Car υ	2.97	3.15	6.03	4,6	126
Cas ι	4.52	4.7	7.0	2,3	
Cep ο	4.75	5.02	7.3	2,7	
Cet γ	3.47	3.7	6.4	3,0	
CrA γ	4.21	5.0	5.1	2,7	54
Cyg γ	2.20	2.32	9.6	141,7	
Cyg δ	2.87	2.91	6.33	2,3	
Cyg ψ	4.92	4.90	7.4	3,1	
Cyg ω	4.95	4.89	10.0	56,5	
Dra ε	3.83	4.0	7.1	3,3	
Dra η	2.74	2.89	8.8	6,1	
Dra μ	4.92	5.79	5.84	2,2	
Eri ρ	5.32	5.52	9.6	2,2	
For α	3.87	3.9	6.5	3,1	309
Gem λ	3.58	3.65	10.0	10	33
Her γ		3.8	9.8	233	41,6
Her μ	3.42	3.48	9.9	33,5	
Hor 1	5.81	5.56	9.5	34,2	82
Leo ι	3.94	4.03	6.70	1,6	116
Lep β	2.84	2.96	11.0	2,6	
Lep κ	4.36	4.46	7.5	2,6	
Lib μ	5.40	5.8	6.7	1,7	
Lup π	3.89	4.7	4.8	1,7	76
Lup ψ		4.67	4.75		
Lup d	4.84	5.0	7.0	2,4	1
Lyn 38	3.82	4.0	6.0	2,9	
Lyn 12	4.87	5.4	6.0	1,8	
Lyr γ	3.24	3.30	12.0	13,8	
Lyr δ	4.30	4.52	10.6	86	
Lyr ε_1	5.06	6.00	2.8		
Lyr ε_2	5.14	5.37	2.3		
Mic α	4.90	5.00	10.0	20,6	166
Oct λ	5.29	5.5	7.6	3,1	69
Oph ο		5.39	6.90	10,8	
Oph ρ	4.59	5.22	5.92	3,5	
Oph τ	4.79	5.24	5.94	1,7	
Oph 36	4.31	5.05	5.08	4,9	
Ori ζ	1.77	1.88	4.02	2,3	
Pav ξ	4.36	4.25	8.6	3,3	151
Peg 1	4.08	4.24	9.3	36	
Per β	2.12var	2.1var	10.5	82,1	
Per ζ	2.85	2.91	9.4	13	
Per ϑ	4.12	4.13	9.87	22,8	
Phe η	4.36	4.53	11.4	19,8	216
Phe ξ	5.7	5.83	10.5	13,1	253
Pic μ	5.70	5.78	9.3	2,4	231
PsA η	5.42	5.8	6.8	1,6	
Pyx ε	5.59	5.56	9.25	17,8	147
Pyx κ	4.58	4.82	10.1	2,1	263
Scl δ	4.51	4.64	12.0	3,8	236

Sternbild und Stern		Helligkeit m	m_1	m_2	Abstand ″	Bemerkung PW°
4. Gruppe: (Fortsetzung) Fernrohr bis 4″ (100 mm)						
Scl	ε	$5^{m}.31$	$5^{m}.39$	$9^{m}.4$	4″,7	48
Scl	τ	5.69	6.0	7.2	1 ,8	101
Sct	δ	4.72	4.9var	10.0	52 ,5	
Ser	ν	4.33	4.35	8.7	47 ,3	
Sex	35	5.79	7.4	6.34	6 ,4	325
Tau	α	0.85	1.06	11.0	31 ,4	
TrA	ι	5.25	5.3	9.7	10 ,7	16
Tuc	δ	4.48	4.80	9.3	6 ,8	283
UMa	ι	3.14	3.12	10.8	5 ,0	
UMa	ν	3.48	3.71	9.7	7 ,2	
UMa	ξ	3.79	4.4	4.8	2 ,5	
UMi	α	2.02	2.12var	9.0	18 ,3	
Vel	δ	1.96	2.01	6.5	2 ,9	164
Vel	μ	2.69	2.7	6.4	2 ,5	58,4
Vel	t	5.02	5.11	8.6	40 ,5	162
Vol	ϑ	5.20	5.26	9.8	45	108
Vul	4	5.16	5.31	11.5	22 ,6	
5. Gruppe: *Mit größeren Fernrohren ab 5″ (125 mm)*						
Ari	ε	4.63	5.25	5.55	1 ,5	
Boo	ζ	3.78	4.6	4.6	1 ,2	
CVn	25	4.82	5.1	7.1	1 ,7	
Cen	γ	2.17	2.9	2.9	1 ,0	347
Com	35	4.90	5.05	7.22	0 ,99	
CrB	γ	3.84	4.08	5.51	0 ,76	
Cyg	μ	4.5	4.73	6.08	1 ,2	320
Del	β	3.54	4.1	5.1	0 ,5	
Equ	δ	4.49	5.3	5.4	0 ,3	
Gru	ϑ	4.28	4.5	7.0	1 ,4	52
Gru	υ	5.61	5.6	9.1	1 ,2	214
Her	ζ	2.81	3.1	5.6	1 ,4	
Hya	β	4.28	4.8	5.6	1 ,2	
Leo	ι	3.94	4.03	6.70	1 ,6	116
LMi	β	4.21	4.6	6.3	0 ,6	
Lup	γ	2.78	3.5	3.6	0 ,7	274
Lup	ε	3.37	3.9	6.0	1 ,1	266
Lup	λ	4.05	5.0	5.4	0 ,2	62
Lup	μ	4.27	5.0	5.2	1 ,4	146
Lup	τ	4.35	5.2	5.3	0 ,2	181
Lyn	15	4.35	4.9	6.1	0 ,9	
Mus	β	3.05	3.7	4.0	1 ,3	42 ,7
Nor	ι	4.63	5.57	5.68	0 ,4	0 ,5
Nor	λ	5.45	6.0	6.8	0 ,4	98
Oct	ι	5.46	5.9	6.4	0 ,7	227
Ori	η	3.36	3.7	5.1	1 ,5	
Peg	κ	4.13	5.0	5.1	0 ,2	
Peg	ξ	4.19	4.31	11.7	12	
Per	ο	3.83	4.0	8.5	1 ,0	
Phe	β	3.31	4.1	4.1	1 ,3	352
Phe	ζ	3.92	4.2	7.2	0 ,8	39
Psc	α	3.79	4.3	5.3	2	
Sco	α	1.2var	1.2	6.5	2 ,9	
Sco	ξ	4.16	4.8	5.1	1	
Scl	λ	6.06	6.7	6.9	0 ,7	355
Sex	γ	5.05	5.8	6.1	0 ,4	0 ,7
Vel	p	3.84	4.6	5.1	0 ,3	287
Vel	ψ	3.60	4.1	4.6	0 ,5	264 ,4
Vul	13	4.58	4.6	8.0	0 ,8	
Vul	16	5.22	5.9	6.2	0 ,9	

Vollständiges Verzeichnis der Messier-Objekte

1 Messier	2 NGC-Nr.	3 Typ	4 Objekt	5 Helligkeit	6 Abmessung in Bogenminuten	7 Sternbild	
M 1	1952	Diffuser Nebel	F	9^m	6′ × 4′	Stier	Tau
M 2	7089	Kugelsternhaufen	F	7	13	Wassermann	Aqr
M 3	5272	Kugelsternhaufen	F	7	16	Jagdhunde	CVm
M 4	6121	Kugelsternhaufen	A	6	26	Skorpion	Sco
M 5	5904	Kugelsternhaufen	F	6	17	Schlange	Ser
M 6	6405	Offener Sternhaufen	F	4	15	Skorpion	Sco
M 7	6475	Offener Sternhaufen	A	3	80	Skorpion	Sco
M 8	6523	Diffuser Nebel	F	5	90 × 40	Schütze	Sgr
M 9	6333	Kugelsternhaufen	T	8	9	Schlangenträger	Oph
M 10	6254	Kugelsternhaufen	F	7	15	Schlangenträger	Oph
M 11	6705	Offener Sternhaufen	A	6	14	Schild	Sct
M 12	6218	Kugelsternhaufen	F	7	14	Schlangenträger	Oph
M 13	6205	Kugelsternhaufen	F	6	17	Herkules	Her
M 14	6402	Kugelsternhaufen	T	8	12	Schlangenträger	Oph
M 15	7078	Kugelsternhaufen	F	7	12	Pegasus	Peg
M 16	6611	Offener Sternh. + Diffuser Nebel	F	6	7	Schlange	Ser
M 17	6618	Offener Sternh. + Diffuser Nebel	T	7	46 × 37	Schütze	Sgr
M 18	6613	Offener Sternhaufen	F	7	9	Schütze	Sgr
M 19	6273	Kugelsternhaufen	F	7	14	Schlangenträger	Oph
M 20	6514	Diffuser Nebel	F	6	29 × 27	Schütze	Sgr
M 21	6531	Offener Sternhaufen	F	6	13	Schütze	Sgr
M 22	6656	Kugelsternhaufen	A	5	24	Schütze	Sgr
M 23	6494	Offener Sternhaufen	F	6	27	Schütze	Sgr
M 24	6603	Offener Sternhaufen	A	5	90	Schütze	Sgr
M 25	IC 4725	Offener Sternhaufen	F	5	32	Schütze	Sgr
M 26	6694	Offener Sternhaufen	T	8	15	Schild	Sct
M 27	6853	Planetarischer Nebel	T	8	8 × 4	Füchschen	Vul
M 28	6626	Kugelsternhaufen	T	7	11	Schütze	Sgr
M 29	6913	Offener Sternhaufen	F	7	7	Schwan	Cyg
M 30	7099	Kugelsternhaufen	F	8	11	Steinbock	Cap
M 31	224	Spiralgalaxie	A	4	180 × 63	Andromeda	And
M 32	221	Elliptische Galaxie	T	8	8 × 6	Andromeda	And
M 33	598	Spiralgalaxie	F	6	60 × 40	Dreieck	Tri
M 34	1039	Offener Sternhaufen	F	5	35	Perseus	Per
M 35	2168	Offener Sternhaufen	A	5	29	Zwillinge	Gem
M 36	1960	Offener Sternhaufen	F	6	12	Fuhrmann	Aur
M 37	2099	Offener Sternhaufen	F	6	24	Fuhrmann	Aur

M 38	1912	Offener Sternhaufen	F	6	21	Fuhrmann	Aur
M 39	7092	Offener Sternhaufen	A	5	32	Schwan	Cyg
M 40	–	Sterngruppe Winnecke 4	T	9,0 – 9,6	d = 50″	Gr. Bärin	UMa
M 41	2287	Offener Sternhaufen	F	5	38	Gr. Hund	CMa
M 42	1976	Diffuser Nebel	F	4	66 × 60	Orion	Ori
M 43	1982	Diffuser Nebel	F	7	20 × 15	Orion	Ori
M 44	2632	Offener Sternhaufen	A	3	95	Krebs	Cnc
M 45	(Plejaden)	Offener Sternhaufen	A	1	110	Stier	Tau
M 46	2437	Offener Sternhaufen	F	6	27	Schiffsheck	Pup
M 47	2422	Offener Sternhaufen	A	4	30	Schiffsheck	Pup
M 48	2548	Offener Sternhaufen	F	6	54	Wasserschlange	Hya
M 49	4472	Elliptische Galaxie	T	9	9 × 7	Jungfrau	Vir
M 50	2323	Offener Sternhaufen	F	6	16	Einhorn	Mon
M 51	5194 + 5195	Spiralgalaxie	T	8	11 × 8	Jagdhunde	CVn
M 52	7654	Offener Sternhaufen	T	10	5 × 4	Kassiopeia	Cas
M 53	5024	Kugelsternhaufen	T	8	13	Haar der Berenike	Com
M 54	6715	Kugelsternhaufen	T	8	8	Schütze	Sgr
M 55	6809	Kugelsternhaufen	T	7	19	Schütze	Sgr
M 56	6779	Kugelsternhaufen	T	8	7	Leier	Lyr
M 57	6720	Planetarischer Nebel	T	9	1 × 2	Leier	Lyr
M 58	4579	Spiralgalaxis	T	10	5 × 4	Jungfrau	Vir
M 59	4621	Elliptische Galaxie	T	10	5 × 3	Jungfrau	Vir
M 60	4649	Elliptische Galaxie	T	9	6 × 5	Jungfrau	Vir
M 61	4303	Spiralgalaxie	T	10	6 × 5	Jungfrau	Vir
M 62	6266	Kugelsternhaufen	T	7	14	Schlangenträger	Oph
M 63	5055	Sprialgalaxie	T	9	12 × 8	Jagdhunde	CVn
M 64	4826	Spiralgalaxie	T	8	9 × 5	Haar der Berenike	Com
M 65	3623	Spiralgalaxie	T	9	10 × 3	Löwe	Leo
M 66	3627	Spiralgalaxie	T	9	9 × 4	Löwe	Leo
M 67	2682	Offener Sternhaufen	F	7	30	Krebs	Cnc
M 68	4590	Kugelsternhaufen	T	8	12	Wasserschlange	Hya
M 69	6637	Kugelsternhaufen	T	8	7	Schütze	Sgr
M 70	6681	Kugelsternhaufen	T	8	8	Schütze	Sgr
M 71	6838	Kugelsternhaufen	T	8	7	Pfeil	Sge
M 72	6981	Kugelsternhaufen	T	9	6	Wassermann	Aqr
M 73	6994	Sterngruppe	T	9	3	Wassermann	Aqr
M 74	628	Spiralgalaxie	T	9	10 × 9	Fische	Psc
M 75	6864	Kugelsternhaufen	T	9	6	Schütze	Sgr
M 76	650/651	Planetarischer Nebel	T	11	2 × 1	Perseus	Per
M 77	1068	Spiralgalaxie	T	9	7 × 6	Wal	Cet
M 78	2068	Diffuser Nebel	T	10	8 × 6	Orion	Ori

1 Messier	2 NGC-Nr.	3 Typ	4 Objekt	5 Helligkeit	6 Abmessung in Bogenminuten	7 Sternbild	
M 79	1904	Kugelsternhaufen	T	8	9	Hase	Lep
M 80	6093	Kugelsternhaufen	F	7	9	Skorpion	Sco
M 81	3031	Spiralgalaxie	F	7	26 ×	Gr. Bärin	UMa
M 82	3034	Spiralgalaxie	T	9	11 ×	Gr. Bärin	UMa
M 83	5236	Spiralgalaxie	T	8	11 ×	Wasserschlange	Hya
M 84	4374	Elliptische Galaxie	T	9	5 ×	Jungfrau	Vir
M 85	4382	Elliptische Galaxie	T	9	7 ×	Haar der Berenike	Com
M 86	4406	Elliptische Galaxie	T	9	7 ×	Jungfrau	Vir
M 87	4486	Elliptische Galaxie	T	9	7	Jungfrau	Vir
M 88	4501	Spiralgalaxie	T	9	7 ×	Haar der Berenike	Com
M 89	4552	Elliptische Galaxie	T	10	4	Jungfrau	Vir
M 90	4569	Spiralgalaxie	T	9	10 ×	Jungfrau	Vir
M 91	4548	Spiralgalaxie	T	10	5 × 4	Haar der Berenike	Com
M 92	6341	Kugelsternhaufen	F	7	11	Herkules	Her
M 93	2447	Offener Sternhaufen	F	6	22	Schiffsheck	Pup
M 94	4736	Spiralgalaxie	T	8	11 × 9	Jagdhunde	CVn
M 95	3351	Spiralgalaxie	T	10	7 × 5	Löwe	Leo
M 96	3368	Spiralgalaxie	T	9	7 × 5	Löwe	Leo
M 97	3587	Planetarischer Nebel	T	11	3	Gr. Bärin	UMa
M 98	4192	Spiralgalaxie	T	10	10 × 3	Haar der Berenike	Com
M 99	4254	Spiralgalaxie	T	10	5	Haar der Berenike	Com
M 100	4321	Spiralgalaxie	T	9	7 × 9	Haar der Berenike	Com
M 101	5457	Spiralgalaxie	T	8	27 × 26	Gr. Bärin	UMa
M 102	5866	Spiralgalaxie	T	11	2	Drache	Dra
M 103	581	Offener Sternhaufen	F	7	6	Kassiopeia	Cas
M 104	4594	Spiralgalaxie	T	8	9 × 4	Jungfrau	Vir
M 105	3379	Elliptische Galaxie	T	9	4	Löwe	Leo
M 106	4258	Spiralgalaxie	T	8	18 × 8	Jagdhunde	CVn
M 107	6171	Kugelsternhaufen	T	8	10	Schlangenträger	Oph
M 108	3556	Spiralgalaxie	T	10	8 × 2	Gr. Bärin	UMa
M 109	3992	Spiralgalaxie	T	10	8 × 5	Gr. Bärin	UMa
M 110	205	Elliptische Galaxie	T	8	7 × 10	Andromeda	And

Anmerkung: Halbfett gedruckte M-Nummern bedeuten: Diese Objekte sind mit kleineren Instrumenten leicht zu finden.
Angaben in Spalte 4: A = mit bloßem Auge in klarer, mondscheinloser Nacht wahrnehmbar; F = im Fernglas sichtbar; T = teleskopische Objekte
M 1 = Krebsnebel (Crab nebula); M 8 = Lagunennebel (Lagoon nebula); M 13 = Herkuleshaufen (Hercules cluster); M 17 = Omeganebel (Omega nebula); M 20 = Trifidnebel (Trifid nebula); M 27 = Hantelnebel (Dumbbell nebula); M 31 = Andromedanebel (Andromeda galaxy); M 40 = Sternpaar „Winnecke 4"; M 42 = Großer Orionnebel (Great Nebula in Orion); M 44 = Praesepe oder Krippe (Beehive cluster); M 45 = Plejaden (Pleiades, Siebengestirn, 7 Sisters); M 51 = Wirbel- oder Strudelnebel (Whirlpool galaxy); M 57 = Ringnebel (Ring nebula in Lyra); M 73 = Sternquartett; M 97 = Eulennebel (Owl nebula); M 104 = Sombreronebel

Sternhaufen und Nebel

Gruppe 1: mit bloßem Auge sichtbar

Sternbild	Bezeichnung M	 NGC	Hellig- keit	Durchmesser ′	Entfernung Lichtjahre	Bemerkung Typ
1. Leuchtende diffuse Interstellarmaterie						
Orion	42	1976	$2\overset{m}{.}9$	66 × 60		Ir AF rot Em. + Refl. „Orionnebel“
2. Absorbierende Dunkelwolken						
Orion Crux	42			300 × 90 400 × 300		Ir Ir „Kohlensack“
3. Offene Sternhaufen						
Cancer	44	2632	3.1	95	520	II 2 m N* = 50 Sp = A0 a = $660 \times 10^{6\,a}$ „Praesepe“
Perseus	h	869	4.3p	30	7.170	I 3 r N* = 200 a = $5{,}6 \times 10^{6\,a}$ Sp = B0
Perseus	χ	884	4.4p	30	7.500	I 3 r N* = 150 Sp = B0 a = $3{,}2 \times 10^{6\,a}$
Puppis	47		4.4	30	1.560	
Scorpius	7	6475	3.3	80	780	a = 220 II 2 r N = 80, B8
Taurus	45	1432 1435	1.2	110	400	I 3 r n N* = 100 Sp = B5 a = $78 \times 10^{6\,a}$ „Pleiades“
Taurus	–	–	0.5	330	150	II 3 m Sp = A2 a = $660 \times 10^{6\,a}$ „Hyades“
4. Kugelsternhaufen						
Centaurus	ω	5139	3.65	36,3	17.000	8 Sp = F7
Hercules	13	6205	5.86	16,6	23.500	5 Sp = F5
Pavo	Dun 295	6752	5.40	20,4	13.700	6 Sp = F6
Sagittarius	22	6656	5.10	24,0	10.100	7 Sp = F5
Tucana		104	4.03	30,9	15.000	3 Sp = G3
5. Galaxien						
Andromeda	31	224	3.47	178 × 63	2.400.000	S b I-II $3{,}7 \times 10^{11}\,M_{\odot}$
Dorado	Nubecula Maior		0.63		170.000	S B c $1{,}4 \times 10^{10}\,M_{\odot}$
Tucana	Nubecula Minor		2.8		205.400	

Sternhaufen und Nebel

Gruppe 2: mit Fernglas und kleinem Fernrohr sichtbar

Sternbild	Bezeichnung M	NGC	Hellig-keit	Durchmesser	Entfernung Lichtjahre	Bemerkung Typ
1. Planetarische Nebel						
Aquarius		7009	$8\overset{m}{.}3$	25″ × 100″	1.430	Saturnnebel
Centaurus		3918	$8\overset{m}{.}4$	12″	2.600	
Lyra	57	6720	9.7	70 × 150″	1.960	Ringnebel
Vela		3132	8.2	47	2.600	
Vulpecula	27	6853	7.6	350 × 910	980	Hantelnebel
2. Leuchtende diffuse Interstellarmaterie						
Carina	η	3372	6.2	120 × 120		η Car-Nebel Refl., Em.
Cygnus		7000	5.9	120 × 100		Nordamerikanebel IrAF, Em.
Dorado		2070		40 × 25		Tarantelnebel IrAF
Monoceros		2237-9		80 × 60		Rosettenebel Refl., Em.
Monoceros		2264	4.6	60 × 30		Conenebel Refl., Em.
Orion			2.05	600 × 30		Barnards' Loop fP, Em.
Orion	43	1982	6.8	20 × 15		Orionnebel Em. + Refl.
Orion	78	2068	10.5	8 × 6		Ir, Refl.
Perseus		1499	4.0	145 × 40		Californianebel IrAF, Em.
Sagittarius	8	6523		90 × 40		Lagunennebel IrF, Em.
Sagittarius	17	6618		46 × 37		Omeganebel IrF, Em.
Sagittarius	20	6514	7.6	29 × 27		Trifidnebel IrF, Em. + Refl.
Serpens Cauda	16	6611		35 × 28		Adlernebel IrF, Em.
Taurus	Merope	1435	4.2	30 × 30		Tempels Nebel Refl.
Taurus	Alcyone		2.9	27 × 27		Refl.
Taurus		1554-5	9.4	var.		Hinds Nebel IrAF, Refl.
Taurus	1	1952		6 × 4		Crabnebel EF, Em.
Vela	Gum 12			1200 × 720		Gum-Nebel CF, Em.
3. Offene Sternhaufen						
Ara		6193	$5\overset{m}{.}2$	15′	4.400	$a = 1 \times 10^{6\,\mathrm{a}}$ II 3 p n N = 60, O–B
Ara		6250	5.9	8	3.325	a = 14 IV 3 p N = 60, B 8
Andromeda		752	5.7	50	1.300	a = 1.100 III 1 m N = 60, A 2
Aquarius	73	6994	8.9 p	2,8		IV 1 p
Auriga	36	1960	6.0	12	4.140	a = 25 II 3 m N = 60, B 2

Sternbild	Bezeichnung M	NGC	Hellig-keit	Durchmesser ′	Entfernung Lichtjahre	Bemerkung Typ
Auriga	38	1912	$6^{m}.4$	21′	4.300	a = 220 × 10^6 a III 2 m N = 100, B 4
Auriga	37	2099	5.6	24	4.400	a = 300 II 1 r N = 150, B 9
Cancer	67		6.1	15	2.700	N = 65
Canis Maior	Cr 121		2.6	50	2.280	a = 13 III 3 p N = 20, B 3
Canis Maior	Cr 132		3.6	95		III 3 p N = 25, B 3
Canis Maior	Cr 140		3.5	42	980	a = 22 III 3 p N = 30, B 3
Canis Maior	41	2287	4.5	30	2.280	II 3 m N = 80 Sp = B 3 a = 190 × 10^6
Carina		2516	3.8	30	1.300	a = 110 I 3 r N = 80, B 3
Carina		3114	4.2	35	2.930	a = 110 II 3 r, B 9
Carina	IC 2581		4.3	8	6.500	a = 10 I 3 mn N = 25, B 0
Carina		3293	4.7	6	8.500	a = 10 I 3 rn B 0
Carina	ϑ	IC 2602	1.9	50	500	Sco-Cen-Assoc. a = 36 II 3 m N = 60, B 0
Carina	η	Tr 16	5.0	10	8.150	a = 10 n, 0
Carina		3532	3.0	55	1.340	a = 270 II 1 m N = 150, B 5
Carina	Cr 240		3.9	25		III 1 pn N = 30, B 2
Cassiopeia		457	6.4	13	9.130	a = 25 I 3 r N = 80, B 2
Cassiopeia	103	581	7.4	6	8.480	a = 22 III 2 p N = 25, B 2
Cassiopeia	Cr 463		5.7	36	1.950	a = 150 III 2 p N = 40
Cassiopeia	Stock 2		4.4	60	1.040	a = 100 III 1 m N = 50, B 8
Cassiopeia	52	7654	6.9	13	5.200	a = 35 I 2 r N = 100, B 6
Centaurus		5281	5.9	5	4.240	a = 51 I 1 p N = 40, 0B
Cepheus	IC 1396		3.5	50	3.260	II 3 mn N = 50, O

Sternbild	Bezeichnung M	 NGC	Hellig- keit	Durchmesser ′	Entfernung Lichtjahre	Bemerkung Typ
Coma Berenices	Mel 111		$1^{m}.8$	275′	260	a = 400 × 10^6 a II 3 p N = 80, A0
Crux	κ	4755	4.2	10	7.630	a = 7,1 I 3 r B 2
Cygnus		6871	5.2	20	5.380	a = 10 IV 3 pn N = 15, O 6
Cygnus	Cr 419		5.4 p	4,5		IV 2 p B 2
Cygnus	29	6913	6.6	7	4.075	a = 10 III 3 pn N = 50, B0
Cygnus	39	7092	4.6	32	880	a = 270 III 2 p N = 30, A0
Cygnus	IC 5146 Cocoon-Nebel		7.2	9	3.260	a = 230 IV 2 pn, B 1
Gemini	35	2168	5.1	28	2.840	a = 110 III 2 m N = 200, B 3
Hydra	48	2548	5.8	54	1.990	a = 300 I 2 m N = 80, A 0
Lyra	Steph 1		3.8	20	1.040	III 3 p N = 15, B 5
Monoceros		2232	3.9	30	1.300	a = 22 IV 3 p N = 20, B 3
Monoceros	Roset- ten-N.	2244	4.8	24	5.540	a = 3 II 3 pn N = 100, O 5
Monoceros	Cone- Nebel	2264	3.9	20	4.450	a = 20 IV 3 pn N = 40, O 7
Monoceros	50	2323	5.9	16	2.970	a = 78 II 3 m N = 80, B6
Norma		6067	5.6	13	6.850	a = 78 I 2 r N = 100, B 2
Norma		6087	5.4	12	2.930	a = 55 I 2 p N = 40, B5
Norma	μ	6169	6.6 p	7	3.590	N = 40, O
Octans	Mel 227		5.3 p	50		II 2 p N = 40, B9
Ophiuchus	IC 4665		4.2	41	1.400	a = 36 III 2 p N = 30, B 4
Ophiuchus		6633	4.6	27	1.040	a = 660 III 2 m N = 30, B6
Orion	λ	Cr 69	2.8 p	65	1.630	II 3 pn N = 20, O
Orion	Trapez			48	1.470	n, O 6
Orion	Gürtel	Cr 70	0.4	150	1.400	II 3 mn N = 100, B 0
Perseus	34	1039	5.2	35	1.430	a = 190 II 3 m N = 60, B 8

Sternbild	Bezeichnung M	NGC	Hellig-keit	Durchmesser ′	Entfernung Lichtjahre	Bemerkung Typ
Perseus	Mel 20		$1^m_.2$	185′	550	a = 51 III 3 m N = 50, B 2
Puppis		2422	4.4	30	1.560	a = 78 × 10^6 a III 2 m N = 30, B 3
Puppis	46	2437	6.1	27	5.400	a = 300 III 2 m N = 100, B 9
Puppis	93	2447	6.2	22	3.590	a = 98 IV 1 p N = 80, B 9
Puppis		2451	2.8	45	850	a = 36 II 2 p N = 40, B 7
Sagittarius	23	6494	5.5	27	2.150	a = 220 III 1 m N = 150, B 9
	20 Trifid-Nebel	6514	6.3	28	5.210	n, O 5
	21	6531	5.9	13	4.240	a = 46 I 3 n N = 70, B 0
	8 Lagunen-Nebel	6523	4.6	15	5.210	a = 2,0 II 2 mn O 5
	18	6613	6.9	9	3.900	a = 32 II 3 pn N = 20, B 3
	17 Omega-Nebel	6618	6.0	11	4.890	III 2 pn N = 40, B 0
	25	IC 4725	4.6	32	1.890	a = 89 I 2 p N = 30, B 5
Scorpius		6124	5.8	29	1.600	a = 51 II 3 m N = 100, B 8
		6231	2.6	15	5.870	a = 3,2 I 3 pn O 8
		6383	5.5	5	4.500	a = 4,5 IV 3 pn N = 40, O 7
	6	6405	4.2	15	1.950	a = 51 III 2 p N = 80, B 5
Scutum	11	6705	5.8	14	5.600	a = 220 I 2 r B 8
Sculptor	ζ Blanco		14.5	90	815	a = 50 III 2 m N = 30, B 5
Serpens Cau	16	6611	6.0	7	8.150	a = 5,5 II 3 mn O 6
	IC		5.4	52	1.300	a = 580 III 2 m N = 80, B 7
Triangulum A		6025	5.1	12	2.740	a = 110 II 2 p N = 60, B 3

Sternbild	Bezeichnung M	NGC	Helligkeit	Durchmesser ′	Entfernung Lichtjahre	Bemerkung Typ
Ursa Maior	Cr 285		$0\overset{m}{.}4$	1400′	75	a = 160×10^6 a p A 0
Vela		2547	4.7	20	1.300	a = 74 II 2 pn N = 80, B 3
Vela	IC 2391		2.5	50	590	a = 36 II 3 p N = 30, B 3
Vulpecula	Cr 399		3.6	60	420	a = 200 III 2 p N = 40
Vulpecula		6940	6.3	31	2.600	a = 1.100 III 2 m N = 60, B 8

Sternbild	Bezeichnung M	NGC	Helligkeit	Durchmesser ′	Entfernung Lichtjahre	Bemerkung Klasse	Spektr.
4. Kugelsternhaufen							
Ara		6397	$5\overset{m}{.}56$	25′,7	7.170	9	F 5
Aquarius	72	6981	9.35	5 ,9	56.400	9	G 0
	2	7089	6.50	12 ,9	36.800	2	F 3
Canes Venatici	3	5272	6.35	16 ,2	32.300	6	F 7
Capricornus	30	7099	7.50	11 ,0	26.700	5	F 3
Carina		2808	6.30	13 ,8	30.000	1	F 8
Columba	Dun 508	1851	7.30	11 ,0	35.200	2	F 7
Coma Berenices	53	5024	7.72	12 ,6	56.000	5	F 4
Corona Aus	Dun 473	6541	6.64	13 ,1	22.500	3	F 6
Hercules	92	6341	6.52	11 ,2	25.500	4	F 2
Hydra	68	4590	8.20	12 ,0	31.300	10	F 2
Lepus	79	1904	8.00	8 ,7	43.300	5	F 6
Lyra	56	6779	8.25	7 ,1	31.000	10	F 5
Ophiuchus	107	6171	8.13	10 ,0	19.200	10	G 0
	12	6218	6.60	14 ,5	18.000	9	F 7
	10	6254	6.57	15 ,1	14.300	7	F 8
	62	6266	6.60	14 ,1	19.500	4	F 8
	19	6273	7.15	13 ,5	34.500	8	F 5
	9	6333	7.9	9 ,3	22.500	8	F 3
	14	6402	7.56	11 ,7	33.200		F 8
Pegasus	15	7078	6.35	12 ,3	30.600	4	F 3
Sagittarius	28	6626	6.9	11 ,2	19.900	4	F 8
	70	6681	8.08	7 ,8	35.200	5	G 0
	54	6715	7.70	9 ,1	70.000	3	F 7
	55	6809	6.95	19 ,0	17.000	11	
Sagitta	71	6838	8.30	7 ,2	13.000		G 3
Sagittarius	75	6864	8.55	6 ,0	59.000	1	F 8
Scorpius	80	6093	7.20	8 ,9	27.000	2	F 7
	4	6121	5.93	26 ,3	6.800	9	
Serpens Caput	5	5904	5.75	17 ,4	24.800	5	F 5
Tucana	Dun 62	362	6.58	12 ,9	29.300	3	F 8
Vela	Dun 445	3201	6.75	18 ,2	16.300	10	

Sternbild	Bezeichnung M	NGC	Helligkeit	Durchmesser ′	Entfernung Lichtjahre 10^6	Bemerkung Typ
5. Galaxien						
Andromeda	110	205	$8\overset{m}{.}01$	17′,4 × 9′,8	1.4	E 6
	32	221	8.21	7,6 × 5,8	2.255	E 2

Sternbild	Bezeichnung M	NGC	Hellig-keit	Durchmesser ′	Entfernung Lichtjahre 10^6	Bemerkung Typ
Canes Venatici	106	4258	$8^{m}31$	18,2 × 7,9	13,4	Sb + p
		4449	9.44	5,1 × 3,7	13,4	Ir + III
		4631	9.30	15,1 × 3,3	14,3	Sc III
	94	4736	8.17	11,0 × 9,1	32,6	Sb-p II
	63	5055	8.57	12,3 × 7,6	23,8	Sb + II
	51	5194	8.38	11,0 × 7,8	37	Sc I
	51	5195	9.63	5,4 × 4,3		P
Centaurus		5102	9.65	9,3 × 3,5		S0
		5128	6.98	18,2 × 14,5		S0 p
Cepheus		6946	8.88	11,0 × 9,8		Sc I
Cetus	77	1068	8.81	6,9 × 5,9	52	Sb p
Coma Berenices	98	4192	10.13	9,5 × 3,2	36	Sb I–II
	99	4254	9.84	5,4 × 4,8	41	Sc I
	100	4321	9.37	6,9 × 9,2	41	Sc I
	85	4382	9.22	7,1 × 5,2	41	E p
	88	4501	9.52	6,9 × 3,9	41	Sb + I
	91	4548	10.19	5,4 × 4,4	40	SB b
		4565	9.56	16,2 × 2,8	39	Sb I
	64	4826	8.51	9,3 × 5,4	44	Sb −
Dorado	Nubecula Maior		0.08	650 × 550	0,16	SB m III–IV
Fornax			9.46	20,0 × 13,8		dE 3
		1316	8.85	7,1 × 5,5		S(B) 0 p
Hydra	83	5236	8.2	11,2 × 10,2		Sc I–II
Leo	95	3351	9.71	7,4 × 5,1	29	S(B)b II
	96	3368	9.24	7,1 × 5,1	29	Sb p
	105	3379	9.26	4,5 × 4,0	21,5	E 1
		3521	9.70	9,5 × 5,0	19,6	Sb + II
	65	3623	9.34	10,0 × 3,3	29,3	Sb: II
	66	3627	9.04	8,7 × 4,4	29,3	Sb + II:
Pegasus		7331	9.51	10,7 × 4,0	39	Sb I–II
Pisces	74	628	9.17	10,2 × 9,5	26	Sc I
Sculptor		253	8.04	25,1 × 7,4		Sc p
		7793	9.11	9,1 × 6,6		Sdm III–IV
Triangulum	33	598	5.71	62 × 39	2,35	Sc II–III
Tucana	Nubecula Minor		2.29	280 × 160	0,16	SBmp IV
Ursa Maior	81	3031	6.93	25,7 × 14,1	8,5	Sb I–II
	82	3034	8.41	11,2 × 4,6	8,5	P
	108	3556	10.10	8,3 × 2,5	23,6	Sc
	109	3992	9.81	7,6 × 4,9	37	S(B)b + I
	101	5457	7.72	26,9 × 26,3	11,5	Sc I
Virgo	61	4303	9.67	6,0 × 5,5		Sc I
	84	4374	9.29	5,0 × 4,4	41	E 1
	86	4406	9.18	7,4 × 5,5	20	E 3
	49	4472	8.37	8,9 × 7,4	41	E 4
	87	4486	8.62	7,2 × 6,8	41	E 1
		4526	9.64	7,2 × 2,3	40	E 7
	89	4552	9.81	4,2 × 4,2	41	E 0
	90	4569	9.48	9,5 × 4,7	41	Sb +
	58	4579	9.78	5,4 × 4,4	41	Sb
	104	4594	8.30	8,9 × 4,1	41	Sb −
	59	4621	9.79	5,1 × 3,4	41	E 3
		4636	9.56	6,2 × 5,0	41	E 1
	60	4649	8.83	7,2 × 6,2	41	E 1
		4697	9.3	6,0 × 3,8	40	E 4
		4699	9.57	3,5 × 2,7	40	Sa

Erläuterungen:

1. **Interstellare Materie:**

Gestalt: Ir = irregulär — Typ: Em = Emission

Struktur: A = amorph — Refl = Reflektieren

F = filamentartig (fadenförmig)

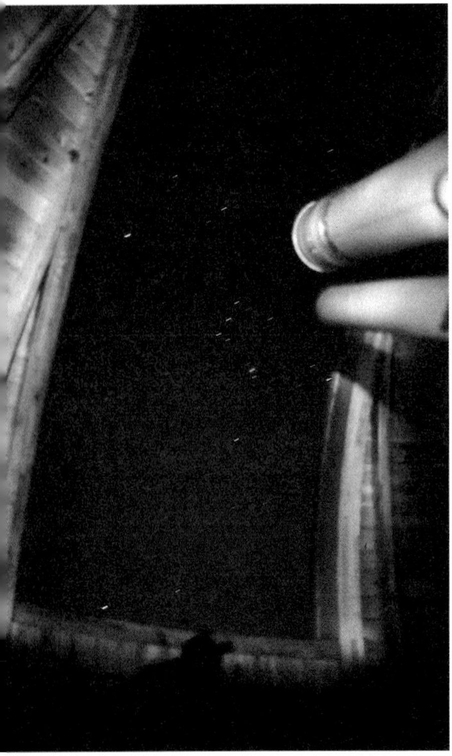

Sternbild Orion. 5. 12. 1983, 23.15 Uhr, Stuttgart. Optik: 1:1,8/35 mm, Kodak 64, Bt = 90 s. Aufnahme: Beneke

2. **Planetarische Nebel:**

Typ:	2	= glatte Scheibe, b = einheitlich
	3	= unregelmäßige Scheibe
	4	= Ringstruktur

3. **Offene Sternhaufen:**

Konzentration:	I	= starke Konzentration zur Mitte
	II	= schwache Konzentration zur Mitte
	III	= keine Konzentration zur Mitte
	IV	= von der Umgebung nicht gut getrennt
Helligkeitsbereich:	1	= schmaler,
	2	= mittlerer Helligkeitsbereich
	3	= weiter Helligkeitsbereich
Sternhäufigkeit:	p	= arm (weniger als 50 Sterne)
	m	= mittel (50 bis 100 Sterne)
	r	= reich (mehr als 100 Sterne)
Bemerkung:	a	= Alter in 10^6 a: Millionen Jahren
	N	= Anzahl der Sterne, frühester Spektraltyp

4. **Kugelsternhaufen:**

Klasse:	nach Shapley und Sawyer Sternkonzentration zum Zentrum, 1 bis 12: 1 am dichtesten, bis 12 abnehmend
Spektrum:	Kompositttyp: je heißer der Typ, um so geringere Häufigkeit schwerer Elemente

5. **Galaxien:**

Typ:	E	= Elliptische Galaxien 0 bis 7 E 0 rund, E 7 flach = stark abgeplattet
	S	= Spiralgalaxien
	Sa	= stark ausgebildeter Kern
	Sb	= mittlerer Kern
	Sc	= schwach ausgebildeter Kern
	SB	= Balkenspiralen
	SBa	= Arme nahezu ringförmig geschlossen
	SBb	= Arme stärker, schwacher Kern
	SBc	= Arme schwach gekrümmt, nur zentrale Verdichtung anstelle des Kerns
	d	= zwergförmig
	p	= pekuliar, mit besonderen Eigenschaften
	Ir	= irregulär, unregelmäßige Gestalt
	I	= helle Riesengalaxien / sehr helle Riesen
	II	= Riesengalaxien / helle Riesen
	III	= Riesengalaxien
	IV	= Unterriesengalaxien
	V	= Zwerggalaxien

Daten der Erde

Länge der Erdachse b (Polardurchmesser)	12.713,554 km
Länge des Äquatordurchmessers a	12.756,326 km
Abplattung $\frac{a - b}{a}$	1 : 298, 24
Oberfläche	510.069 $\times$ 10^3 km^2
Wasseroberfläche	71 %
Landoberfläche	29 %
Volumen	1.083.223 $\times$ 10^6 km^3
Masse	5,976 $\times$ 10^{27} g
Mittlere Dichte ρ	5,517 g/cm^3
Schwerebeschleunigung	978,0436 $\pm$ 0,0012 cm/s^2
Rotationsdauer in mittl. Sonnenzeit	$23^h56^m04^s$,098 904
Mittlerer Sterntag in mittl. Sonnenzeit	$23^h56^m04^s$.090 54
Rotationsgeschwindigkeit am Äquator	465,12 m/s
Zentrifugalbeschleunigung am Äquator	$-$ 3,39 cm/s^2
Schiefe der Ekliptik (2000)	23° 26′21″,42
Zeit eines vollen Präzessionsumlaufs	ca. 25.725 Jahre
Länge des tropischen Jahres (Frühlingspunkt-Frühlingspunkt)	365^d,241 584 79
Länge des siderischen Jahres (Fixstern-Fixstern)	365^d,256 349 42
Mittlere Bahngeschwindigkeit um die Sonne	29,8 km/s
Entweichgeschwindigkeit	11,2 km/s
Entfernung der Erde von der Sonne	
im Perihel	147.1 $\times$ 10^6 km
Aphel	152.1 $\times$ 10^6 km
Mittel	149,6 $\times$ 10^6 km
Astronomische Einheit (AE) = mittlere Entfernung Erde-Sonne	149 597 870 km
Alter der Erde	4,6 $\times$ 10^9 Jahre

Daten des Mondes

Durchmesser (Dm)	3.476 km = 0,2725 Dm-Erde
Scheinbarer Durchmesser	
im Perigäum	33′32″
Apogäum	29′20″
Mittel	31′05″,2
Entfernung von der Erde	
im Perigäum	356.410 km
Apogäum	406.740 km
Mittel	384.400 km
Oberfläche (F)	37.880 $\times$ 10^3 km^2 = 0,0743 F-Erde
Volumen (V)	21.990 $\times$ 10^6 km^3 = 0,0202 V-Erde
Masse (M)	7,348 $\times$ 10^{25} g = 1/81,30 M-Erde
Mittlere Dichte ρ	3,344 g/cm^3
Schwerebeschleunigung	162,0 cm/s^2
Entweichgeschwindigkeit	2,37 km/s
Siderische Umlaufzeit (Fixstern-Fixstern)	27^d,321 661
Drakonitische Umlaufzeit (Bahnknoten-Bahnknoten)	27^d,212 220
Synodische Umlaufzeit (Neumond-Neumond)	27^d,530 589
Rotationszeit (sider. Umlaufszeit)	27^d,321 661
Mittlere Bahngeschwindigkeit um die Erde	1,023 km/s
Neigung der Mondbahn gegen die Ekliptik	5° 08′43″,4
Mittlere tägliche Bewegung	13° 10′35″,03
Saros-Periode	6.585^d,78
Scheinbare visuelle Helligkeit des Vollmonds	$-$ 12^m55
Alter des Mondes	4,6 $\times$ 10^9 Jahre

Daten der Sonne

Durchmesser (Dm)		1.392.000 km	= 109,2 Dm-Erde
Scheinbarer Durchmesser	– Mittel	31′59″,26	
	– Perihel	32′35″,78	
	– Aphel	30′31″,34	
Entfernung Sonne – Erde im Mittel		149.600.000 km	
Oberfläche (F)		$6{,}087 \times 10^{12}$ km^2	= 11.910 F-Erde
Volumen (V)		$1{,}412 \times 10^{18}$ km^3	= 1.303.517 V-Erde
Masse – (M)		$1{,}989 \times 10^{33}$ g	= 332.831 M-Erde
Mittlere Dichte (D)		1,409 g/cm^3	= 0,42 D-Erde
im Zentrum		98 g/cm^3	= 17,76 D-Erde
Schwerebeschleunigung an der Oberfläche		27.400 cm/s^2	
Entweichgeschwindigkeit		617,7 km/s	
Temperatur	– im Zentrum	$13{,}6 \times 10^6$ K	
	– an der Oberfläche	5,785 K	
Energie-Ausstrahlung der Sonne		$3{,}90 \times 10^{33}$ erg/s	
Spezifische Oberflächenemission		$6{,}41 \times 10^{10}$ erg/cm$^2 \times$ s	
Solarkonstante = extraterrestrischer Energiestrom in mittlerer Entfernung Erde – Sonne		2,00 cal/cm$^2 \times$ min	
Scheinbare visuelle Helligkeit		$-\,26^{\text{m}}86$	
Absolute visuelle Helligkeit		$+\,4^{\text{M}}71$	
Neigung des Sonnenäquators gegen die Ekliptik		7° 15′00″	
Siderische Rotationsdauer	bezogen	25^{d},380	
Synodische Rotationsdauer	auf mittlere	27^{d},275	
Mittlerer täglicher siderischer	heliografische	14°,18440	
Rotationswinkel	Breite 16°		
Geschwindigkeit der Sonne in der Bahn		~ 250 km/s	
Geschw. um das Milchstraßenzentrum			
Umlaufzeit der Sonne um das Milchstraßenzentrum		$\sim 250 \times 10^6$ Jahre	
Alter der Sonne		$\sim 4{,}6 \times 10^9$ Jahre	
Sonnenfleckenzyklus ca.		22 Jahre ($2 \times 11^{\text{a}}$)*)	
Temperatur in Sonnenflecken ca.		4.500 K	

* 11^{a} = optischer Zyklus; 22^{a} = magnetischer Zyklus

Anmerkung: 1 erg = 10^{-7} Joule (J); 1 cal = 4,186 Joule

Auswahl einiger Planetoiden

No.	Name	m (^{m})	i (°)	a (AE)	∅ (km)	E
1	Ceres	$6^{\text{m}}1$	10°,61	2,767	987 ± 150	1801 Piazzi
2	Pallas	6.8	34 ,80	2,769	538 ± 50	1802 Olbers
3	Juno	8.3	12 ,99	2,668	247 ± ?	1804 Harding
4	Vesta	4.8	7 ,13	2,362	544 ± 80	1807 Olbers

Anmerkung:
m = mittlere visuelle Oppositionshelligkeit
i = Neigung der Bahn gegen die Ekliptik
a = Große Halbachse der Bahn in Astronom. Einheiten
∅ = Durchmesser in km, mit Unsicherheitsbereich
E = Entdeckungsjahr und Entdecker

Karikatur von Honoré Daumier, in „Le Charivari" am 22.9.1858. Monsieur Babinet, durch seine Haushälterin vom Besuch des Kometen benachrichtigt.

Auswahl einiger periodischer Kometen

Name	P (a)	i (°)	e	q (AE)	Bemerkungen
Encke	$3^a,30$	$11^\circ,946$	0,847	0,340	Komet mit der kürzesten bekannten Umlaufzeit. Entdeckt 1786 von Méchain
Schwassmann-Wachmann 1	$15^a,448$	$9^\circ,747$	0,105	5,448	Komet mit kleinster bekannter Exzentrizität (kreisähnlichster Bahn) jenseits Jupiter. Ständig sichtbar. Entdeckt 1925 von Schwassmann und Wachmann, Hamburg
Halley	$75^a,99$	$162^\circ,238$	0,967	0,587	bekanntester und hellster periodischer Komet. Beobachtet seit 240 v. Chr.
Herschel-Rigollet	155^a	$64^\circ,200$	0,974	0,748	periodischer Komet mit sehr langer Periode. Entdeckt 1788 von Caroline Herschel, wieder beobachtet 1939

Anmerkungen:
Stand Äquinoktium 1950.0
P = Umlaufzeit in Jahren (a); i = Neigung der Bahn gegen die Ekliptik, gezählt von 0° bis 180° (i < 90° rechtläufig, i > 90° rückläufig); e = Exzentrizität (Verhältnis Abstand Sonne-Ellipsenmittelpunkt zu Perihel-Ellipsenmittelpunkt). Die Bahnelemente sind nicht ganz konstant und gelten jeweils für die letzte Erscheinung. q = Periheldistanz (geringster Sonnenabstand) in Astronomischen Einheiten (AE).

Daten der großen Planeten

	Die großen Planeten	Merkur	Venus	Erde	Mars	Jupiter	Saturn	Uranus	Neptun	Pluto
1	Symbol	☿	♀	♁	♂	♃	♄	⛢	♆	♇
2	Neigung der Bahnebene gegen die Ekliptik i	7°0′,3	3°23′,7	–	1°51′,0	1°18′,3	2°29′,2	0°46′,4	1°46′,2	17°8′,5
3	Länge des aufsteigenden Bahnknotens, vom Frühlingspunkt aus gezählt 1970,0	48°06′	76°30′	–	49°24′	100°15′	113°31′	74°0′	131°032	110°0′
4	Mittlere Entfernung von der Sonne in 10^6 km	57,9	108,2	149,6	227,9	779	1432	2884	4509	5966
5	Halbachse der Bahn in Astronom. Einheiten (AE)	0,3871	0,7233	1,0000	1,5237	5,2028	9,5388	19,1045	30,0534	39,7460
6	Mittlere tägliche siderische Bewegung n	4°,092	1°,602	0°,985	0°,524	0°,083	0°,033	0°,012	0°,0059	0°,0039
7	Siderische Umlaufzeit = wahre Umlaufzeit P [d]	$87^d,969$	$224^d,701$	$365^d,256$	$686^d,980$	$4332^d,588$	$10759^d,21$	$30685^d,93$	$60187^d,64$	$90473^d,91$
8	Siderische Umlaufzeit in sider. Jahren P [a]	$0^a,24$	$0^a,61$	$1^a,00$	$1^a,88$	$11^a,89$	$29^a,628$	$84^a,665$	$165^a,49$	$251^a,86$
9	Synodische Umlaufzeit (bezogen auf Konjunktion) mit der Sonne S [d]	$155^d,88$	$583^d,92$	–	$779^d,94$	$398^d,88$	$378^d,09$	$369^d,66$	$367^d,48$	$366^d,72$
10	Mittlere Geschwindigkeit in der Bahn $\bar{v}$ [km/sec]	47,9	35,0	29,8	24,1	13,1	9,6	6,8	5,4	4,7
11	Größte scheinbare Helligkeit	$-0^m.2$	$-4^m.08$	–	$-1^m.94$	$-2^m.4$	$+0^m.8$	$+5^m.8$	$+7^m.6$	$+14^m$
12	Mittlerer Durchmesser D [km] $\frac{2D_{Eq}+D_{Pol}}{3}$	4878	12104	12742,02	6781,1	139797	115630	52300	–	3055 ± 475
13	Mittlerer Durchmesser D [D ♁]	0,383	0,950	1,0000	0,532	10,97	9,07	4,1	3,50	0,24
14	Äquatordurchmesser D_{Eq} [km]	–	–	12756,28	6794,4	142769	120000	50800	48600	
15	Poldurchmesser D_{Pol} [km]	–	–	12713,51	6754,6	133800	106200			
16	Abplattung $f = \frac{D_{Eq} - D_{Pol}}{D_{E9}}$	0	0	1:298,24	1:171	1:15,9	1:9,2	(1:50)	(1:43)	
17	Masse ohne Monde Erde = 1	0,0553	0,8150	1,0000	0,1074	317,826	95,145	14,559	17,204	(0,0026)
18	Volumen Erde = 1	0,056	0,887	1,000	0,151	1320,6	747,3	63,4	55,5	
19	Dichte Erde = 1	0,98	0,95	1,000	0,713	0,241	0,127	0,230	0,310	(0,13)
20	Zentrifugalbeschleunigung am Äquator $g_♁ = 1$	0,39	0,89	1,00	0,38	2,35	0,93	0,99	1,38	
21	Entweichgeschwindigkeit am Äquator v_e [km/sec]	4,25	10,4	11,2	5,02	57,6	33,4	20,6	23,7	
22	Siderische Rotationsperiode P am Äquator I	$58^d,65$		$23^h56^m4^s,099$	$24^h37^m,22^s,668$	$9^h50^m30^s,004$	10^h14^m	(15^h)	–	$6^d9^h17^m$
	in mittleren Breiten II					$9^h55^m40^s,632$	10^h40^m			
	aus Radiobeobachtungen III		$243^d,0$ (retrograd)			$9^h55^m29^s,6$				
23	Neigung der Äquatorebene geg. die Bahnebene i	≈ 2°	≈ 3°	23°27′	24°	3°4′	26°44′	98°	29°	> 50°
24	Anzahl der Satelliten (1985)	0	0	1	2	16	21	15	2	1
25	Ringsysteme (Mikrosatelliten)	–	–	–	–	+	+ +	+	+	–

Strichspur eines Lyriden-Meteors 21.4. 1985, 00.30 MEZ, Ochsenwang/Schwäbische Alb. Optik: 1:2,8/120 mm. Film Kodak EES 800/1600 (auf 800 ASA) Bt: 10 min. Aufnahme: Gutzeit/Idler

Meteore

a) Einteilung nach Helligkeit

Charakter	Bezeichnung	Helligkeit m_v	Vergleichsobjekte
kleine Meteore	Sternschnuppen	schwächer als etwa -2^m	Fixsterne
mittlere Helligkeit	–	-2^m bis -5^m	hellste Planeten
große Meteore	Feuerkugeln Boliden	heller als -5^m	Mond

b) Einteilung nach kosmischer Stellung

Typus	heliozentrische Bahnen	Beschreibung
Planetarische Meteore a) Ekliptikalströme b) Ströme mit großer Bahnneigung	Ellipsen kurzer Umlaufzeit	Dem Planetensystem angehörende, zwischen den kleinen Planeten und dem Substrat des Zodiakallichts stehend
Kometarische Meteore	Ellipsen kurzer bis mäßiger Umlaufzeit (einige Jahre bis einige Jahrhunderte)	Kleinkörper aus der Auflösung der Kometenkerne
Meteore mit parabelnahen Bahnen	Überwiegend sehr parabelnahe Ellipsen mit entsprechend langer Umlaufzeit (Jahrtausende)	Kleinkörper vorerst unbekannter Herkunft und kosmischer Stellung

Lit.:

Quelle Landolt-Börnstein Bd. 1 Astronomie und Astrophysik, Kapitel 4.4.1. Springer-Verlag Heidelberg.

c) Verzeichnis der gegenwärtig beobachtbaren permanenten Meteorströme (nach Hoffmeister)

Name	Radiant	Beobachtungs-zeitraum	Maximum Datum	n/h	Art	Bemerkung: Charakter
Quadrantiden	227° +46°	–	Januar 03	145	spitz	planetarisch
Hydraiden	184 –27	März 12 – April 05	März 25	15	flach	Zweig der Virginiden
Virginiden	200 –06	März 01 – Mai 10	April 03	20	flach	ekliptikal
Lyriden	273 +35	April 12 – April 24	April 22	40	spitz	Komet 1861 I
η eta-Aquariden	338 –01	April 29 – Mai 21	Mai 05	120	mäßig spitz	Komet Halley
Scorpius-Sagittariiden	270 –30	April 20 – Juli 30	Juni 14	20	mäßig flach	ekliptikal
δ delta-Aquariden	343 –17	Juli 25 – August 10	August 03	40	spitz	ekliptikal
Perseiden	43 +56	Juli 20 – August 19	August 11	300	spitz	Komet 1862 III
Cygniden	324 +51	Juli 25 – September 08	August 16	15	sehr flach	planetarisch
Cepheiden	308 +64	–	August 18	10	sehr flach	Zweig der Cygniden
Pisciden	0 +14	August 16 – Oktober 08	September 12	15	sehr flach	ekliptikal
Orioniden	94 +16	Oktober 11 – Oktober 30	Oktober 19	50	mäßig spitz	Komet Halley
Tauriden	58 +21	September 24 – Dezember 10	November 13	25	mäßig flach	ekliptikal
Leoniden	151 +21	–	November 16	20	mäßig spitz	Komet 1866 I
Geminiden	113 +30	Dezember 05 – Dezember 19	Dezember 12	50	spitz	ekliptikal
Velaiden	149 –51	Dezember 05 – Januar 07	Dezember 29	12	sehr flach	planetarisch

Name = Quadrantiden, benannt nach dem eliminierten Sternbild Quadrant (heute beim Bootes); *Radiant* = α (alpha) und δ (delta) 1950 des Äquatorkoordinatensystems; *Maximum* = Die stündliche Anzahl n der Meteore ist für den ganzen Himmel gegeben unter der Annahme, daß sich der Radiant im Zenit befindet.

Lit.:
Quelle: Landolt-Börnstein Bd. 1 Astronomie und Astrophysik, Kapitel 4.4.2.2 Tabelle 1, Bearbeiter Cuno Hoffmeister, Springer-Verlag, Heidelberg.

Schreibweise von Zahlen

		Zahlen		verkürzt	
		1.000.000.000.000.000	=	10^{15}	eine Billiarde
		100.000.000.000.000	=	10^{14}	einhundert Billionen
		10.000.000.000.000	=	10^{13}	zehn Billionen
Tera-	T	1.000.000.000.000	=	10^{12}	eine Billion
		100.000.000.000	=	10^{11}	einhundert Milliarden
		10.000.000.000	=	10^{10}	zehn Milliarden
Giga-	G	1.000.000.000	=	10^{9}	eine Milliarde
		100.000.000	=	10^{8}	einhundert Millionen
		10.000.000	=	10^{7}	zehn Millionen
Mega-	M	1.000.000	=	10^{6}	eine Million
		100.000	=	10^{5}	einhunderttausend
		10.000	=	10^{4}	zehntausend
Kilo-	k	1.000	=	10^{3}	eintausend
Hekto-	h	100	=	10^{2}	einhundert
Deka-	D	10	=	10^{1}	zehn
		1	=	10^{0}	eins
Dezi-	d	0,1	=	10^{-1}	ein Zehntel
Zenti-	c	0,01	=	10^{-2}	ein Hundertstel
Milli-	m	0,001	=	10^{-3}	ein Tausendstel
		0,000.1	=	10^{-4}	ein Zehntausendstel
		0,000.01	=	10^{-5}	ein Hunderttausendstel
Mikro-	µ	0,000.001	=	10^{-6}	ein Millionstel
		0,000.000.1	=	10^{-7}	ein Zehnmillionstel
		0,000.000.01	=	10^{-8}	ein Hundertmillionstel
Nano-	n	0,000.000.001	=	10^{-9}	ein Milliardstel
		0,000.000.000.1	=	10^{-10}	ein Zehnmilliardstel
Piko-	p		=	10^{-12}	ein Billiardstel

Astronomische Standardgrößen

Lichtgeschwindigkeit	V_L	=	299.783,3 ± 0,4	km/sek
Astronomische Einheit	AE	=	149.597.870	km
Lichtjahr	Lj	=	9.460.596.700.000	km
		=	63.240,183	AE

Literatur

1. Einführende Literatur

GERSTENBERGER, Max: Astronomie des Alltags. Fragen und Antworten aus der Praxis an einer Volkssternwarte. Stuttgart 1976, Franckh'sche Verlagshandlung

HERRMANN, Dieter B.: Das Sternguckerbuch. Berlin 1981, Verlag Neues Leben

HERRMANN, Joachim: Die Kosmos-Himmelskunde. Stuttgart 1986, Franckh'sche Verlagshandlung

MULDER, Elisabeth: Sonne, Mond und Sterne. Eine Entdeckungsreise in die Astronomie (mit drehbarer Sternkarte). Stuttgart 1980, Verlag Freies Geistesleben

SCHULTZ, Joachim: Rhythmen der Sterne. Dornach 1977, Philosophisch-Anthroposophischer Verlag am Goetheanum

THÖNE, Karl: Einführung in die Astronomie. Bern 1971, Hallwag Verlag

2. Bücher für Kinder

HERRMANN, Dieter B.: Von Sternen und Feuerrädern. Berlin 1984, Verlag Junge Welt

HERRMANN, Joachim: Meyers großes Sternbuch für Kinder. Mannheim/Wien/Zürich 1981, Bibliographisches Institut Mannheim; Meyers Jugendbuchverlag

3. Erste Beobachtungshilfen

BADERSCHNEIDER, Herbert: Der Feldstecher. Wirkung und Leistung – dargestellt am Sternhimmel. Pforzheim 1983, Verlag Bode GmbH & Co. KG

BRANDT, Rudolf / MÜLLER, Bernd / SPLITTGERBER, Eberhard: Himmelsbeobachtungen mit dem Fernglas. Leipzig 1983, Johann Ambrosius Barth

OBERNDORFER, Hans: Schau mal in die Sterne. Himmelsbeobachtungen mit bloßem Auge und dem Feldstecher. Stuttgart 1985, Franckh'sche Verlagshandlung

ROTH, Günter D.: Sterne + Sternbilder. Die wichtigsten Sternbilder des Nord- und Südhimmels sicher erkennen. München 1982, BLV Verlagsgesellschaft München / WIDMANN, Walter / SCHÜTTE, Karl: Welcher Stern ist das? Stuttgart 1985, Franckh'sche Verlagshandlung

4. Zusammenfassende Darstellungen

PTOLEMÄUS: Handbuch der Astronomie (2 Bände). Ed. Manitius, Karl und Neugebauer, Otto. Reprint: Leipzig 1963, B. G. Teubner Verlagsgesellschaft

STRUVE, Otto: Astronomie. Einführung in ihre Grundlagen, Berlin 1967, Walter de Gruyter & Co.

UNSÖLD, Albrecht: Der neue Kosmos. Berlin / Heidelberg / New York 1974, Springer-Verlag

5. Meteorologie

RONAN, Colin / DUNLOP, Storm: Der Himmel bei Tag und Nacht. Stuttgart 1986, Franckh'sche Verlagshandlung

ROTH, Günter D.: Wetterkunde für alle. München 1985, BLV

SCHÖPFER, Siegfried: Wie wird das Wetter? Eine leicht verständliche Einführung in die Wetterkunde. Stuttgart 1984, Franckh'sche Verlagshandlung

6. Der Mond

MOORE, Patrick: Der Mond. Ein Atlas des Mondes. Freiburg/Basel/Wien 1982, Herder Verlag

RÜKL, Antonin: Maps of Lunar Hemispheres. Dordrecht 1972, D. Reidel Publishing Company

SCHWINGE, Wolfgang: Fotografischer Mondatlas. Leipzig 1983, Johann Ambrosius Barth

VOGT, Adolf / GIEBLER, Hans: Berliner Mondatlas in 107 fotografischen Blättern. Berlin 1974, Wilhelm-Foerster-Sternwarte

WOLF, Hellmuth: Kosmos-Handkarte Erdmond. Vorderseite-Rückseite 1:12 000 000. Stuttgart 1985, Franckh'sche Verlagshandlung

7. Planeten und Kometen

HAHN, Hermann-Michael: Zwischen den Planeten. Stuttgart 1984, Franckh'sche Verlagshandlung
MOORE, Patrick / Hunt, Garry: Jupiter. Ein Atlas des Jupiter. Freiburg/Basel/Wien 1982, Herder Verlag
MOORE, Patrick / Hunt, Garry: Saturn. Ein Atlas des Saturn. Freiburg/Basel/Wien 1983, Herder Verlag
STANEK, Bruno: Planeten Lexikon. Bern/Stuttgart 1979, Hallwag
WUNDERLICH, Hans Georg: Das neue Bild der Erde. Hamburg 1975. Hoffmann und Campe.

8. Sonne und Fixsterne, Galaxie

EKRUTT, Joachim W.: Die Sonne. Die Erforschung des kosmischen Feuers. Hamburg 1981, GEO-Bücher im Verlag Gruner + Jahr
HOFFMEISTER, Cuno / RICHTER, Gerold / WENZEL, Wolfgang: Veränderliche Sterne. Berlin/Heidelberg/New York/Tokyo 1984, Springer-Verlag
KÜHN, Ludwig: Das Milchstraßensystem. Bauplan und Entwicklung unseres Sternsystems. Stuttgart 1978, Wissenschaftliche Verlagsgesellschaft mbH
NICOLSON, Iain: Die Sonne. Ein Atlas der Sonne. Freiburg i. Br. 1982, Herder

9. Lexika und Nachschlagewerke

HERRMANN, Joachim: dtv-Atlas zur Astronomie. Tafeln und Texte (mit Sternatlas). München 1973, Deutscher Taschenbuch Verlag
HERRMANN, Joachim: Großes Lexikon der Astronomie. München 1980, Mosaik Verlag
HERRMANN, Joachim: Das Weltall in Zahlen. Tabellenbuch für Sternfreunde. Stuttgart 1986, Franckh'sche Verlagshandlung
SCHAIFERS, Karl / TRAVING, Gerhard: Meyers Handbuch Weltall. Mannheim/Wien/Zürich 1984, Bibliographisches Institut, Meyers Lexikonverlag
WEIGERT, A. / ZIMMERMANN, Helmut: ABC der Astronomie. Hanau 1979, Dausien

10. Astronomie im Unterricht und zum Selbststudium

GIESE, Richard-Heinrich: Einführung in die Astronomie. Darmstadt 1981, Wissenschaftliche Buchgesellschaft
KLETT, Studienbücher Physik: Astronomie I, II, III, IV. Stuttgart 1979, Ernst Klett Verlag
MONTENBRUCK, Oliver: Grundlagen der Ephemeridenrechnung. München 1984, Verlag Sterne und Weltraum Dr. Vehrenberg GmbH
SAWELSKI, F. S.: Die Masse und ihre Messung. Frankfurt/M. 1977, Verlag Harri Deutsch
SAWELSKI, F. S.: Die Zeit und ihre Messung. Frankfurt/M. 1977, Verlag Harri Deutsch
SCHÄFER, Hans: Astronomische Probleme und ihre physikalischen Grundlagen. Eine Auswahl für Unterricht und Selbststudium. Braunschweig 1978, Friedr. Vieweg & Sohn
SCHLOSSER, Wolfhard / SCHMIDT-KALER, Theodor: Astronomische Musterversuche für die Sekundarstufe II. Frankfurt am Main 1982, Hirschgraben-Verlag
WEIGERT, Alfred / WENDKER, Heinrich J.: Astronomie und Astrophysik – ein Grundkurs. Weinheim 1982, Physik-Verlag
WEPNER, Wolfgang: Mathematisches Hilfsbuch für Studierende und Freunde der Astronomie. Düsseldorf (o. J.), Treugesell-Verlag Dr. Vehrenberg KG
ZIMMERMANN, Otto: Astronomisches Praktikum I, II. München 1985, Verlag Sterne und Weltraum Dr. Vehrenberg KG

11. Handbücher und praktische Hilfen

AHNERT, Paul: Astronomisch-chronologische Tafeln für Sonne, Mond und Planeten. Leipzig 1971, Johann Ambrosius Barth
AHNERT, Paul: Kleine praktische Astronomie. Hilfstabellen und Beobachtungsobjekte. Leipzig 1983, Johann Ambrosius Barth
BECK, Rainer / HILBRECHT, Heinz/REINSCH, Klaus/VÖLKER, Peter (Hrsg.) u. a.: Handbuch für Sonnenbeobachter. Berlin, Bonn 1982, Fachgruppe Sonne der Vereinigung der Sternfreunde (VdS) e. V.
HERRMANN, Joachim: Der Amateurastronom. Beobachtungsmittel und -möglich-

keiten für den Sternfreund. Stuttgart 1985, Franckh'sche Verlagshandlung
HÜBSCHER, Joachim / BRAUNE, Werner / FERNANDES, Mario / BROEMME, Albrecht: Einführung in die visuelle Beobachtung Veränderlicher Sterne. Berlin 1983, BAV – Berliner Arbeitsgemeinschaft für Veränderliche Sterne e. V.
ROTH, Günter D.: Taschenbuch für Planetenbeobachter. Praktische Anleitung für Amateurbeobachter und solche, die es werden wollen. München 1983, Verlag Sterne und Weltraum Dr. Vehrenberg GmbH
ROTH, Günter D. (Hrsg.) u. a.: Handbuch für Sternfreunde. Wegweiser für die praktische astronomische Arbeit. Berlin/Heidelberg/New York 1981, Springer-Verlag

12. Astrofotografie

GRIESSER, Markus: Himmelsfotografie. Technik und Hilfsmittel der Astrofotografie. Bern/Stuttgart 1974, Hallwag
KNAPP, W. / HAHN, Hermann-Michael: Astrofotografie als Hobby. Eine Anleitung für Amateur-Astronomen. Stuttgart 1980, Kohlhammer
KNÜLLE, Matthias: Erfolgreiche Astrofotografie. Herrsching 1982, vwi Verlag Gerhard Knülle GmbH
MARTINEZ, Patrick: Astrophotographie. Ein Leitfaden für den Amateurastronomen. Darmstadt 1985, Verlag Darmstädter Blätter

13. Raumfahrt

MIELKE, Heinz: Lexikon Raumfahrt. Berlin 1970, transpress VEB Verlag für Verkehrswesen
PUTTKAMER, Jesco von: Der erste Tag der neuen Welt. Vom Abenteuer der Raumfahrt zur Zukunft im All. Frankfurt am Main 1981, Umschau Verlag
PUTTKAMER, Jesco von: Der zweite Tag der neuen Welt. Die Raumfahrt auf dem Weg ins 3. Jahrtausend. Frankfurt am Main 1985, Umschau Verlag
RUPPE, Harry O.: Die grenzenlose Dimension – Raumfahrt. Band 1: Chancen und Probleme. Düsseldorf/Wien 1980. Band 2: Werkzeuge und Welt. Düsseldorf/ Wien 1982. Econ Verlag

14. Zeitschriften

l'Astronomia (11 ×): Edizioni di l'Astronomia, Largo Risorgimento, 6, I-20090 Trezzano sul Nariglio (Mi)
l'Astronomie (12 ×): Société Astronomique de France (SAF), 3, rue Beethoven, F-75016 Paris
Astronomie und Raumfahrt (6 ×): Kulturbund der DDR; Zeitungsvertriebsamt, Abt. Export, Straße der Pariser Kommune 3–4, DDR-1017 Berlin
Astronomy (12 ×): AstroMedia Corp., 411 E. Mason St., P. O. Box 92788, Milwaukee, Wi 53202, USA
Ciel et Espace (12 ×): Association Française d'Astronomie (AFA), 17, rue Emile-Deutsch-de-la-Meurthe. F-75014 Paris
Orion (6 ×): Schweizerische Astronomische Gesellschaft (SAG), Zentralsekretariat der SAG, Andreas Tarnutzer, Hirtenhofstr. 9, CH-6005 Luzern
Sky and Telescope (12 ×): Sky Publishing Corporation, 49 Bay State Rd., Cambridge, Mass. 02238-1290, USA
Die Sterne, Zeitschrift für alle Gebiete der Himmelskunde (6 ×): Verlag Johann Ambrosius Barth, DDR-7010 Leipzig, Salomonstraße 18 b
Sterne + Weltraum, Astronomische Monatsschrift (11 ×): Verlag Sterne und Weltraum Dr. Vehrenberg GmbH, Portiastr. 10, D-8000 München 90
Der Sternenbote, Österreichische Astronomische Monatsschrift (12 ×): Astronomisches Büro, Hermann Mucke, Hasenwartgasse 32, A-1238 Wien

15. Jahrbücher und Kalender

AHNERT, Paul: Kalender für Sternfreunde ... Leipzig, Joh. A. Barth Verlag
The Astronomical Almanac for the Year ... Washington, U. S. Government Printing Office London, Her Majesty's Stationary Office
HÜGLI, E. / ROTH, H. / STÄDELI, K.: Der Sternenhimmel ... Aarau und Frankfurt/M., Salle + Sauerländer
KELLER, Hans-Ulrich: Das Himmelsjahr ... Stuttgart, Franckh'sche Verlagshandlung
MUCKE, Hermann: Himmelskalender ... Wien, Astronomisches Büro Hermann Mucke
VETTER, Suso: Sternenkalender ... Dornach, Philosophisch-Anthroposophischer Verlag am Goetheanum

16. Drehbare Sternkarten

Heermann, Hanns-Joachim: Drehbare Kosmos-Sternkarte mit Planetenzeiger (∅ 212 mm); Stuttgart, Franckh'sche Verlagshandlung
Heermann, Hanns-Joachim: Nachtleuchtende Sternkarte für jedermann. Stuttgart 1984, Franckh'sche Verlagshandlung
Heermann, Hanns-Joachim: Drehbare Kosmos-MINI-Sternkarte mit Planetenzeiger (∅ 130 mm). Stuttgart 1986, Franckh'sche Verlagshandlung
Marx, Siegfried / Pfau, Werner: Drehbare Sternkarte (∅ 257 mm); Leipzig, Johann Ambrosius Barth
Schultz, Joachim: Drehbare Sternkarte „Zodiak" (∅ 237 mm); Dornach, Mathematisch-Astronomische Sektion am Goetheanum
Suter, H.: Drehbare Sternkarte SIRIUS. Kleines Modell (∅ 166 mm). Großes Modell (∅ 288 mm); Bern/Stuttgart, Hallwag
Zenkert, Arnold (wissenschaftliche Bearbeitung) / Heermann, Hanns-Joachim (Texte): Orion, Drehbare Sternkarte, Stuttgart 1984, Franckh'sche Verlagshandlung

17. Sternkarten und Kataloge

Becvar, Antonin: Atlas Coeli 1950.0. Prag 1958; Atlas Coeli II 1950.0. Prag 1959; Atlas Borealis 1950.0. Prag 1962; Atlas Australis 1950.0. Prag 1964; Atlas Eclipticalis 1950.0. Prag 1964; Nakladatelstvi Ceskoslovenské Akademie Ved
Klepesta, Josef / Rükl, Antonin: Taschenatlas der Sternbilder. Hanau 1975, Werner Dausien
Marx, Siegfried / Pfau, Werner: Sternatlas (1975.0). Leipzig 1974, Johann Ambrosius Barth
Schaifers, Karl: Schurig-Götz Himmelsatlas (1950.0). Mannheim/Wien/Zürich 1960, Bibliographisches Institut
Tirion, Wil: Sky Atlas 2000.0. Cambridge Mass. 1981, Sky Publishing Corporation
Dunlop, Storm / Tirion, Wil: Der Kosmos – Sternatlas. Stuttgart 1985, Franckh'sche Verlagshandlung
Vehrenberg, Hans: Atlas Stellarum. Düsseldorf 1972. Treugesell Verlag
Vehrenberg, Hans: Atlas der schönsten Himmelsobjekte. Düsseldorf 1985. Treugesell Verlag

18. Instrumenten- und Fernrohrbau

Oberndorfer, Hans: Fernrohr – Selbstbau. Fenster ins Weltall. München 1985, Verlag Sterne und Weltraum Dr. Vehrenberg GmbH
Rohr, Hans: Das Fernrohr für Jedermann. Zürich 1984, Rascher Verlag
Roth, Günter D. (Hrsg.): Astronomische Zusatzgeräte für Sternfreunde. Acht Bau- und Gebrauchsanweisungen. München (o. J.), Verlag Uni-Druck
Roth, Günter D. (Hrsg.): Refraktor-Selbstbau. Drei Bauanleitungen. München (o. J.), Verlag Uni-Druck
Staus, Anton / Kutter, Anton / Oberndorfer, Hans: Fernrohrmontierungen und ihre Schutzbauten. München (o. J.), Verlag Uni-Druck
Wenske, Kurt: Spiegeloptik. Entwurf und Herstellung astronomischer Spiegelsysteme. München (o. J.), Verlag Sterne und Weltraum Dr. Vehrenberg GmbH

19. Sternbilder

Beschreibung, Geschichte, Sagen, alte und neue Darstellungen

Bayer, Johannes: Sternzeichen und Sternbilder. Die Tafeln der ersten Ausgabe der „Uranometria" aus dem Jahr 1603. Dortmund 1981, Harenberg Verlag
Drössler, Rudolf: Als die Sterne Götter waren. Leipzig 1981, Prisma-Verlag Zenner und Gürchott
Kunitzsch, Paul: Arabische Sternnamen in Europa. Wiesbaden 1959. Otto Harrassowitz.
Kunitzsch, Paul / Smart, Tim: Short Guide to Modern Star Names and Their Derivations. Wiesbaden 1986, Otto Harrassowitz
Perrey, Werner: Sternbilder. Stuttgart 1981, Urachhaus
Schadewaldt, Wolfgang: Sternsagen. Frankfurt am Main 1976, Insel Verlag
Strohmaier, Gotthard: Die Sterne des Abd ar-Rahmen as-Sufi. Mit 48 Miniaturen einer Pergamenthandschrift der Forschungsbibliothek Gotha. Hanau/Main 1984, Müller & Kiepenheuer
Werner, Helmut / Schmeidler, Felix: Synopsis der Nomenklatur der Fixsterne. Stuttgart 1986, Wissenschaftliche Verlagsgesellschaft mbH

20. Geschichte der Astronomie

BECKER, Friedrich: Geschichte der Astronomie. Zürich 1980, Bibliographisches Institut Mannheim/Wien/Zürich

HERRMANN, Dieter B.: Geschichte der modernen Astronomie. Berlin 1984, VEB Deutscher Verlag der Wissenschaften

KRUPP, Edwin C.: Astronomen, Priester, Pyramiden. Das Abenteuer Archäoastronomie. München 1980, Verlag C.H. Beck

WAERDEN, Bartel Leendert van der: Erwachende Wissenschaft, Band 2, Die Anfänge der Astronomie. Basel-Boston-Stuttgart 1980, Birkhäuser Verlag

Anschriften deutschsprachiger Volkssternwarten und Planetarien

Sternwarten mit öffentlichen Führungen, Astronomische Vereine und Planetarien ohne Schulsternwarten

Aachen
Volkssternwarte Aachen
Am Hangweiher, 5100 Aachen

Berlin
Wilhelm-Foerster-Sternwarte und Planetarium e.V.
Munsterdamm 90, 1000 Berlin 41

Archenhold-Sternwarte
Alt-Treptow 1, DDR-1193 Berlin-Treptow

Bochum
Sternwarte u. Planetarium Bochum
Castroperstr. 67, 4630 Bochum

Bonn
Volkssternwarte Bonn, Astronom. Vereinigung e.V.
Poppelsdorfer Allee 47, 5300 Bonn 1

Bremen
Olbers Gesellschaft e.V.
c/o Hochschule für Nautik
Werderstraße 73, 2800 Bremen 1

Carona Ti
Feriensternwarte CALINA
Postfach 30, CH-6914 Carona

Coburg
Volkssternwarte Coburg, VHS
Löwenstr. 15, 8630 Coburg

Darmstadt
Volkssternwarte e.V.
Hellmannstr. 26, 6100 Darmstadt

Düsseldorf
Benzenberg-Sternwarte
Benrather-Schloß-Allee 106
4000 Düsseldorf 18

Eilenburg
Volkssternwarte
Am Mausberg, DDR-7280 Eilenburg

Eisenstadt
Burgenländische Landessternwarte
Dr.-Karl-Renner-Str. 1, A-7000 Eisenstadt

Erfurt
Volkssternwarte Cyriaksburg
Gelände der Internat. Gartenbau-Ausstellung (IGA), DDR-5010 Erfurt

Erkrath
Sternwarte Neanderhöhe Hochdahl e.V.
Hildener Straße 17, 4006 Erkrath 2

Essen
Walter Hohmann Sternwarte Essen E.V.
Wallneyer Straße 159, 4300 Essen 1

Frankfurt/Main
Volkssternwarte Frankfurt des Physikalischen Vereins e. V.
Robert-Mayer-Straße 2 – 4
6000 Frankfurt 1

Freiburg
Richard Fehrenbach Planetarium
Friedrichstraße 51, 7800 Freiburg

Glücksburg
Sternwarte Glücksburg
Am Thingplatz 5, 2392 Glücksburg

Hamburg
Gesellschaft für volkstümliche Astronomie e. V.
Planetarium im Stadtpark
2000 Hamburg 60

Hannover
Volkssternwarte Hannover Dr. Rudolf Hase e. V.
Am Lindener Berg 27
3000 Hannover 91
Planetarium Hannover
An der Bismarckschule 5
3000 Hannover 1

Hartha
Bruno H. Bürgel-Volkssternwarte
Gallberg, DDR-7302 Hartha

Heidelberg
Landessternwarte
Königsstuhl, 6900 Heidelberg 1

Heppenheim
Starkenburg Sternwarte
Kleiner Bach 3, 6148 Heppenheim

Hof
Volkssternwarte Hof
Egerländer Weg 25, 8670 Hof

Jena
Urania-Volkssternwarte
Schillergässchen, DDR-6900 Jena
Planetarium
Ceciliengarten, DDR-6900 Jena

Jonsdorf
Volkssternwarte Jonsdorf
Lindenweg 6, DDR-8805 Jonsdorf

Kiel
Planetarium
Knooper Weg 62, 2300 Kiel 1

Klagenfurt
Raumflugplanetarium
Villacher Str. 239, A-9020 Klagenfurt
Sternwarte Kreuzbergl

Köln
Vereinigung der Sternfreunde Köln e. V.
Volkssternwarte
Nikolausstr. 55, 5000 Köln
5000 Köln

Sternwarte und Planetarium Köln-Nippes
Blücherstraße 15 – 17, 5000 Köln 60

Kreuzlingen TG
Volkssternwarte
CH-Kreuzlingen-Bernrain

Laupheim
Volkssternwarte Laupheim
Carl-Lämmle-Weg 5, 7958 Laupheim

Lausanne VD
Société Vandoise d'Astronomie
Chemin des Grandes-Roches 8
CH-Lausanne

Leipzig
Volkssternwarte Leipzig
Stieglitzstr. 40, DDR-7010 Leipzig

Luzern
Planetarium LONGINES im Verkehrshaus der Schweiz
Lidostr. 5, CH-6000 Luzern

Mannheim
Planetarium Mannheim
W.-Varnholt-Platz 1, 6800 Mannheim 1

München
Bayerische Volkssternwarte
München e. V.
Anzinger Straße 1, 8000 München 80

Planetarium im Deutschen Museum
Museumsinsel 1, 8000 München 22

Neumarkt
Volkssternwarte Neumarkt e. V.
Höhenberg 9, 8430 Neumarkt

Nürnberg
Nicolaus Copernicus-Planetarium
Am Plärrer 41, 8500 Nürnberg 1

Städtische Sternwarte Nürnberg
Regiomontanusweg 1, 8500 Nürnberg 1

Potsdam
Planetarium-Beobachtungsstation
Neuer Garten 6, DDR-1500 Potsdam-Babelsberg

Radeberg
Volkssternwarte
Stolpener Str., DDR-8142 Radeberg

Radebeul
Volkssternwarte „Adolph Diesterweg"
Auf den Ebenbergen
DDR-8122 Radebeul

Recklinghausen
Westfälische Volkssternwarte
Stadtgarten, Cäcilienhöhe
4350 Recklinghausen

Regensburg
Volkssternwarte
Ägidienplatz 2, 8400 Regensburg

Remscheid
Volkssternwarte Remscheid
Luisenstr. 3, 5630 Remscheid

Reutlingen
Planetarium und Sternwarte
Karlstr. 40, 7410 Reutlingen

Rostock
Astronomische Station
Nelkenweg, DDR-2500 Rostock

Schneeberg
Pionier- und Volkssternwarte
DDR-9412 Schneeberg

Schönebeck
Volkssternwarte
Paul-Illhardt-Str., DDR-3300 Schönebeck/Elbe

Schriesheim
Volkssternwarte Schriesheim e.V.
Entengasse 3, 6905 Schriesheim 1

Stuttgart
Planetarium Stuttgart
Neckarstr. 47, 7000 Stuttgart 1

Schwäbische Sternwarte e.V.
Zur Uhlandshöhe 41, 7000 Stuttgart 1
Schwäbische Sternwarte e.V. (Geschäftsstelle), Leuschnerstr. 51, 7000 Stuttgart 1

Suhl
Volkssternwarte
Grüner Weg 3, DDR-6000 Suhl

Traiskirchen
Volkssternwarte
A-2514 Traiskirchen

Tübingen
Astronomisches Institut der Universität
Waldhäuser Str. 64, 7400 Tübingen

Vevey, VD
Société d'Astronomie du
Haut-Léman, Avenue E. Bieler
CH-Vevey

Violau
Sternwarte Bruder-Klaus-Heim
8901 Violau 84 über Augsburg

Weimar
Volkssternwarte
Steubenstr. 30
DDR-5300 Weimar

Wernigerode
Volkssternwarte
Kantstr. 28, DDR-3700 Wernigerode

Wetzlar
Sternwarte Burgsolms
Lindenstr. 11, 6336 Solms/Lahn

Wien
Kuffner-Volkssternwarte
Johann-Staud-Str. 10, A-1160 Wien

Planetarium
Oswald-Thomas-Platz 1, A-1020 Wien

URANIA-Sternwarte
Uraniastr. 1, A-1010 Wien

Winterthur ZH
Sternwarte Eschenberg
CH-Winterthur

Wolfsburg
Raumflug-Planetarium
Heinrich-Nordhoff-Str. 119 – 121
3180 Wolfsburg

Zittau
Volkssternwarte
Straße der Jungen Pioniere
DDR-8800 Zittau

Zürich
URANIA-Sternwarte
Uraniastr. 9, CH-8000 Zürich

Astronomische Vereinigungen

Amateursonnenbeobachter
Fachgruppe Sonne der VdS
Munsterdamm 90, 1000 Berlin 41

Arbeitsgruppe Planetenbeobachter
Fachgruppe Planeten der VdS
Munsterdamm 90, 1000 Berlin 41

Astronomischer Verein zur Förderung himmelskundlicher Volksbildung in Österreich (Astro-Verein)
Seegasse 8, A-1090 Wien

BAV Berliner Arbeitsgemeinschaft für Veränderliche Sterne e.V.
Munsterdamm 90, 1000 Berlin 41

Schweizer Astronomische Gesellschaft (SAG)
Zentralsekretariat: Hirtenhofstr. 9
CH-6005 Luzern

Vereinigung der Sternfreunde e.V. (VdS)
Anzingerstr. 1 (Volkssternwarte)
8000 München 80

Lehrmittel / Bezugsquellen

Baader-Planetarium, 8000 München 21, Hartelstr. 30 (Baader-Planetarium als Tellurium im Sternglobus mit Sternprojektion, Astronomische Arbeitsmittel, Dias).
Kosmos-Gesellschaft für Naturfreunde, 7000 Stuttgart 1, Postfach 640 (Astro-Lehr-Material, Bausätze, Literatur).
Treugesell-Verlag, 4000 Düsseldorf 4, Postfach 140365 (Astronomische Arbeitsmittel, Sternatlanten, Literaturvermittlung, Astro-Dias und Astro-Poster).

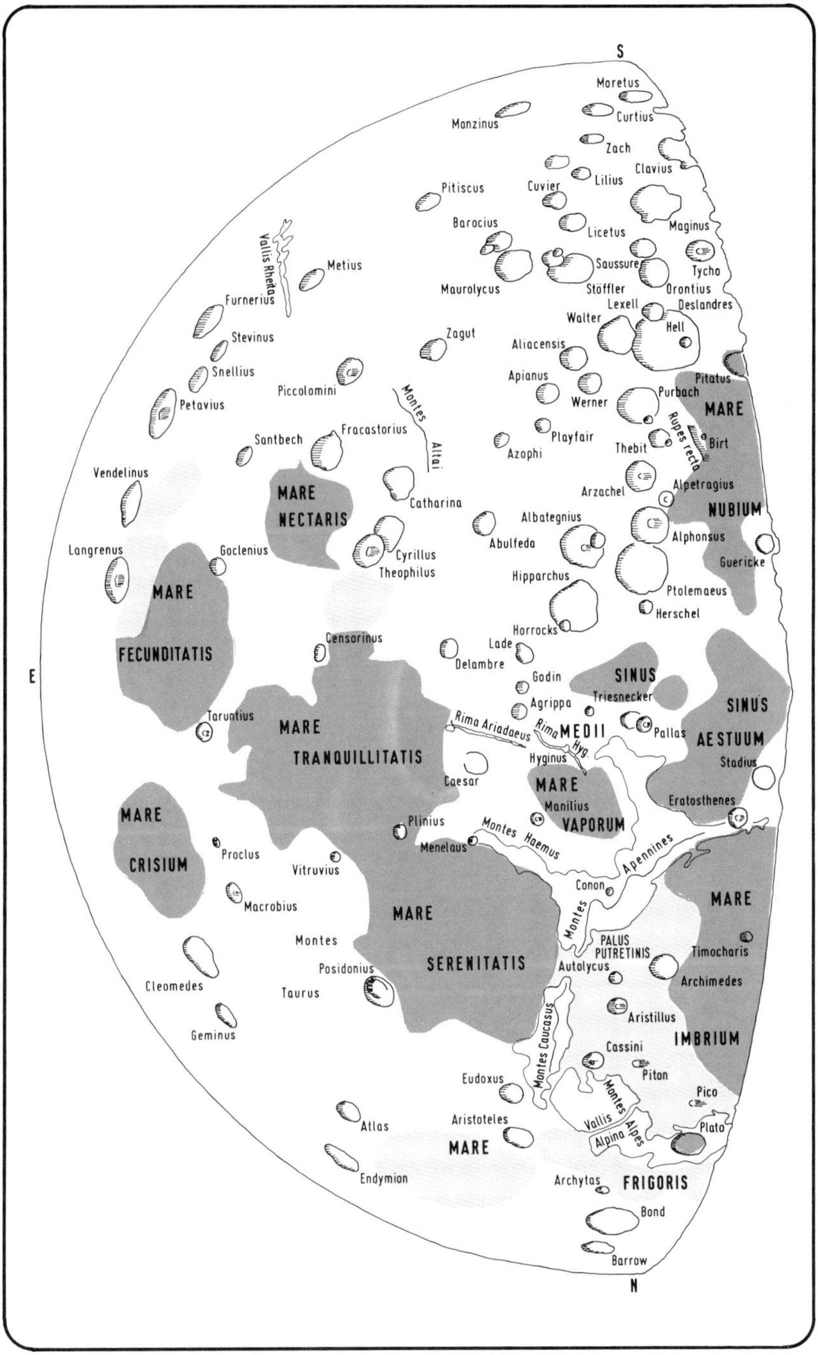
S
Moretus
Curtius
Manzinus
Zach
Clavius
Lilius
Pitiscus
Cuvier
Baroclus
Licetus
Maginus
Vallis Rheita
Metius
Saussure
Tycho
Maurolycus
Stöffler
Orontius
Furnerius
Lexell
Deslandres
Walter
Hell
Stevinus
Zagut
Aliacensis
Snellius
Piccolomini
Apianus
Pitatus
Purbach
Petavius
Montes
Altai
Werner
MARE
Playfair
Rupes recta
Fracastorius
Birt
Santbech
Azophi
Thebit
Vendelinus
Arzachel
Alpetragius
MARE
NECTARIS
Catharina
NUBIUM
Albategnius
Abulfeda
Alphonsus
Cyrillus
Theophilus
Langrenus
Goclenius
Guericke
Hipparchus
MARE
Ptolemaeus
Herschel
Horrocks
FECUNDITATIS
Censorinus
Lade
Delambre
SINUS
Godin
E
Triesnecker
SINUS
Agrippa
Taruntius
MARE
Rima Ariadaeus
Rima
MEDII
Pallas
AESTUUM
Hyg.
TRANQUILLITATIS
Hyginus
Stadius
Caesar
MARE
Eratosthenes
MARE
Manilius
VAPORUM
Plinius
CRISIUM
Montes Haemus
Proclus
Menelaus
Apennines
Vitruvius
Conon
MARE
Macrobius
MARE
Montes
Montes
PALUS
PUTRETINIS
SERENITATIS
Timocharis
Posidonius
Autolycus
Archimedes
Cleomedes
Taurus
Aristillus
Montes Caucasus
IMBRIUM
Geminus
Cassini
Piton
Eudoxus
Montes
Pico
Atlas
Aristoteles
Vallis
Alpina
Alpes
Plato
MARE
Endymion
Archytas
FRIGORIS
Bond
Barrow
N

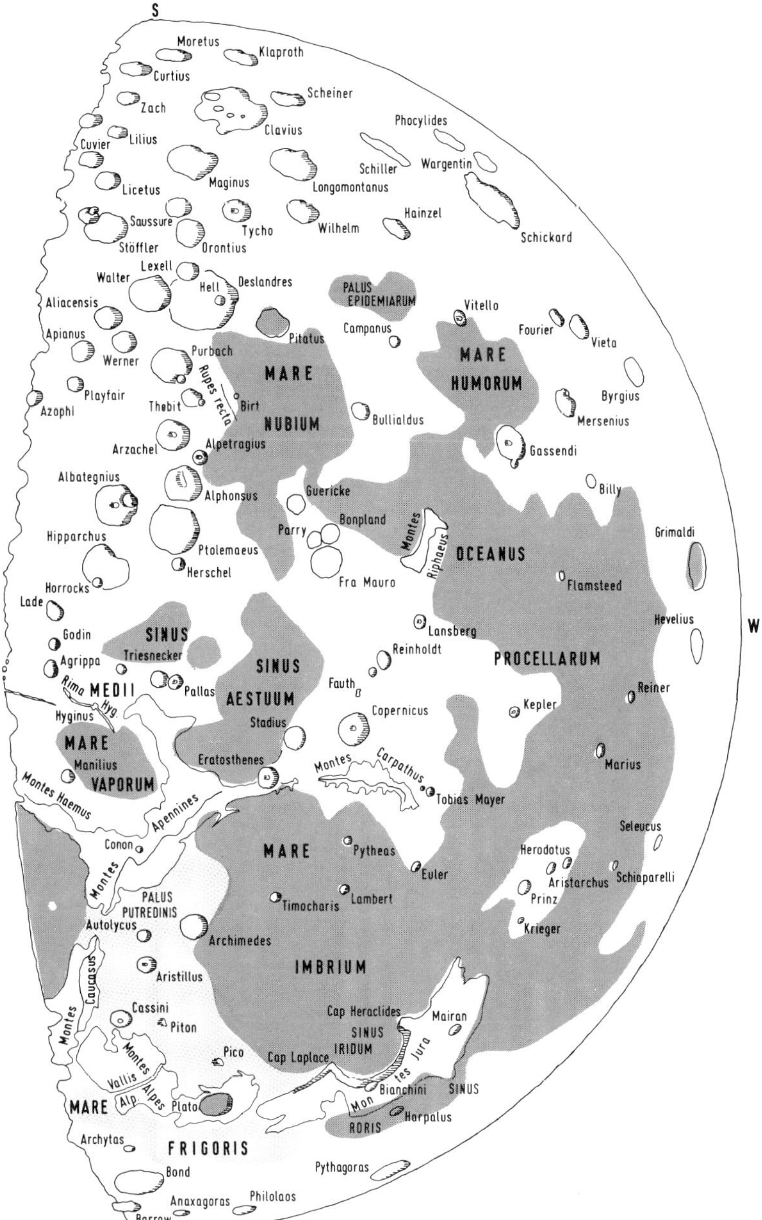
S
Moretus
Klaproth
Curtius
Scheiner
Zach
Clavius
Phocylides
Cuvier
Lilius
Schiller
Wargentin
Licetus
Maginus
Longomontanus
Saussure
Tycho
Wilhelm
Hainzel
Stöffler
Orontius
Schickard
Walter
Lexell
Hell
Deslandres
PALUS EPIDEMIARUM
Aliacensis
Vitello
Pitatus
Campanus
Fourier
Apianus
Vieta
Purbach
MARE
MARE
Werner
Rupes recta
HUMORUM
Playfair
Birt
Byrgius
Thebit
NUBIUM
Azophl
Bullialdus
Mersenius
Arzachel
Alpetragius
Gassendi
Albategnius
Billy
Alphonsus
Guericke
Bonpland
Montes Riphaeus
Parry
Grimaldi
Hipparchus
Ptolemaeus
OCEANUS
Herschel
Fra Mauro
Flamsteed
Horrocks
Lade
Hevelius
Lansberg
W
Godin
SINUS
Reinholdt
Triesnecker
PROCELLARUM
Agrippa
SINUS
Fauth
Rima Hyg.
MEDII
Pallas
AESTUUM
Reiner
Hyginus
Kepler
Copernicus
Stadius
MARE
Manilius
Eratosthenes
Marius
Montes Carpathus
Montes Haemus
VAPORUM
Tobias Mayer
Apennines
Seleucus
Conon
MARE
Herodotus
Pytheas
Montes
Euler
Aristarchus
Schiaparelli
PALUS PUTREDINIS
Timocharis
Lambert
Prinz
Autolycus
Krieger
Archimedes
Caucasus
IMBRIUM
Aristillus
Montes
Cap Heraclides
Cassini
Mairan
Piton
SINUS IRIDUM
Montes
Pico
Cap Laplace
Montes Jura
Vallis Alp.
Alpes
Bianchini
SINUS
MARE
Plato
Harpalus
RORIS
Archytas
FRIGORIS
Pythagoras
Bond
Anaxagoras
Philolaos
Barrow
N

Register

Fettgedruckte Seitenzahlen weisen auf Abbildungen hin

M

N

O

P

Das KOSMOS-Astroprogramm

Das MEADE-Astroprogramm von KOSMOS

Seit 60 Jahren bieten wir ein großes Programm an Fernrohren, Montierungen, Selbstbauteilen und Astrozubehör an. Die interessantesten Geräte wollen wir Ihnen kurz vorstellen. Neben den wichtigsten optischen Daten werden in Stichworten das Beobachtungsgebiet und die Leistungsfähigkeit angegeben. Die Instrumente sind von kleinerer zu größerer Objektivöffnung bzw. Spiegelöffnung geordnet. Alle Beobachtungsgebiete, die bei den entsprechend kleineren Instrumenten bereits angegeben sind, gelten auch für die größeren Instrumente.

MEADE-Schmidt-Cassegrain Teleskop, Modell 2045
Freie Objektivöffnung 102 mm, Brennweite 1000 mm, zeigt visuell Sterne bis zur 12ten und fotografisch bis zur 14,5ten Größenklasse, trennt Doppelsterne mit 1,1 Bogensekunden Abstand. Maximale Vergrößerung bei Verwendung eines Okulars von 4 mm Brennweite 250fach.

Durch seine kleinen Abmessungen ist dieses Fernrohr das ideale Reiseinstrument. Der Koffer, in dem dieses 100 mm-Fernrohr Platz findet, ist nur 48 × 23 × 30 cm groß.
Mit dem Modell 2045 beobachten Sie in unserem Sonnensystem z. B. das Wechselspiel der wolkenförmigen Streifen, den großen roten Fleck und die vier größeren Begleitmonde am Jupiter. Bei Saturn beobachtet man das Ringsystem und bei sehr guten Sichtverhältnissen auch die Cassini-Trennung.
Am Mond sehen Sie eine Vielzahl an Kratern, Rillen und Ringgebirgen. Sie beobachten die Phasen der Planeten Merkur und Venus sowie bekannte Einzelheiten auf dem Mars. Im tiefen Weltraum sehen Sie unzählige Objekte wie z. B. die filigranartige Struktur des Orionnebels, die leuchtende Ellipse der Andromeda-Galaxie mit ihrem brillanten Kern und den kugelförmigen Sternhaufen im Herkules.

MEADE Schmidt-Cassegrain Teleskop, Modell 2080 HTC
Freie Objektivöffnung 203 mm, Brennweite 2000 mm, zeigt visuell Sterne bis zur 14ten und fotografisch bis zur 16,5ten Größenklasse, trennt Doppelsterne mit 0,56 Bogensekunden Abstand. Maximale Vergrößerung bei Verwendung eines Okulars von 4 mm Brennweite 500fach. Mehrfach vergütete Optik.
Die große Öffnung in Verbindung mit der kurzen Baulänge und Handlichkeit machen das Modell 2080 HTC zum idealen Fernrohr für den Amateur, der oft unter Platzmangel leidet, oder wegen seines begrenzten Beobachtungsfeldes den Standort wechseln muß. Lesen Sie, was wir über das Modell 2045 geschrieben haben und bedenken Sie, daß das Modell 2080 HTC die vierfache Lichtstärke hat. Das Gerät gehört zu den meistverkauften und besten seiner Klasse. Sie sehen mehr Sterngrößenklassen und beobachten noch feinere Details. Die vier Hauptmonde des Jupiter sind keine Nadelstiche, sondern flächige Körper. Am Planeten selbst werden Details erkennbar.
Am Mond erkennt man Kettengebirge, Ringgebirge, Hochebenen, Tiefebenen, tief eingeschnittene Rillen und merkwürdige Strahlensysteme. Objekte im tiefen Weltraum erhalten neue Dimensionen, Nebel und Galaxien gewinnen Form und Struktur.

MEADE Schmidt-Cassegrain Teleskop, Modell 2120 HTC
Freie Objektivöffnung 254 mm, Brennweite 2500 mm, zeigt visuell Sterne bis zur 14,5ten und fotografisch bis zur 17ten Größenklasse, trennt Doppelsterne mit 0,45 Bogensekunden Abstand. Maximale Vergrößerung bei Verwendung eines Okulars von 4 mm Brennweite 625fach. Mehrfach vergütete Optik.
Das Modell 2120 HTC ist bereits serienmäßig mit einem ausgewählten, hochpräzisen LX-Nachführgetriebe ausgerüstet, das Langzeitfotografie bis 120 Minuten problemlos erlaubt. Ein Spitzengerät, das bereits an einigen Privatsternwarten erfolgreich verwendet wird.

Newton Spiegelteleskope
Bei diesen Spiegelteleskopen handelt es sich um einen Typ, der sich beim Astro-Amateur großer Beliebtheit erfreut. Diese Beliebtheit stützt sich auf

mehrere Erfahrungswerte, z. B. auf die völlige Farbfehlerfreiheit (Achromasie) bei Spiegeln, auf einfache, durchschaubare Bauweise und gute Hantierbarkeit, vor allem aber auf den geringen Preis, der dadurch so niedrig ist, weil bei Spiegeln nur jeweils eine Fläche optisch bearbeitet werden muß (bei einem achromatischen Objektiv wären es vier Flächen). Trotzdem sind diese Spiegel mit höchster Präzision gearbeitet und liegen in ihrer Genauigkeit bei $^1/_{10}$ Wellenlänge von grünem Quecksilberlicht. Daß Spiegel, die über 110 mm ∅ liegen, nicht mehr sphärisch (Kugelausschnitt), sondern parabolisch sein sollten, haben wir natürlich berücksichtigt, sonst wäre das theoretische Auflösungsvermögen, das wir garantieren, nicht zu erreichen. Die Spiegel sind aus geglühtem Pyrex-Glas hergestellt, mit Aluminium bedampft und mit einer Schutzschicht aus Quarz versehen.
Diese Newton-Spiegelteleskope eignen sich zur Beobachtung aller stellaren Objekte wie z. B. die Beobachtung von Planeten, Kometen, Mond, Sternhaufen, Nebel und Galaxien. Inwieweit die einzelnen Strukturen und Details mehr oder weniger hervortreten, hängt vorwiegend von der freien Öffnung des Instrumentes und des damit verbundenen Lichteinfalls sowie der stärkeren Vergrößerungsmöglichkeit ab.

KOSMOS-Newton-Spiegelteleskop, Modell 628 C
Freie Objektivöffnung 152,4 mm, Brennweite 1220 mm, Öffnungsverhältnis 1:8, zeigt Sterne bis zur 13,4ten Größenklasse, trennt Doppelsterne mit 0,74 Bogensekunden Abstand. Maximale Vergrößerung bei Verwendung eines Okulars mit 4 mm Brennweite 305fach.

KOSMOS-Newton-Spiegelteleskop, Modell 645 C
Freie Objektivöffnung 152,4 mm, Brennweite 762 mm, Öffnungsverhältnis 1:5, zeigt Sterne bis zur 13,4ten Größenklasse, trennt Doppelsterne mit 0,74 Bogensekunden Abstand. Maximale Vergrößerung bei Verwendung eines Okulars mit 4 mm Brennweite 190fach.

KOSMOS-Newton-Spiegelteleskop, Modell 826 C
Freie Objektivöffnung 203,2 mm, Brennweite 1220 mm, Öffnungsverhältnis 1:6, zeigt Sterne bis zur 14ten Größenklasse, trennt Doppelsterne mit 0,56 Bogensekunden Abstand. Maximale Vergrößerung bei Verwendung eines Okulars mit 4 mm Brennweite 305fach.

Unser Hauptkatalog 970 537 informiert Sie auf über 40 Seiten über das gesamte MEAD-Astrogeräteprogramm. Viele Ratschläge und Tips machen diesen Katalog darüber hinaus zum wertvollen Ratgeber in allen Astrofragen.

Gegen Voreinsendung von DM 4,– in Briefmarken erhalten Sie alle Unterlagen bei: KOSMOS-Werbeabteilung 15, Postfach 640, 7000 Stuttgart 1.

kosmos ... FÜR STERNFREUNDE

Hanns-Joachim Heermann
Drehbare Kosmos-MINI-Sternkarte mit Planetenzeiger
Der Himmel für die Tasche
Eine stabile, strapazierfähige Neuheit für alle Sternfreunde, die ihre Sternkarte jederzeit griffbereit bei sich tragen möchten!
Karte: PVC, dreifarb. bedruckt, 13 cm ∅. Dazu ein Anleitungsheft: 16 S., 4 Abb., Beiblatt: Wo stehen die Planeten 1986/87

Die neuen Kosmos-Himmelskarten
Nördlicher und südlicher Sternenhimmel für das Äquinoktium 2000.0
Die um alle neuentdeckten Himmelsobjekte ergänzten Karten enthalten alle Sterne bis zur Sterngröße 5,25, Doppelsterne, veränderliche Sterne, Noven, Supernoven, Sternhaufen, planetarische und galaktische Nebelflecke, Galaxien, Radiumstrahlungsquellen, Radianten der Meteorschwärme.
2 Karten (nördl. u. südl. Himmel):
88 × 75,3 cm offen auf 22 × 25,1 cm gefalzt; Textheft (28 S.); kompl. in wiederverschließb. Plastikh.

Hanns-Joachim Heermann
Nachtleuchtende Sternkarte für jedermann
Eine drehbare Karte zum leichten Auffinden der wichtigsten Sternbilder
Karte: PVC, zweifarb. bedruckt, 27 cm ∅. Dazu ein Anleitungsheft: 11 S., 6 Abb.

Hanns-Joachim Heermann
Drehbare Kosmos-Sternkarte mit Planetenzeiger
Drehbare Sternkarte des nördlichen Sternhimmels mit durchscheinendem Deckblatt und verstellbarem Zeiger zum Aufsuchen und zum Ermitteln der Planetenstände, der Sternzeit und des Stundenwinkels
Karte: PVC, dreifarb. bedruckt, 27 cm ∅. Dazu ein Anleitungsheft: 16 S., 3 Abb.

Hellmuth Wolf
Kosmos-Handkarte Mars
Westliche und östliche Hemisphäre. 1 : 23 500 000
Karte offen: 109 × 66 cm; Textheft 38 S., m. 7 z.T. farb. Abb.

Kosmos-Handkarte Erdmond
Vorderseite – Rückseite.
1 : 12 000 000
Karte offen 109 × 66 cm; Textheft: 72 S.

S. Dunlop/W. Tirion
Der Kosmos-Sternatlas
Alle mit dem bloßen Auge sichtbaren Sterne der nördlichen und südlichen Hemisphäre
Für alle Sternfreunde und Himmelsbeobachter ein wichtiges, Jahrzehnte gültiges Werk, das eine schnelle, detaillierte Übersicht bietet.
79 S., 148 farb. Abb., geb.

Die einseitig bedruckten Karten sind problemlos zu entnehmen und besonders einfach zu handhaben. Im umfangreichen Textheft wird alles Wichtige zum Thema erklärt.